건축시공

- 구조체편 -

건축시공기술연구회 편

技文堂

머리말

건축은 설계자가 작성한 설계도면을 기준으로 공사를 실시한다. 그러나 시공자가 공사계획, 관리의 과정에 있어서 가설계획, 공법의 선정 및 VE 개선 제안 등에 관한 지식과 기술을 적극적으로 발휘하여 보다 나은 건축물을 만들어 낼 수 있어야 한다.

그 때문에 공사의 품질과 생산성은 시공에 종사하는 종합건설사, 전문업체, 건축재료 제조사 등 각각이 가진 시공의 종합적인 지식과 기술에 의하여 좌우된다고 말해도 과언이 아니다.

공사의 품질, 코스트, 안전, 주위환경, 공기 등의 소기의 목적을 달성하기 위해서 공사를 계획하고 관리하는 기술자의 책임이 크다고 할 수 있다. 계획과 관리의 임무는 건축에 있어서 시공을 바르게 이해하고 각 시공방법의 특징과 제약, 장점과 한계, 시공순서, 관리의 중점 등을 정확하게 분석하는 것에서 시작된다 할 수 있다. 이를 위해 본인의 지식, 기술을 가지는 것이 중요하다 할 수 있다.

본서는 건축시공에 있어서 지하 및 지상의 구조체에 대하여 실제 시공현장에서 실시하는 공법과 작업의 내용을 사진, 일러스트 등으로 실무 자료를 다수 게재하고 그 계획과 관리의 중요한 사항을 알기 쉽고 상세하게 설명하고 있다.

본서는 학부 및 대학원 학생, 초급기술자, 설계관계자, 시공기술자 및 감리자의 시공실무 지침으로 활용될 수 있도록 집필되었다.

끝으로 이 책을 집필함에 있어 도표 및 그림, 사진작업에 함께 해준 단국대학교 시공재료 연구실 김성덕, 기전도, 하정수, 이종석, 최원일, 남경용 군을 비롯한 여러분과 출판을 위해 성원과 지원을 아끼지 않은 기문당 강해작 사장님께 감사하는 바이다.

2011년 3월

대표저자 정상진

차례

제 1 장 건설현장의 운영관리 11

1.1 건설업의 특징 11
1.1.1 건설업이란 11
1.1.2 건설업의 주체 12
1.1.3 건설업의 흐름 14

1.2 건설공사와 현장관리 15
1.2.1 현장조직 15
1.2.2 공정관리 18
1.2.3 원가관리 26
1.2.4 품질관리 28
1.2.5 안전관리 30

1.3 현장기술자의 역할 31
1.3.1 현장운영과 현장관리 31
1.3.2 시공계획 34
1.3.3 시공 사이클 35

1.4 현장기술자에게 요구되는 능력 37
1.4.1 건설현장에서의 역할 37
1.4.2 관리능력 37
1.4.3 인간관계 구축 38

제 2 장 가설공사 41

2.1 공통가설공사 42
2.1.1 가설 울타리 43
2.1.2 가설 사무소 44
2.1.3 공사용 기계 46

2.2 직접가설공사 50
2.2.1 규준틀 50
2.2.2 비계 50
2.2.3 지지용 구조물 56

2.3 재해방지시설 57
2.3.1 낙하물방지망 57
2.3.2 초고층 건축의 가설공사계획 59

제 3 장 지정 및 기초공사 61

3.1 개요 61
3.1.1 직접기초의 종류 62
3.1.2 간접(Pile, Pier, Caisson)기초의 종류 64

3.2 지정 65
3.2.1 모래지정 65
3.2.2 자갈 및 잡석지정 65
3.2.3 버림(밑창)콘크리트 지정 66
3.2.4 말뚝지정 66
3.2.5 지반개량공사 66

3.3 말뚝공사 70
3.3.1 말뚝의 재료상 분류 70
3.3.2 말뚝의 공법상 분류 72
3.3.3 이음부 처리 83
3.3.4 두부정리 83
3.3.5 재하시험 84

제 4 장 터파기 및 흙막이공사 87

4.1 개요 87

4.2 공법의 종류와 선정 88
4.2.1 터파기와 흙막이공법의 종류 및 선정 88
4.2.2 흙막이벽의 종류와 선정 93
4.2.3 지보공의 종류와 선정 97

4.3 시공관리 100
4.3.1 시공계획 100
4.3.2 굴착, 되메움 103
4.3.3 흙막이벽 106
4.3.4 지보공, 진입로 설치 108
4.3.5 지하수 처리(집수정, 딥웰, 웰포인트공법 등) 109
4.3.6 SPS공법(Strut as Permanent System) 111
4.3.7 역타공법(Top Down공법) 117
4.3.8 지중연속벽 120

4.4 계측관리 125
4.4.1 계측계획 125
4.4.2 측정자료 수집 및 정리 128
4.4.3 계측기기 130
4.4.4 계측관리 133

제 5 장 철근콘크리트공사 137

5.1 철근콘크리트공사의 개요 137

5.2 철근콘크리트공사의 흐름 138
5.2.1 철근콘크리트공사의 기본적 사이클 138
5.2.2 철근콘크리트공사의 전체적인 순서 142

5.3 거푸집공사 146
5.3.1 거푸집의 정의 146
5.3.2 일반사항 146
5.3.3 거푸집의 주요부재 148
5.3.4 거푸집의 분류 150

5.4 거푸집공사 시공계획 155
5.4.1 공사 흐름도 155
5.4.2 시공계획 155
5.4.3 거푸집 존치기간 및 해체 159
5.4.4 거푸집 계획시 유의사항 160
5.4.5 마감성 검토 160
5.4.6 관련 공종간의 협의(아파트공사에서) 161
5.4.7 제작도면 작성 161
5.4.8 거푸집공사 견본시공 162

5.5 거푸집 종류 163
5.5.1 유로폼(Euro Form) 163
5.5.2 갱폼(Gang Form) 165
5.5.3 Auto Climbing System(Core) 174
5.5.4 스카이 덱 시스템(Sky Deck System) 179
5.5.5 리브 라스(Rib Lath) 186
5.5.6 알루미늄 거푸집(Aluminum Form) 193
5.5.7 무지보공(Non-Support) 호리빔(Horry Beam)공법 197

5.5.8 시스템 동바리(System Support) 199
5.5.9 합벽용 무폼타이공법 202

5.6 거푸집 안정성 구조 검토 207
5.6.1 Wood Form 207
5.6.2 유로폼(Euro Form) 213

5.7 철근공사 217
5.7.1 개요 217
5.7.2 철근재료와 구성부재 218
5.7.3 철근공사의 계획 222
5.7.4 배근공사 225
5.7.5 철근공사의 유의점 226
5.7.6 철근이음 233
5.7.7 철근공사의 품질관리 239
5.7.8 철근 선조립공법 243

5.8 콘크리트공사 246
5.8.1 개요 246
5.8.2 콘크리트의 재료 246
5.8.3 콘크리트 배합 249
5.8.4 콘크리트 제조, 발주 254
5.8.5 콘크리트 타설계획 256
5.8.6 콘크리트의 운반 259
5.8.7 콘크리트 부어넣기 260
5.8.8 양생 263
5.8.9 거푸집 제거 264
5.8.10 콘크리트의 품질관리 265

5.9 굳은 콘크리트의 성질 266
5.9.1 압축강도 266
5.9.2 탄성계수 267
5.9.3 인장강도 268

5.10 콘크리트 종류 269
5.10.1 한중콘크리트 269
5.10.2 서중콘크리트 270
5.10.3 고내구성 콘크리트 271
5.10.4 매스콘크리트 275
5.10.5 고강도콘크리트 276

5.10.6 경량콘크리트 279
5.10.7 고유동콘크리트 281

제 6 장 **프리캐스트콘크리트공사** **289**

6.1 프리캐스트콘크리트공법의 역사 **289**
6.1.1 공법의 도입과 발전 289
6.1.2 해외의 PC공법 290

6.2 PC공법의 특성 **293**
6.2.1 비용(Cost) 293
6.2.2 공사기간 293
6.2.3 노동생산성 294
6.2.4 품질 295
6.2.5 환경부하 295

6.3 PC공법의 종류 **295**
6.3.1 복합화공법 295
6.3.2 PC공법 297
6.3.3 PC공법과 RC공법의 비교 297

6.4 PC공사 **298**
6.4.1 공법 선정에서 시공까지의 전체적인 업무흐름 298
6.4.2 부재 및 접합부의 설계 299
6.4.3 부재의 제조 300
6.4.4 부재의 조립 및 접합 306

6.5 시공계획 **307**
6.5.1 부재 제조 및 운반계획 307
6.5.2 가설계획 309
6.5.3 부재 조립 및 접합계획 309
6.5.4 안전계획 310
6.5.5 품질관리계획 310

6.6 시공관리 **310**
6.6.1 부재 제조의 관리 310
6.6.2 운반 및 반입관리 312
6.6.3 부재 조립 및 접합관리 312

6.7 국내 PC공법 적용 사례 314
6.7.1 골조 RPC공법 314
6.7.2 경기장 PC화 318
6.7.3 더블티와 중공슬래브 323
6.7.4 PPS공법 325
6.7.5 철골+PC공법 327

제 7 장 철골공사 331

7.1 공사계획 331
7.1.1 개요 331
7.1.2 현장상황과 공사계획 332
7.1.3 공사내용과 가공업자의 결정 333

7.2 공장가공 334
7.2.1 강재의 종류와 확인 334
7.2.2 밀 시트(강재 규격증명서)와 제조회사의 확인 336
7.2.3 공장가공의 순서 340

7.3 사무소 건축물 346
7.3.1 세우기 계획 개요 346
7.3.2 공사내용 파악 348
7.3.3 세우기 방법 결정 350
7.3.4 행정관청 제출내용 351
7.3.5 공장가공 제작 351
7.3.6 공사의 흐름 356
7.3.7 사무소 건축물의 철골세우기 수정(와이어 사용) 381
7.3.8 사무소 건축물의 철골 수직 조정 383
7.3.9 사무소 건축물의 공정 검토 386

부 록 초고층 건축물의 시공사례 389

제 1 장

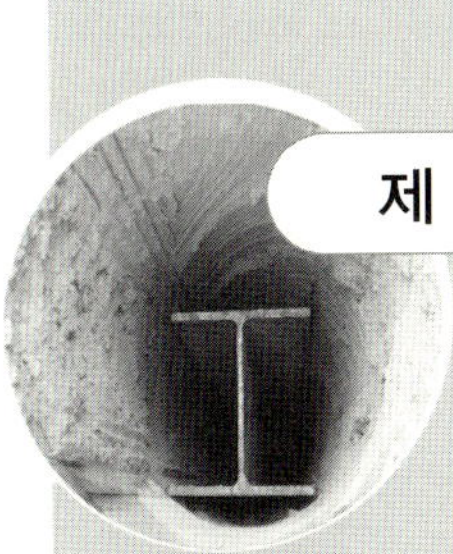

건설현장의 운영관리

1.1 건설업의 특징

1.1.1 건설업이란

현대사회에서 가장 큰 생산품은 인간이 거주하고 생활하는 공간을 마련해주고, 현대사회 시스템들이 잘 맞물려 돌아갈 수 있도록 전기, 설비, 도로, 다리 등 모든 제반시설을 제공하고 판매하는 건설업이다. 특히, 모든 기술적인 것들이 하나의 목표로 총제적으로 집약되어 하나의 상품화 되는 것은 우리가 매일 생활하고 있는 집, 회사 등의 건축물이라 할 수 있겠다.

생산되어진 하나의 단일 결과물의 기준으로 본다면 시간, 비용, 규모 등의 면에서 일반 제조업과는 차원이 다른 지상에 고정되어 있는 대규모 상품이 건축물이며, 건설업은 이러한 대규모의 상품이 생산되기까지 수많은 기술과 대규모의 자재가 투입되어 하나의 대규모 기술집약적 상품을 완성시키는 주체인 것이다.

이러한 건축물에 투입되는 다양한 장비와 자재, 수많은 전문인력 등은 최초 공사계획과 다양한 시공방법에 따라 치밀한 기술검토를 거친 후 가장 적합한 개체가 선택되어지고, 선택되어진 개체들은 마치 톱니바퀴처럼 서로 맞물려 현장을 돌아가게 한다.

건설업은 다양한 개체의 집합이다. 이러한 다양한 개체들을 조립하여 최고의 완성품을 만들기 위해서 철저한 계획을 수립해야 하고, 또한 정밀한 시공을 해야 한다. 이를 위해 건설회사는 현장조직을 별도로 구성하여 소규모 계열 회사처럼 운영을 하게 되며, 현장조직은 현장에서 발생되는 모든 일들에 대해 통제, 지시, 관리하는 임무를 맡게 된다. 또한 건설업은 전문기술을 요하는 것이기 때문에 현장조직 운영은 그 업무에 대한 경험과 기술을 겸비한 기술관리자를 중심으로 조직되며, 이러한 조직을 바탕으로 건설업은 '기술'과 '관리'가 결합된 총체적 대규모 서비스 산업을 구축하게 되며, 이것이 반영된 상품이 바로 지상 최대규모의 생산품인 '건축물'이라고 말할 수 있다.

건축물은 건축의 3요소라 할 수 있는 '구조, 기능, 미' 등을 갖추어야 최고의 건축물로 인정한다. 하지만 현대사회는 점점 '미'의 기능을 중요시 여기고 있으며, 이는 건축물의 외관에 있어서 많은 변형을 가지고 왔고, 거기에 사용되어지는 자재 또한 다양하고 새로운 것들로 교체되고 있다. 또한 내부공간도 건물의 용도, 설계자나 건물주의 의도, 사용자의 기호에 따라 다양한 공간 속에 다양한 재료들이 어우러져 있다. 그만큼 사람들이 중요하게 생각하는 기준에 따라 건축물도 점점 신공법이 적용되고 새로운 자재들로 내 · 외부가 시공되어지며, 이러한 변화는 그만큼 계획하고 시공하기 까다로워졌음을 의미한다.

한마디로 건설업은 이 모든 것들을 최소의 비용으로 최고의 상품을 만들기 위해 치밀하게 계획, 투입하여 하나의 대규모 기술집약품인 건축물을 완성하여 판매하는 것이다.

1.1.2 건설업의 주체

건설업의 주요 주체는 크게 건축주(발주자), 설계자, 시공자이고 지금은 CM(Construction Management)도 점점 주요한 주체로 부각되고 있다.

건축주는 건물 주인이며 최초 공사를 기획하여 시공회사 및 설계자에게 의뢰를 하여 발주하는 사람 또는 단체이다. 여기에는 개인이나 기업, 국가나 지방자치단체 등이 건축주가 될 수 있고, 이런 건축주에 따라 민간공사와 관공사로 나누어지게 된다.

설계자는 건축주의 의뢰를 받아 건축주가 만족할 수 있도록 건물을 기획, 도면화 시키는 역할을 한다. 이 단계에서는 건축주의 의도를 최대한 반영하는 것이 최고의 관건이나 현대사회에서는 설계자의 의도대로 많은 부분이 선택되기도 한다. 이것은 설계자가 다양한 사람들에 대한 각각의 라이프사이클을 인지하여 다양한 공간을 쓸모 있게 만들어 주게끔 하고, 또한 미적인 감각으로 사람들의 눈을 즐겁게 해주기 때문이라 할 수 있겠다. 하지만 발주자나 설계자의 의도와 현장에서 이루어지는 시공은 전혀 다를 수가 있으며, 따라서 창작을 방해하는 시공경험일지라도 시공성에 대한 설계반영은 현재도 절실히 필요하다. 근래에는 설계와 시공을 일괄하여 맡기는 턴키(Turn-Key)계약방식이 발전하고 있다. 턴키방식은 시공상의 경험과 전문적 지식을 설계에 도입, 반영시켜야 한다는 필요성에 의거하여 엔지니어링(Engineering)과 컨스트럭션(Construction)을 통합하여 건설프로젝트 전체를 건설업자가 책임지고 관리하게 되는 방식이다.

시공자는 크게 원도급업자와 하도급업자로 나뉜다. 원도급업자는 발주자와 직접적으로 계약하여 공사 전반에 대한 모든 사항을 관리 · 책임지고 수행하게 되며, 하도급업자는 이러한 원도급업자와 전문공사에 대해서만 외주형태로 계약하여 전문적인 공사만을 원도급업자의 관리와 지시하에 수행하게 된다.

건설업은 시간과 장소, 규모에 따라 일의 양과 질이 변화된다. 따라서 일반적으로 건설회사는 수많은 다양한 공정을 소화하기 위해 외주라는 형태를 취함으로써 변동사항에 대응할 수 있도록 탄력적인 조직으로 구성되어 있다. 다시 말해, 공사를 관리하는 회사(원도급업체)와 전문공사를 실제로 행하는 전문시공회사(하도급업체)로 역할이 나뉘어져 보다 세분화, 전문화시켜 하나의 건축프로젝트를 완수하게 되는 것이다.

여기서 건설회사는 세분화, 전문화된 각 공정을 치밀하게 계획하여 하나의 건축물이 이루어지도록 지휘 및 감독해야 하는데, 소수의 인원으로 이러한 모든 관리를 하기에는 결코 쉽지 않은 일이다. 따라서 시공관리자는 그만큼 현장경험과 노하우가 상당히 필요한 직종이라 할 수 있고, 체계적인 교육과 현장경험을 지닌 관리자를 지속적으로 유지함으로써 건설회사는 생명을 연장할 수가 있는 것이다.

건설회사의 시공관리자는 외주업체와 작업자의 선두에 서서 지휘를 하는 입장이며, 이들에게 업무지시를 하고, 지시된 업무에 대해 확인하는 감독업무 외에도 서로간의 업무경계를 명확히 구분시켜 주어야 하며, 이들 간에 발생될 수 있는 갈등의 부분까지도 서로간의 입장들을 조율해 주어야 한다. 한마디로 현장 안에서 발생되는 모든 일에 대해 명확히 해답을 줄 수 있어야 되는 존재가 시공관리자라 할 수 있으며, 그것은 기술적인 부분은 물론이거니와 인간적인 부분까지도 책임지고 지휘 · 감독할 수 있어야 된다. 왜냐하면, 건설업은 수많은 다양한 기술과 수많은 사람들이 인간관계를 형성하며 만들어지는 것이기 때문이다.

또한 현장은 기계처럼 정확하게 돌아가는 것이 아니라 모든 일이 사람의 수작업으로 이루어지기 때문에 시공관리자가 철저하게 지휘 · 감독하지 않으면 시공오차는 물론이거니와 원가, 공기, 안전, 품질 등의 모든 요소들이 기대 이하의 수준으로 건축물이 완성될 수 있다. 따라서 그만큼 건설업의 관리자는 막중한 임무를 맡고 있고, 기술관리자로서의 역할을 충분히 발휘할 수 있도록 지속적인 자기개발이 필요하다고 하겠다.

CM은 프로젝트의 타당성 조사, 설계, 시공, 사후관리 등의 모든 건설공사의 전 과정을 조정하여 발주자의 대리인 역할을 한다. 이러한 CM의 목표는 프로젝트의 관리개선에 의해서 공기단축, 공사비용 절감 등을 도모하고, 설계와 시공단계 모두 관여를 하여 발주자 대신의 공사관리 서비스 임무를 한다고 볼 수 있다.

1.1.3 건설업의 흐름

건설업의 흐름은 설계 · 시공 일괄도급(Turn-Key사업)의 경우 건설회사가 설계나 사업계획을 행하기도 하지만, 보통의 민간건설사업은 대략적으로 그림 1-1과 같은 흐름으로 진행이 되고 일반적인 공사도급계약에 있어서 건설회사는 견적에서부터 유지관리까지를 포함하여 관리하게 된다.

건설사업은 최초 건축주 또는 개발자가 사업계획을 세우게 되고, 이러한 사업계획을 가지고 설계사무소나 시공사를 찾아가서 설계 또는 시공의뢰를 한다. 다음은 설계계약 후 설계작업이 시작되고 설계도가 완성되면 구조강도나 내화성능 그리고 피난경로, 장애인시설 등에 관한 건축기준법에 적합성 여부를 판단하는 건축허가(건축사무소, 민간검사기관 포함)를 신청한다.

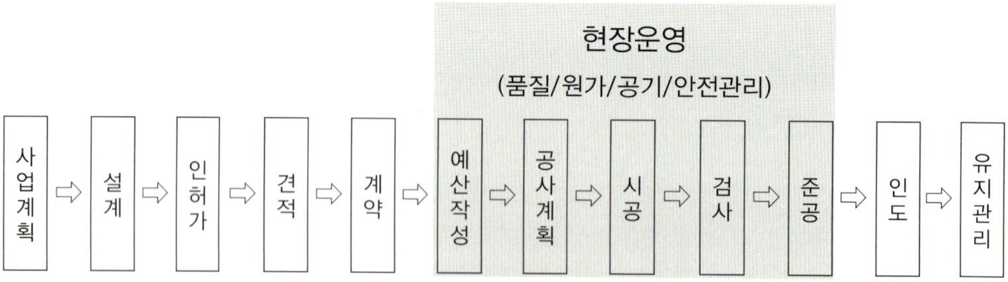

그림 1-1 건설사업의 흐름(민간공사의 경우)

설계도나 시방서(양자를 합쳐서 설계도서라고 함)가 확정이 되면 건축주(발주자)는 입찰공고와 현장설명회 등을 통해 시공을 담당하게 될 건설회사들에게 입찰을 하게 하고, 입찰한 회사들 중에서 공사금액, 시공실적, 시공능력, 기술력, 안정성 등을 평가하여 최종 선택하게 된다. 건축주(발주자)는 최종 낙찰된 건설회사와 공사도급계약을 체결하고 최종적으로 건축허가가 승인되면 착공하게 된다.(그림 1-2)

일반적으로 건설회사는 공사도급 체결 후 고품질과 적정 비용과 정해진 공기 내에서 안전 무사고로 건축물을 완성시킬 책임을 갖게 되며, 이러한 시공과정을 거쳐 완공된 건축물은 준공검사가 완료된 후 건축주에게 인도된다. 이후에 건축주가 구성한 건물 유지관리 시스템 혹은 별도의 유지관리 전문업체는 건물의 사용연한 동안 적절한 기능을 유지하도록 건물을 관리하게 된다.

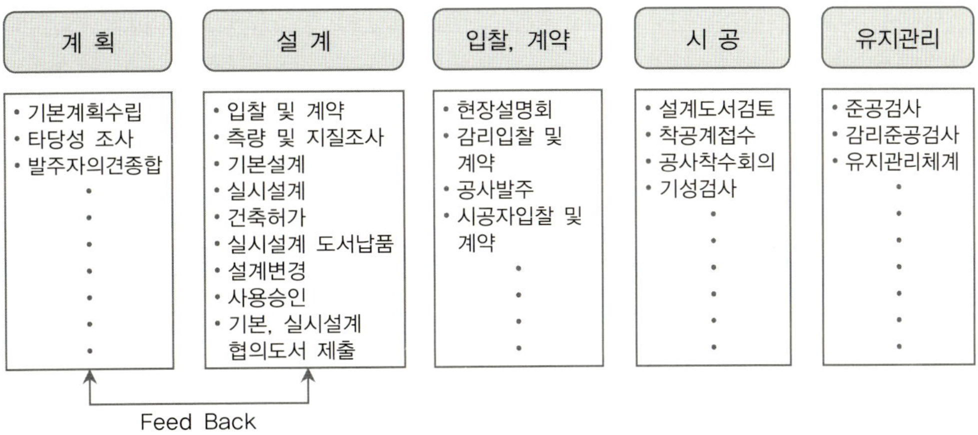

그림 1-2 건설공사 진행과정

1.2 건설공사와 현장관리

1.2.1 현장조직

(1) 현장사무소

건설현장은 본사 혹은 지사에서 대부분 떨어져 위치하고 있으므로 지휘나 관리가 힘들다. 그래서 건설현장에서는 현장사무소라고 불리는 공사사무소를 별도로 조직한다. 이러한 현장조직은 그림 1-3에서와 같이 현장소장을 중심으로 각 담당업무별로 적정인원이 배치되며, 이는 제조업에 있어서의 공장과 같이 자재나 인력을 활용하여 올바른 품질, 목표원가, 안전성 등의 확보를 목표로 한 생산활동의 장으로 거듭난다.

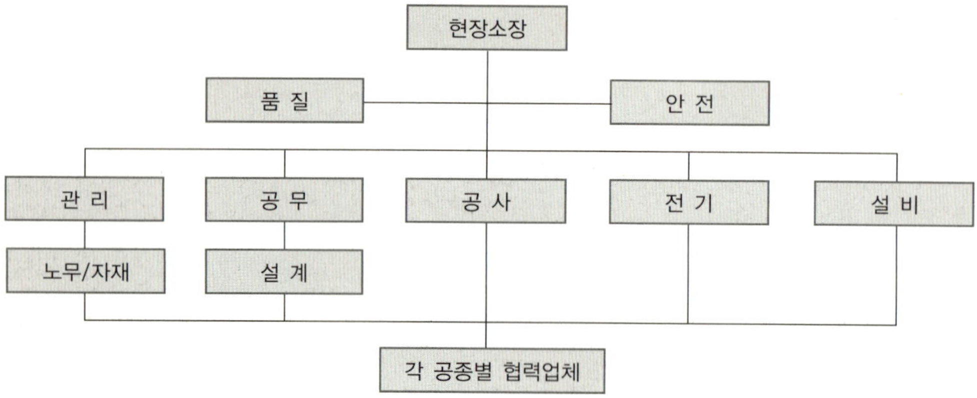

그림 1-3 현장사무소 조직도

(2) 현장대리인

현장소장은 현장대리인이라고도 불리며, 현장소장은 공사이행에 따른 책임을 가지고 모든 현장의 일을 최종결정하고 총괄 지시한다. 현장소장은 담당자마다 업무 분담하여 해당 기술자를 배치하고 전문공종마다 최적의 공법을 선정하여, 이에 기초한 시공계획대로 담당 기술자 및 전문협력업체가 공사를 수행할 수 있도록 조정하는 역할을 한다. 또한 예상되는 각종 리스크(공기지연 요소, 설계변경, 물가변동 등)로 인한 원가상승, 공기지연을 사전에 예방 또는 제거하기 위한 수단을 마련하고, 해결책을 제시할 수 있는 충분한 경험을 가진 자여야 한다. 공사중 발생할 수 있는 소음, 분진, 진동 등 건설공해에 대한 주변민원의 해결을 주도적으로 지휘하고 클레임을 발주자, 감리자와 사전 조율하는 역할도 한다.

(3) 본사조직과 현장조직의 업무분화

현장조직은 본사의 소규모 계열회사라고 할 수 있고 건축물의 시공은 기본적으로 현장조직이 중심이 되지만 현장사무소와 본사의 관계도 중요하다. 시공계획의 어드바이스나 품질, 원가, 안전 등의 문제발생시 최종적인 의사결정 등은 물론 현장소장의 주관으로 판단되어질 때도 있으나, 수많은 현장에서 발생하는 모든 일에 대한 총체적인 결정에 있어서는 본사가 관여를 하고, 현장과의 긴밀한 협조를 통해 최적의 현장상황을 유지하도록 하는 것이 본사조직이다.

(4) 현장조직의 역할

건설현장에서는 항상 동일한 작업을 반복하고 있는 것처럼 보이지만, 실제로는 같은 건물용도의 같은 형태의 건축물의 현장이라도 전혀 다르다. 현장 상황은 그 건물의 부지, 위치, 용도, 구조, 마감 등 헤아릴 수 없이 다양한 요인에 의해 달라진다. 그러므로 현장에서의 수많은 사안을 효과적으로 관리하기 위해서는 현장조직의 각 담당업무의 기술관리자가 필요한 것이다. 이들은 자사 또는 자신의 경험을 토대로 유사한 사안은 빠르게 대처하고, 처음 겪는 사안에 대해서도 능동적으로 대처하여 해결방안을 마련할 수 있다. 또한 전문공사업체들을 효율적으로 조율하여 각종 위험요인(Risk Factor)을 예방함으로써 건축주(혹은 발주자)의 공사비 증가와 공기지연 등을 방지하는 효과를 거둔다. 그러므로 현장조직은 다양한 경험을 바탕으로 이러한 가변적인 현장에 대처할 수 있는 능력을 갖춘 기술관리자들을 적절히 배치함으로써 현장에서 발생되는 모든 일들을 서로 긴밀히 협조하여 하나의 건축프로젝트를 완수하기 위해 조직되는 것이다.

(5) 본사조직의 역할

본사는 담당 프로젝트 매니저와 설계부서, 기술연구소 등 전문 코디네이터, 전문기술자들로 조직되어 있고, 이러한 본사의 현장지원 조직을 통해 현장조직은 해결하기 힘든 문제, 즉 구조물의 구조적 안정성 검토나 설계 및 마감재 변경 등을 검토, 결정하거나 본사 방침에 따라 현장에 적용하게 된다.

특히 급격한 자재 및 물가의 상승으로 인한 공사비의 상승이 우려되는 경우, 본사 자재 · 구매관리 부서와 현장조직 간의 긴밀한 정보공유 및 구매관리 통제를 통해 공사비 상승요소를 제거 및 상당부분 제한할 수 있고, 공사비 상승분에 대한 클레임 제기를 위한 데이터를 마련하여 발주처와 계약금액 조정행위를 지원하고 향후 공사비 상승 요소를 예측하는 기능을 한다.

또한 최근 각 건설회사별로 많이 활성화 된 ERP(Enterprise Resource Planning : 전사적 자원관리)시스템 및 PMIS(Project Management Information System) 등의 건설정보시스템의 구축 등으로 전자입찰 및 협력업체 계약, 자재구매 등의 행위를 통신망을 통해 시행함으로써 오프라인으로 이루어졌던 과거에 비해 신속하고 정확한 정보 및 물류의 상호전달, 경로, 진도 등의 추적관리가 가능해졌다. 이에 따라 실시간으로 현장 투입비, 기성고, 자재 재고율 등을 파악함으로써 현장 및 본사 간 기성고 및 공정에 대한 추적관리가 매우 정확하게 진행될 수 있다.

(6) 소결

최근 건설경기는 과다경쟁에 의해 최저가 낙찰로 계약되고, 국내 건설산업의 지속적인 인건비의 상승과 노동인력의 고령화에 따라 생산성이 저하되고 있다. 또한 건설사 간의 과다경쟁에 의한 발주처의 발주금액이 실질적으로 하향되고 있으며, 주택보급의 포화로 인해 주택건설 시장이 미분양률 증가와 같은 퇴조경향을 보이고 있다. 이러한 문제로 인해 건설사의 수익률이 저하되고 전체적인 공사여건이 악화되는 상황에서 현장조직과 본사조직과의 긴밀한 협조는 현 시점에 있어 건설회사가 유지할 수 있는 최고의 방안이라고도 하겠다.

1.2.2 공정관리

(1) 공정관리

공정관리란 효율적인 공정계획을 통해 원가, 품질, 안전성을 고려하여 최적의 공기를 계획하는 것을 말한다. 최근 현장이 대규모화, 고층화됨에 따라 더욱 철저하게 검토하여 계획해야 한다.

공정관리는 먼저 부지 및 현장조건을 파악한 후, 각 공정별로 원가 및 품질을 고려한 최적의 시공방법과 수량 등을 검토하고 선후행 작업과의 Overlap을 고려하여 투입시기와 완료시점 등을 사전 계획하여 최적의 공사흐름을 유지할 수 있도록 하는 것이다.

(2) 공정관리기법

일반적으로 현장에서 자주 쓰는 공정관리기법으로 그림 1-4의 네트워크(Network) 기법과 그림 1-5의 바차트(Bar Chart)가 많이 쓰이고 있으며, 네트워크 기법은 다시 CPM (Critical Path Method)과 PERT(Program Evaluation and Review) 방식으로 나눌 수가 있다.

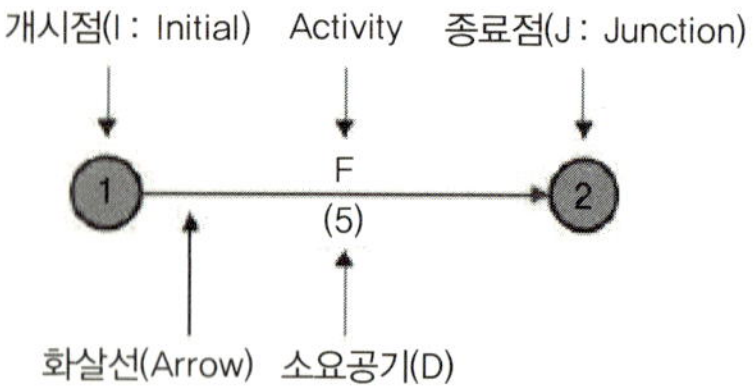

그림 1-4 네트워크 공정관리기법

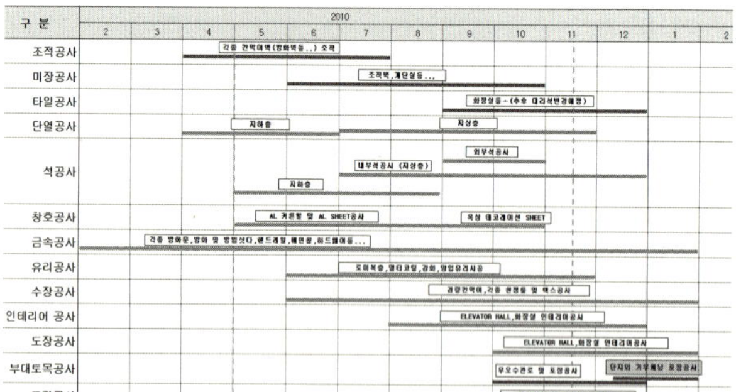

그림 1-5 바차트

바차트 공정표는 현장에서 단위공정, 소규모 공정 또는 공정마찰이나 간섭예상 부위를 쉽게 파악할 수 있는 장점이 있어 자주 쓰인다. 그러나 전체적인 공정의 조율이나 기성고

관리, 공정률 관리에 있어서는 네트워크 공정표보다 다소 취약한 면을 보인다.

공사착공 전 본사 공정표 작성 부서에서 사전 작성한 PERT 공정표를 토대로 현장 공사팀이 검토 후 공정표를 수정하여 본사에 보고 하면 이를 기초로 하여 공사를 진행시키게 된다. 이렇게 작성되어진 PERT공정표는 공정별 단위시간에 따라 해당 기성금액을 입력하면 그림 1-6과 같이 실행금액 S커브가 그려진다.

공사중 Milestone(공사중점관리일 : Critical path상에 있는 중요작업의 착수 · 완료시점일, ex.) 토공사 착수일, 골조공사 착수일, 타워크레인 설치일, 마감공사 착수일, 골조공사 완료일 등) 때마다 또는 필요시마다 실제 투입원가 대비 실시기성과 실행금액 대비 기성금 비율 등을 확인함으로써 공정이 예상보다 빠르게 또는 느리게 진행되고 있는지, 공사비가 과다하게 또는 적게 투입되고 있는지를 매 시점마다 파악함으로써 정확한 공정관리를 가능케 한다.

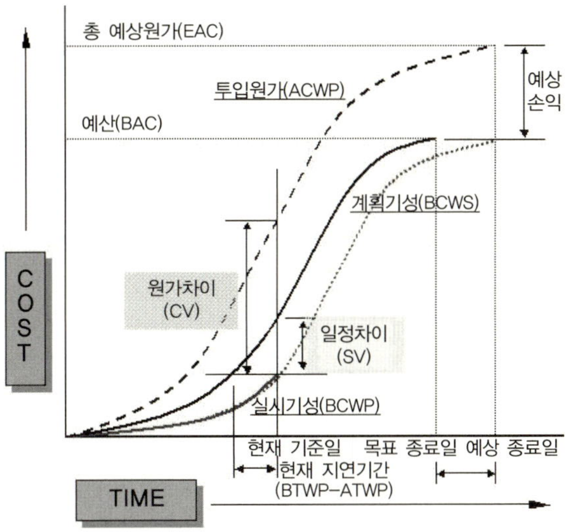

그림 1-6 실행금액 S커브

공정이 지연되었을 경우나 공기단축을 목표로 할 경우 공기단축일수에 따라 추가투입비가 발생되는데, 무리하게 공기단축을 시도할 경우 부실시공으로 인한 품질저하, 과도한 추가투입비 발생, 무리한 공사진행으로 인한 안전관리상 등의 불안전 요소가 발생함으로 공사비, 품질, 안전 등의 제반요소를 모두 고려한 적정수준의 공기단축을 계획해야 한다.

또한 위에서 작성되어진 PERT공정표를 토대로 주 · 월별로 나누어 각 작업별 단위시간 설정 및 소규모 공종의 착수, 완료일, 간섭 여부, 공정별 여유시간 체크 등은 바차트 공정표를 작성하여 현장 공사팀이 실시간 공정관리를 위한 데이터로 활용하게 된다.

다음은 각 공정에 있어 대략적인 착공에서 준공까지의 공정진행 흐름에 대해 파악해 보도록 하자.

착공 ~ 준공까지의 공사 진행흐름

1) 착공 · 준비공사

① 착공준비 : 설계도서 검토, 계약서류 검토, 대지조사, 지반조사, 관할 인허가청에 착공계 제출

- 대지측량을 실시하여 건축물의 위치와 높이의 기준을 정하여 Bench Mark를 설치
- 지반조사 및 대지 주변 인접건물의 조사, 지하매설물을 조사
- 도로점용, 비산먼지, 세륜시설 신고 등 착수 전에 필요한 모든 제반 허가사항을 시청, 구청 또는 관련 인허가청에 신고

② 가설 공사

- 동　　력 : 가설 변대 설치, 가설 전선 인입, 공사용 동력용량 검토
- 용　　수 : 충분한 용수 확보, 지하수 및 상수 사용 여부 확인
- 안전시설 : 안전난간대, 낙하물방지망, 낙하물 방지선반, 추락방지망, 방호구대 등 설치
- 양중장비 : 타워크레인 배치 및 설치계획, 허용하중, 양중 사이클, 양중부하 검토, 하이드로우 및 트럭크레인 사용 여부
- 기　　타 : 가설 펜스 및 공사차량용 게이트 설치, 가설 현장사무소 건립

2) 터파기 · 흙막이공사(사진 1-1)

① 터파기공사계획 · 장비 선정 : 토질주상도 작성 및 그에 따른 공사계획을 수립하고 터파기 장비 선정

② 대지경계 확인 : 실측을 통해 대지경계를 확인

③ 지내력 시험 : 지내력을 측정하여 기초말뚝 및 기초 제원을 결정

④ 터파기 : 터파기 도면에 따른 기초 소요깊이까지 흙이나 암을 제거

㉠ 터파기 공법은 여러 가지가 있으며, 토질에 따라서 다양하게 현장에 적합한 공법으로 결정한다.

- 적정한 경사구배를 확보하면서 터파기하는 일반 오픈컷(Open Cut)공법
- 다양한 흙막이벽 설치 후 어스앵커나 버팀대(Strut)로 흙막이벽을 지지하는 흙막이벽 오픈컷공법

• 중앙부 구조체에 버팀대를 지지하는 아일랜드컷(Island Cut)공법, 이와 반대로 주변부 구조체를 축조하여 버팀대 역할을 하는 트랜치컷(Trench Cut)공법 등 현장공사에 적정한 공법을 선택

⑤ 흙막이공사 : 터파기공사와 더불어 진행되는 공사로 주변지반의 토압 및 지하수 차수 역할을 하는 벽체를 시공하는 공사이며, 토공사에서 버팀대나 흙막이벽으로 토압을 충분히 확보하지 못하거나 충분한 지반, 지질조사를 수행하지 않을 경우 대형사고를 유발할 수 있는 중요한 공정이므로 설계된 공법을 철저하게 검토, 계획하며, 때에 따라서는 설계변경 등을 통해서 문제점 발생요소를 제거해야 한다. 또한 계측장비의 활용으로 흙막이벽체의 변형, 지반 · 지하수위의 변화를 즉시 파악하여 대처해야 한다.

⑥ 흙막이 지지공법

• 가설 버팀대공법 : 터파기가 진행되면서 버팀대를 설치하여 흙막이벽체를 지지하고, 터파기 완료 후 지하바닥부터 골조공사가 진행되면서 설치했던 버팀대를 다시 해체하면서 지하구조물을 완성시키는 공법이다.

• 어스앵커(Earth Anchor)공법 : 버팀대 대신 흙막이벽을 어스드릴(Earth Drill)로 구멍을 뚫은 뒤 그 속에 철근이나 PC강선 등의 인장재를 넣고, 그 주위를 모르타르로 그라우팅하여 굳힌 다음 외부에서 PC강선이나 철근 등에 인장력을 가해 정착시키는 공법이다.

• SPS(Strut as Permanent System : 영구지지공법)공법 : 터파기 진행 전 본 구조물의 기둥을 각 위치에 천공하여 시공하고, 터파기가 진행되면서 미리 시공되어진 본 기둥에 본 구조물의 보를 설치하고, 슬래브 콘크리트를 타설하여 본 구조물 자체를 이용하여 흙막이벽체를 지지하는 공법이며, 가시설 버팀대 해체공정이 없고 지하 및 지상층 동시시공(Top Down공법)이 가능하므로 공기단축과 슬래브 선타설로 인해 작업공간 확보 및 민원발생을 최소화 할 수 있어 최근 많이 채택되고 있다.

사진 1-1 터파기 · 흙막이공사

3) 말뚝박기(사진 1-2)

① 말뚝위치 확인

부지 내 지하매설물을 확인한 후 착공 및 준비공사 단계에서 실시했던 벤치마크를 기준점으로 하여 측량 등을 통해 도면상의 말뚝의 위치를 GPS(위성항법장치 : Global Positioning System) 또는 광파기로 위치 확인

② 말뚝 및 천공공법, 장비 선정

㉠ 말뚝은 일반적으로 크게 기성콘크리트말뚝과 현장타설콘크리트말뚝으로 구분

- 기성콘크리트말뚝 : 천공장비로 천공 후 기성콘크리트말뚝을 압입 또는 경타하여 완료하는 공법
- 현장콘크리트말뚝 : 천공 후 철근망을 삽입하고 트레미관(Tremie pipe)으로 현장 타설하여 말뚝을 형성하는 공법

㉡ 토질을 확인 후 현장 및 본사 토목기술지원부서와 설계사무소 협의 후 현장시공계획에 따라 적정 말뚝의 제원(길이, 직경) 및 천공공법, 장비 등을 선택한다.

③ 천공

말뚝천공 시 공벽의 수직도관리 및 붕괴방지에 주의하며 시공하고, 천공 전후 공벽 유실 등으로 인한 슬라임(Slime)을 반드시 제거한다.

④ 타설

트레미관을 사용하여 천공 소요깊이까지 내린 다음 상승시키면서 타설하고, 콜드이음이 발생되지 않도록 연속타설을 위해 철저한 사전 타설계획을 세운다.

사진 1-2 말뚝박기

4) 기초공사(사진 1-3)

① 터파기 작업과 기초말뚝 작업이 완료되면 지내력시험을 통해 설계지내력을 확인

② 기초는 크게 설계에 따라 줄기초, 독립기초, 매트기초로 나누며 안전성, 작업성, 공

기, 비용 등의 사전검토를 통해 현장여건에 맞는 적정한 기초공법을 선택

③ 기초말뚝의 두부정리 후 모래나 자갈 또는 잡석지정(地定) 작업 후 다짐을 거쳐 버림콘크리트를 타설

④ 버림콘크리트 타설 후 버림콘크리트 면에 먹매김을 실시하여 기초배근 및 거푸집 설치 후 기초를 타설

⑤ 현장계획에 따라 기초작업 시 타워크레인의 기초도 함께 작업하며, 사전 구조검토·보강 및 위치 선정에 신중을 기하여 설치

⑥ 기초 시공 시 가장 중요한 점은 부상과 부동침하를 사전 예방하는 것이다. 부력이 건물자중보다 높으면 건물이 부상하게 되고, 이것은 건물시공 후 빈번이 일어나는 부동침하와 함께 균열 및 누수를 발생시켜 구조물의 내구성에 심각한 영향을 미치므로 반드시 기초하부지반의 사전조사를 통해 부상 및 부동침하를 예방해야 한다.

사진 1-3 기초공사

5) 골조공사

① 철근콘크리트공사(사진 1-4)

- 시공자는 착수 전에 철근, 거푸집, 콘크리트 등 자재에 대해 설계도서를 기준으로 현장여건에 맞는 최적의 자재를 선택하고, 각 자재에 대한 관리기준 및 시험계획 등을 마련
- 일반적인 철근콘크리트공사 시공순서 : (타설) ⇨ (양생) ⇨ 먹메김 ⇨ 철근 배근-벽체 거푸집 설치 ⇨ 슬래브 거푸집 설치 ⇨ 슬래브 배근 ⇨ 타설 ⇨ 양생
- 시공정밀도 및 균열관리계획, 콘크리트 타설계획, 양생계획 등의 품질관리대책을 철저하게 마련
- 설계도서에 따른 위치에 먹메김을 실시하고 기둥, 벽, 보, 슬래브의 철근배근 및 거푸집을 설치

• 설계도서에 따라 요구되는 성능을 가진 콘크리트를 선정하여 콘크리트를 타설하고, 충분한 콘크리트의 강도 확보를 위해 콘크리트 보양 및 양생을 철저히 시행한 후 거푸집을 해체
• 서중콘크리트 타설계획, 한중콘크리트 타설계획서 작성 및 승인 : 날씨에 따라 콘크리트 보양 및 양생계획을 달리하여 콘크리트 품질 및 건물의 강도 · 내구성 확보에 유의
• 콘크리트 타설 전 · 후 철저한 시험을 통해 콘크리트 품질을 요구수준 이상으로 관리

사진 1-4 철근콘크리트공사

② 철골공사(사진 1-5)

• 철골공사는 착수 전 설계도서를 기준으로 철저하게 시공상세도(Shop Drawing)를 작성하여 감독관 승인 후 가공
• 철골공사 시공순서 : 공장제작 ⇨ 현장반입 ⇨ (기초 앵커볼트 설치) ⇨ 세우기 ⇨ 검사(수직도, Level, 부재변형) ⇨ 접합(고장력볼트, 용접) ⇨ 접합부검사(비파괴검사) ⇨ 도장 ⇨ 양생 ⇨ 내화피복 ⇨ 방청 및 내화피복은 건축기준법에 적합하도록 실시

사진 1-5 철골공사

6) 마감공사(사진 1-6)

① 내부마감은 건축주(발주자)와의 의견조율을 통해서 설계도서를 기준으로 공사가 진행된다.

② 최근에는 내부마감에 따라 건물의 가치가 정해지기 때문에 다양한 종류의 자재로 선택의 폭이 넓어졌으며, 그만큼 건축비용 역시 증가하고 있다.

③ 내 · 외부마감은 건물의 용도, 건축주(발주자)의 기호, 설계자의 의도에 따라 다양하게 선택된다.

사진 1-6 마감공사

7) 전기 및 설비공사(사진 1-7)

① 전기 및 설비공사는 착수 전 설계도서를 바탕으로 충분한 용량계산 및 배관라인을 검토해야 한다.

② 골조공사와 동시에 작업이 이루어지므로 정확한 위치에 전기배관 및 설비 슬리브가 설치되어야 한다.

③ 소방신고 등의 착 · 준공에 필요한 각종 서류를 신고하고 하자가 없도록 지속적인 시공관리가 필요하다.

사진 1-7 전기 및 설비공사

8) 현장정리

① 내 · 외부 마감공사 및 기타 공사가 마감되면 작업을 위해 설치했던 비계를 해체하고, 준공청소를 통해 현장을 깨끗하게 정리한다.

② 비계는 인력을 통해 철거되는 부분이 많기 때문에 인부들의 안전사고가 빈번히 발생하므로 안전관리 수칙을 준수하고 안전장치를 충분히 마련하여 사고를 미연에 방지해야 한다.

9) 준공검사 · 인도

① 현장의 주요한 공사가 마무리되면 현장정리 후 예비 준공검사가 이루어진다.

② 예비 준공검사 시 미비한 사항이나 문제점 도출 시 이를 보완 · 수리한다.

③ 준공검사는 계약을 이행 완료한 사실을 통지받은 날부터 14일 이내에 완료되어야 하는데, 공사계약 금액이 100억 원 이상이거나 특별한 사유가 있을 시 7일 범위 내에서 검사기간을 연장할 수 있다.

1.2.3 원가관리

(1) 원가관리란

원가는 실질적으로 현장에서 투입된 자재, 노무, 장비 등의 비용을 말하며, 현장에 주어진 실행예산을 효율적으로 관리하고 통제하여 원가절감을 도모하는 것이 원가관리이다. 실제 원가절감은 공정관리, 품질관리, 안전관리 등 모든 현장의 관리요소들 중에서 도출할 수 있고, 건설회사의 중요한 사업목표라 할 수 있다.

(2) 원가의 구성

공사비는 크게 직접공사비(자재비+인건비+외주비+경비)와 간접공사비로 나뉘며, 여기에 추가로 일반관리비와 이윤이 더해져 전체적인 공사비가 산정된다.

자재비는 실행예산 편성 시 현재 가격을 반영해야 하고 많은 다양한 자재들로 시공되어져야 하기 때문에 가능하면 최대한 자재비를 줄이는 것이 원가관리의 큰 핵심이다. 또한 자재는 대부분의 자재들이 국내에서 생산되어지나 원자재조차 외국에서 수입하는 것들이 많으므로 국제적인 원자재 값과 환율 등에 큰 영향을 받으며, 이는 공사 시작과 진행 중에 예측이 어려운 점 중 하나이다. 예를 들면 표 1-1과 같이 최근 건설업에 큰 영향을 미쳤던 철근의 가격은 건설회사에 있어 치명적인 사항 중 하나였다. 현장 착공 후 실행에

산보다 자재값이 훨씬 폭등하여 해당 자재의 사용 시 실행예산을 초과하여 집행됨으로써 현장 원가관리에 상당한 피해를 준 것이다. 따라서 국제적인 자재값의 변동과 환율의 추이 등의 정황을 주시하여 이를 예측할 수 있는 능력의 제고가 필요하며, 필요시에는 사전에 물량을 확보해 두는 등의 대비책이 요구된다.

표 1-1 철근 고철가격 환율변동 추이

구 분	2007년				2008년										2009년	
	2월	3월	6월	9월	12월	2월	3월	6월	7월	8월	9월	10월	11월	12월	1월	2월
국제고철가 ($)	343	366	354	360	386	478	510	720	720	630	520	380	300	160	270	307
국내고철가 (천원)	315	330	320	330	350	375	500	700	700	570	480	400	200	180	350	360
철근단가 (천원, 현금) (HD 10mm)	471	496	526	581	591	691	741	1,031	1,031	1,031	1,031	1,031	931	761	761	791
환율 (US$)	946	950	937	939	939	953	992	1,042	1,023	1,057	1,147	1,200	1,400	1,400	1,360	1,370

※ 건설경제

(3) 원가절감 방안

1) 최적의 공법 선정 및 시공오차 최소화

현장기술자는 자재뿐만 아니라 현장에 적합한 시공법 등을 사전에 검토하여 도입하거나 체계적이고 효율적인 시공관리를 통해 시공오차를 최소화하고, 최적의 시공법을 마련하여 최소한의 공기 내에 투입인원을 최소화함으로써 현장 인건비를 절감할 수가 있다.

2) VE 및 LCC기법의 도입 ⇢ 신기술, 신공법의 개발 및 적용

실제로 현재 건설회사에서는 효과적인 VE(Value Engineering)기법의 도입을 통해 공사비를 절감하는 노력을 지속하고 있다. 설계 · 시공단계에서 기능을 유지하거나 향상시키는 정도에서 비용을 절감함으로써 최소의 비용으로 기능을 유지하거나 향상시키는 VE기법을 통해 신공법, 신기술을 개발하여 공사비를 절감하고 나아가 건설업체 기술력 및 대외경쟁력 확보에 기초가 되는 것이다.

또한 건축주(발주자)와의 원활한 커뮤니케이션으로 LCC(Life Cycle Cost : 생애주기비용) 관점에서 직접비인 공사비와 유지관리비를 포함한 총비용 개념에서 접근하여, 총비용의 최소화를 통해 유지관리비를 절감하는 LCC기법으로 기존의 단순 공사비 절감만이 아닌 건물 전체 생애주기의 관점에서 과도한 품질 확보로 인한 공사비 남용을 막고 유지관리비를 확보함으로써 발주자와 건설업체가 동시에 비용을 절감할 수 있는 차원으로 원가절감에 접근하고 있다(그림 1-7).

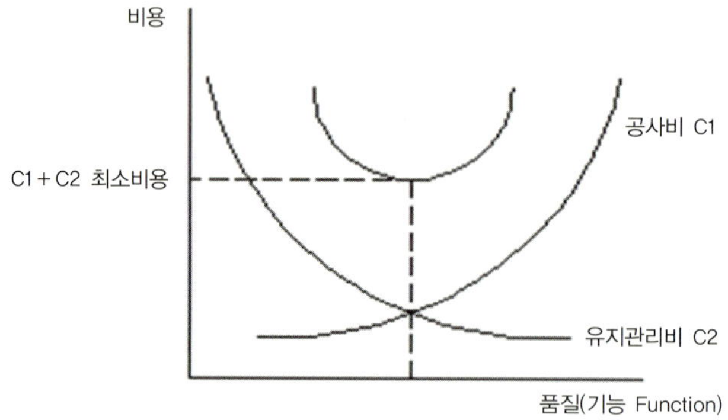

그림 1-7 LCC기법을 통한 원가절감

3) 간접비 최소화

요즘 건설회사에서는 원가절감의 방안으로 간접비 부분을 최소화할 수 있는 방안을 마련하여 시행하고 있고, 이러한 간접비는 가설 자재 설치 및 해체, 직원 인건비, 복리후생비, 전기세, 수도세, 잡자재비 등 기타 현장관리에 필요한 모든 제반비용을 절약하여 현장비용을 절감하는 것이다.

1.2.4 품질관리

품질(Quality)은 제품이 사용목적에 최적의 조건을 갖추도록 하는 것이며, 이는 건축물에 있어 그 가치를 평가하는 하나의 기준이라고 하겠다. 최근에는 건축물의 수명, 내구성, 신뢰성까지도 포함하여 기업 이미지에 큰 영향을 미치고 있다. 여기에는 시공단계마다 요구하는 품질에 적합하도록 기본적으로 자재나 시공에 관한 시험을 현장 또는 외주기관을 통해 실시하고 있고, 각 작업단계마다 작업표준화, 작업기준화를 설정하여 항시 관리하고 있다.

품질기준은 기본적으로 시방서 등에 명시되어 있지만 다양하고 가변적인 현장에서는 그 작업공정, 작업조건 등을 종합적으로 고려하여 실현 가능한 범위 내에서 설정해야 하고, 관리자뿐 아니라 작업자에까지 품질교육을 통해 보다 나은 시공품질을 달성하도록 해야 한다.

관리자는 항시 도면과 시방서를 기준으로 체크리스트를 작성하여 품질관리를 해야 하고, 작업자에 대한 명확한 지시를 통해 시공오차를 줄이고 정밀시공이 가능하게 사전에 충분한 검토를 해야 한다.

대부분의 건설업계에서는 품질업무의 기준을 삼기 위하여 품질경영 시스템을 도입하고 있는데, 대표적으로 ISO(국제표준화기구, International Organization for Standardization)를 채택하고 있다. ISO 9000시리즈는 모든 업무를 문서화하고 문서대로 실시하고 있음을 증명하도록 요구하는 시스템이며, ISO 14000은 ISO 9000 규격에서 환경경영규격을 추가 반영한 시스템이다.

이러한 ISO시스템은 건설업의 특수성으로 인해 품질관리를 적용하기에 상당한 어려움이 있으나 최근 발주자나 사용자의 요구조건이 되거나 건설회사 자체적인 평가사항으로 자리잡고 있어 상당히 중요한 관리포인트가 되었고, 이는 사회적인 평가를 통해 건물의 가치가 판단되어 현장에서 결코 간과할 수 없는 하나의 중요한 기준이 된 셈이다.

그리고 최근에 도입하고 있는 BIM(Building Information Modeling)은 건물의 실제 형상과 정보를 가지는 3차원 기반의 정보체계로서 프로젝트에 포함된 모든 정보를 저장하고, 다양한 형태로 필요에 따라 정보들을 표현할 수 있어 초기 개념설계에서 유지관리단계까지 건물의 전 생명주기 동안 다양한 분야에서 적용되는 모든 정보를 생산하고 관리할 수 있는 기술이며, 건물생산의 전 과정(설계, 시공, 사후관리)에서 보다 빠르게 검토되고 데이터화하여 질 좋은 건물을 생산할 수 있게 해준다(그림 1-8).

그림 1-8 BIM

1.2.5 안전관리

최근 우리나라 건설현장은 신기술, 신공법의 도입과 다양화, 대형화, 복잡화되어 가는 반면 작업자는 고령화 추세에 있으며, 또한 장비를 이용한 공사가 많아지고 있어 건설관련 사고들이 빈번히 발생하고 있다. 따라서 안전관리에 대한 비중이 큰 관심사로 등장하였고, 건설업체에서도 하나의 사고로 인해 매우 큰 피해가 발생되어 건설현장의 안전 무사고 달성은 무엇보다도 중요한 큰 목표로 설정되어 있다.

따라서 건설현장에서는 생산성 향상과 인적·물적 손실을 최소화하기 위한 안전관리계획을 수립하고, 그에 따른 작업환경의 점검 및 개선, 현장근로자의 교육과 작업환경 순회감독 등의 안전관리 업무를 통해 인명과 재산을 보호하고, 사고발생시 효과적이며 신속한 처리 및 재발방지를 위한 대책안을 수립, 이행하는 등 안전에 관한 기술적인 관리와 교육 등을 철저히 수행하고 있다.

현 건설현장 안전관리 문제점은 안전관리계획 수립 시 사전 공정별 위험성에 대한 충분한 분석과 검토가 미비하고, 근로자 교육 및 관리감독자의 교육이 성실히 이행되지 않고 있으며, 그에 따른 비상사태 발생 시 대응능력도 미비하여 큰 사고로 번질 위험성도 있다. 또한 다양화, 복잡화된 현장 고유의 특성이 반영되지 않는 획일적인 제도 적용도 하나의 문제점이라 할 수 있다.

이에 따른 안전관리 개선대책은 공사관계자는 공정별 사전 위험성평가를 통해 충분한 분석과 검토를 실시해야 하고, 해당 근로자와 관리감독자에 대해 지속적, 체계적으로 교육을 실시하여 휴먼에러를 최소화해야 하며, 사후점검으로 지속적으로 보완 관리해야 한다. 또한 각 현장 특성에 맞는 안전관리제도를 발굴 적용하여 보다 효과적인 시행방안을 마련하여 현장사고가 발생되지 않도록 해야 한다.

근래에는 "KOSHA18001"이라는 제도를 통해 사업주가 자율적으로 사내에 안전보건경영체제를 구축하고 정기적으로 위험 정도를 평가하여 잠재위험 요인을 지속적으로 개선하는 체계적인 재해예방활동을 하고 있고, 이러한 제도를 빠른 시일 내 현장 적용화하여 사전 안전관리제도로서 정착시키고 있다.

1.3 현장기술자의 역할

1.3.1 현장운영과 현장관리

현장운영이란 현장소장을 중심으로 여러 분야의 현장기술자들이 건축주(발주자), 설계자, 감리자, 전문공사업자, 인근주민 등과 협력 및 보완을 통하여 현장을 원활히 관리하는 것이다. 현장관리란 소정의 품질을 확보하면서 기술, 비용, 시간, 안전, 환경 등의 측면에서 만족하도록 현장을 꾸려나가는 것이다. 현장기술자는 시시각각 변화하는 현장에서 폭주하는 작업을 시의 적절하게 정리하고 전문공사업자에게 작업지시를 하여 시공품질의 확보 여부 및 공정 지연 여부 등을 확인해야 한다. 또한 날씨의 영향 및 납기 지연 등으로 공정 지연이 발생한 경우에는 바로 계획의 변경 등 대책을 검토하고 후속공정에 미치는 영향이 최소가 되도록 조치를 강구해야 한다.

그러면 실제 건설현장에서 현장기술자는 어떠한 업무를 할까. 기본적인 업무로 바꿔 말하면 그림 1-9와 같이 시공계획, 공사관리, 대외업무 등의 업무를 수행한다.

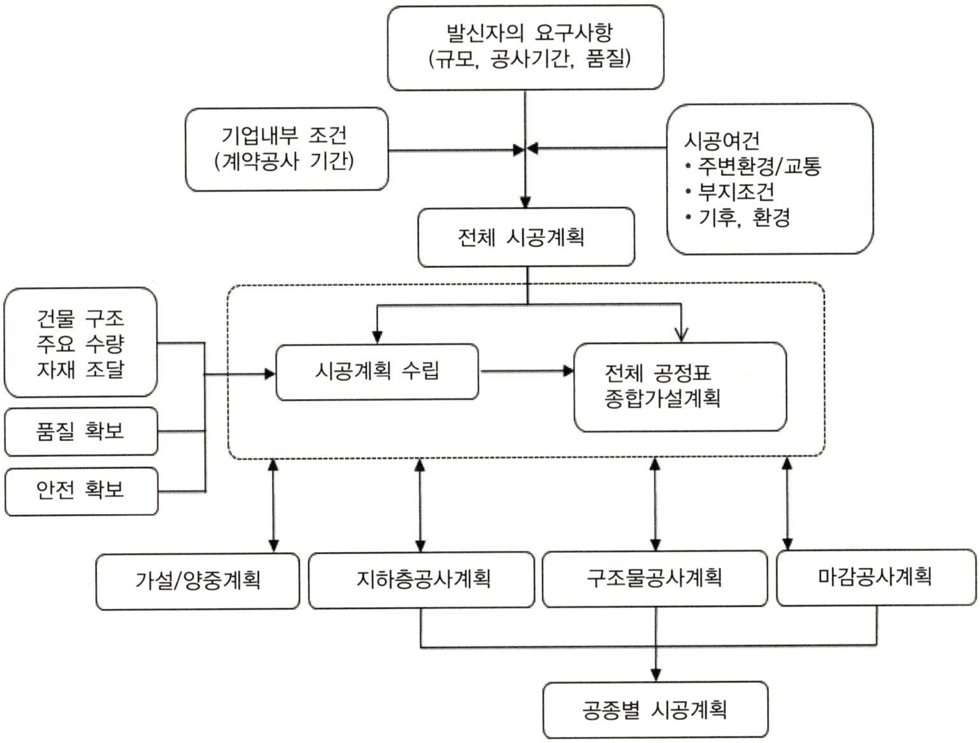

그림 1-9 시공계획의 개념

계약의 범위 내에서 어떤 재료, 공법 및 기계를 사용하여 어떤 순서로 시공하는지 면밀한 계획을 세우는 것이 시공계획이다. 시공계획을 바탕으로 공사전체 프로세스를 관리하고 개별 공종의 품질관리, 원가관리, 공정관리, 안전관리까지 일관하여 실시하는 것이 공사관리이다. 그리고 대외업무란 설계도서만으로 알 수 없는 사항의 질의응답 및 설계변경, 자재승인, 검사 등 발주자 · 감리자와의 협의, 근린주민에 대한 대응, 관공서의 인허가 등 여러 가지 사외(社外)에 대한 업무를 진행하는 것이다. 또 공사관리의 일환으로 공사에 참여하는 작업인부의 재해방지와 인근에 미치는 소음, 분진, 수질오염 등의 공해방지, 주변의 통행방해 방지를 위해 안전계획 및 설비 설치를 실시한다.

공사관리 업무는 크게 품질관리, 원가관리, 안전관리, 공정관리 및 기타 관리의 5가지로 분류할 수 있다. 표 1-2는 국내의 현장에서 실제 수행되고 있는 분야별 세부 업무를 정리한 것이다. 품질관리란 건축물의 품질을 향상시키고 발주자의 요구를 충족시키기 위한 업무이며, 원가관리란 공사에 투입되는 원가와 발주자로부터의 기성 등 현장에서 발생하는 모든 원가관련 업무를 의미한다. 또한 현장에서 발생할 수 있는 각종 사고를 사전에 예방하고 안전과 관련된 교육을 실시하는 등 현장의 각종 안전관련 업무인 안전관리가 있으며 공정계획, 자재 · 장비 반입계획 등 각종 공정관련 계획을 수립하고 체크하는 공정관리도 현장기술자의 중요한 역할이다. 마지막으로 기타 관리란 공사 수행의 저해요인 관리, 시공도면 작성, 공법분석, 공사물량 산출, 직원 복리후생 등 위의 품질관리, 원가관리, 안전관리, 공정관리에 포함되지 않은 현장에 필요한 모든 관리를 의미한다. 현장의 모든 공사관리 요소는 유기적으로 연결되어 있다. 그림 1-10과 같이 품질 향상을 위한 자재나 공법의 변경은 현장의 원가, 안전 그리고 공정에 영향을 미치며 공정관리가 제대로 되지 않을 경우 원가, 품질, 안전에 영향을 주게 된다.

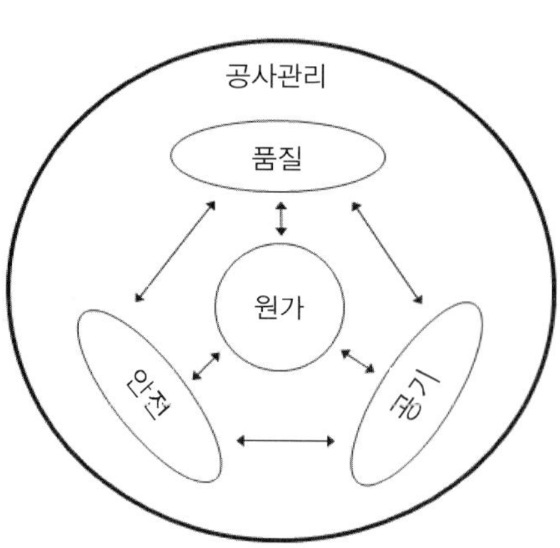

그림 1-10 공사관리 요소와 상관관계

표 1-2 관리업무 분야별 세부업무(손창백 외, 2006)

대분류	중분류	소분류
품질관리	실행계획	발주처 요구사항 수립
	실행문서	품질관련 문서 작성 품질기준 작성 및 점검 품질기록관리
	실행관리	계측장비관리 클레임 해결 품질보증 업무관리 공사관련 교육계획 및 실시 설계변경업무 품질시험관리 불량품질 시정 및 예방 준공까지 품질 유지관리 품질관련 업무보고
원가관리	실행계획	공사 투입원가분석 공사시행계획
	실행문서	개인별 · 공종별 노임대장 정리 정산문서관리
	실행관리	실행예산 편성 및 관리 공사목표 수립 및 실행관리 공사관련 보험업무 직원급여 및 수당관리 기성관리 실행예산 초과대책 준공정산 보고
안전관리	실행계획	안전관리조직 구성 안전교육계획 및 실시
	실행문서	안전관련 문서관리
	실행관리	안전점검 방화 및 소화 관련사항 안전장비관리 안전관련 업무보고
공정관리	실행계획	공정계획 수립 공정에 따른 인원수급 및 배치관리
	실행문서	세부공정표 작성
	실행관리	인·허가관리 공정에 의한 자재 · 장비 반입관리 공기지연대책 공정관리 보고 준공관리

1.3.2 시공계획

(1) 시공계획

건축공사는 일일작업을 반복하여 완성되며 최종결과는 처음에 세운 계획으로 결정된다고 해도 과언이 아니다. 조잡하게 준비하고 실행하면 좋은 결과가 나오지 못하며, 도중에 결함이 발생해도 거의 수정 불가능하고 공사기간 연장, 중대한 재해, 품질불량, 예산초과 등 치명적인 문제가 발생할 수 있다. 현장기술자는 다양한 공법 중 주어진 조건 및 제약을 바탕으로 지식과 경험을 살려 최선의 공법을 선정해야 한다. 계획단계에서는 수많은 상황을 생각하고 면밀하게 계획하고 그 계획을 몇 번이고 다듬는 것이 중요하다. 물론, 계획은 착공 시에 한정되지 않고 현장의 모든 작업에 필요한 것이다.

시공계획의 개념은 그림 1-11과 같이 정리할 수 있다. 먼저 어떤 건축물을 만들지 계획도를 제대로 숙지하고 부지조건을 확인하여 공사 이미지를 그려서 시공계획을 수립한다.

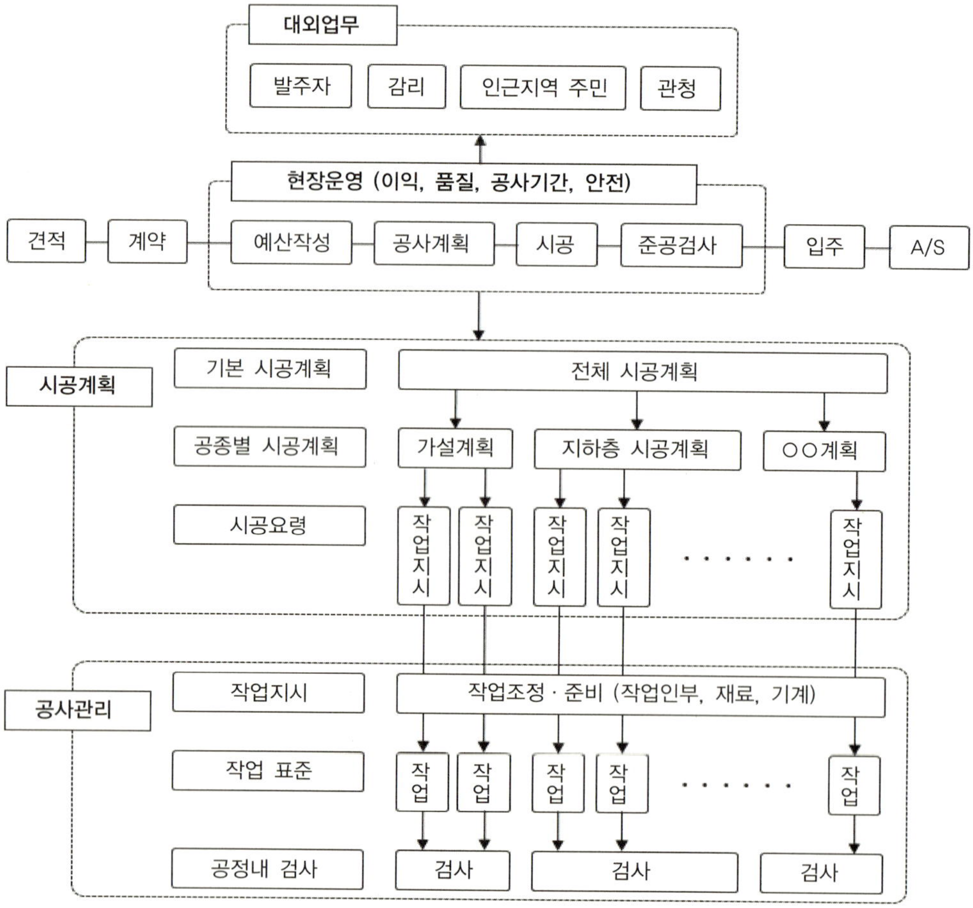

그림 1-11 시공계획과 공사관리의 흐름

시공계획은 착공 전의 공사순서 및 공법 등 공사전체의 기본방침을 정하는 전체시공계획과 각 공종(工種)착수 전에 개별적으로 일정 및 투입인원수, 품질관리기준 등을 정하는 공종별 시공계획으로 나눌 수 있다. 현장기술자로서 시공계획은 공사의 성과를 결정하는 매우 중요한 역할이다. 전체시공계획은 종합가설계획도와 전체공정표를 통하여, 공종별 시공계획은 해당 공종의 시공계획서를 통하여 완성된다.

(2) 가설계획

가설계획은 시공계획을 수립하는 데 중요한 역할을 한다. 가설이란 임시테두리, 임시사무실, 외부발판, 양중장비 등을 말한다. 최종적으로 건축물에는 남지 않고 모두 철거되나 공사를 진행할 때 "좋은 건축물을 적은 비용으로 빠르고 안전하게 건설"하기 위해 임시로 설치하는 것이다.

가설물은 목적 및 범위가 매우 넓으므로 통상적으로는 전체공사에서 공통적으로 필요한 가설 사무소 및 발판, 양중(揚重)기계류와 지하공사에서 토사붕괴를 막는 설비, 콘크리트 공사에서 형틀, 지보공(支保工)과 같이 단독공사에 필요한 것으로 분류하고 시공계획과 함께 검토한다.

가설을 어떻게 설치하는지는 품질 및 안전에 크게 연관된다. 또 원가측면에서도 전체공사비의 약 10%를 차지한다. 가설물은 전용(転用, 재사용) 등을 고려하여 가능한 투입원가를 낮게(노무 및 재료 투입을 적게), 합리적으로 적용할 수 있는 방법을 선정할 필요가 있다. 빈틈없는 가설계획을 위해 사전에 가설계획을 상세히 작성하여 공정별 · 부위별 검토가 필요하며, 특히 양중계획의 경우 면밀한 검토를 통하여 양중능력 부족이나 공기지연 등의 문제를 사전에 방지해야 한다.

1.3.3 시공 사이클

시공현장에서는 하루, 1주, 1개월의 주기로 현장관리를 위한 회의 및 확인사항 전달 등의 절차가 이루어지며 그림 1-12는 이러한 현장관리 절차의 예이다.

공사를 진행하기 위해서는 전문지식 및 현장경험 외에 그 상황에 맞춘 시의 적절한 대응 및 조치가 필요하다. 현장은 항상 움직이며 상황이 변화한다는 인식을 가지고 있어야 한다. 예를 들어 내일 진행할 예정인 작업을 예정대로 진행할 수 있을지, 다음 주 진행할 예정인 콘크리트 타설을 진행할 수 있을지, 기자재는 준비되었는지, 인력수급에는 문제가 없는지 등의 검토 및 점검이 중요하다. 또 기상예보 등의 정보에 항상 주의하고 뇌우(雷

雨) 등과 같이 폭우, 태풍, 강풍 등 급격한 기상변화가 예상되는 경우에는 그 준비가 이루어졌는지 점검할 필요가 있다. 현장에서 이루어지는 시공 사이클은 그 중요성을 인식하지 못하여 형식적으로 진행되기 쉽다. 그러나 현장기술자는 현장의 안전교육, 조례, 위험예지교육, 현장정리, 각종 협의 및 회의 등 모든 과정에 관련자들의 적극적인 참여를 유도하여 품질, 안전, 공정진행 등 현장상황에 대한 정확한 파악과 대비가 필요하다.

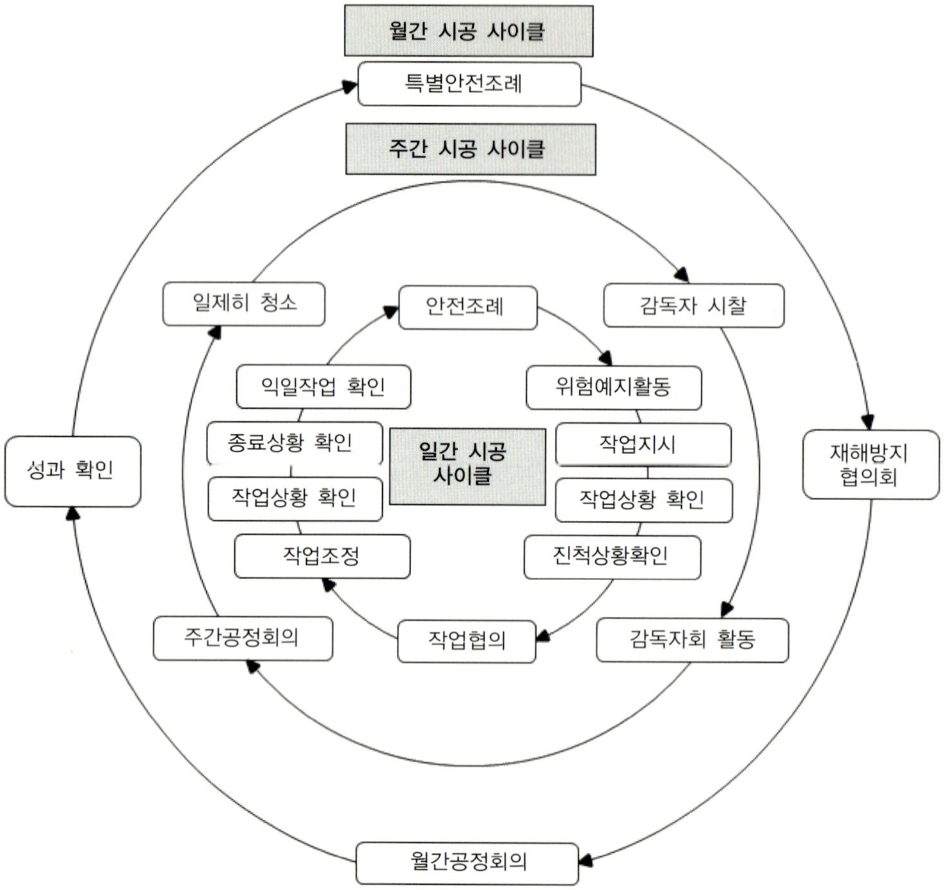

그림 1-12 일, 주, 월간 시공 사이클 예

1.4 현장기술자에게 요구되는 능력

1.4.1 건설현장에서의 역할

현장기술자는 현장의 전체공정을 관리하면서 회사(작업장)가 정한 공사운영 방침을 바탕으로 필요한 기자재 준비와 수많은 전문공사업자 간의 조정, 작업지시를 실시한다. 이에 대해 품질과 안전을 확보하면서 공사를 진행하는 데는 기본이 되는 지식과 기술을 바탕으로 '기술적 능력'과 대외업무를 포함하여 현장을 운영관리하는 '관리적 능력'이 요구된다. 특히 건설현장에서는 관련된 현장기술자 자신이 습득하여 지니고 있는 지식 및 기술뿐 아니라 건설회사는 조직으로서 축적한 노하우, 데이터, 실적, 신기술지식 등이 합쳐져 건설현장을 운영한다. 건설산업의 발전속도가 가속화되어 수많은 신기술 및 공법이 개발되고 있기 때문에 현장기술자는 항상 기술자로서의 자기개발에 충실해야 한다.

또 건설현장 내의 모든 것은 외부로 노출되는 경우가 많으며 현장 내부에서 작업상황 및 진척상태는 내·외부의 많은 사람들의 눈에 띄게 된다. 따라서 공정에 맞는 일관된 시공과 규율이 있는 현장관리 등은 대내외적으로 높은 평가를 받는다. 또한 정리된 현장은 안전사고의 위험이 적고 내부의 혼잡을 방지하여 공사진행에도 도움을 준다. 그러나 지연된 공정, 어수선한 현장, 지저분한 현장정리, 나태한 작업인부 등은 공사를 수행하는 회사의 평판을 떨어뜨리게 된다. 소비자를 비롯한 외부인들은 현장상황을 건설회사의 능력 및 자세로 받아들인다. 즉, "현장 = 회사의 모습"이 성립하는 것이다.

건설환경은 하루가 다르게 변화해 가고 있고, 그에 따라 요구되는 건설기술자들의 역량 또한 증가되고 있다. 따라서 현장기술자는 최신 기술정보의 습득, 사회변화의 경향 등 주변상황에 대한 지속적인 관심을 갖고 개인에 맞게 최적화하여 개인의 기술력을 향상시키고 주변환경에 적정하게 대응함으로써 최상의 능력과 실적을 발휘할 수 있다.

1.4.2 관리능력

기본적인 기술 및 일반적인 관리 포인트는 각 건설회사에서 매뉴얼 등으로 표준화되어 있다. 그러나 옥외에서 진행되는 단품 수주생산인 건설현장에서는 실제 공사를 진행하는 작업환경이 각각 다르다. 일상적인 업무에서 갑작스런 설계변경 및 문제점 발생, 자재 및 인력조달의 어려움 등 다양한 문제가 발생한다. 또한 발생한 문제에 대하여 조치, 판단이 어려운 경우도 있게 마련이다.

이러한 상황에 임기응변으로 대응하는 기술력 및 창의력을 발휘하는 현장관리능력이 현장기술자의 중요한 역량이라 할 수 있다. 따라서 각 작업을 수행할 때 중점적으로 확인할 것은 품질저하의 원인, 공종별 · 공정별 작업성과의 면밀한 검토, 같은 실수 및 재작업의 반복 방지이다. 현장에서는 자신의 지식과 지혜를 모아 기술자 본인이 담당한 부분 이외에도 항상 “이것으로 충분한가?”, “이 다음은 어떻게 할 것인가?”와 같은 문제의식을 가지고 관리에 임해야 한다. 이 과정에서 이해가 안 되는 것 또는 궁금한 것은 동료 및 직장상사에게 묻는 것이 매우 바람직하다.

1.4.3 인간관계 구축

건설공사는 단품수주생산이므로 현장마다 새로 맞이하게 되는 발주자 및 감리자, 동료직원, 전문시공업자 등 다양한 구성원과 많은 인간관계를 구성하게 된다. 자신의 능력 및 기술수준을 인지하고 상대의 성격 및 기술력을 파악한 후 상대에게 적합한 대응을 함으로써 자기 자신이 일하기 쉬운 환경을 만들어 가는 것이 매우 중요하다. 또한 공사를 진행하는 데 발생하는 각종 문제점 및 과제를 혼자 스스로 해결하려고 노력하는 것보다 상사 및 선배와 상담하거나 본사 및 지점의 기술전문가, 입사동료 등 사내 네트워크를 이용하여 적극적으로 보다 빨리 해결하도록 평소부터 인간관계를 구축하는 것이 중요하다.

(1) 감독자 및 작업인부와의 인간관계

건설현장의 품질은 직접 작업에 종사하는 전문공사업자, 작업인부의 마음가짐에 따라 크게 달라진다. 특히 젊은 기술자는 연장자이며 경험이 많은 감독자(작업인부를 관리하는 역할) 및 작업인부와의 인간관계에 대해 여러 문제 및 고민에 직면할 수 있다. 적극적으로 대화하고 교류하여 신뢰관계를 구축하는 것이 품질 좋은 건축물을 만드는 첫걸음이라 할 수 있다. 특히 작업지시는 목적을 확실히 하고, 스스로 납득할 수 있는 지시내용이어야 한다. 해당 공종 및 작업에 대하여 사전에 면밀히 파악하고 지시해야 하며, 상황을 고려하지 않은 상태에서 무리하게 추진하지 말고 논리적으로 설득하며 그 결과를 반드시 확인하는 것이 중요하다.

(2) 인근주민과의 인간관계

현장의 인근주민은 건설공사로 인하여 주변환경을 갑자기 바꾸는 행위를 결코 좋아하지 않는다. 그러나 한편으로는 새로운 건물이 어떻게 완성되는지 흥미를 갖는 것도 사실이다. 인근주민과의 문제는 주로 현장의 책임자급(현장소장)이 해결하는 경우가 많지만 현장의 모든 기술자들이 주의 깊게 살펴보고 주민들과의 작은 접촉에서부터 좋은 관계를 유지하는 것이 원활한 현장운영에 많은 도움을 주는 경우가 적지 않다. 먼저 인근주민의 입장에서 생각하고 빈번하게 의사소통(Communication)을 하며 성의를 가지고 대응하여 신뢰관계를 구축하는 것이 중요하다. 특히 문제가 되기 쉬운 작업시간 및 차량반입시간, 동선 등은 규칙을 정하여 작업인부 및 운송회사가 철저히 지키도록 해야 한다. 아울러 인근주민에게는 사전에 설명하고 양해를 구하는 것이 매우 중요하다. 또한 일반인들은 건축에 대하여 전문지식이 부족한 경우가 대부분이므로 전문용어를 피하고 알기 쉽게 설명해야 한다. 현장수준에서 해결하기 어려운 문제에 대해서는 어떤 방침으로 대응할지 본사와 긴밀하게 협의하고, 협의 시 가능 또는 불가능한 사항을 확실히 해두어야 한다.

(3) 설계자 및 감리와의 인간관계

젊은 기술자가 같은 전문분야에서 자신보다 연상이며 경험이 풍부한 설계자 및 감리자와 대응하는 것은 매우 어려운 일이다. 기술 면에서도 지식 부족을 느끼는 경우가 많은데, 이 경우 모르면서 아는 척 하는 허세를 부려서는 안 된다. 자신이 모르는 것을 상대가 물어보거나 지시할 때는 "아직 이해를 못하고 있으니 충분히 이해한 후 답변 하겠습니다"라고 확실히 대답해야 한다. 명심할 것은 무리하게 허세를 부리지 말아야 한다. 비록 젊고 경험이 부족하더라도 주어진 상황을 겸허하게 인정하고 배우려는 자세로 노력하면 상대방은 오히려 배려와 협력의 입장에 서게 된다. 따라서 항상 성의 있게 대응하고 인내심을 가지고 기술 및 지식 습득을 위해 노력해야 한다.

(4) 상사 및 선배와의 인간관계

같은 현장의 직원은 같은 목적을 가지는 운명공동체이다. 보고, 연락, 상담을 게을리 하지 않고 모르는 것은 적극적으로 질문해야 한다. 또 여유가 있다면 자신의 담당업무 이외에도 항상 관심을 가져야 하며, 선배가 가지고 있는 노하우(Know-How)를 눈여겨 배운다는 생각으로 업무에 임해야 한다. 본인의 실수 또는 현장에서 발생하는 좋지 않은 소식을 전하는 것이 어려운 것은 사실이다. 그러나 현장에서 발생한 문제점, 실수 등은 숨기려고 해도 그대로 덮어지는 경우는 거의 없다. 발생한 문제점에 대하여 즉각적으로 보고 및 상담을 하지 않은 결과가 더 중대한 문제로 발전할 수 있으며, 현장 수준에서 해결되지 못하고 회사의 문제로 확대되는 경우가 빈번하다. 따라서 문제점, 실수 등은 숨기지 말고 보고하여 그때마다 빠른 결단과 기민한 조치가 가능하도록 평소부터 작업장 내에서 활발한 의사소통을 위해 노력해야 한다.

제 2 장

가설공사

가설공사란 본 공사를 능률적으로 실시하기 위하여 필요한 가설적 시공설비를 일시적으로 설치하는 공사로서, 본 공사가 완료되면 모두 해체, 정리하므로 보조적인 역할을 맡을 뿐이다. 일반적으로 설계도서에 표기되어 있지 않고 시공자에게 전적으로 일임하는 것이 통례이고, 일정기준이 없이 대지위치, 공사규모, 공사기간 등에 따라 계획, 운영되므로 가장 올바른 시공을 결정하여 알맞게 공사하기는 쉬운 일이 아니다.

구체적으로 말하자면 준비(부지측량, 지반조사, 장애물조사 등), 공작물(가설 울타리, 양생구대 등), 가설 건물(공사사무실, 작업자 대기실 등), 공사시설(구대, 비계, 안전 · 양생시설 등), 기계 및 공사용 설비 등 폭넓은 범위에 미치며 보통 공사비내역서의 제일 처음 항목이 되어 첫 장을 차지한다.

(1) 비계 · 지지용 구조물 · 크레인 등 건설기계, 흙막이 · 거푸집 등의 중요성이 큰 가설공사는 안전성과 경제성을 조화시키기가 어려운데, 경제성을 우선하면 사고가 나서 비용이 커지고 결과적으로 사회적 신용을 잃게 되는 심각한 결과를 가져온다. 안전성을 보증하는 기술력이 가장 중요한, 가설공사의 핵심이다.

바람, 지진, 지반의 불안정, 초과하중, 노후화, 작업불량 등이 발생하는 것을 예상하여 성능과 내력에 여유를 두어야 한다. 가설재를 단기적으로 설치하는 경우에도 단기 허용응력도를 기준으로 강도계산을 할 때 시공정밀도, 전용에 따른 손상 및 현장의 사정을 고려하여 경제성과 안전성을 조화시킨다.

(2) 가설공사가 고도화, 중량화 하면서 공사비중이 커졌고, 가설계획을 작성할 때 고도의 기술력과 공사일반에 대한 광범위한 지식이 필요하다. 고려사항으로는 설계도서 파악, 요구조건 확인 / 지하매설물 현황조사 및 대지조사 / 타 공사와의 관계 검토 / 공정마찰 고려 / 가설설비의 안정성 검토 / 비용에 대한 검토(VE 측면) / 설치 · 해체 시에 본 공사에 지장유무 검토 / 반복사용에 대한 전용성 검토 등이 있다.

가설공사는 최소화하여 공사비를 줄이는데 현장작업을 축소, 간소화하기 위하여 공장제작을 확대(강재화, 경량화, 표준화, 단순화, 전문화)하고, 가설재의 효율적 운용을 위하여 강도확보와 반복사용을 중시하면서 규격화로 조립해체를 용이하게 해야 한다.

2.1 공통가설공사

공통가설공사의 시작은 부지를 측량하고 줄쳐보기를 시행하는 것이다. 부지측량에서는 일반적으로 경계측량(측량사의 작업을 인접부지와 도로의 관리자가 입회할 필요), 현황측량(고저와 지형), BM(Bench Mark는 견고하게 2개소 이상) 설치가 필요하다. 줄쳐보기는 건물의 위치를 결정하기 위하여 건축주와 감리자가 입회하여 건물의 외벽의 벽선의 위치를 확인하는데, 대개 기공식에서는 건물의 외주(外周) 위치를 확인할 수 있도록 표시를 해 둔다.

사진 2-1 부지측량

2.1.1 가설 울타리

위험방지를 위하여 공사현장에 높이 1.8m 이상으로 설치한다. 입지조건, 공사상황에 따라 필요가 없을 수도 있으나 시가지에서는 철판 등을 이용하여 경관을 고려한 가설 울타리를 설치하는 것이 좋다.

(1) 일반적인 계산과정의 예

① 2m 높이의 울타리 풍압력 = 속도압×풍력계수 = $60\sqrt{2}\times1.2 \fallingdotseq 100\text{kg/m}^2$

② 사용부재의 선정과 지지기둥의 응력계산(자중 + 풍압)

③ 단면산정 및 응력검토(띠장, 기둥, 버팀대)

④ 기초의 내력검토 및 종합검토 : 울타리가 쓰러지면 이미지 추락

사진 2-2 비계형 가설 방음벽

사진 2-3 E.G.I 펜스

사진 2-4 독립형 가설 방음벽

사진 2-5 독립형 플라스틱 가설 방음벽

사진 2-6 가설 방음벽 설치 전경

(2) 출입문

최대 통과차량과 전면도로의 폭 및 도로규제 등을 고려하여 위치와 크기(폭 4m 이상, 높이 4~5m 정도)를 결정하고 개폐에 편리하게 설치한다. 차량의 출입 시 회전경고등이나 부저가 작동하면 부근 통행자의 안전에 좋다. 사람의 출입구도 출입문 근처에 두는 것이 현장관리에 유리하다.

사진 2-7 폴딩게이트

2.1.2 가설 사무소

공사용 사무소(도급업자, 하도급업자), 감리사무소 등의 사무용 건물 및 창고와 근로자의 화장실, 휴게소, 숙사, 식당 등의 부속시설과 시멘트창고, 위험물보관소, 변전소 등의 특수시설 등이 있다.

① 감독자 및 시공자 사무소 1인당 면적 5~8m^{2}를 기준으로 하고, 시가지공사에서 대지가 부족하면 보도 위에 구대를 설치하여 사무소를 건축한다. 샤워실, 숙소, 식당 등의 부속시설은 위생관리와 복지를 고려하여 작업환경을 개선하고 화재예방과 소화설비에 유의한다.

사진 2-8 가설 사무소 전경

사진 2-9 화장실

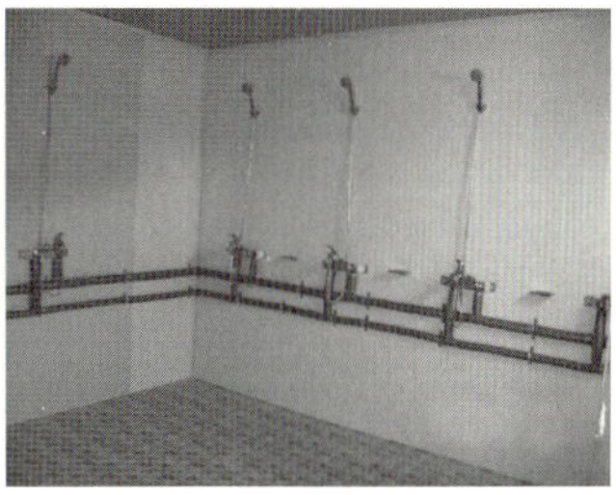

사진 2-10 샤워실

사진 2-11 안전관리실

사진 2-12 시험실

사진 2-13 사무실

② 시멘트창고 면적은 {0.4N(시멘트 포대수) / n(쌓기 단수)}m^2로 산출하며, 비가 새지 않게 하고 마루높이가 지면에서 30cm 이상 높여져 있고 철판을 깔면 좋고 방습, 방화, 불연재료를 사용하고 반입구와 반출구를 따로 두고 환기창은 필요 없다.

③ 위험물보관소는 페인트, 기름 등 인화성 물질의 발화를 막도록 보관수량과 보관방법의 규칙을 지키고 설치에 관하여 승인을 받아야 한다. 멀리 떨어진 곳에 설치하고 지붕에는 경량, 불연재를 사용하고 천장을 설치하지 않으며 충분한 환기를 고려하고 벽과 천장은 방화구조로 불연재를 사용한다.

④ 변전소는 전선인입이 편리한 곳, 현장배선 중심적 위치, 감시 및 긴급 시 출입이 용이한 위치, 비상대비 사무실 근처에 설치한다. 크기는 $3.3\sqrt{W(\text{전력용량 Kwh})}\,m^2$

사진 2-14 변전소

로 하고 물 유입을 방지하며 기기 주위에 안전통로를 확보하고 현장배선 시 동력선과 전등선을 구분하여 50cm 이상 격리한다. 울타리 철조망 등을 설치하고 위험표시판을 게시하며 조명시설을 하고 야간에는 불을 켜둔다.

⑤ 가설 변소 : 상시 취업인원 100명 이하 대변기 20인당 1개, 100명 초과하면 대변기 30인당 1개 이고, 소변기는 대변기 개수의 2/3개를 설치한다.

2.1.3 공사용 기계

토공사 및 골조공사와 마감공사 등의 본 공사의 각 분야별로 필요한 공사용 기계는 각 공사별로 언급할 것이고, 여기서는 양중운반기계에 대하여만 설명한다. 자재양중장비에는 고정식크레인, 이동식크레인, 데릭, gin pole, Winch, Chain Block이 있고 사람도 탈 수 있는 호이스트(Hoist), 리프트가 있으며 콘크리트를 이송하는 Concrete Placing Boom이 있다.

(1) 사전조사

기종의 선정, 기계의 설치계획 및 준비를 위하여 사전조사가 필요하다. 조사내용은 주위환경, 인접 건물의 매설물, 지반조건, 공중가설 물 등이다.

(2) 안전대책

재해방지를 위하여 크레인 등의 안전규칙을 준수하는 것이 필요하다. 양중운반기계에는 이동크레인(Crawler, Truck, Wheel), 타워크레인, 지프크레인(Zip Crane), 데릭(Derrick), 엘리베이터, 건설용 리프트가 있다. 이동크레인은 사용빈도가 가장 크고 전도사고도 많다.

(3) 이동크레인의 안전대책

크롤러(Crawler)크레인(붐 길이 10~18m, 장비중량 30~170t, 양중능력 30~200t)과 트럭크레인(붐 길이 8~12m, 장비중량 15~35t, 양중능력 10~30t)이 보통이고, 트럭크레인과 휠(Wheel)크레인은 기동성이 좋다. 기계 자체에 여러 가지 안전장치를 갖추고 있지만 전도사고 및 작업 중의 사고가 상당히 많고, 특히 전도사고를 방지하는 것이 중대한 과제이다.

① 장비를 지지하는 데 필요한 지반의 반력을 계산한 후, 지반내력이 부족하면 철판을

설치하거나 바닥을 포장(모래, 자갈, 콘크리트, 아스팔트)하여 보강해야 한다.

② 작업개시 전에 작업방법, 전도방지 조치, 인력배치와 지휘계통을 작업자에게 알려 준다.

③ 크레인 운전기사는 운전면허가 있어야 하고, 운전경험이 많으면 좋다.

④ 10분간 평균풍속이 10m 이상일 경우 작업을 중단한다.

⑤ 크레인의 작업반경 안에는 출입차단 표시를 하고 사고를 방지한다.

⑥ 바닥이 평활하지 않으면 작업을 할 수 없으며, 노면상황 및 주행속도의 안전을 확인하고 양중무게를 줄인다.

⑦ 양중을 할 경우 그 밑에는 들어갈 수 없다.

⑧ 양중을 한 상태에서의 주행을 금지한다.

사진 2-15 이동식 크레인

(4) 타워크레인

상승방식에는 베이스 고정방식은 텔레스코핑 마스트 가이드(Telescoping Mast Guide)를 이용하여 유압 잭으로 상승시키며, 베이스 상승방식은 코어 월에 설치하여 보통 4개층씩 클라이밍(Climbing)한다. T형 크레인은 대부분의 현장에서 사용되는 것이고, 러핑크레인은 도심지 협소공간에서의 작업이 용이하다. 규칙적으로 장비를 점검하고 인양하중을 초과하지 않도록 하며 운전 중 신호수를 배치한다.

사진 2-16 러핑크레인

사진 2-17 타워크레인

(5) 호이스트

저속용(40m 이하/분)은 국내에서 인화물용으로 많이 사용하고 있으며, 고속용(90~100m/분)은 2.5t까지 양중이 가능하다. 보통 마스트(Mast)를 슬래브에 월 타이(Wall Tie)로 고정하며 가설 구대에 설치하는 경우 용접하거나 고력볼트를 이용하여 고정한다.

사진 2-18 호이스트 설치

사진 2-19 호이스트 전경

(6) 데릭

가이데릭은 붐의 길이를 마스트보다 짧게 하고 당김줄은 지면과 45° 이하가 되도록 고정시킨다. 스티프 레그 데릭은 당김줄을 매기 어려울 때 사용하는데, 층수가 적고 긴 건물에 사용하며 붐의 길이가 마스트보다 길며 회전범위는 270°(작업범위 180°)이다.

(7) Big-Canopy공법

건물 전체를 덮는 전천후 지붕(철골과 지붕재로 구성)을 4대의 클라이밍 장치로 올리면서 작업하는 방식인데, 종래의 타워크레인 기재를 전용할 수 있으며 대형화물 리프트와 천장크레인에 의하여 부재의 수직과 수평 반송을 효율적으로 할 수 있다.

(8) ABCS (Automated Building Construction System)

철근콘크리트구조에서 자동화 건설시스템인 Big-Canopy공법과 기본적인 구성요소는 동일하지만, 철골구조에 사용하는 전자동 빌딩건설시스템이다.

2.2 직접가설공사

2.2.1 규준틀

규준틀은 건물의 높이와 중심선을 표시하며, 이를 기준으로 건물의 시공을 진행하게 된다. 건물 외벽선을 따라 작은 말뚝을 박고 줄을 쳐보면 도로 및 인접경계선 등 주위 관계 사항을 파악할 수 있으므로 줄쳐보기는 규준틀 말뚝위치를 결정하기 위한 예비행위로 볼 수 있다.

(1) 수평규준틀

건물 각부의 위치, 높이(기초의 너비, 길이)를 결정하기 위한 기준이므로 이동과 변형을 방지하도록 견고하게 설치한다. 건물 외벽에서 1~2m 정도 떨어져 설치하고 수시검사로 보완조치가 필요하며 평규준틀(기둥, 옹벽)과 귀규준틀(외부 모서리)이 있다. 규준말뚝은 9cm 각으로 하고 규준대를 소정 높이에 수평으로 걸쳐서 고정하며 말뚝머리는 뾰족한 모양이 되도록 엇빗지르기를 한다.

(2) 세로규준틀

9cm 각재의 곧은 제품을 수직으로 세워서 조적공사의 고저, 수직면 규준으로 쓰는데 가새, 버팀대 등으로 견고하게 설치하고 수시검사와 보완 조치한다.

2.2.2 비계

설치위치에 따라서 외부비계, 내부비계, 비계다리가 있다. 초고층건축의 외부비계는 비계가 없는 작업공법을 연구해야 하고 외부 커튼월공사에 지장이 없어야 하며 조립식 구조에 맞는 비계계획이 필요하다. 용도별로 나누면 외줄비계, 쌍줄비계, 겹비계, 틀비계, 수평비계, 달비계 및 곤돌라가 있으며 재료별로는 통나무 비계는 거의 사용하지 않게 되었고, 주로 강관비계와 틀비계를 이용한다.

(1) 비계설치 시 유의사항

1) 조립 해체 시

조립 해체 시에는 출입을 금지하고 강우, 강풍, 폭설 시 작업을 중지한다. 소요재료가 적고 경제적인 비계를 선택하여 조립 해체가 용이하도록 작업하고 침하에 의한 도괴방지를 특히 주의한다.

2) 관리 시

최대적재하중을 표시하고 철물의 손상이나 비계연결 및 접속부의 이완과 침하 여부를 점검한다. 장선, 띠장이나 가새, 버팀기둥 등의 상태를 정기적으로 점검하고 강풍, 호우, 대설, 지진 후, 비계조립 후, 작업 전에는 다시 점검한다.

3) 비계의 보강

비계의 도괴사고는 수직하중보다 풍하중 등의 횡력(수직하중의 5%)에 의한 경우가 많다. 비계의 기초부분에 이동과 침하를 방지하고, 비계의 구성에 버팀대(Brace)를 이용하여 보강하여 사고를 방지한다. 벽체에 결박(앵커볼트, 폼 타이, 특수철물 이용)하는 간격은 강관비계는 수직 5m 이하 수평 5.5m 이하로, 틀비계는 수직 9m 이하 수평 8m 이하로 한다.

사진 2-20 비계설치 전경

4) 비계다리

동당 1개소, 건축면적 100m^{2}마다 1개소를 기준으로 설치하며, 폭은 90cm 이상, 경사각도 30° 이하(4/10 표준은 21° 49″), 바닥판 미끄럼막이를 30cm 간격으로 설치한다. 다리참은 각 층마다 설치하거나 7m 이내마다 설치하며, 난간높이는 75cm 이상(90cm 표준)으로 한다. 계단을 설치할 경우 발판 폭 22cm 이상, 챌판 높이 24cm 이하, 폭 40cm 이상으로 한다.

사진 2-21 비계다리

5) 작업발판

발판재료 하나의 폭은 40cm 이상으로 하고 틈을 3cm 이하로 벌려야 하고 난간높이는 90cm 이상이 되어야 안전하다. 폭 30cm 이상, 두께 6cm 이상, 길이 4m 이상의 발판재료는 2개소 이상 지지물로 고정하고, 폭 20cm 이상, 두께 3.6cm 이상, 길이 3m 이상이면 3개소 이상으로 한다.

6) 추락방지 난간

바닥에서 75cm 이상(90cm 표준)의 높이에 손스침을 설치하고 45cm 이하의 간격을 두고 수평으로 나란하게 띠장을 보낸다. 난간기둥의 중심간격은 2m 이하로 하며, 기둥 사이에 50kg, 기둥 바로 위에 40kg의 하중을 가해도 지탱할 수 있고 난간이 10cm 이상 아래로 휘지 않아야 한다.

사진 2-22 추락방지 난간

사진 2-23 추락방지망

(2) 강관비계

강관(ϕ48.6mm, 살두께 2.4~2.9mm, 2.3mm일 경우 표준중량 2.63kg/m)을 연결하는 조이너(Joiner)와 크램프 이음을 사용하면 건물형상이 복잡해도 비교적 쉽게 조립할 수 있지만 조립작업에 일손이 많이 필요한 단점이 있다.

① 강관비계는 비계기둥을 도리방향으로 1.85m 이하(보통 1.5~1.8m), 보방향으로 1.5m 이하(보통 0.9~1.5m)로 벌려서 세우고, 높이가 31m를 넘는 경우 강관 두 개를 합쳐서 세운다. 비계장선은 지상 제1 띠장의 높이를 2m 이하로 설치하고 그 위로는 약 1.5m 수직간격으로 묶어준다.

② 비계기둥 사이(4개의 강관비계기둥으로 둘러싸인 작업발판)의 적재하중은 400kgf 이하로 한다. 비계기둥 간격이 1.5m보다 좁아지면 그 역비율로 하중을 증가시킬 수 있지만, 작업 중인 바닥의 층수가 3층 이상일 때에는 비계기둥 1개당의 하중한도를 700kgf로 한다.

(3) 강관 틀비계

공장에서 생산하는 유닛에 사용하는 강관은 ϕ42.1mm, 살두께 2.4mm이고, 틀비계를 현장에서 조립할 때 45m 높이를 초과할 수 없으며, 벽체에 연결하기 위한 고정철물의 간격은 수직 6m, 수평 8m 이내로 배치해야 한다.

① 비계기둥과 비계장선의 2중 역할을 담당하는 세로틀은 보통 폭이 0.9m나 1.2m이고 높이가 1.6m나 1.7m이다. 띠장 2줄의 역할을 하는 수평틀(horizontal frame)에는 발판이 부착된 제품도 있다. 교차가새와 벽에 결박하는 장치, 연결장치, 기초(base) 장치 등의 부속이 필요하다.

② 최상층 및 5층 이내마다 수평틀을 설치하고, 중량물을 적재하는 경우 높이가 20m 이상이면 세로틀 높이는 2m 이하, 세로틀의 간격은 1.85m 이하로 한다.

③ 세로틀(Open End Frame)의 치수 허용오차는 ±1.0mm이고 하중은 2,500kg 이하이다.

사진 2-24 강관 틀비계

(4) 브래킷 외줄비계

본 비계를 설치하기 불가능한 작업장소의 경작업을 위하여 외줄비계의 기둥에 브래킷을 달아서 그 위에 작업발판을 설치한 비계이다. 최상층 작업발판까지의 높이가 15m 이하에서 사용하는 것이 원칙이고 1스팬의 최대적재중량은 150kgf이다.

사진 2-25 브래킷 외줄비계

(5) 달비계 및 롤링타워

철골조구조물의 철골공사 시 철골볼트 조임이나 철근의 조립작업에 많이 사용하는 달비계는 철골보에 미리 고정한 작업발판이 편리하게 사용된다. 건물 구체가 완성되고 외부작업을 위한 달비계는 와이어로프로 달아 내리고 상하 이동 모터를 설치한다. 달비계의 작업발판은 40cm 이상의 폭으로 틈새가 없도록 설치하며 발판이 뒤집히거나 떨어지지 않도록 고정한다. 건축물의 내·외장 마감공사 등에 사용하는 롤링타워는 작업판을 지지하는 틀과 추락방지용 설비를 설치하고 맨 아래에 바퀴를 단 것으로 전도위험에 조심하고 이동하지 않을 때는 바퀴를 고정시키는 장치가 필요하다.

사진 2-26 달비계

(6) 까치발 비계

공사장에 인접한 건축물이 있어서 지상에서 비계를 조립하는 것이 어렵거나 지하의 되메움을 하는 시기가 늦어지는 경우 등에 건물구체 중간에 달아내기 재료(Bracket 등, 수평간격 1.5~1.8m)를 설치하고 그 위에 비계를 설치하는 것이다. 콘크리트가 충분히 양생된 후 설치해야 하며 앵커볼트나 지지마찰판의 조임상태 등을 점검한다.

(7) 실내비계

이동식은 현장조립이 가능하며 전후좌우 연결도 가능하고 일정 크기의 단위로 하여 동일 층에 2대를 이동시키면서 작업할 수도 있다. 천장의 마감공사에 비계가 필요할 경우 천장 높이보다 약 170cm 아래에 넓은 면적을 가진 간편한 발돋움대를 설치한다.

(8) 곤돌라

고층건물 외벽의 작업을 위하여 작업발판과 난간으로 위가 뚫린 긴 박스 형태를 만들고 상부의 고정장치에 매다는 역할을 하는 와이어로프에 모터로 조정하는 윈치를 달아서 상하 이동이 가능하도록 만든 것이다.

사진 2-27 곤돌라

(9) 통나무비계

낙엽송, 삼나무 등으로 눈키(밑둥에서 1.5m)에서 ϕ9(10)cm 이상, 마구리 지름 3.5(5)cm 이상이고, 길이 7.2m 내외인 비계목을 #8-#10 결속선(달군 것)을 사용하여 비계기둥(2.5m 이하 간격), 띠장, 이음, 장선, 가새, 버팀대, 발판 등의 용도로 연결한 것이다. 결속선은 재시공을 금지하며 #20까지의 아연도금철선으로 겹줄을 만들어 사용할 수도 있다.

2.2.3 지지용 구조물

(1) 차량 및 공사기계용

공사현장에는 크램셸(Cram Shell), 덤프트럭, 크레인, 레미콘트럭, 펌프카(Pump Car) 등 많은 차량과 공사용 기계가 올라타고 작업해야 하는 구조물이 필요한 경우가 많다. 중량물을 견딜 수 있는 충분한 내력과 작업에 필요한 면적(굴토면적의 20~40% 정도)을 고려해서 설치하고 도로에서 접근할 수 있는 접근로가 있어야 한다.

(2) 화물 적치용

크레인이나 리프트 등으로 양중된 재료를 받으려면 2~3개 층에 1개소의 화물적치대가 필요한데 적재하중의 한도를 초과하지 않도록 주의한다. 안전을 위하여 난간을 설치하고 판재를 수직으로 세워서 화물의 낙하를 방지한다.

(3) 거푸집 지보공

강관지주식, 강관틀식, 조립식, 보식, 비녀장 결합식 등이 있고, 시스템 가설공사는 비계와 지보공을 겸용하는 타입(A)이거나 비계와 지보공 및 구조물을 겸용하는 타입(B) 등 다양하게 변화하고 있다. 타입 A로는 경량형 TS 서포트가 개발되어 있고, 하이퍼시스템으로는 베타(전면) 비계기둥식 동바리 시스템(보받이 빔식, 헤드 빔식, 이동식, 4각탑식)과 드롭헤드 빔식(드롭헤드, 빔 이음 사이에 AX빔 설치) 동바리시스템이 있다. 프레임 서포트 ID-15는 헤드 잭, 베이스 잭, 프레임(높이 1.33m, 1.0m), 브레이스, 쐐기 프레임 등과 보조부재로 구성된다.

(4) 가설 통로

경사로는 최소폭 90cm, 발판의 폭은 최소 40cm, 최대 1.6m, 발판 틈새는 3cm 미만으로 하고 겹쳐 이을 때는 20cm 이상 겹친다. 경사각은 30° 이내로 하며 미끄럼막이를 경사도가 줄어들면 넓게 해도 무방하므로 30~47cm 간격으로 설치한다.

사진 2-28 가설 통로

2.3 재해방지시설

사고사는 전 산업에서 건설업이 제일 많은 불명예를 기록하고 있는데 추락이 전체의 30%를 상회하고 있다. 법적으로 2m 이상의 작업장소로 추락위험이 있으면 작업발판을 설치해야 하고 추락하지 않도록 난간(높이 90cm, 동자간격 2m 이하)을 설치해야 한다. 이것이 곤란할 경우는 안전망(추락 시 작업자를 지탱할 합성수지 망을 수평으로 설치)을 치거나 안전벨트(로프를 비계나 철골에 고정)를 착용해야 한다.

사진 2-29 안전망

사진 2-30 수직보호망

2.3.1 낙하물방지망

(1) 낙하물에 의한 재해방지

경계선에서 5m 이내에 지상 7m 이상의 고소작업의 경우 낙하물로 위험하므로 철망이나 섬유망을 쳐야 하고, 지상 3m 이상이면 비산방지를 위하여 더스트 슈트(Dust Chute)를 써야 한다.

1) 공사용 시트(Sheet)

섬유망 시트나 메시 시트(Mesh Sheet)를 비계의 외측에 붙여서 사용하지만 강풍 시 풍압이 심히 증대되어 위험하면 시트를 철거한다.

2) 네트 프레임(Net Frame)

철제 지지틀에 붙어 있는 금속망을 틀비계에 붙일 수 있다.

(2) 낙하물방지망

수평에서 20~30° 정도 들어 올린 지지틀을 2m 이상 내밀어 설치하고 그 위에 합판(30mm 정도 두께)이나 철판(1.6mm 이상)을 붙인다. 지상 5m 이하에 설치하기 시작하여 수직으로 10m 이하의 간격을 두고 배치하고, 수평으로 사이에 틈이 없도록 30cm 이상 겹침 폭을 두고, 방지망의 가장자리는 테두리 로프를 그물코마다 엮어 긴결한다. 수직보호망이 낙하물을 막을 수 있는 경우에 첫 단만 설치할 수 있고, 최하단의 방지망은 그물코가 0.3m 이하인 망을 설치하거나 낙하물 방호선반을 설치한다.

사진 2-31 낙하물 방지망

(3) 안전네트

합성섬유로서 그물눈이 10cm 이하로 짠 그물망으로서 1,500kg 이상의 강도를 갖도록 주위를 튼튼하게 묶어야 한다. 허용낙하고는 네트의 단변의 길이를 L, 네트의 장변을 설치하면서 지지하는 간격을 A라고 할 때 다음과 같다.

조 건	추락하는 낙하고		네트 하부의 여유높이		네트 저하량
	한겹 네트	복합 네트	10cm 그물눈	5cm 그물눈	
L< A	1/4(L+2A)	1/5(L+2A)	1/4 0.85(L+3A)	1/4 0.95(L+3A)	1/18×(L+2A)
L ≥ A	3/4L	3/5L	0.85L	0.95L	3/18×L

(4) 방호철망 및 수직 네트 프레임

13mm 눈의 철망(20#, 0.9mm)은 아연도 철선으로 된 제품이고, 30cm 간격으로 외부 비계의 수평부재에 묶은 것을 방호철망이라 한다. 수직 네트 프레임은 틀비계의 외부에 두르는 12×30.5mm눈목 정도의 철망을 틀비계 규격에 맞는 프레임을 대고 제작하여 그 철망판을 비계에 튼튼하게 묶은 것을 말한다.

(5) 방호네트

망의 재질은 면, 비닐론, 나일론 등을 방염처리하여 사용한다. 낙하물에 의하여 찢기는 경우를 조심하고 강풍이 불 때 비계의 도괴가 위험하다.

2.3.2 초고층 건축의 가설공사계획

(1) 초고층 건축공사의 가설공사의 특수성

고소작업에 따른 안전성 문제는 추락, 낙하, 비산방지 문제를 검토하여 안전철망을 설치(철골공사의 데크 플레이트 설치)하고 건식화 공법을 검토한다. 조립, 설치의 기계화, 자동화를 위한 기술개발이 필요하다.

자재의 운반 및 양중에 따른 문제는 양중자재의 내용을 검토하여 적치장소를 확보하고 양중장비의 작업반경과 작업동선 등을 고려한다.

사진 2-32 슈퍼데크(Super Deck)

(2) 환경보전설비 및 위험방지 표시

공사계획 시 사전조사를 철저히 하여 예상되는 공해요소에 대한 방지설비를 해야 하는데, 공해에 따른 민원발생으로 공사중단 · 지연이 발생되는 경우가 있다. 배전실이나 웅덩이 등에는 울타리나 줄을 쳐서 야간에도 볼 수 있게 표시하고 감시원을 배치한다.

비산먼지는 토공사에서 많이 발생하는데 이동식 살수설비를 사용하여 작업 중에 살수하고, 바람이 심하게 불면 작업을 중지한다. 굴착 및 운반장비는 적재물에 덮개를 씌우고 세륜세차 후 이동시킨다. 거푸집공사의 먼지는 운반정리 시 방진막을 덮어서 방지하고, 콘크리트 타설 시 비산방지를 위하여 가림판을 설치하며, 레미콘 등의 장비도 먼지발생을 방지한다.

(3) 화재예방 및 방화설비

공사현장 위험물 저장 사용 및 인화물질 보관 취급에 각별히 유의하고, 작업상 화기를 취급하는 경우 화재예방을 철저히 하고 방화설비를 설치한다. 화재사고로 인한 공사중단 · 지연이 발생하고 2중공사 등으로 공사비가 증대된다. 소화설비는 필요량의 소화전, 소화기, 모래포대, 소화용수 등을 갖추고 사용훈련을 실시한다.

사진 2-33 위험물저장소

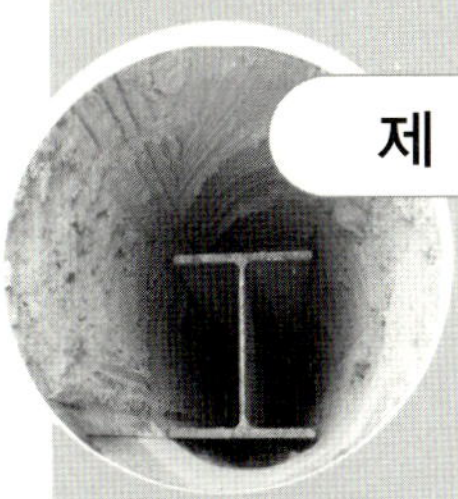

제 3 장

지정 및 기초공사

3.1 개요

기초는 건물의 각종 하중을 받아 지반에 안전하게 전달시키는 구조부분이며, 지정은 기초 자체나 지반의 내력을 증진시키기 위하여 설치되는 부분이므로 기초의 일부라 할 수 있다.

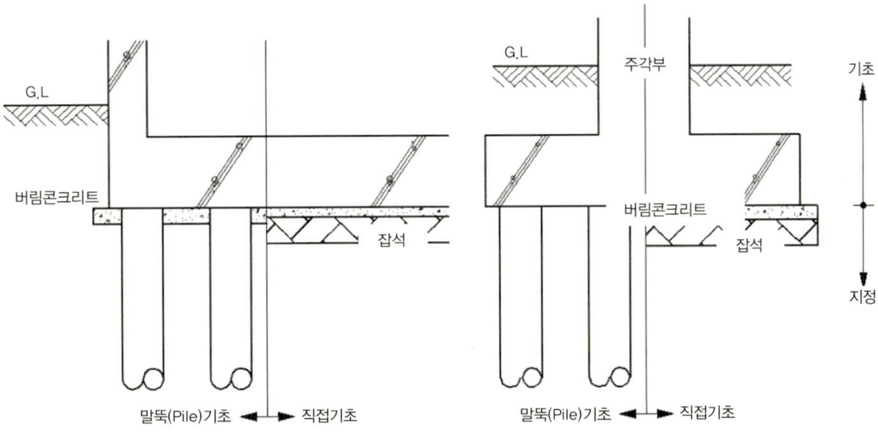

(a) 전면기초(온통기초) (b) 독립기초

그림 3-1 기초의 개념

3.1.1 직접기초의 종류

(1) 확대기초(Footing Foundation)

바닥슬래브와 독립된 기초판이 건물의 하중을 지지하는 형식의 기초

1) 독립기초

① 1개 기둥의 힘을 1개의 기초판으로 지지한다.

② 부동침하에 대비하기 위하여 슬래브를 두껍게 하거나 지중보를 설치한다.

2) 복합기초

① 2~3개의 기둥을 연결하여 만든 기초판으로 주로 사다리꼴이다.

② 도심지의 인근대지 근접시공시 외부기둥의 외곽에 기초판을 내미는 데 한계가 있을 때 내부기둥과 연결시켜 만든 기초형식이다.

③ 외부기둥의 휨모멘트에 대한 저항성 확보가 필요하다.

3) 연속(줄)기초

① 벽이나 연속된 기둥의 응력을 연결시킨 띠형의 기초판을 말한다.

② 조적벽체나 연립주택의 하부기초에 주로 사용한다.

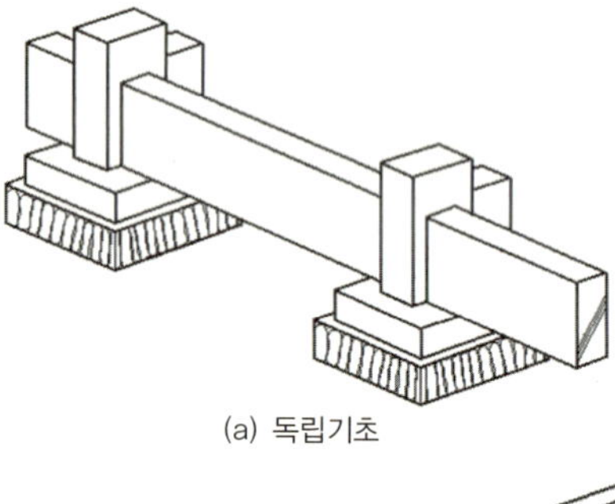

(a) 독립기초

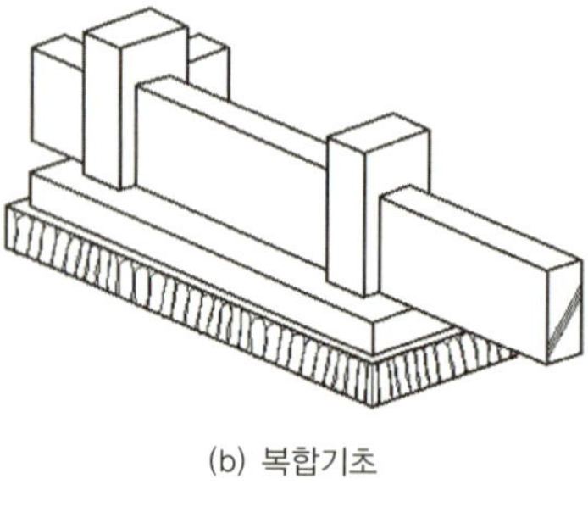

(b) 복합기초

(c) 연속기초

그림 3-2 확대기초

(2) 전면기초(Mat Foundation)

기초판과 바닥슬래브를 겸하는 형식의 기초

1) 전면기초

① 평면적으로 연속된 기초판을 구성하는 형식이다.

② 전체 바닥면적 대비 기초판의 구성비율이 클 때 채택한다.

③ 기둥 하부의 기초판을 두껍게 하고 나머지는 콘크리트 절감을 위해 두께를 줄여서 시공하는 방법을 드롭전면기초라 한다.

2) 슬래브 보형 기초

① 기초판 두께를 줄이기 위해 경간중간에 보를 설치하는 형식이다.

② 터파기 작업량은 감소되나 시공성이 불리하다.

3) 공동 슬래브형 기초

① 기초판 내부에 공간을 두어 자중증가를 위해 물, 자갈 등을 채우거나 건물위생용 생활용수로 활용하기도 한다.

② 상부에 타설되는 콘크리트는 거푸집 탈형에 어려우므로 상부 슬래브를 PC를 사용하기도 한다.

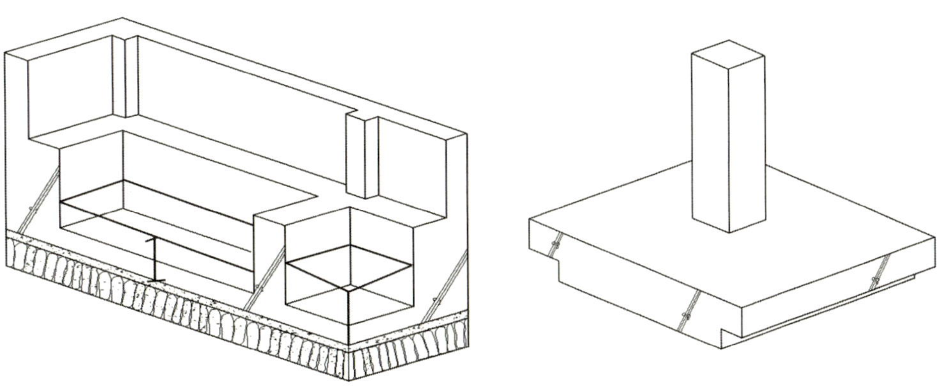

(a) 전면기초 : 슬래브 보형

(b) 드롭(Drop)전면기초

* 슬래브 보형 전면기초의 빈 공간을 콘크리트로 완전히 채우면 완전전면기초, 이 부분을 비워두고 상부에 슬래브를 쳐서 활용하면 공동슬래브형 전면기초임.

그림 3-3 전면기초

3.1.2 간접(Pile, Pier, Caisson)기초의 종류

(1) 말뚝기초의 역학상 분류

① 지지말뚝(Bearing Pile) : 경질지반에 말뚝선단을 위치시켜 상부하중을 직접 지지시키는 말뚝

② 마찰말뚝(Friction Pile) : 주로 말뚝의 주면마찰력으로 상부하중을 지지시키는 말뚝

③ 다짐말뚝(Compaction Pile) : 무른 지반을 밀실하게 다지기 위한 말뚝

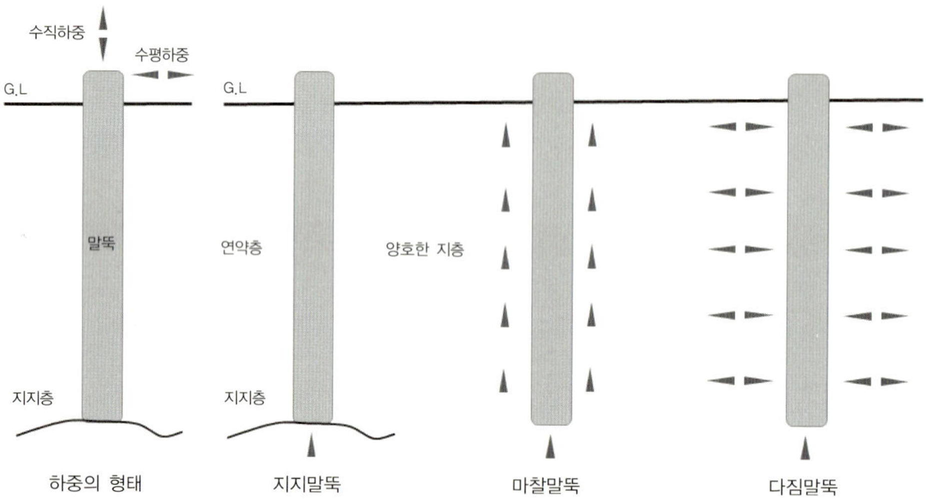

그림 3-4 말뚝의 역학상 분류

(2) 재료상 분류

① 나무말뚝(Wood Pile) : 현재는 거의 사용하지 않으나 간이용으로 사용하는 경우에는 지하 상수위 이하에 주두가 위치해야 한다.

② 기성말뚝

- 기성말뚝
  - 기성콘크리트말뚝
    - 원심력콘크리트말뚝
      - 철근콘크리트말뚝
      - 프리스트레스트콘크리트말뚝
      - 고강도프리스트레스트콘크리트말뚝
      - 강관콘크리트말뚝
    - 진동다짐콘크리트말뚝
  - 강관말뚝
    - 강관말뚝
    - H형말뚝

그림 3-5 기성말뚝의 분류-재료 및 제조방법에 의한 분류

③ 현장타설 콘크리트말뚝

그림 3-6 현장타설 콘크리트말뚝의 분류

3.2 지정

3.2.1 모래지정

기초 하부의 지반이 연약하고 1~2m 이내에 견고한 지층이 있을 경우 연약층을 모래로 치환하는 지정을 말하며, 30cm 이내마다 물을 주면서 충분히 다져야 하고, 이때 물이 흐르는 경우 모래의 유실을 방지하기 위한 조치를 취해야 한다.

3.2.2 자갈 및 잡석지정

(1) 자갈지정

기초의 밑바닥에 5~10cm 정도의 자갈을 소정의 두께로 깔고 밀실하게 다지는 지정으로 배수나 버림콘크리트양을 줄이기 위한 목적으로 사용된다.

(2) 잡석지정

기초의 밑바닥에 15~30cm 정도의 잡석을 밀실하게 깔고 사춤용 자갈 또는 쇄석을 상부에 고루 펴서 다진 지정으로 지반을 견고하게 다지는 보조 수단으로 사용한다.

3.2.3 버림(밑창)콘크리트 지정

버림콘크리트는 지정의 일부로 취급되며 모래지정, 자갈지정, 잡석지정 등의 위에 기초 하부의 먹메김을 용이하게 하기 위하여 6~10cm 정도 두께로 강도가 낮은 콘크리트를 타설하여 만든다.

3.2.4 말뚝지정

굳은 지반이 기초저면으로부터 깊은 곳에 위치하여 직접 기초를 구축할 수 없는 중량건물에서 채용하는 기초로서 말뚝을 사용하여 지지하는 지정을 말한다. 말뚝지정의 종류로는 나무말뚝, 기성콘크리트말뚝, 제자리콘크리트말뚝, 강재말뚝, 합성말뚝 등이 있다.

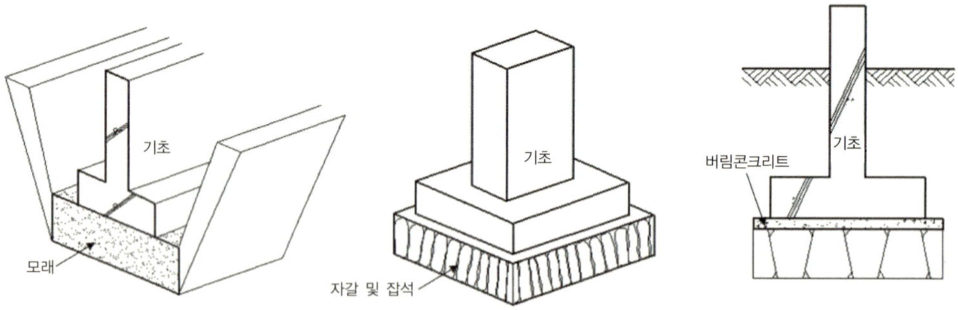

(a) 모래지정 (b) 자갈 및 잡석지정 (c) 버림콘크리트지정

그림 3-7 지정의 종류

3.2.5 지반개량공사

(1) 개요

연약지반에서 말뚝 박기보다는 신뢰성이 낮지만, 불충분한 구조물의 지지력을 증강하거나 건물의 부동침하를 방지할 목적으로 지반을 개량하거나 밀실하게 처리한다.

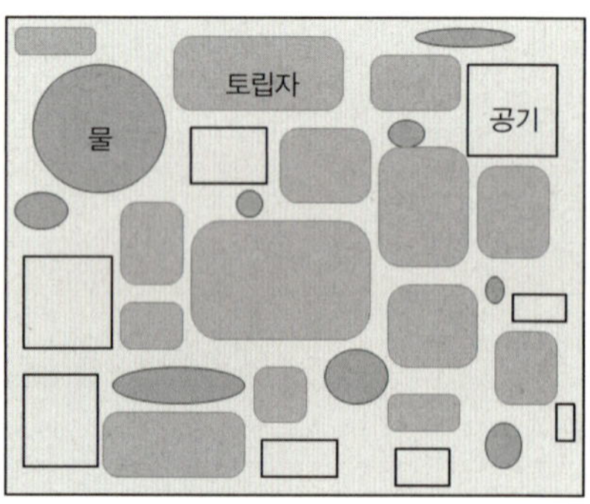

그림 3-8 흙의 구성요소

(2) 지반개량공법의 종류

1) 혼합법

① 흙, 모래, 돌 등의 입도조성을 변경하거나 화학약제를 통하여 혼합시키는 공법의 총칭이다.

② 소일시멘트공법 : 분쇄한 흙을 물과 시멘트로 혼합하여 지반을 개량한다.

③ 화학약제 혼합공법 : 흙과 소석회, 물유리 등 화학제를 혼합하여 지반을 개량한다.

2) 탈수법

① 샌드드레인(Sand Drain)공법 : 연약지반을 1~2m 간격으로 천공한 후 모래를 삽입하고 지반 상부에 모래 매트를 만든 후 모래 말뚝으로 배수하면서 성토재하하는 공법이다.

② 드레인(Pack Drain)공법 : 샌드 드레인 공법의 중간부 잘림 현상 방지를 위한 방법으로 팩에 모래를 넣어 천공된 구멍에 삽입하여 드레인과 성토재하를 동시에 실시하는 공법이다.

③ 페이퍼드레인(Paper Drain)공법 : 지반의 수분을 모래 대신 종이를 이용하여 탈수하면서 성토재하를 동시에 실시하는 공법이다.

3) 재하법

연약지반에 하중을 장기간 가하여 흙의 압밀 촉진을 시도하는 공법으로서 프리로딩(Pre Loading)공법과 사면선단 재하공법 등이 있다.

4) 약액주입공법

연약지반에 시멘트, 벤토나이트, 기타 약제 등을 주입하여 지반을 고결시키는 공법으로서 고결안정공법이라고도 한다. 불투수층의 방수층 형성 또는 지내력 증강의 효과가 있다.

5) 치환공법

연약지반의 흙을 모래나 자갈 또는 콘크리트 등으로 치환하는 공법이다.

6) 다짐공법

사질토에 주로 채용하며 진동과 물다짐을 병용하여 지반을 다지며 모래나 자갈을 투입하여 말뚝을 만드는 바이브로 플로테이션(Vibro Flotation)공법과 지반에 충격이나 진동을 주면서 특수파이프를 설치한 후 내부에 모래를 투입하여 진동다짐하면서 파이프를 빼내며 컴포저 파일을 구성하는 바이브로 컴포저(Vibro Composer)공법 등이 있다.

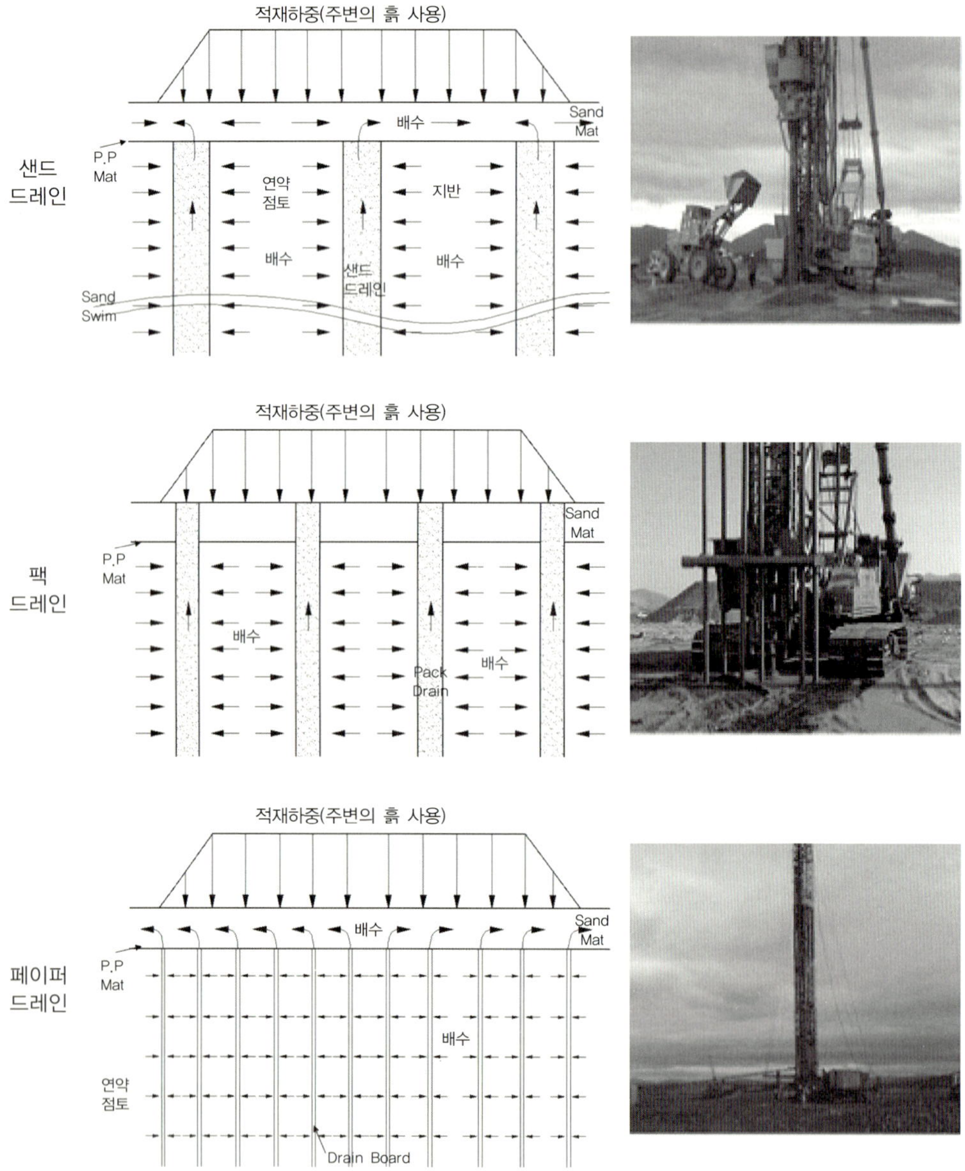

그림 3-9 탈수공법

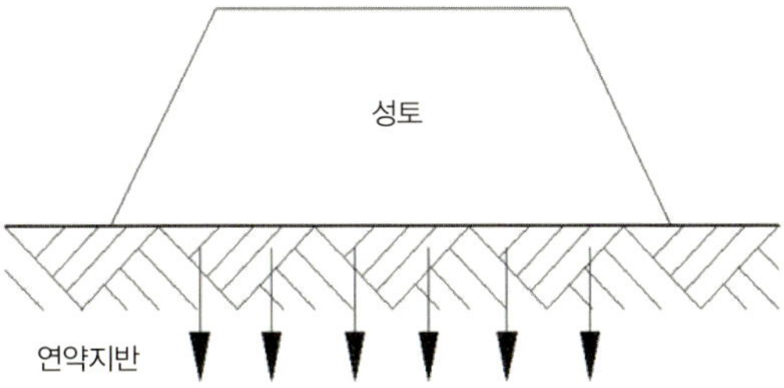

그림 3-10 프리로딩공법

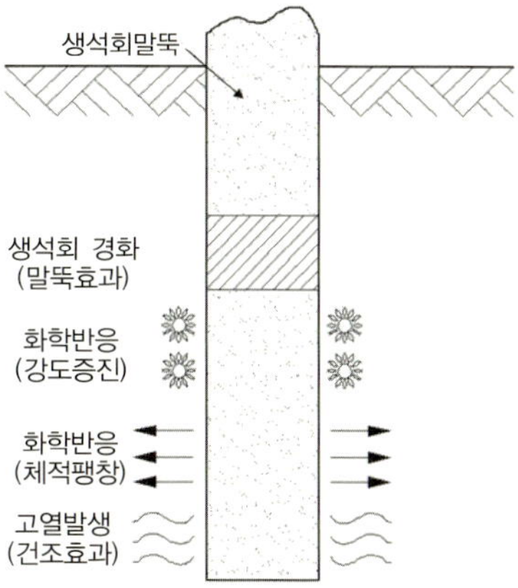

그림 3-11 생석회말뚝공법

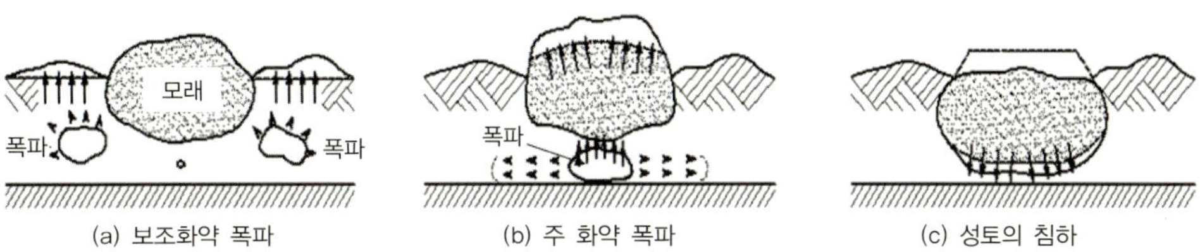

그림 3-12 폭파치환공법

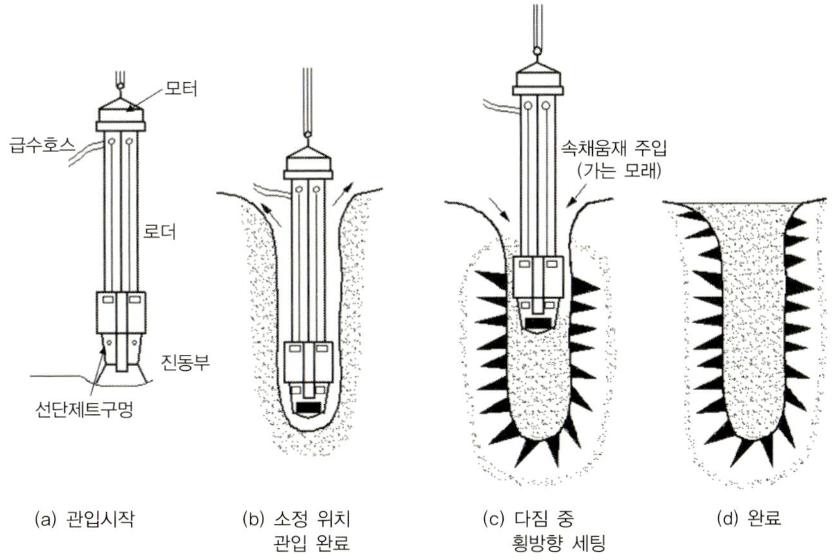

그림 3-13 바이브로플로테이션공법

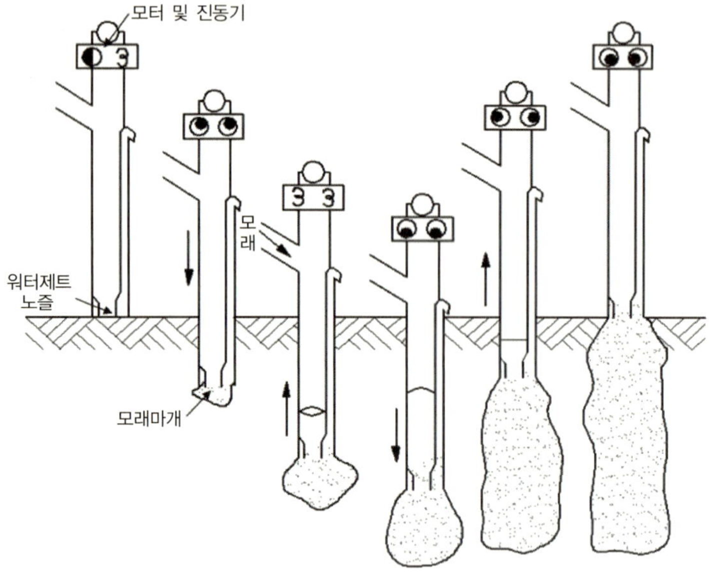

그림 3-14 바이브로컴포저공법

3.3 말뚝공사

3.3.1 말뚝의 재료상 분류

- 재료상 분류
  - 강말뚝
    - 강관말뚝
    - H형강 말뚝
  - 콘크리트 말뚝
    - 기성 콘크리트말뚝
      - 원심력 콘크리트말뚝(RC말뚝)
      - 원심력 프리스트레스트 콘크리트말뚝(PC말뚝)
      - 원심력 고강도 프리스트레스트 콘크리트말뚝(PHC말뚝)
    - 현장타설 콘크리트말뚝

(1) 강말뚝

① 인장, 압축, 휨강성이 큰 강말뚝은 지지층 깊이에 따라 변화가 큰 지역이나 큰 수평력이 작용하는 구조물 기초에 유리하다.

② 강관말뚝(용접강관)의 지름은 400~2,500mm, 강재 두께는 9~12mm, 길이는 12~15m이다.

③ H형강 말뚝은 압연형강재를 사용. 구조물공사에 많이 이용한다.

④ 말뚝의 최소간격은 말뚝 지름의 2.5배 이상 또는 90cm 이상

⑤ 지중에서 부식하기 쉬우며 재료비가 높은 편이다.

(2) 기성콘크리트말뚝

1) 원심력 및 원심력 프리스트레스트콘크리트말뚝(RC 및 PC말뚝)

① 공장에서 특수형틀을 사용해서 원심력을 이용하여 제조된 중공 철근콘크리트말뚝

② 말뚝직경은 20~80cm, 길이는 3~15m

③ 말뚝의 최소간격은 말뚝지름의 2.5배 이상 또는 75cm 이상

④ 현재는 거의 생산되지 않으며 잘 사용되지 않음

2) 원심력 고강도 프리스트레스트콘크리트말뚝(PHC말뚝)

① 고강도 콘크리트에 프리스트레스트를 도입하여 제작된 오토클레이브양생 말뚝으로서, 휨저항과 충경저항이 커서 지지력 증강에 효과적인 말뚝이다.

② 설계기준강도는 80~100MPa, 지경 30~80cm, 길이 7~15m, 선단형태는 폐쇄형과 개방형이 있다.

③ 말뚝의 최소간격은 말뚝지름의 2.5배 이상 또는 75cm 이상이다.

3) 현장타설 콘크리트말뚝

① 천공한 지반 내에 철근과 콘크리트를 삽입하여 조성한 초고층건축물의 기초지정으로 적합한 말뚝이다.

② 베노토(Benoto)공법, 어스드릴(Earth Drill)공법, 리버스서큘레이션드릴(Reverse Circulation Drill)공법, 이코스(Ecos)공법, 프리팩트공법(CIP, MIP, PIP) 등이 있다.

③ 말뚝의 최소간격은 말뚝지름의 2.5배 이상 또는 90cm 이상

3.3.2 말뚝의 공법상 분류

- 공법상 분류
  - 기성콘크리트말뚝
    - 타격공법
    - 매입말뚝공법
    - 회전관입말뚝공법
  - 현장타설 콘크리트말뚝
    - 베노토공법
    - 리버스서큘레이션드릴공법
    - 퍼커션로터리드릴공법
    - 프리팩트파일공법
    - 파레트공법

(1) 타격말뚝공법

① 기성콘크리트말뚝은 타격공법으로 박는 것이 일반적이나 타격 시 소음·진동에 의한 공해 때문에 도심지 공사에서는 프리보링공법을 이용한다.

② 공법의 종류에는 드롭해머, 디젤해머, 유압해머, 스팀해머가 있다.

③ 시공방법은 말뚝을 세워 수직도를 확인한 후 해머를 낙하시켜 말뚝을 박는다. 지지지반에 도달되었다고 볼 때, 해머의 낙하높이와 침하를 측정하여 지지력을 확인한다.

④ 1980년대 중반까지는 디젤해머공법을 적용, 1980년대 후반에는 소음, 진동 문제로 일부지역 유압해머공법을 적용, 1994년 건설환경법 제정으로 민원지역 시공 시 매입공법을 적용한다.

⑤ 유압해머는 기름 및 연기의 비산이 있고 소음이 적으므로 환경보호 측면에서 디젤해머보다 우수하여 국내에서는 1993년 초부터 사용하였다.

사진 3-1 디젤해머

사진 3-2 유압해머

(2) 매입말뚝공법

1) 개요

① 어스오거를 사용하여 지반을 미리 천공하고 천공부위에 말뚝을 압입하는 공법이다.

② 어스오거의 중심을 말뚝을 박을 중심위치에 맞추고 어스오거로 지반굴착, 소정의 깊이까지 도달한 후에 지지층을 확인하고 소일시멘트 등을 주입해가면서 어스오거를 박는다.

③ 굴착한 부위에 콘크리트말뚝을 압입하여 박아 넣는다.

2) 공법의 종류

공법명	SIP공법 Soil-Cement Injected Precast Pile	SDA공법 Separated Doughnut Auger
개 요 (시공순서)	스크루 오거(Screw Auger) 장비를 사용하여 지지층까지 굴착한 후 시멘트 밀크(그라우팅)를 주입 혼합하고, 스크루 오거 인발 후 말뚝을 자중에 의해 삽입 고정하는 공법	스크루 오거와 케이싱(강관말뚝)으로 동시 천공한 후 선단 그라우팅을 주입하고 스크루 오거를 인발 말뚝 삽입한 후 주변 그라우팅 주입과 케이싱 인발(PHC일 경우)
경 타	2.5~3.0ton 드롭해머 경타	2.5~3.0ton 드롭해머 경타
천공장비	Auger Bit + 중고압 공기압축기	Auger Bit + 중고압 공기압축기
천공심도	풍화암	풍화암
조립 · 해체	조립 2.0일 해체 1.0일 소요	조립 2.5일 해체 1.0일 소요
일평균 천공량	교량 : 180m, 아파트 : 400m (현장여건에 따라 다름)	교량 : 150m, 아파트 : 350m (현장여건에 따라 다름)
케이싱	없음	있음
기 타	환경문제 및 공사비로 인하여 벤토나이트는 사용하지 않음.	

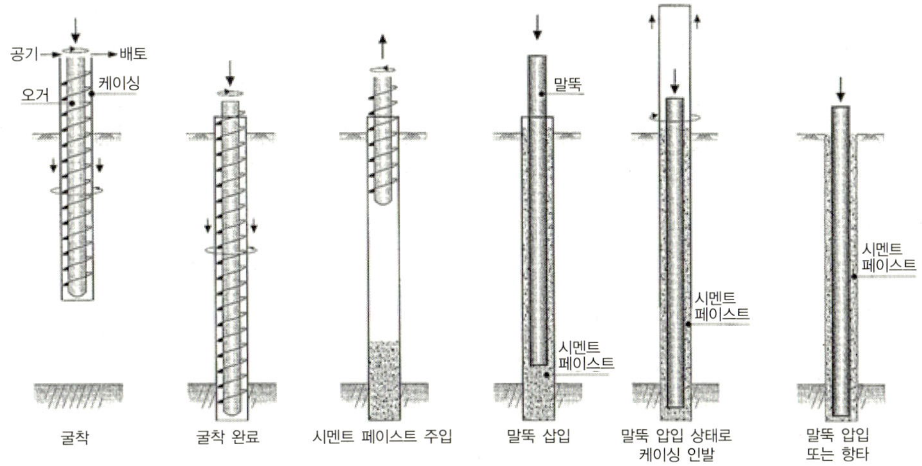

그림 3-15 SDA 매입말뚝공법 시공순서

(3) 회전압입말뚝공법

1) 개요

① 말뚝선단에 추를 붙여 오거로 대신하여 말뚝 전체를 회전시켜 가면서 압입하는 공법

② 압입을 용이하게 하기 위해 선단에 노즐을 붙여 고압수 분출

③ 저소음, 저진동공법

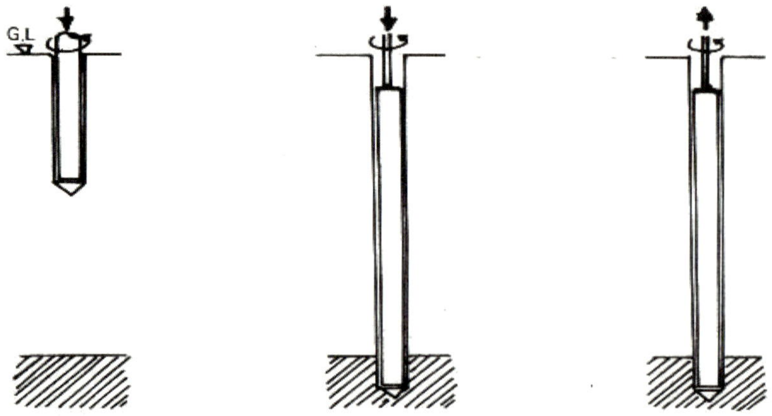

(a) 굴착 (b) 시멘트 밀크 주입 (c) 회전로드 인발

그림 3-16 회전압입공법

(4) 현장타설 콘크리트말뚝공법

1) 어스드릴공법(Earth Drill Method)

① 굴착에 있어 옥벽 보호를 위해 벤토나이트액을 사용한다.

② 굴착 및 배토는 회전 시 버킷에 의하고, 굴착완료 후에는 철근망을 삽입하고 트레미관을 사용하여 콘크리트를 타설한다.

③ 점토, 실트, 모래층에 적용되며, 시공심도는 33~38m까지 굴착 가능함. 직경은 통상 0.6~1.5m이고 최대 2m까지 가능하다.

2) 리버스서큘레이션드릴공법

① 개요

독일에서 개발된 공법으로 개요는 다음과 같다.

- 굴착구멍과 저수탱크 사이에 물을 환류시켜 구멍 속 물의 정수압(0.2kg/cm)에 의하여 공벽을 유지하며 케이싱을 사용하지 않는다.

• 드릴파이프 끝에 설치한 특수 비트의 회전에 의해서 토사를 굴착한다. 굴착된 토사는 펌프로 드릴파이프를 통하여 물과 더불어 저수탱크에 배출되며, 물은 다시 구멍 속으로 되돌아간다. 베노토, Calwelde 등의 공법과는 달리 그래브 또는 버킷을 지상으로 인양하는 수고가 없어지므로 연속굴착이 가능하며 시공능률이 좋다.
• 지상 굴착 시에는 트레일러에 실려져서 디젤엔진으로 구동한다. 선상에 실으면 수중굴착도 가능하다. 그러나 이 공법은 너무 굳은 지반을 굴착하기에는 부적당하다. 또한 지반 중에 피압된 지하수가 있는 경우에는 공벽이 무너지므로 스탠드파이프를 세워서 구멍 내의 수위를 높일 필요가 있다.
• 굴착토의 배출방식은 Pump Suction, Air Lift, Jet Suction 및 Suction과 Air Lift의 혼합식 등이 있다. 최근에는 복잡한 지층조건과 투수성 지반조건에서는 지반연속벽공법에 사용하는 슬러리안정액을 사용하여 공벽을 유지하고 있다.

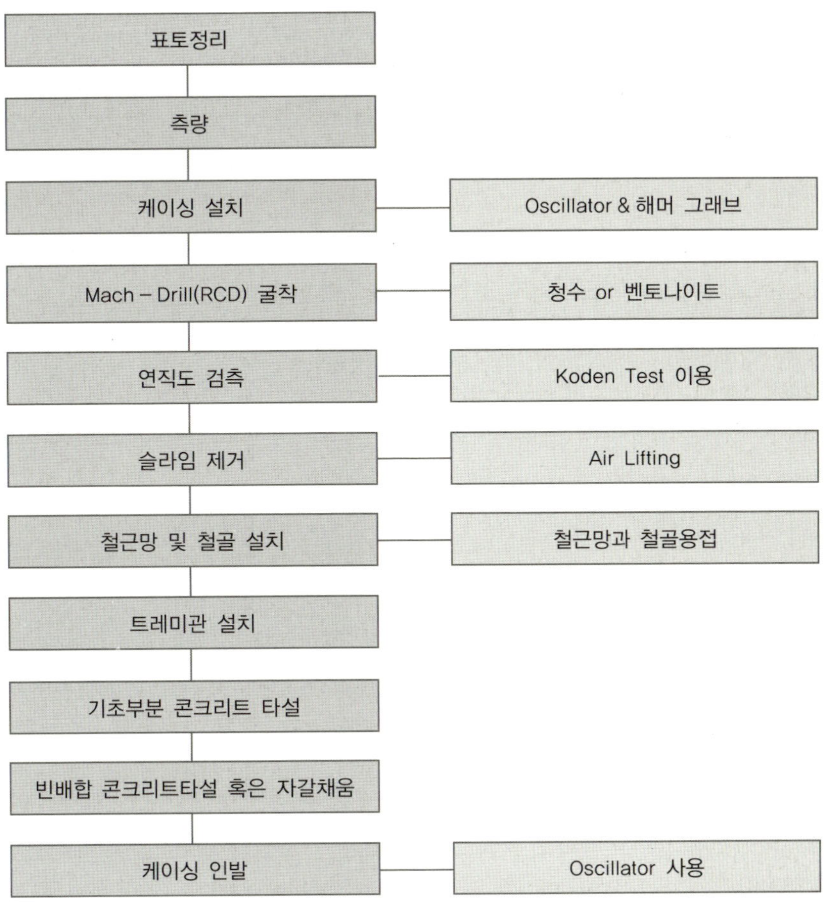

그림 3-17 리버스서큘레이션공법 작업 흐름도

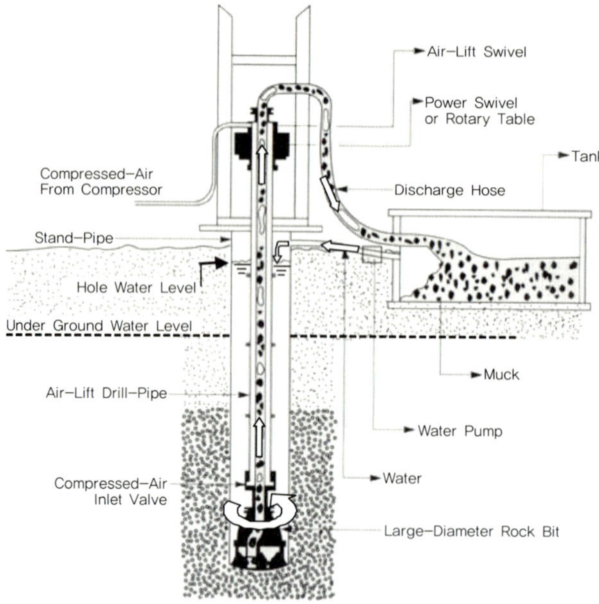

그림 3-18 리버스서큘레이션공법 작업 개념도

② 공법의 특징

㉠ 장점

- 굴착장비를 오르내릴 필요 없이 연속으로 굴착이 진행되므로 깊은 심도까지 굴착 가능하고 심도가 깊을수록 타 공법보다 효율이 양호하다.
- 물을 이용하는 공법이고 Stand Pipe 하부는 나공상태로 굴착하므로 수상시공이 가능하다.
- 베노토공법은 세사층에 불리하지만 본 공법은 세사층 굴착이 용이하며 특수한 비트에 의해서 연경암층도 무진동으로 굴착 가능하다.

㉡ 단점

- 드릴파이프 직경(150~200m/m)보다 큰 호박돌이 있는 경우 굴착이 불가능하다.
- 지층조건에 따라서는 말뚝선단 및 주변지반이 이완되는 경향이 있다.
- 이수 순환설비를 위한 공간이 확보되어야 하고 굴착토 및 이수처리가 어렵고 현장이 더럽혀질 우려가 있다.
- 정수압 또는 안정액만으로 수위가 유지되지 않는 지층조건에서는 시공이 곤란(Pregrouting 또는 누수방지제 등으로 보강)하다.

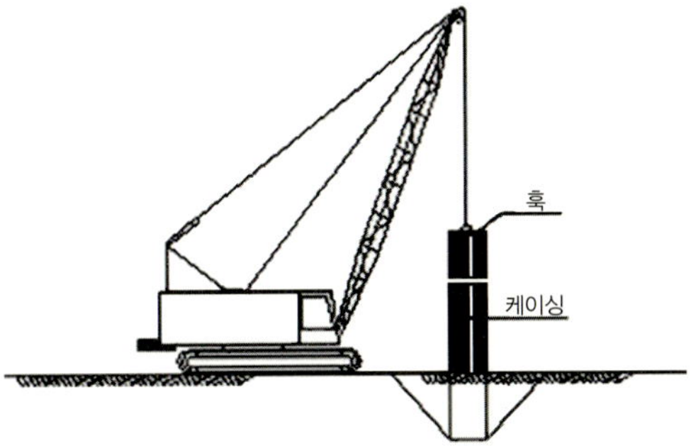

1. 측량 및 케이싱(ϕ2,000) 설치

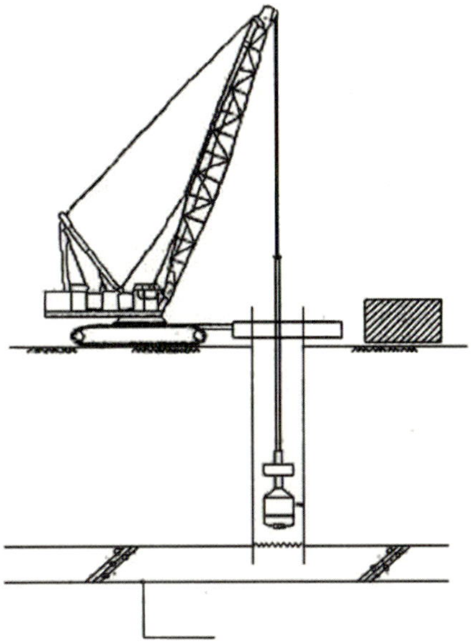

2. 해머 그래브를 이용하여 토사 굴착.
발진기(Oscillator)를 이용하여 케이싱 압입.
Chisel을 이용하여 기존 콘크리트 파쇄.

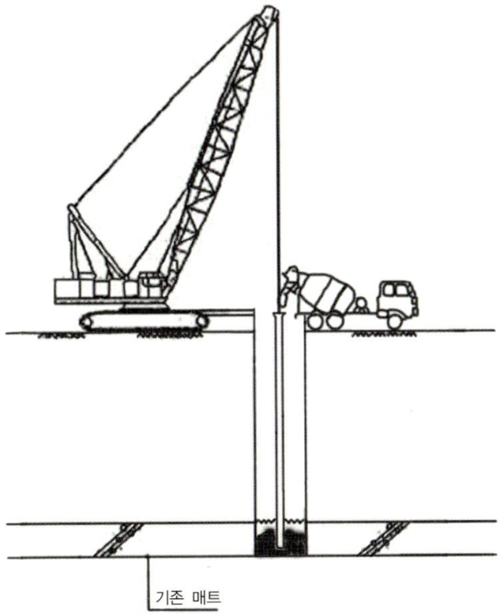

3. 트레미관 이용 기존 매트콘크리트
부분에 버림콘크리트 타설.
토사로 되메우기 후 케이싱 인발.

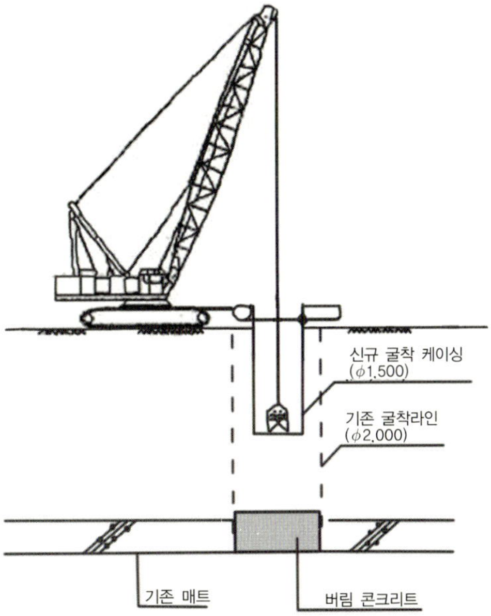

4. 해머 그래브를 이용하여 토사 재굴착.
발진기(Oscillator)로 케이싱(ϕ1,500) 압입.

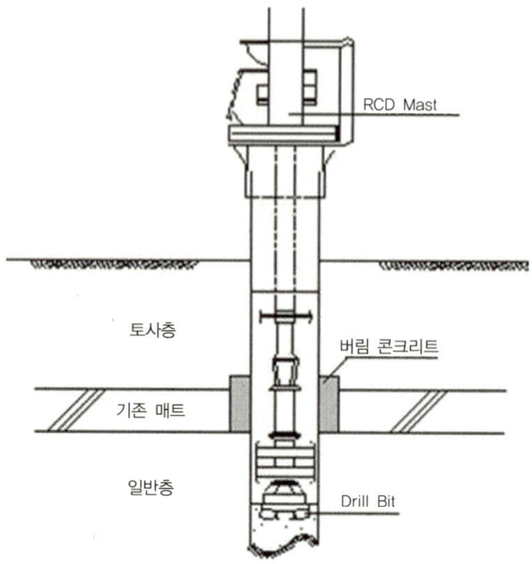

5. RCD로 무근콘크리트 및 암반굴착

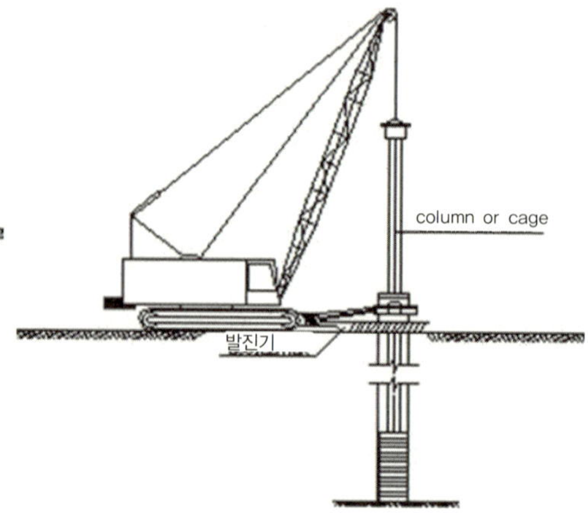

6. 철근망 및 S기둥 설치

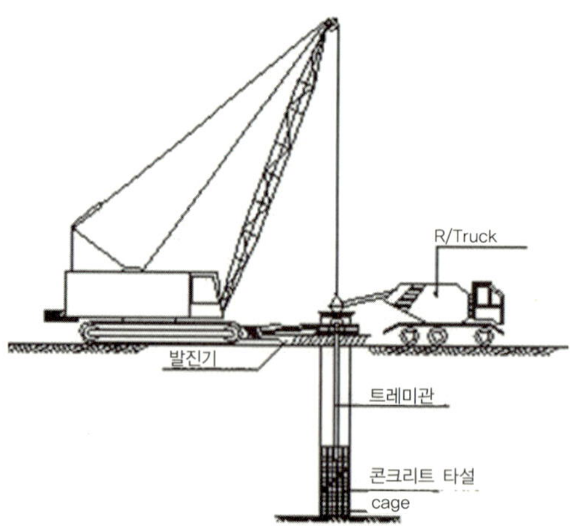

7. 트레미관으로 콘크리트 타설

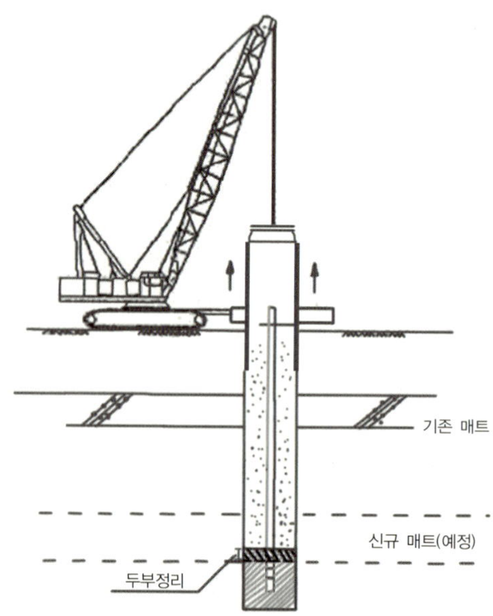

8. 콘크리트 양생 후 케이싱 내부 되메움.
발진기(Oscillator)를 이용하여 케이싱 인발.

그림 3-19 리버스서큘레이션공법 시공개념도

3) 베노토공법(Benoto Method)

① 개요

베노토공법이라는 것은 파리의 Benoto Co.가 고안한 베노토 굴착기를 사용하여 소정의 지지지반까지 구멍을 파서 그 속에 콘크리트를 타설하여 확실한 원형기둥 기초를 만드는 공법이다.

이 공법에서는 끝에 Cutting Edge가 있는 강재의 Casing Tube를 반회전, 요동시킴으로써 튜브 외주와 주위의 흙과의 마찰을 절단하고 또 Cutting Edge로 선단지반을 컷하여 튜브를 지중에 관입시킨다. 이와 병행하여 크램쉘과 같은 작용을 하는 해머 그래브(무게 약 3,0001b)로 굴착 운반하기 때문에 튜브 주변의 자연지반을 이완시키지 않고 구멍을 굴착하여 콘크리트를 타설하는 공법이다.

콘크리트 타설 후에는 튜브 외주의 지반까지 완전히 퍼지므로 주상 콘크리트와 그 외주지반은 완전히 밀착하여 빈틈이 생기지 않는다. 해머 그래브 끝의 날형을 바꿈으로써 연약토에서 경질토 및 자갈층까지 능률적으로 굴착할 수 있으며, 또한 지지지반을 흡인력에 의해서 이완시킬 우려가 없으므로, 특히 수중굴착인 경우 Calwelde 공법과 같은 기타의 공법에 비해서 우수하다.

② 공법의 특징

㉠ 장점

- 굴착 전 깊이에 대해 케이싱을 사용하므로 공벽붕괴 위험이 없고 주변지반에 주는 영향이 적어 기존 구조물의 근접 시공이 가능하다.
- 토질에 대한 적용성이 높아 암반을 제외한 모든 토질에 적합하다.
- 굴착 중 배출하는 토사에 의해 지질조사 및 지층을 확인할 수 있다.
- 콘크리트 타설 시의 붕괴사고가 적고 철근피복 유지가 확실하다.
- 비교적 저소음, 저진동공법이다.
- 기종에 따라 경사 15° 정도의 말뚝 시공이 가능하다.

㉡ 단점

- 케이싱 튜브의 요동, 인발능력이 기종에 따라 한계가 있으며 모래층이 두꺼울 때 케이싱 인발이 곤란한 경우가 있다. 특히, 지하수위 이하에 세사층이 두꺼운 경우에 요동으로 물다짐되어 케이싱 튜브의 인발이 불가능할 때가 있다.
- 수중콘크리트 타설과 동시에 케이싱 튜브를 인발할 때 철근이 따라 올라오는 경우가 있다.
- 기계의 자중이 크며 또한 요동반력이나 케이싱 튜브를 인발할 때 큰 반력이 필요하므로 수상의 잔교상이나 복공에서의 시공이 적합하지 않다.
- 해머 그래브에 의한 굴착 시 낙하 · 충격에 의해 선단지반이 약화될 우려가 있다.
- 굵은 자갈 또는 호박돌이 섞인 지중에는 케이싱 튜브의 압입이 어렵다.

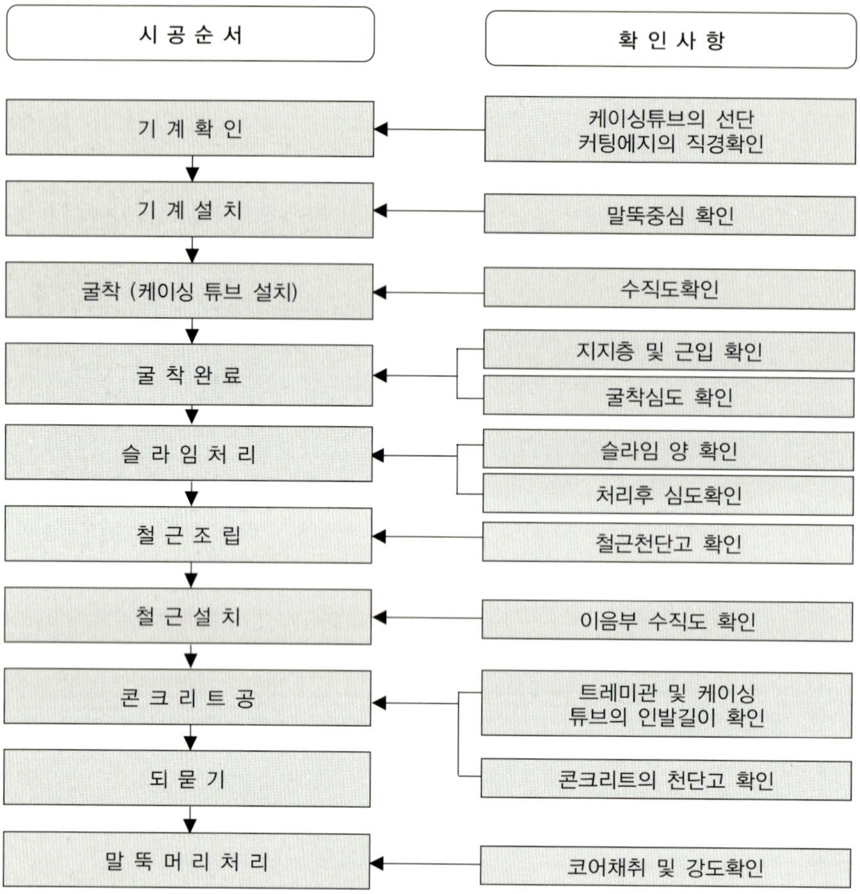

그림 3-20 베노토공법 시공순서 및 확인사항

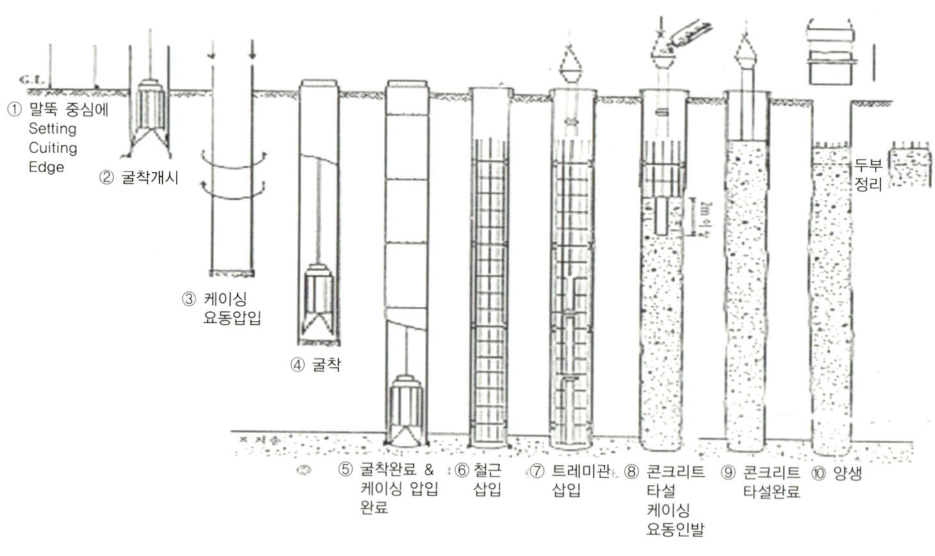

그림 3-21 베노토공법 시공순서

4) 바레트공법(Barrette Method)

바레트 기둥공사란 탑다운(Top-Down)공사를 수행하는 데 있어, 지하연속벽(D/wall) 공사가 끝나면 기둥기초를 형성시켜 시공하는 방법으로, 바레트는 기본적으로 직사각형 형태로 지중에 굴착 시 흙의 붕괴를 방지하기 위하여 케이싱을 사용하지 않고, 벤토나이트(안정액)를 사용하여 공벽을 유지하면서 굴착이 되며, 설계 지지층까지 굴 착 완료 후 철근망과 철골기둥을 근입시키고, 기초 하단부위까지 콘크리트 타설하여 시공하는 방법을 의미한다. 시공되는 바레트는 pier의 일종으로 지하연속벽(D/wall)의 1유닛으로 pier기초를 응용한 것으로, 그 단면적은 횡하중과 수직하중에 저항하기 위하여 $7m^2$ 이상까지 확대될 수 있으며, 지질조건에 따라 80m 이상 깊이까지 시공할 수 있다. 1개의 바레트는 수개의 타설말뚝(Bored Pile)을 대체할 수 있으므로 공사비와 공사시간에 대해 유리하고, 보다 신뢰할 수 있는 기초형태가 될 수 있다.

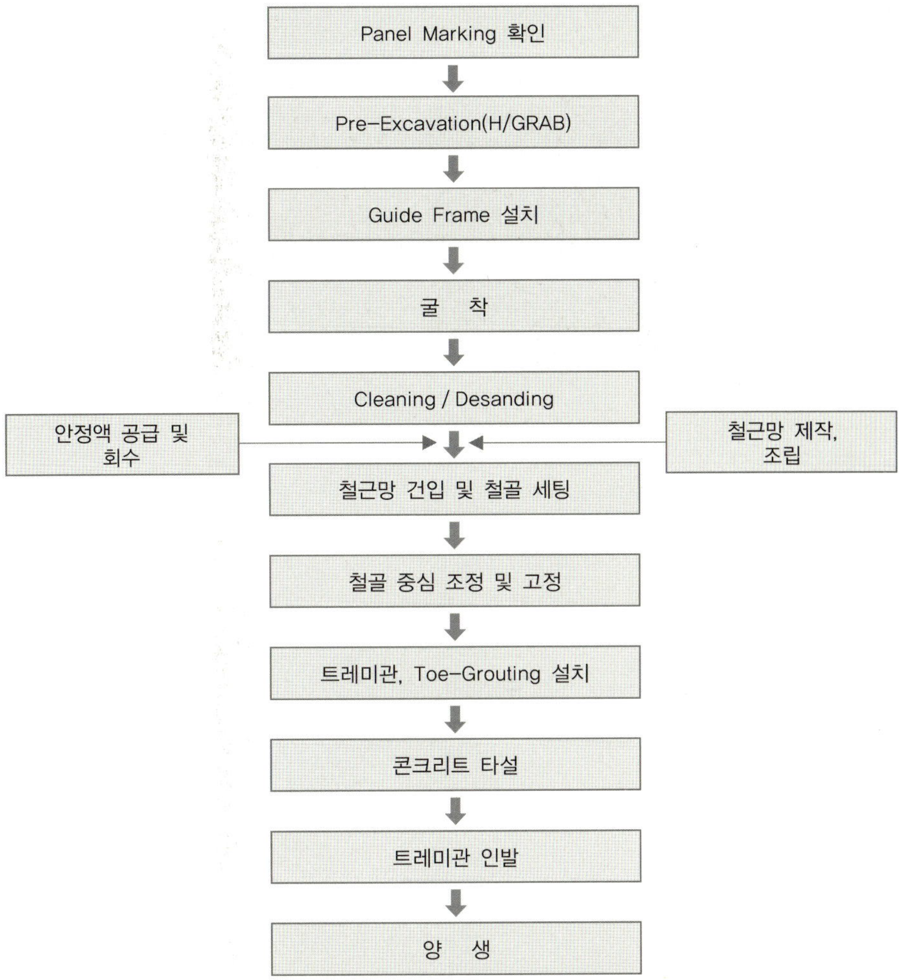

그림 3-22 바레트 기둥공사 작업 흐름도

5) PRD(Percussion Rotary Drill)공법

지상구조물을 지지하는 기초의 일종

① RCD말뚝에 비해 소구경(직경 600~1,000mm)에 해당하는 단면으로 지내력을 확보할 수 있는 경우 시공되는 말뚝(RCD보다 소음이 큼)

② 퇴적층, 암반기초는 물론 사면의 대활동에 대한 방지, 탑다운공법 등에 다양하게 적용한다.

③ 저압의 Air를 사용하므로 주위의 구조물에 피해가 적다.

④ Pile Driver에 장착된 Hammer Bit를 압축공기에 의해 타격(Percussion)하면서 회전(Rotary)시키는 방식으로 지반을 굴착한다.

⑤ 압축공기로 굴착토를 배출한다.

⑥ N치 50 이상 사력층으로 구멍이 무너지는 경우

⑦ 불안정 토사층을 통과해 암반에 말뚝을 정착시키는 경우

⑧ 심한 자갈, 전석층

⑨ 연약지반 등

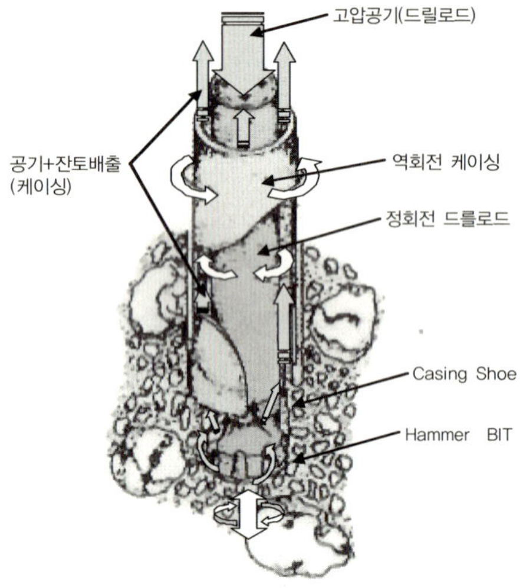

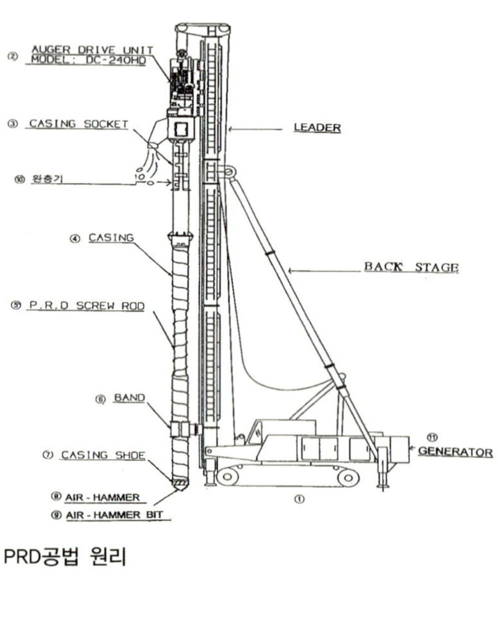

그림 3-23 PRD공법 원리

3.3.3 이음부 처리

(1) 말뚝이음공법

① 충전식 이음 : 이음부위에 콘크리트를 충전하여 연결하는 방식

② 볼트식 이음 : 특수 커플러(Coupler)를 사용하여 볼트를 채우는 방식

③ 용접식 이음 : 말뚝 상호간의 접착부를 용접하여 연결하는 방식

④ 장부식 이음 : 이음부에 Band를 채워서 용접하는 방식

(2) PHC말뚝 용접이음

(1) 이음부위 이물질 제거 (2) 상 · 하 말뚝 연결 (3) 용접 (4) 바람막이 설치 (5) 용접검사(MT)

사진 3-3 PHC말뚝 용접이음 시공순서

(3) 강관말뚝 용접이음

(1) 배면링 설치 (2) 상 · 하 말뚝 연결 (3) 용접 (4) UT검사 (5) RT검사

사진 3-4 강관말뚝 용접이음 시공순서

3.3.4 두부정리

(1) PHC말뚝 두부정리

(1) 절단위치 표시 (2) 그라인더를 활용하여 10mm 커팅. (PC강선이 손상되지 않도록 주의한다) (3) 집게장비로 파쇄 (말뚝에 세로 균열발생 억제) (4) 망치로 잔다듬 (5) 시공완료 (말뚝 안에 PVC CAP캡 설치)

사진 3-5 PHC말뚝 두부정리 순서

(2) 강관말뚝

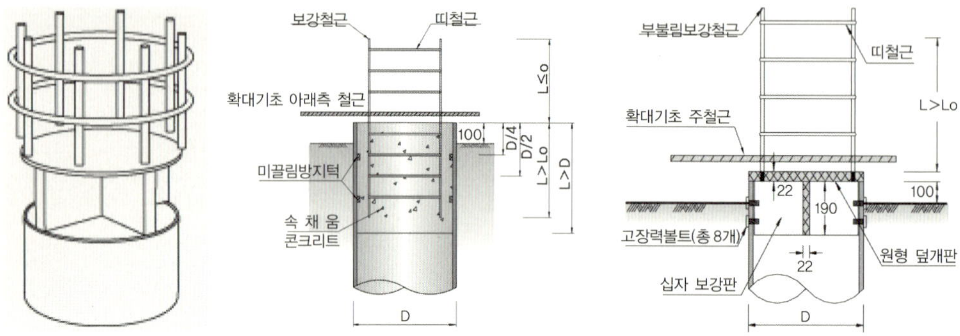

83년 도로교표준시방서 92년 도로교표준시방서 98년 볼트식 두부보강(신기술 제134호)

그림 3-24 PHC말뚝 용접이음 시공순서

3.3.5 재하시험

(1) 정의

말뚝에 대하여 실제로 사용되는 상태 또는 이것에 가까운 상태에서 지지력 판정의 자료를 얻는 시험으로 직접적으로 지지력을 확인하는 방법이다. 말뚝을 타격하여 시험하는 동재하시험과 실물을 재하하여 시험하는 정재하시험이 있다.

(2) 동재하시험

(1) 설치위치 표시 (2) 타공 (3) 가속도계 및 변형률계 설치

(4) 타격준비 (5) 동재하시험 (6) 최종 관입량 확인

사진 3-6 동재하시험 시공순서

(3) 정재하시험

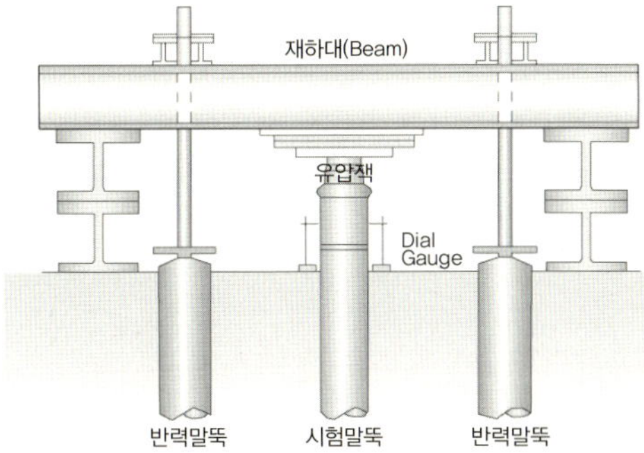

정재하-반력말뚝

정재하-실물재하

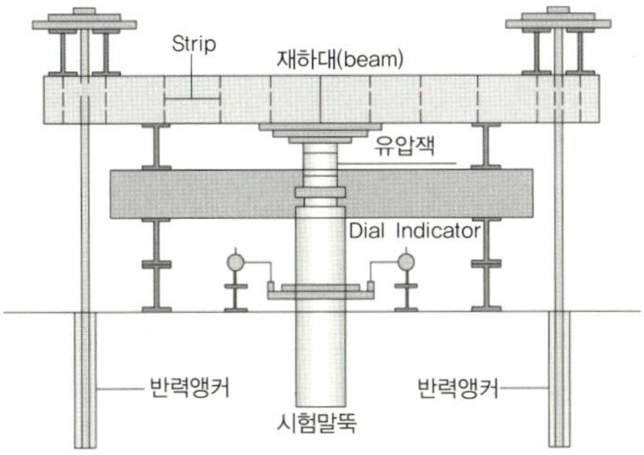

정재하-앵커

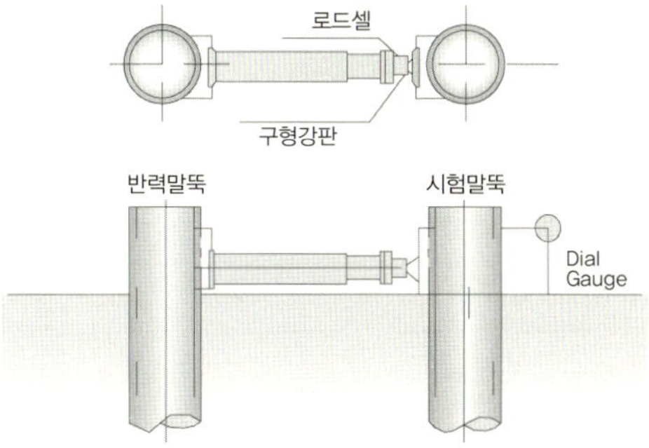

수평 정재하

사진 3-7 정재하시험 시공순서

제 4 장

터파기 및 흙막이공사

4.1 개요

최근 우리나라는 사무용 빌딩뿐만 아니라 주거용 주상복합이나 아파트도 초고층화 되는 추세에 있다. 따라서 지하구조물 층수도 늘어나 굴착 깊이가 20m 이상인 공사현장들을 쉽게 볼 수 있다. '흙막이'는 대형 지하구조물은 물론이고 일반구조물의 기초 등을 위한 지반 굴착공사를 할 때 주변지반, 구조물 및 주민에 미치는 영향을 최소화하기 위한 시설물이다. 대부분의 경우 가설구조물이지만 구조물 본체로 겸용되는 공법도 있다.

터파기를 하면 지금까지 안정되어 있던 지층이 이완되고 흐트러져 주변 지반의 침하나 거동을 일으킨다. 침하나 거동은 연속적으로 인접 구조물이나 기반시설에 크랙(Crack)을 유발시키는 등의 영향을 미칠 위험이 있다. 이런 피해를 방지하기 위하여 흙막이를 하는 것이다.

다음 사진은 엄지말뚝(h-pile)과 버팀대(Strut)를 이용한 흙막이 가설공사이다.

사진 4-1 흙막이공에 의한 토공사례

4.2 공법의 종류와 선정

4.2.1 터파기와 흙막이공법의 종류 및 선정

지반굴착공사와 흙막이공법의 선정은 다음과 같은 터파기 대상 구조물의 환경에 의하여 결정된다.

① 굴착깊이

② 지하구조물 바닥면적의 크기와 형태

③ 지하수 및 연약지반 유무 등의 지층구조

④ 인접대지의 구조물 및 장애물과의 근접 혹은 여유 이격거리

⑤ 소음과 진동이 엄격하게 관리되는 지역

지반굴착공법은 흙막이 방법과의 조합에 의해 다음 그림과 같이 분류된다.

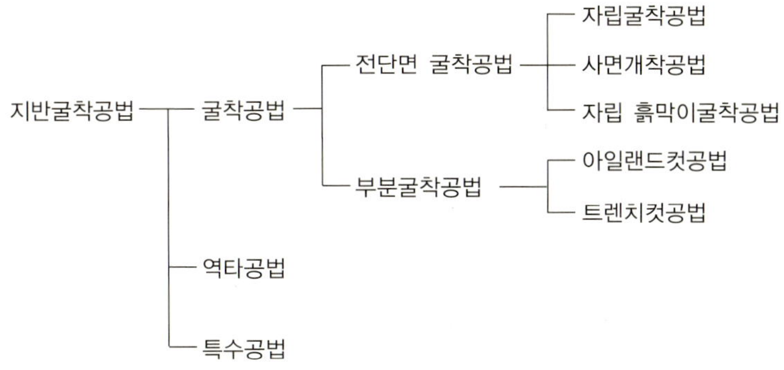

그림 4-1 터파기와 흙막이공법의 종류

(1) 굴착공법(Open Cut)

바닥평면 전체를 한 번에 굴착하는 전단면굴착공법과 부분적으로 굴착하여 구조물의 일부를 선행 시공하며 구축하는 부분굴착공법이 있다.

1) 전단면굴착공법

전단면굴착공법은 흙막이 없이 지면을 수직으로 터파기하는 자립굴착공법, 안전한 기울기로 비탈면을 만들어 터파기하는 사면개착공법과 흙막이를 설치하여 지반을 안정시키고 터파기하는 흙막이굴착공법으로 대별할 수 있다.

① 자립굴착공법

흙막이 없이 소정의 깊이까지 터파기하는 공법

㉠ 적용성과 유의사항

- 터파기 깊이는 지층이 자립할 수 있는 깊이까지 한다.
- 흙 표면의 풍화 등에 주의한다.

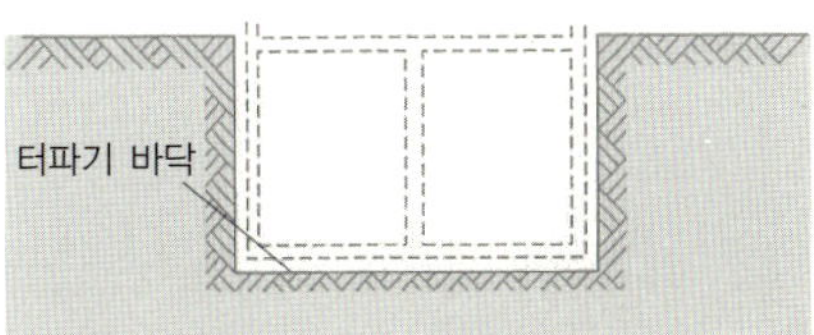

그림 4-2 자립굴착공법

② 사면개착공법

- 굴착면에 안전한 기울기의 비탈면을 설치하여 안정을 유지하며 터파기하는 공법.
- 흙막이 지보공이 불필요하므로 작업성이 좋다.
- 터파기, 되메우기 토양이 많아진다.

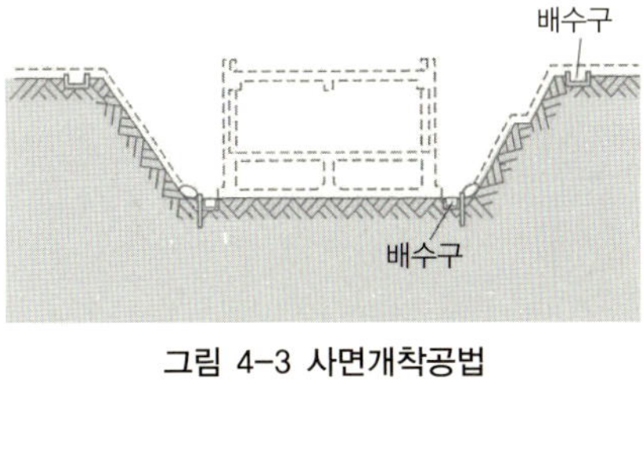

그림 4-3 사면개착공법

㉠ 적용성과 유의사항

• 부지에 비탈면을 설치할 수 있는 여유공간이 필요하다.
• 비교적 넓은 현장의 얕은 터파기 공사에 적용한다.
• 터파기 비탈면의 흘러내림에 주의한다.
• 비탈면의 안정성 검토가 필요하다.

흙막이 굴착공법은 일반적으로 엄지말뚝과 버팀대, 어스앵커 등의 지보공으로 흙막이벽을 지지하지만 조건에 따라 지보공 없이 자립시키는 경우도 있다.

③ 자립 흙막이굴착공법

• 터파기 주변에 흙막이벽을 설치하여 터파기 부분의 수동저항과 흙막이벽의 강성에 지지하여 터파기를 진행하는 공법이다.
• 흙막이 지보공이 불필요하므로 작업성이 좋다.

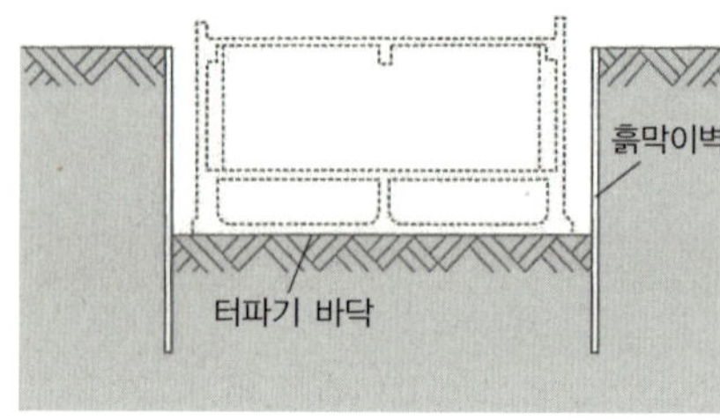

그림 4-4 자립 흙막이굴착공법

㉠ 적용성과 유의사항

• 지반조건이 양호한 경우에도 터파기 깊이는 얕은 경우로 한정한다.
• 흙막이벽의 근입 길이를 충분히 확보할 필요가 있다.
• 흙막이벽의 변형 발생에 주의해야 한다.

④ 버팀대(Strut) 흙막이굴착공법

• 흙막이벽에 작용하는 토압을 엄지말뚝과 버팀대 등의 흙막이 지보공으로 밸런스를 유지하며 터파기를 진행하는 공법이다.
• 시공 실적이 많고 신뢰성이 높다.

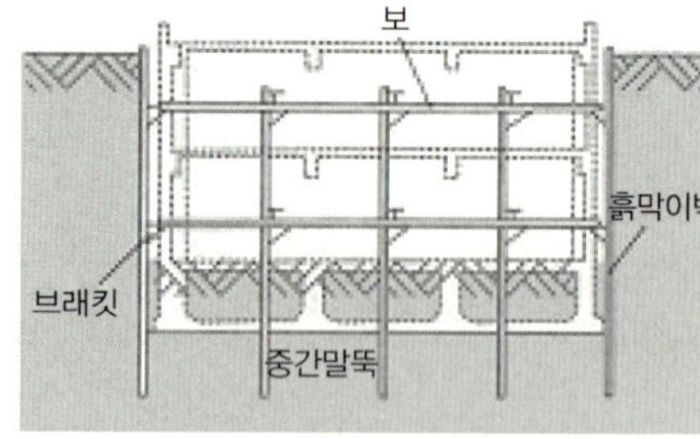

그림 4-5 버팀대 흙막이굴착공법

㉠ 적용성과 유의사항

• 지반조건이나 터파기 깊이에는 그다지 제한받지 않고 대부분의 경우 적용이 가능하다.
• 부정형 평면, 장스팬 및 큰 고저차가 있는 사업부지에는 적용이 어려움이 있다.

⑤ 어스앵커 흙막이굴착공법

- 흙막이벽 배면의 안정된 지반에 앵커를 정착시켜 흙막이벽을 지지하며 터파기를 진행하는 공법.
- 터파기 내부에는 지보공이 불필요하므로 작업성이 좋음.

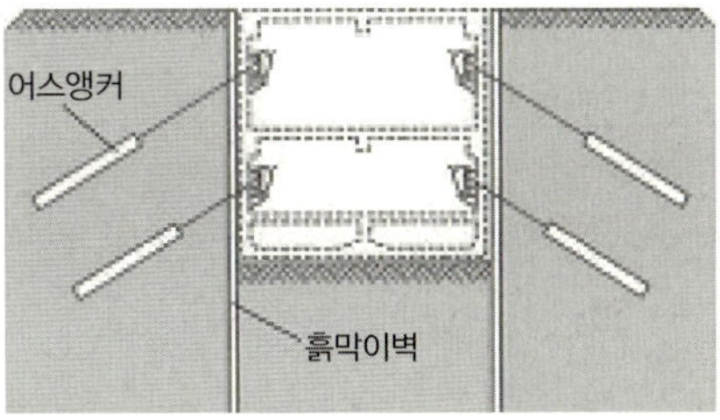

그림 4-6 어스앵커 흙막이굴착공법

㉠ 적용성과 유의사항

- 버팀대공법 적용이 곤란한 부정형 평면, 장스팬 및 고저차가 큰 대지 등에 효과적이다.
- 어스앵커를 시공하기 위한 대지의 여유가 필요하다.
- 대지의 경계를 넘어 앵커를 정착시키는 경우에는 소유주의 허가가 필요하다.

2) 부분굴착공법

부분굴착공법은 아일랜드컷공법과 트렌치컷공법이 대표적이며, 보통 흙막이벽 설치를 전제로 한다. 굴착평면이 넓고 배면에 지장물이 있는 경우에 주로 적용되며, 본 구조물을 끊어 시공해야 하므로 시공이음 품질관리에 주의하고 지하수나 우수 등의 관리도 요구된다.

① 아일랜드컷공법

- 사면개착공법처럼 안전한 비탈면을 설치하고, 중앙부분을 먼저 터파기하여 지하구조물을 완성한 뒤에 바깥을 터파기하여 나머지 지하구조물을 구축하는 공법이다.
- 가운데는 가설이 불필요하므로 시공성이 좋다.

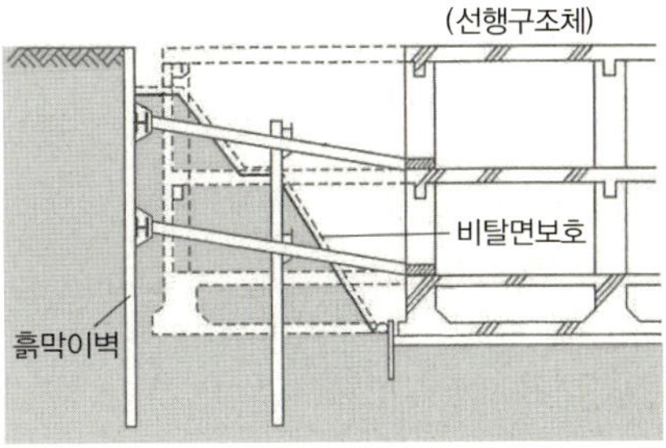

그림 4-7 아일랜드컷공법

㉠ 적용성과 유의사항

- 터파기 평면이 넓고 깊이가 얕은 경우에 적합하다.
- 지하구조물의 시공이 두 단계가 되므로 구조물의 시공이음이 발생된다.

② 트렌치컷공법

- 흙막이벽을 터파기 주위에 2중으로 설치하여 바깥의 지하구조물을 먼저 시공하고,

기 시공구조물의 안전성을 확보한 후에 내부구조물을 시공하는 공법이다.

• 가운데는 가설이 불필요하므로 작업성이 좋다.

㉠ 적용성과 유의사항

• 터파기 평면이 넓고, 깊이가 얕은 경우에 적합하다.

• 지하구조물의 시공이 두 단계이므로 구조물의 시공이음이 발생된다.

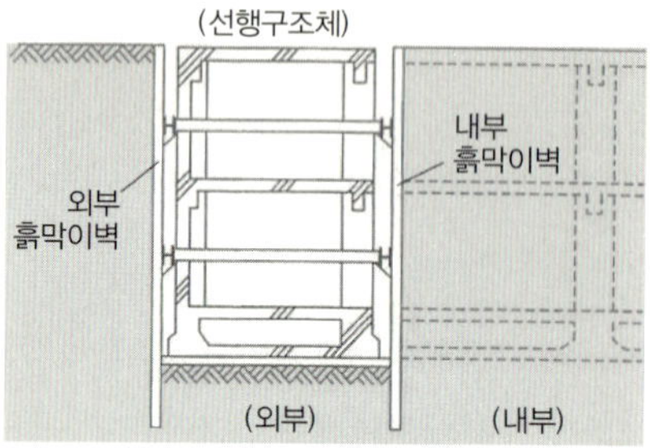

그림 4-8 트렌치컷공법

(2) 역타공법

현장타설 말뚝으로 지하층 기둥을 시공하고 1층 바닥 및 보를 시공하여 이를 지보공으로 하부의 터파기를 진행하며, 1층과 같이 순차적으로 지하층의 구조물 구축과 터파기를 반복하면서 지하공사를 진행하는 공법이다.

1층 바닥을 작업장으로 이용하므로 가설작업장이 불필요하고, 지하층 공사와 상부구조물 공사의 병행시공이 가능하므로 전체 공기를 단축할 수 있다.

• 적용성과 유의사항
  - 대규모 공사 및 대심도 굴착공사
  - 지하수위가 높고, 굴착 지층에 두터운 사질토 및 연약지반에 적용한다.
  - 도심지 공사로 흙막이벽의 변형 억제가 필요한 경우이다.
  - 기둥이나 벽 등에 구조물의 시공이음이 발생된다.
  - 지하공사이므로 작업성은 나빠진다.

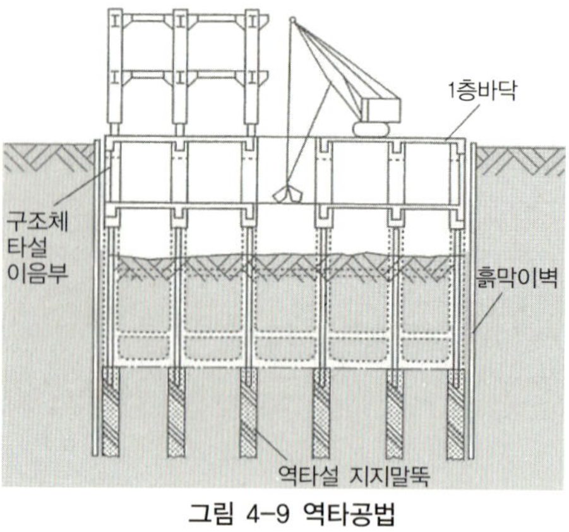

그림 4-9 역타공법

사진 4-2 역타공법

각 공법의 선정기준은 다음의 표 4-1에 나타내었다.

표 4-1 조건별 흙막이공법 검토사항

조건 / 공법의 종류		공사규모					시공조건		대지조건				지반조건		주변환경	
		터파기 깊이		평면규모 형태			공기	공사비	주변 공간		고저차		연약 지반	지하 수위 높다	주변 침하	소음 진동
		얕다	깊다	좁다	넓다	부정형			유	무	유	무				
자립굴착공법		◎	△	○	○	○	◎	◎	○	△	○	○	△	△	△	○
사면개착공법		◎	△	△	◎	○	◎	◎	◎	△	○	○	△	△	○	○
흙막이 굴착 공법	자립 흙막이 굴착공법	◎	△	○	○	○	◎	◎	○	○	○	○	△	△	△	○
	버팀대공법	◎	◎	◎	○	○	○	○	○	◎	△	◎	◎	◎	○	○
	어스앵커 공법	◎	◎	○	◎	◎	○	○	◎	△	◎	○	○	○	○	○
아일랜드컷공법		○	△	△	◎	○	△	△	◎	○	△	○	○	○	○	○
트렌치컷공법		○	△	△	◎	△	△	△	○	○	△	○	○	○	○	○
역타공법		△	◎	△	◎	○	◎	△	○	○	○	○	◎	◎	◎	○

4.2.2 흙막이벽의 종류와 선정

대표적인 흙막이벽체에는 엄지말뚝 + 토류판이 있고, 흙막이벽체의 재료에 따라 시트파일, 소일시멘트, 현장타설 철근콘크리트말뚝 벽체, 지하연속벽 및 소일네일링 등이 있다.

현장타설 지하연속벽 등은 휨강성, 차수성이 높은 흙막이벽체이고, 소일시멘트는 차수성이 높은 흙막이 벽체이다.

(1) 엄지말뚝 + 토류판

굴착공사 전에 일정한 간격으로 땅속에 설치하는 엄지말뚝과 굴착을 진행하면서 엄지말뚝 사이에 목재 등의 토류판을 끼워 넣어 흙막이벽체를 구축한다.

엄지말뚝 재료로는 H형강, Rail강 및 강관 등이 사용된다.

굴착을 한 뒤에 노출된 절취면을 토류판으로 막는 형식이므로 토류판과 절취면 사이에 공간이 발생치 않도록 뒤채움이 반드시 필요하다.

사진 4-3 엄지말뚝 + 토류판 작업

• 적용성과 유의사항
  - 소규모 ~ 중규모공사
  - 지하수위가 낮은 양질의 지반에 유효하다.
  - 연약지반에서 적용은 거의 실적이 없다.
  - 흙막이벽체로는 공사비가 가장 저렴하다.

목재 토류판 대신에 탑다운으로 콘크리트를 타설하며 시공하는 토류콘크리트공법도 있다.

(2) 강널말뚝 벽체(Sheet Pile)

널말뚝의 재료로는 목재, 프리캐스트콘크리트, 강판 등이 사용되는데 지반굴착공사에서는 강널말뚝이 주로 적용된다. 즉, 시트파일을 겹쳐 연속으로 땅속에 매입시켜 흙막이벽체를 구성하며 일반적으로 U형강 파일이 사용된다.

거의 완전한 벽체를 근입시킨 후에 굴착공사를 하므로 배면의 토사유실 방지에 유효하여 강이나 해안에 근접한 구조물 가설공사에 광범위하게 사용되고 있다.

사진 4-4 강널말뚝 벽체

• 적용성과 유의사항
  - 소규모 ~ 대규모 공사
  - 굴착 깊이는 보통 15m 정도까지이며, 차수성이 있는 흙막이벽이다.
  - 자갈이나 전석이 있는 지층에서는 시공성이 불량하다.
  - 지하수위가 높은 지반이나 연약지반에도 적용 가능하다.

(3) 소일시멘트 벽체(S.C.W.)공법

소일시멘트로는 S.C.W(Soil Cement Wall)이 대표적이며 최근에는 유사한 공법이 많이 개발되고 있다. 소일시멘트는 흙과 시멘트계 현탁액을 현장에서 각반, 혼합하여 원기둥형의 구조물을 땅속에 연속으로 조성하여 흙막이 벽을 형성한다. 휨모멘트에 약하므로 H형강 등의 응력재를 삽입하여 보강한다.

• 적용성과 유의사항
  - 중규모 ~ 대규모 공사
  - 비교적 차수성이 높다.
  - 폐진흙(Slime)이 발생된다.
  - 지하수위가 높은 사질기반, 사력지반, 연약지반 등 적용범위가 넓다.
  - 전석이 있는 지층에서는 시공이 어렵다.
  - 지층에 따른 소일시멘트의 품질관리가 중요하다
  - 동절기에 시공하고 해빙기에 굴착공사를 할 경우, 표면이 얇게 벗겨져 떨어지기도 한다.

사진 4-5 소일시멘트공법

(4) 현장타설 철근콘크리트말뚝 벽체(C.I.P공법)

C.I.P (Cast-In-Placed Pile) 굴착공사 전에 로터리 보링기나 오거 등의 천공장비로 천공하여 H-Pile 또는 철근망을 삽입하고 콘크리트를 타설하여 1개의 말뚝을 연속으로 시공하면서 벽체를 형성한다.

천공 공벽의 유지를 위해서는 안정액 또는 케이싱을 사용한다.

사진 4-6 C.I.P(Cast-In- Placed Pile)

• 적용성과 유의사항
  - 소규모 ~ 대규모 공사
  - 적용 지층이 광범위하다.
  - 시공장비가 소형이므로 좁은 장소에서도 시공이 가능하다
  - 비교적 강성이 커 배면의 수평변위 억제가 가능하다.
  - 현장타설 콘크리트말뚝 간의 연결성을 고려하여 지하수위가 높은 지역에서는 보조공법으로 그라우팅(LW 혹은 ROD)이 수반된다.

(5) 지하연속벽(Slurry Wall, Diaphragm Wall)

지하연속벽은 굴착 공벽을 안정액, 즉 벤토나이트 현탁액을 이용하여 굴착 벽면의 안정을 유지시키면서 그 속에 조립 철근망을 삽입하고 콘크리트를 타설하며 벽체를 연속으로 시공하는 흙막이벽체이다. 벽체의 강성이 높고 차수성이 높아 본체 구조물로 이용이 가능하여 역타공법에 많이 적용된다. 땅속에 깊은 트렌치(Trench)를 굴착하는 특수 굴착기(Cutter)와 사일로(Silo), 디샌더(Desander) 및 압착식 여과기(Filter Press) 등의 플랜트가 설치되므로 2,000m^2 이상의 사업부지에 적용이 가능하다.

- 적용성과 유의사항
  - 대규모 공사
  - 도심지 대심도 공사
  - 지하수위가 높은 사질지반, 사력지반, 연약지반 등 적용범위가 넓다.
  - 공사비가 비교적 높으나 영구 구조물로 겸용이 가능하므로 건축벽체 공사비와 비교해야 한다.

사진 4-7 지하연속벽 굴착기

사진 4-8 지하연속벽

(6) 소일네일링(Soil Nailing)공법

굴착면을 철근이나 강봉으로 만들어진 보강재(Nail)를 1.0~2.0m 간격의 천공구멍에 삽입시킨 뒤에 그라우팅으로 충진하여 원지반의 전단강도 증대와 지반변위를 억제시키는 공법이다.

기존에는 프리스트레싱 없이 네일을 사용했으나, 인장력(Tension)을 주어 네일의 간격을 넓히고 길이도 줄이는 연구가 많이 진행되고 있다.

1~2m 굴착깊이 상태에서도 자립이 가능한 지반에 적용이 가능하다.

사진 4-9 소일네일링 작업

- 적용성과 유의사항
  - 소규모 ~ 대규모 공사
  - 탑다운에 의한 단계별 시공이고, 굴착선 조정이 쉽다.(지그재그로 굴착 가능)
  - 시공장비가 소형이므로 좁은 장소에서도 시공이 가능하다.
  - 수평변위에 약하다.
  - 공사비가 비교적 저렴하여 경제성이 양호하다.

건축공사에서 적용되고 있는 각 흙막이 벽의 선정기준은 표 4-2에 나타내었다.

표 4-2 흙막이벽 선정기준

조건 / 흙막이 벽의 종류	지반조건			공사규모				주변환경			공기	공사비
	연약 지반	사력 지반	지하수위가 높은 지반	터파기 깊이		평면 규모		소음 진동	지반 침하	슬라임 처리		
				얕다	깊다	좁다	넓다					
엄지말뚝+토류판	△	◎	△	◎	△	○	○	○	△	◎	◎	◎
시트파일	◎	○	○	◎	○	○	○	○	○	◎	◎	○
소일시멘트벽	◎	○	◎	○	○	○	○	◎	○	△	○	○
CIP	◎	○	○	△	◎	○	○	○	◎	◎	◎	○
지하연속벽	◎	○	◎	△	◎	△	○	◎	◎	△	△	△
소일네일링	△	○	△	◎	△	◎	○	◎	△	○	◎	◎

4.2.3 지보공의 종류와 선정

지보공의 선정은 각 지보공의 특징을 파악한 후 터파기, 흙막이공법의 선정과 병행하여 검토할 필요가 있다. 흙막이 지보공에는 대표적으로 버팀대(Strut), 앵커(Anchor) 및 역타공법으로 분류를 할 수 있다.

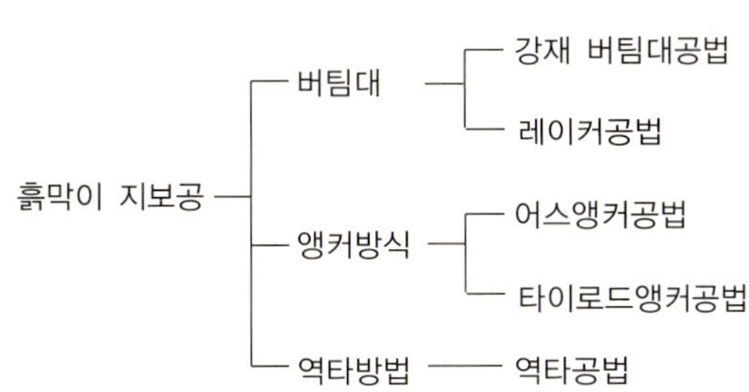

그림 4-10 흙막이 지보공의 종류와 분류

(1) 버팀대공법

굴착진행에 따라 버팀대와 띠장을 설치하며 지지하는 공법으로 가장 많이 적용되고 있는 공법 중 하나이다.

1) 강재 버팀대공법

강재 버팀대공법은 지보공으로 신뢰성이 높고 실적이 많은 공법이다. 단, 부정형 평면 상태의 경우나 스팬길이가 80~90m를 넘는 경우에는 적용이 어렵다.

과거에는 철근콘크리트재 버팀대공법이 부정형 평면에 일부 적용되기도 하였다. 그러나 보강이 어렵고 강도 발현까지는 여러 날이 소요되고 해체할 때 산업폐기물이 발생하는 등의 문제점이 있어 현재는 거의 사용하지 않고 있다.

① 특징

- 실적이 많고 신뢰성도 높다.
- 리스재 전용이 가능하다.
- 비교적 경제적이다.
- 프리 로드의 도입이 용이하다.
- 설치, 철거가 용이하다.
- 보강이 용이하다.

사진 4-10 강재 버팀대공법

② 유의사항

- 복잡한 평면 형태나 스팬이 80m를 넘는 넓은 평면은 적용이 어렵다.
- 고저차가 있는 부지에서는 버팀대 구성에 주의해야 한다.
- 온도에 의한 응력변화가 크다.

2) 레이커(Raker)공법

버팀대나 어스앵커를 설치가 곤란한 지역에서는 버팀대의 일종인 레이커공법이 적용된다. 또한 변위가 발생한 현장에서 보강공법으로 시공되기도 한다.

① 유의사항

- 굴착 평면이 매우 넓은 부지에 적용한다.

사진 4-11 레이커공법

- 굴착 깊이가 10m 이하인 부지에 적용한다.

(2) 앵커공법

앵커방식에는 어스앵커공법과 타이로드 앵커공법이 있다.

1) 어스앵커공법

부정형 평면형태나 편토압이 발생되는 경우에 유효하다. 또 공사장 내에 지보공이 없으므로 굴착작업의 효율이 높다. 단, 흙막이벽의 배면에 어스앵커를 시공할 수 있어야 한다.

① 특징

- 복잡하고 넓은 평면형태에도 적용 가능함.
- 굴착이나 구조물 공사의 작업능률이 높아 공기를 단축할 수 있다.
- 필요에 따라 제거식 앵커를 적용(사업부지 밖에 앵커를 정착할 경우)
- 프리로드의 도입이 용이함.

② 유의사항

- 사업부지 밖에 앵커를 정착할 경우에는 소유주의 허가가 필요하다.
- 흙막이벽에 연직하중이 작용한다.
- 연약지반에 정착은 어렵다.
- 지하수위가 높고 흐름이 빠른 경우에는 시공에 주의가 필요하다.

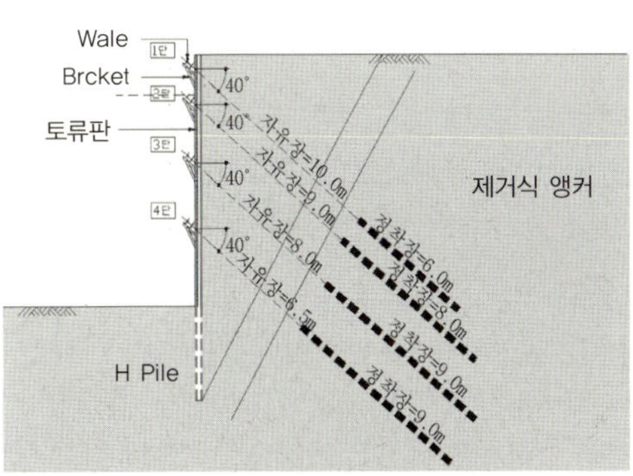

그림 4-11 어스앵커공법 개념도

사진 4-12 어스앵커공법 시공

2) 타이로드 앵커공법

흙막이 배면에 말뚝을 설치하고 내부의 말뚝과 PC강선을 연결하여 지지하는 공법이다. 자립 흙막이공법에 있어서는 흙막이벽 머리부분의 변위를 억제하는 보조 목적으로 많이 사용된다. 또한 다음 사진과 같이 동시에 착공한 현장에서 마주보는 2개의 면을 타이로드로 연결하여 지보공을 대신하기도 한다.

사진 4-13 2개의 마주보는 면을 타이로드로 연결한 현장

4.3 시공관리

4.3.1 시공계획

시공계획의 목표는 설계도서에 의거, 건축물을 경제성을 고려하여 안전하게 시공할 수 있는 조건과 방법을 수립하는 데 있다. 시공계획을 위한 사전조사는 계약조건과 설계도서를 검토해야 하며 현장조사를 통한 현장주위 상황, 지반조사, 기상, 공해, 관계법규 등을 파악하여 합리적인 시공계획을 세워야 한다.

(1) 시공계획의 기본사항

표 4-3 시공계획 기본사항

시공계획의 목적	시공계획의 특성
• 공사의 품질향상과 보증 • 비용절감 및 이윤확보 • 쾌적한 작업환경 개선으로 재해예방 • 생산성 증대 • 조직의 능률성 제고	• 시방서나 발주자가 정해놓은 승인사항 이외는 대부분 시공자의 책임 하에 시공 • 시공자는 기술과 경험을 활용하여 계획 • 설계도서에는 시공방법 등에 관해서는 별도의 지시가 없음

절토, 흙막이공사의 시공계획은 다음 그림 4-12와 같으며, 시공자는 설계도서를 확인한 후 부지와 주변상황, 지반과 지하수 등을 조사한다. 이때 설계된 기본계획과 너무 다를 경우에는 부분적으로 기본계획을 수정한다.

그리고 시공방법, 시공순서, 관리방법, 공정 등을 검토한다. 각 공사와의 관련성을 조사하여 작업에 지장을 주거나 작업능률에 큰 영향을 끼칠 수 있다면 기본계획을 수정하여 시공계획을 세운다.

절토, 흙막이공사를 하기 위해서는 감독관청에 신고할 사항들이 많고, 신고서류도 지방자치단체에 따라 다르기 때문에 사전에 지방자치단체에 확인해야 한다.

※ 흙막이공사 시 시공관리 사항

1. 히빙(Heaving)에 대한 관리
2. 보일링(Boiling)에 대한 관리
3. 파이핑(Piping)에 대한 관리
4. 피압수 관리
5. 소단관리
6. 배수로 인한 주변 침하방지
7. 측압에 대한 안전관리
8. 언더 피닝(Under Pinning) 고려
9. 환경공해관리
10. 계측관리

기본계획

- 절토, 흙막이공법 선정
- 동바리 선정

⇩

설계도서 확인

- 시방서
- 설계도면(지하구조체의 형태, 범위, 규모 파악)
- 흙막이 구조계산서 등

⇩

각종 조사

- 부지 및 주변조사(구조물, 도로, 매설물)
- 지하수위 및 지반현황 조사
- 시공사례 조사
- 관계법령 및 규제조건 조사

⇩

시공계획

- 시공방법 및 순서
- 시공관리방법
- 공사공정 및 공기
- 잔토, 산업폐기물 잔토처리 등

⇩

신청서류

- 건설공사 계획서
- 인접도로 굴착신청서, 도로점용허가
- 공공하수도 사용허가 등

그림 4-12 흙막이공사 시공계획

※ 각 공사와의 관련 검토

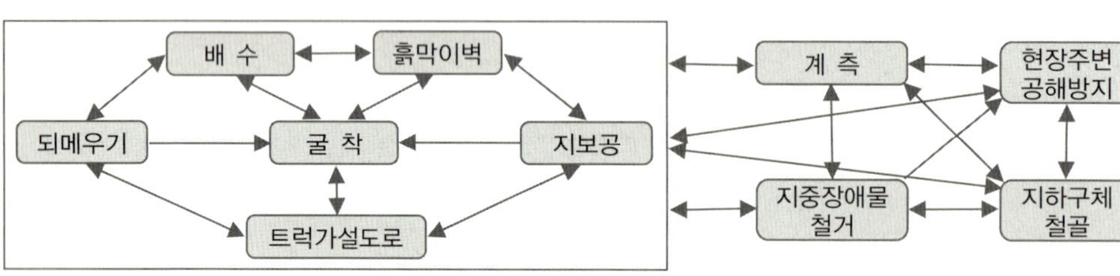

그림 4-13 공사간 관련성 검토

※ 흙막이공사 흐름도

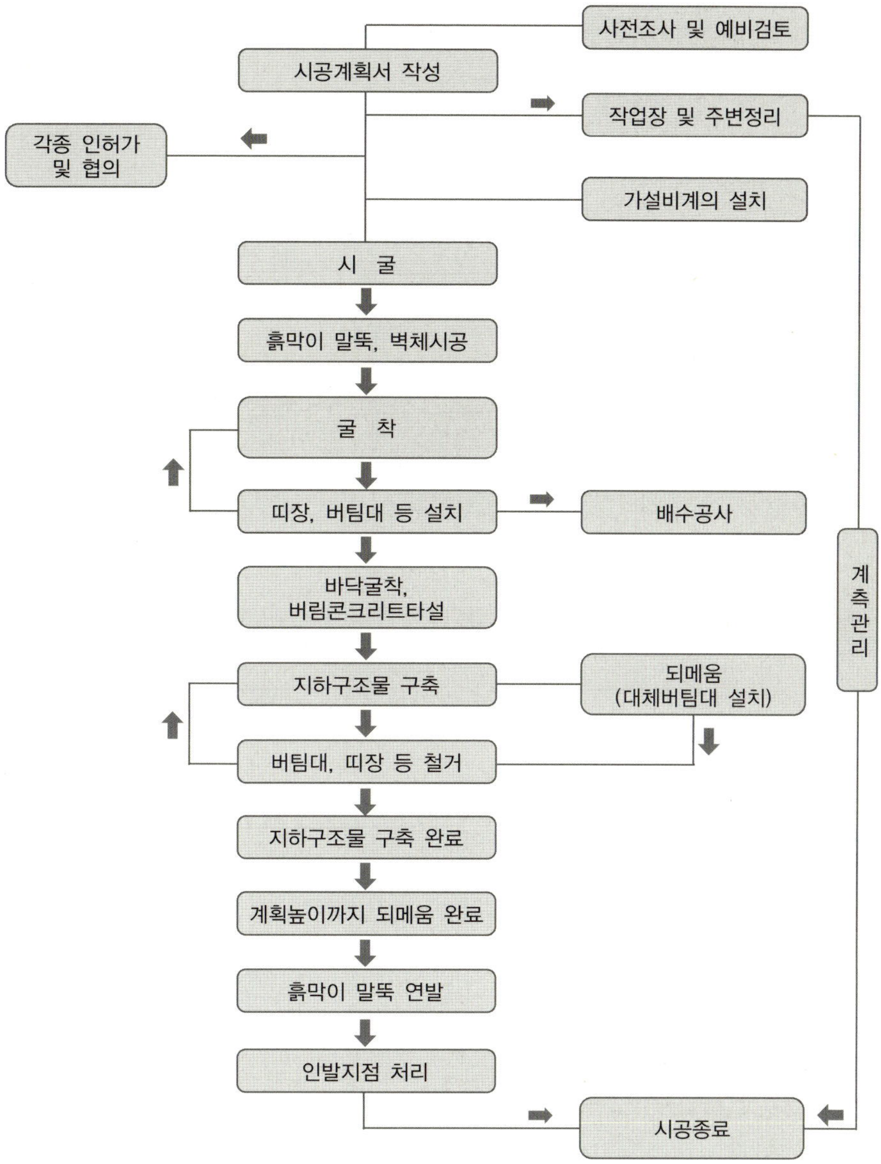

그림 4-14 흙막이 공사 흐름도

4.3.2 굴착, 되메움

(1) 굴착

일반적으로 굴착은 포크레인(백호우, 셔블)을 사용하고, 흙은 바로 덤프트럭에 실거나 클램쉘을 이용하여 덤프트럭을 이용하여 반출한다. 시공계획에 의거 굴착하되 굴착면이 불안정한 상태가 되지 않도록 주의하여 시공한다.

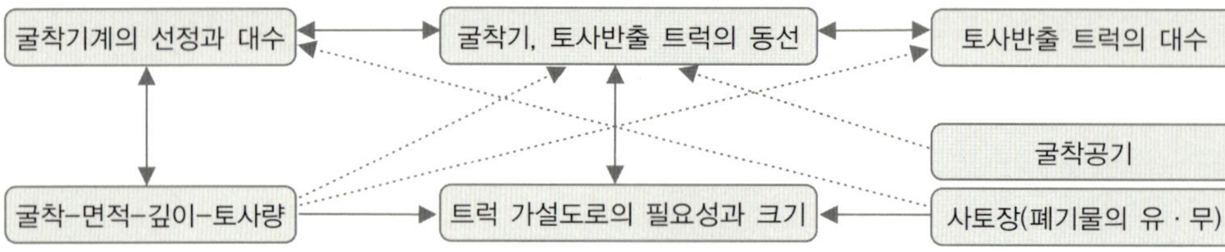

그림 4-15 굴착현황

굴착공법의 종류와 개요는 다음과 같다.

① 경사면 오픈컷공법

안전한 법면구배를 형성하면서 굴착을 하는 공법으로 비탈면 보호나 배수구 등에 대한 관리가 요구된다.

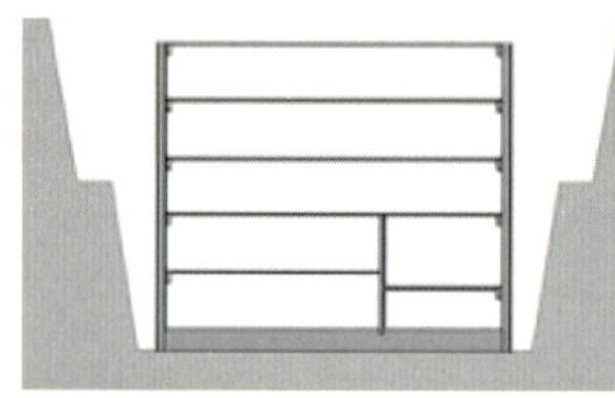

② 흙막이 오픈컷공법

부지 외곽으로 흙막이벽을 설치하고 버팀대나 어스앵커 등의 지보공을 이용하여 굴착하는 공법이다.

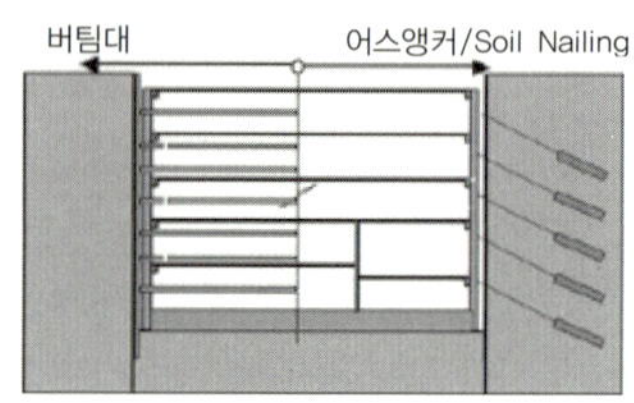

③ 탑다운공법

지하 토공사에 앞서 외주부 벽체를 설치하고 기둥과 기초를 포함하는 파일공사를 선시공한 다음, 지하슬래브 구조물 시공과 함께 굴토공사를 진행하는 공법이다.

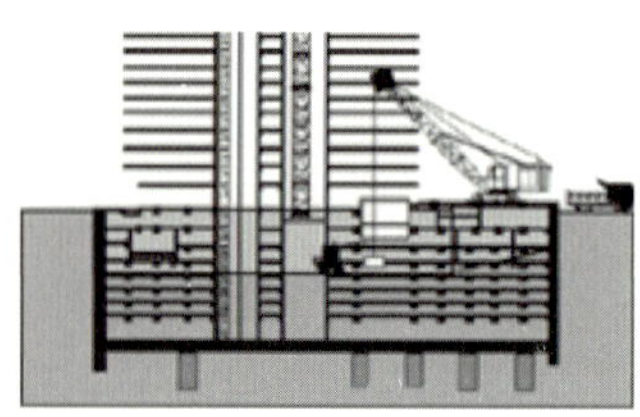

④ SPS공법

흙막이를 지지하는 버팀대를 영구구조물인 철골구조체를 이용하여 굴토공사 중에는 토압에 대해 지지하고, 슬래브 타설 후에는 연직하중에 지지하는 공법이다.

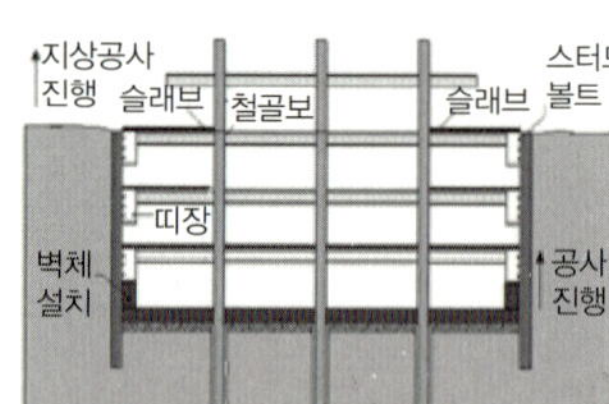

⑤ 아일랜드컷(Island Cut)공법

굴착부 외측의 내부 면에 흙막이를 설치하거나 법면을 유지한 상태로 중앙부 굴착을 하고, 중앙부 구조물을 설치한 다음 외부측 굴토공사를 진행하는 공법이다.

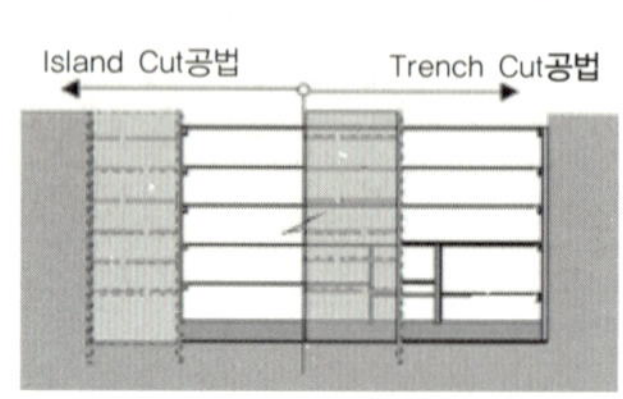

(2) 바닥면 고르기

바닥면 고르기는 모래, 자갈, 버림콘크리트 등의 작업을 위해 소정의 깊이까지 판 바닥을 고르는 것이다. 바닥면 고르기는 평탄하게 신중히 작업을 한다. 특히, 직접기초의 경우 터파기한 바닥이 건축물을 지지하기 때문에 주의해야 한다. 바닥면 고르기는 터파기 깊이 위 30~50cm부터는 수작업을 하든지 포크레인의 버킷의 날을 세워 후진하면서 고르는 것이 좋다. 굴착이 완료되면 지반 설계도서, 지반조사 보고서에 나와 있는 내용과 일치하는지 확인하고 감리자의 검사를 받는다.

(3) 잔토처리

굴착한 흙은 「폐기물 처리와 청소에 관한 법률(폐기물 처리법)」과 「자원 유효이용 촉진에 관한 법률(개정 리사이클법)」에 의거하여 적절하게 처리한다. 잔토는 「자원으로 재사용이 가능한 건설발생 흙(지정부산물)」에 근거하여 재사용할 수 없는 폐기물과 분류한다. 특히 오염된 진흙은 산업폐기물로 지정되어 있기 때문에 관리형 최종처분장에서 적정하게 처리해야 한다. 일반적으로 콘크리트 덩어리가 포함된 흙과 시멘트와 석회석이 섞여있는 흙도 산업폐기물로 지정되어 있으므로 주의해야 한다.

(4) 되메우기

경사면 오픈컷공법과 건축벽체와 비합벽인 흙막이 오픈컷공법을 사용하는 경우에는 건축물 주변을 되메우기해야 한다. 되메우기 흙의 적정 기준은 특기시방에 따른다. 명시가 없는 경우 콘크리트 벽체와 방수면 배후의 되메우기는 양질토사를 이용하며, 소요밀도가 되도록 각 층마다 진동기와 전압기로 충분히 다지며 다짐 시 편토압이 발생하지 않도록 유의해야 한다.

사진 4-14 되메우기

4.3.3 흙막이벽

흙막이벽은 원지반 굴착이나 성토 시 토압 및 수압 등의 측압을 받는 구조물을 말하며 기초말뚝 및 내진벽 등 건물 본체의 일부로도 이용되고 있다. 따라서 흙막이벽은 각각의 특성을 충분히 검토한 후 토질조건, 대지조건, 대지 주변에 미치는 영향 및 공사비, 공기, 시공성 등을 고려하여 선정해야 한다.

표 4-4는 흙막이벽체에 대한 시공관리 주의사항을 나타낸 것이며, 그림은 조립 흙막이의 시공 예를 나타낸 것이다.

표 4-4 흙막이벽의 시공관리 유의사항

종 류	시공관리 유의사항
공 통	• 규정에 의거 정확하게 위치, 돌출부와 삽입 깊이를 확인 • 트랜싯이나 다림추를 이용하여 2축 수직방향으로 정확한지 확인
나무 널말뚝공법 (목재토류판)	• 오거천공에 의한 경우에는 하부 고정액에 대한 강도와 충진상태를 확인 • 엄지말뚝에 나무 널을 끼울 때 30~50mm 정도 걸리게 함 • 널판 뒷면에 채움재로 충진, 엄지말뚝과 널판 사이는 쐐기로 고정 • 널이 엄지말뚝으로부터 빠져나가지 않도록 수직띠장으로 고정
철제 널말뚝공법 (철제토류판)	• 널을 타격 또는 밀어서 넣은 경우에는 널의 파손 확인 • 오거천공 시 충진상태 확인, 널과 널의 맞물림 확인
소일시멘트공법 (S.C.W 등)	• 정해진 굴착과 들어 올리는 속도는 정해진 속도에 따름 • 각 말뚝에 대한 연속성 확보를 위해 양단부가 겹치도록 말뚝을 나누어 설치 • 굴착과 들어 올릴 때 발생한 오염된 흙은 산업폐기물로 적절하게 처리
제자리 콘크리트말뚝공법 (C.I.P 등)	• 콘크리트는 트레미관을 이용한 연속타설 실시 • 콘크리트 타설중 트레미관 끝부분이 항상 2m 이상 콘크리트 속에 있는지 확인 • 굴착 토사는 법령에 따라 일반건설 잔토 또는 산업폐기물로 분류하여 처리

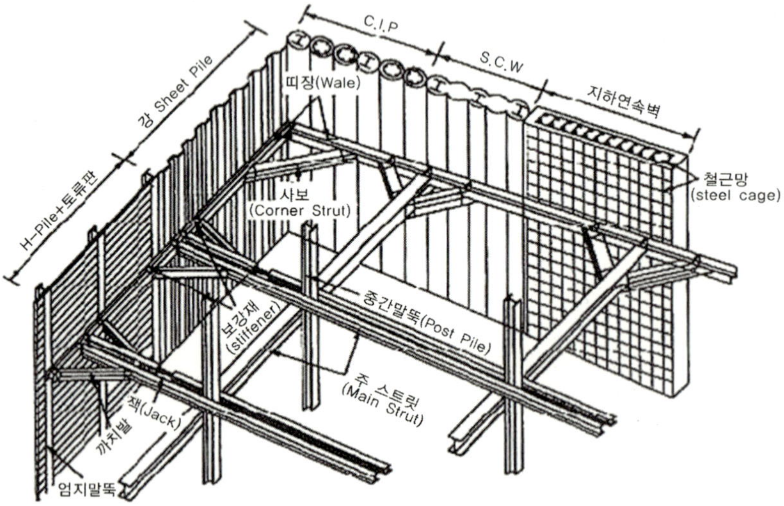

그림 4-16 흙막이 개요도

사진 4-15 목재 토류판

사진 4-16 철재 토류판

사진 4-17 S.C.W시공(삼축오거)

사진 4-18 S.C.W벽체

사진 4-19 C.I.P

사진 4-20 지중연속벽(Slurry Wall)

4.3.4 지보공, 진입로 설치

(1) 흙막이 지보공의 종류 및 시공순서

지보공 종류	시공순서	개요도
버팀대공법	① 굴착 후 토류벽체에 띠장 설치 ② 띠장에 버팀대(Strut or Raker) 설치 ③ 선행 하중잭 및 스크루 잭을 이용하여 버팀대를 흙막이벽체에 밀착 후 다음 단 시공	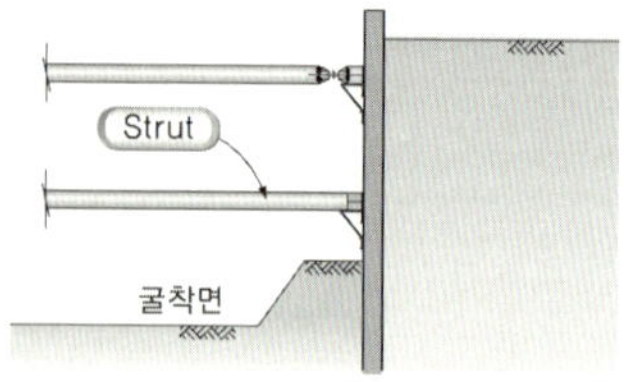
어스앵커공법	① 굴착 후 지반천공 및 앵커 설치 ② 그라우팅 및 토류벽체에 띠장 설치 ③ 앵커에 선행하중을 가하여 흙막이벽체를 지반에 밀착 후 다음 단 시공	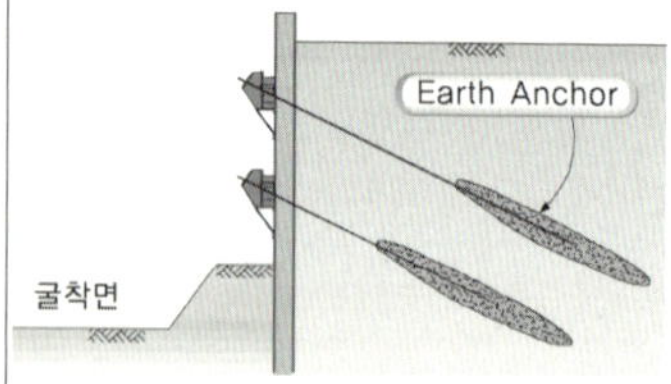
Soil Nail공법	① 굴착 후 굴착면에 1차 숏크리트(Shotcrete) 타설 ② 천공 후 네일 설치 및 그라우팅 ③ 연결철근 및 플레이트 설치 ④ 2차 숏크리트 타설 및 다음 단 시공	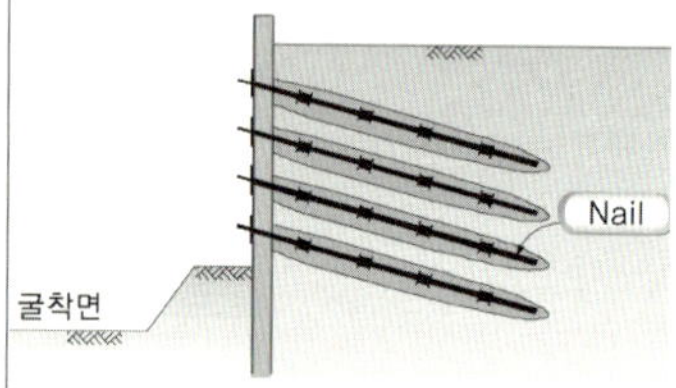
타이로드(Tie-Rod)공법	① 굴착 후 지반수평 천공 및 강선 삽입 ② 배면지반에 설치된 흙막이벽체에 강선 결속 ③ 굴착면에서 앵커인장 – 띠장결속 – 다음 단 시공	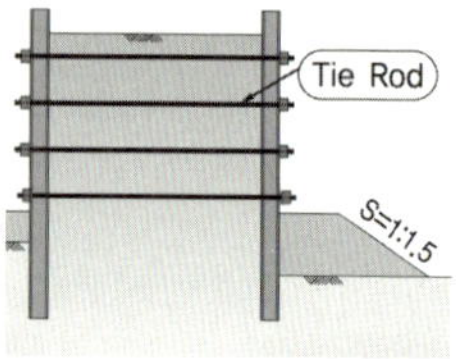
슬래브공법(S.P.S 등)	① 흙막이벽체(지하연속벽 등) 시공 ② 천공 후 본 골조 철골기둥 근입 ③ 1차 굴착 후 지상 1층 거푸집 설치, 철근조립 및 콘크리트 타설 후 양생 ④ 2차 굴착 후 지하1층 타설 ⑤ 3차 굴착 후 지상 및 지하층 동시공사	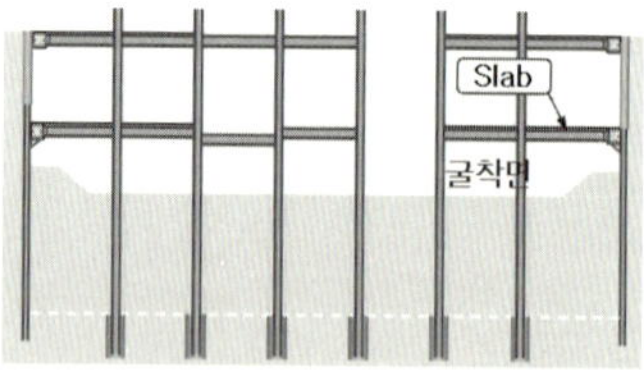

사진 4-21 버팀대공법

사진 4-22 어스앵커공법

사진 4-23 소일네일공법

사진 4-24 SPS공법

(2) 진입로 설치

진입로 설치는 인접도로, 게이트 위치, 덤프트럭의 동선계획, 운전기의 배치, 동선계획과 사용성 등을 고려하여 배치한다. 진입로의 슬로프 경사는 사용기기에 의해 결정되나 일반적으로 1/6~1/10 정도가 대부분이다. 진입로를 부지경계에 설치하는 경우에는 신중하게 대응할 필요가 있다.

4.3.5 지하수 처리(집수정, 딥웰, 웰포인트공법 등)

(1) 지하수 처리공법

지하수를 처리하는 목적은 굴착공사 시 건조한 상태를 유지하고 굴착 동안 발생하는 문제(보일링, 히빙, 파이핑)에 대해 안전을 확보하기 위한 것이다. 다음 표는 지하수 처리공법의 분류와 내용을 나타낸다.

분류	공법	지반수위	적용 토사
중력배수	집수정배수공법	−1m 정도	모래~
	명거배수 · 암거배수공법	−1m 정도	모래~
	딥웰공법	제한 없음	모래~
강제배수	웰포인트공법	3~5m 정도	실트−모래
	진공 딥웰공법	제한 없음	실트−모래

① 집수정 배수공법

굴착부에 침투되는 지하수를 굴착면 바닥에 깊이 1.0~2.0m 정도 웅덩이를 파서 투과망을 넣고 배수펌프를 설치하여 굴착면 주위의 물을 부지 외로 배출하는 방법을 말한다. 물과 함께 흙이 올라오지 않도록 배합자갈 등의 필터 및 스크린 등을 설치한다.

② 딥웰(Deep Well)공법

천공기로 직경 0.3~1.5m의 우물을 판 후 스트레이너(Strainer)관을 삽입하고, 천공한 부분과 관 사이에 규사 등 필터재료로 충전하여 고력양수기로 배수하는 공법이다. 다음 그림은 기본적인 구조형식을 나타낸 것이며, 우물세정(스와핑, 제팅 등)에 주의하여 실시하는 것이 중요하다.

③ 웰포인트(Well Point)공법

강제 배수공법의 대표적인 공법으로 지중에 파이프(집수관)를 1.0~2.0 간격으로 박고, 웰포인트를 사용하여 지하수를 진공펌프로 흡입 탈수하여 지하수위를 저하시키는 공법이다.

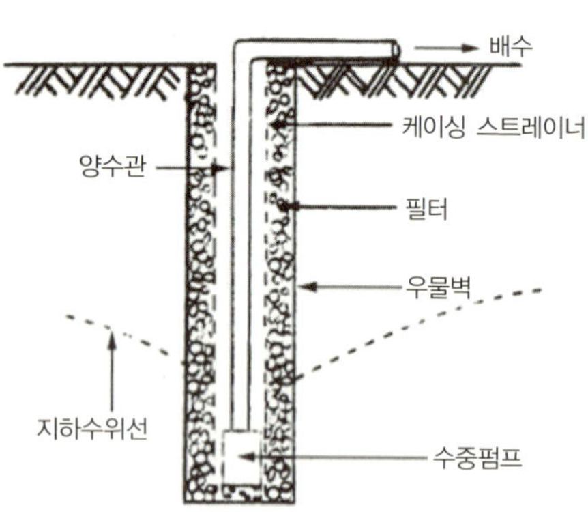

그림 4-17 딥웰공법

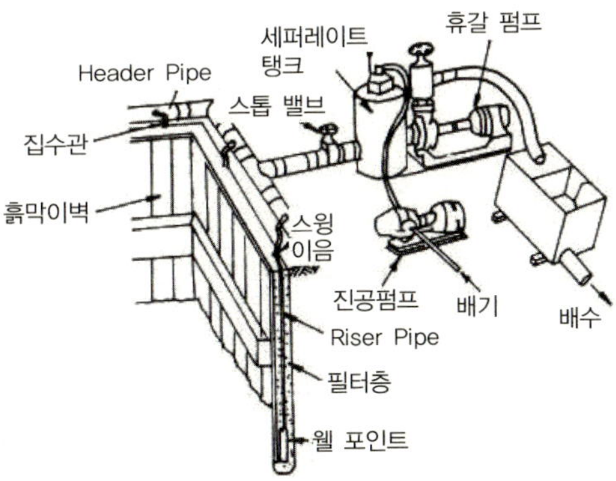

그림 4-18 웰포인트공법

(2) 지하수 처리설비의 설치

지하수 처리설비를 설치할 때는 공사나 구조체에 영향이 없도록 확인한 후 양수를 설치하며, 딥웰은 콘크리트 또는 모르타르를 충진하고 바닥과 우물 사이에는 적절한 방수조치를 취한다.

4.3.6 SPS공법(Strut as Permanent System)

흙막이 지지 버팀대를 가설재로 사용하지 않고 영구 구조물(철골구조체)을 이용하여 굴토공사 중에는 토압에 대해 지지하고, 슬래브 타설 후에는 수직하중에 대해서도 지지하는 공법이다.

(1) 공법의 특징

① 무해체 공정에 의한 본 구조공사
② up-up공정 가능
③ 가설 폐기물 발생 저감
④ 토질 상태에 관계없이 시공 가능
⑤ 가설 버팀대 해체 시 발생하는 순간적인 응력 불균형 현상 방지
⑥ 현장여건에 따라 공법 중(up-up, down-up, top-down) 최적 안 선택
⑦ 부분적인 슬래브 타설로 별도의 복공판이 불필요하고 작업공간 확보 유리
⑧ 가설 지지체의 설치 및 해체공정이 없음
⑨ 부정형 평면은 버팀대의 설치가 곤란함
⑩ 도심지 공사 시 작업공간 확보 유리

(2) 시공순서

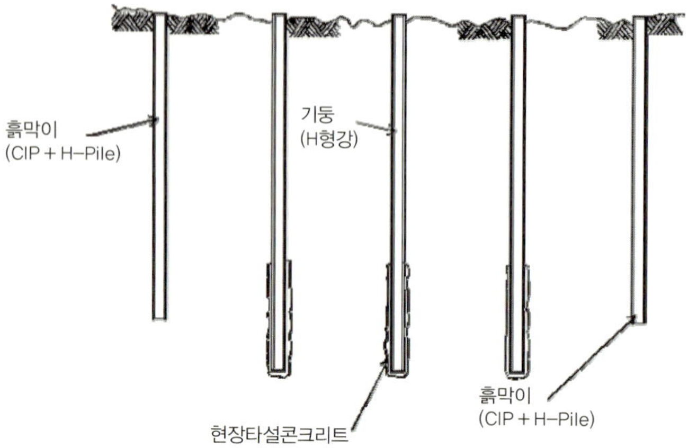

1. 흙막이와 내부기둥 설치

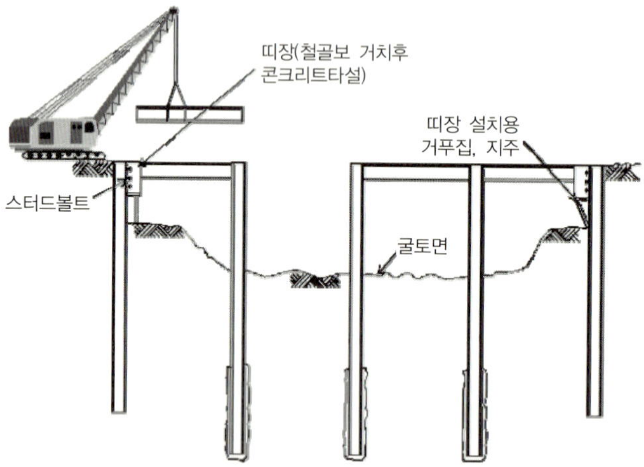

2. 1단 굴토 띠장 및 철골보 설치

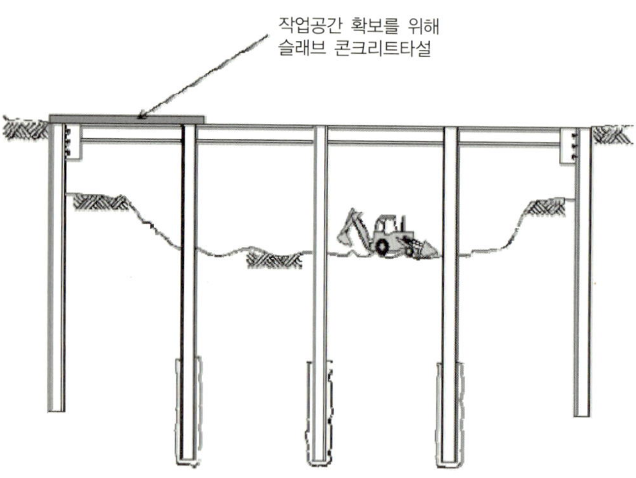

3. 작업공간을 위한 슬래브와
띠장 콘크리트 타설

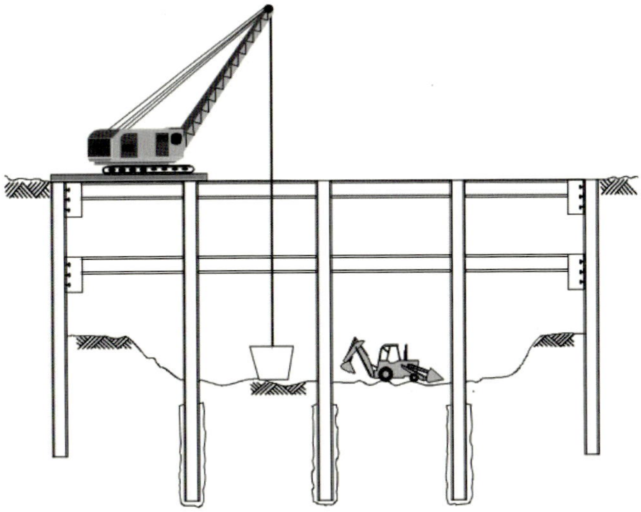

4. 지하 2개 층에 철골보 설치 및 하부층 굴토

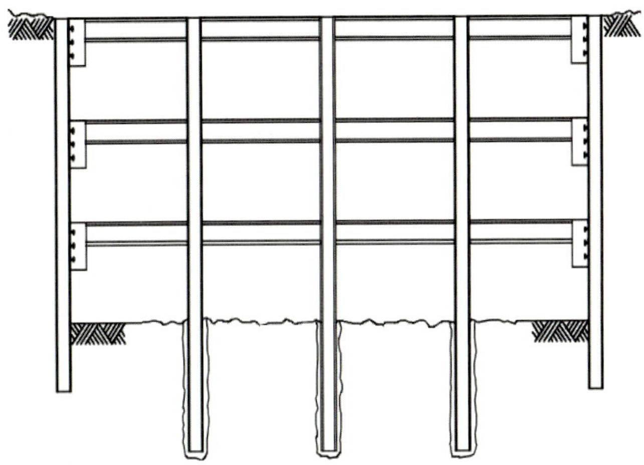

5. 마지막 단까지 굴토 완료

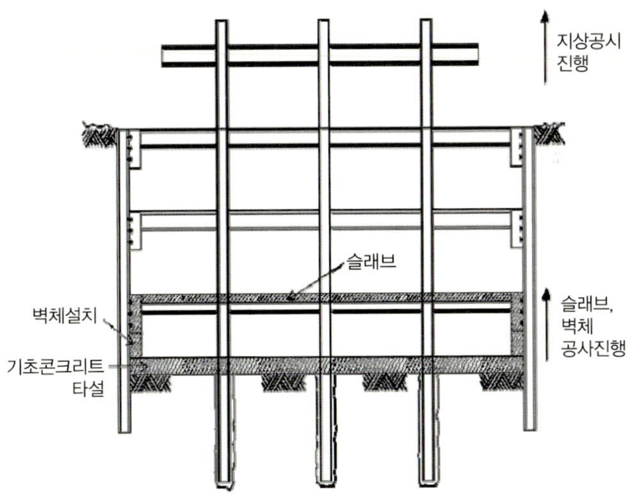

6. 기초 콘크리트 타설 후 지하공사와 지상공사 병행

(3) SPS공법 흐름

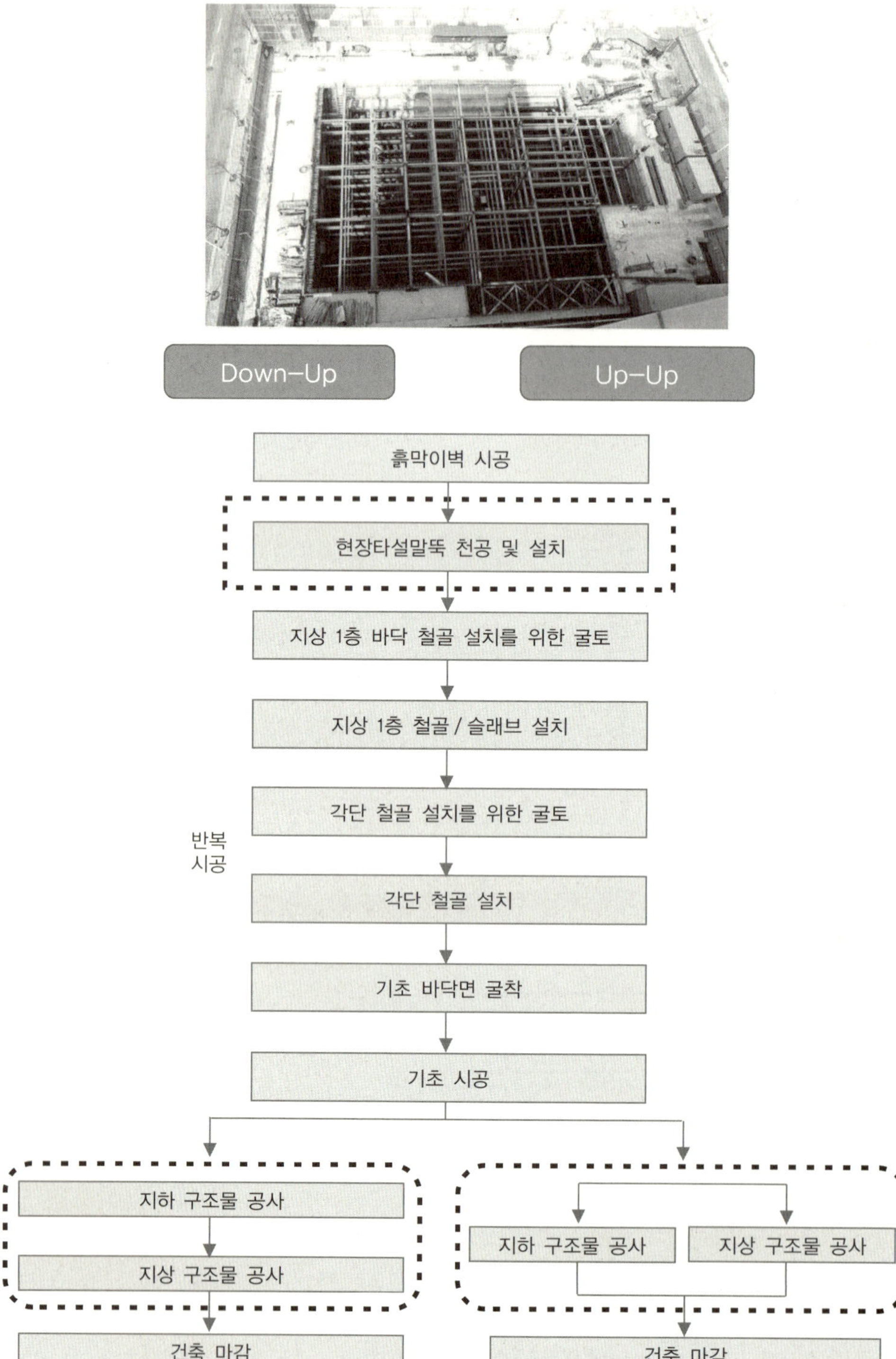

그림 4-19 SPS 흐름도

(4) 철골기둥 PRD공법

철골기둥 시공단계에서 기둥 천공 및 설치 시 이동 또는 변형이 일어나지 않도록 정확한 수직도 관리가 중요하다.

(5) 시공순서

- 측량 / 위치선정
- Out Casing 터파기
- Out Casing 설치
- Out Casing Con'c 타설
- 천공 / In Casing 근입
- 수직도 검측 / Air Suring
- Guide Angle 설치
- Con'c 타설(근입장)
- 철골기둥 근입 및 고정
- 되메우기(모래)
- In Casing 인발

측량-1

측량-2

Out Casing자리 터파기

Out Casing 위치표시-1

Out Casing 위치표시-2

Out Casing 위치표시-3

- 측량 / 위치선정
- Out Casing 터파기
- Out Casing 설치
- Out Casing Con'c 타설
- 천공 / In Casing 근입
- 수직도 검측 / Air Suring
- Guide Angle 설치
- Con'c 타설(근입장)
- 철골기둥 근입 및 고정
- 되메우기(모래)
- In Casing 인발

Out Casing 설치-1

Out Casing 설치-2

Out Casing Con'c 타설

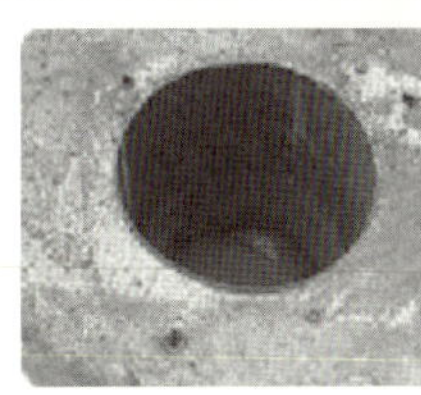

1차 천공

In Casing 근입-1

In Casing 근입-2

- 측량 / 위치선정
- Out Casing 터파기
- Out Casing 설치
- Out Casing Con'c 타설
- 천공 / In Casing 근입
- 수직도 검측 / Air Suring
- Guide Angle 설치
- Con'c 타설(근입장)
- 철골기둥 근입 및 고정
- 되메우기(모래)
- In Casing 인발

수직도 검측(Koden)-1

수직도 검측(Koden)-2

Air Suring-1

Air Suring-2

Guide Angle 설치

Con'c 타설(근입장)

- 측량 / 위치선정
- Out Casing 터파기
- Out Casing 설치
- Out Casing Con'c 타설
- 천공 / In Casing 근입
- 수직도 검측 / Air Suring
- Guide Angle 설치
- Con'c 타설(근입장)
- 철골기둥 근입 및 고정
- 되메우기(모래)
- In Casing 인발

철골기둥 근입

철골기둥 고정

되메우기

수직인발기 설치

In Casing 인발

4.3.7 역타공법(Top Down공법)

도심지의 공사에 적합한 공법으로서 깊은 지하구조물 시공 시에 주변지반에 악영향을 미치지 않고 시공할 수 있도록 개발된 방법 중에서 가장 안전하게 시행할 수 있는 공법이다. 본 구조체를 시공하여 지보공으로 이용하면서 굴착하는 역타공법은 지하 굴착깊이가 깊고 구조물의 형태가 일정하지 않으며 굴착면적이 큰 경우, 반대로 정지면적이 협소하고 작업상판이 될 수 있는 경우에 적용할 수 있다. 시공방법에 따라 완전역타공법, 부분역타공법, 보 및 거더식 역타공법으로 분류할 수 있다.

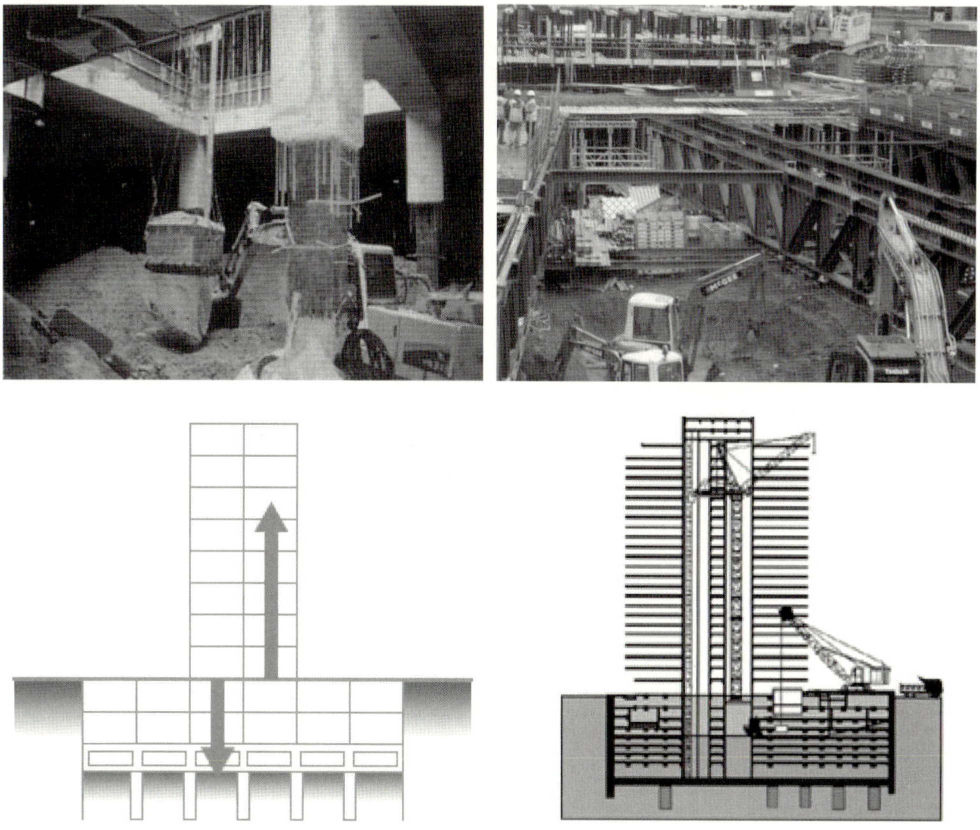

그림 4-20 역타공법(Top Down공법)

(1) 시공순서

다음 그림은 탑다운공법의 시공순서도를 나타낸 것이다. 시공순서는 슬러리 월 설치→철골기둥 및 기초 설치→1층 슬래브 설치→굴착→지하층 및 지상층 동시시공→완료의 순이며, 이 공법을 사용하는 경우 시공관리에 있어 주의할 사항은 ① 굴착작업의 효율성과 작업환경 개선, ② 기둥 및 기초공사 시 기둥의 수직도와 Buckling(좌굴) 점검, ③ 콘크리트와 지주 연결부에 대한 품질확보, ④ 지하수위 유동과 지반변위를 조사하여 안전하고 합리적인 시공관리를 들 수 있다.

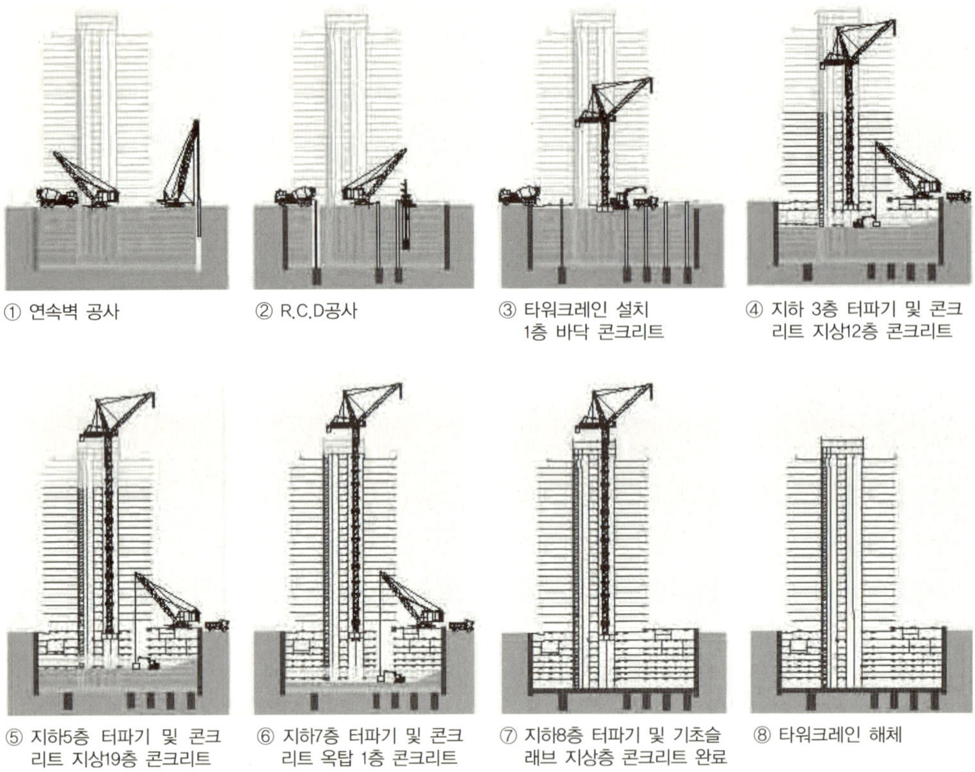

그림 4-21 탑다운공법 시공순서

(2) 땅파기 작업의 효율성과 작업환경 개선

땅파기는 제한된 위치에서 지하공사 작업을 하기 때문에 효율성이 감소된다. 사용하는 기계의 선정과 공정계획에 대한 검토가 필요하다. 토공 반출구의 위치는 지하연속벽에 인접해 개구부를 설치할 경우 횡력(토압)에 대한 보강이 가능하도록 지하연속벽에서 최소 2m 이상 띄워서 설치해야 한다. 또한 굴토장비의 투입 및 철근의 원활한 반입을 위해서 개구부 크기를 고려하여 설치하도록 한다.

환기계획의 경우 굴토공사에 따라 환기 체적이 변화하므로 환기방식을 사전 검토하여 분진, 용접에 의한 가스, 장비 배출가스, 지층의 메탄가스 등을 고려한 환기계획을 세워 작업환경을 개선할 필요가 있다.

환기방식	제1종 환기방식	제1종, 제3종 병용	제2종 환기방식	비 고
	전 지하공간 기계 급배기방식	굴삭부만 기계급배기 다른 부분 기계배기	굴삭부만 기계급기 자연배기방식	
각종 설비	댐퍼	댐퍼	국부 송풍기	
굴토부 설비	없음	없음	없음	
굴토부 환기	양호	양호	양호	
각층 환기	양호	양호	불량	
설치비	대	중	중	

(3) 탑다운 지지기둥의 정밀도 확보

탑다운 지지기둥을 설치하는 방법으로는 선시공하는 방법과 후시공하는 방법이 있다. 일반적으로 가설기둥의 시공정밀도는 1/200~1/300 정도로 하고, 실제 시공 시에는 1/500 이상을 요구하고 있다.

(4) 콘크리트 연결부의 품질확보

콘크리트 타설 후 발생하는 응력 전달성, 기밀성, 내화성능 저하를 방지하기 위해서 연결부에 대한 적절한 시공이 필요하다. 천공부에 콘크리트를 타설하는 방법으로는 ① 두부 항타공법 ② 슬리브 항타공법 ③ 압입공법이 있다. 또한 연결부 처리방법에는 ① 충진법 ② 주입법 ③ 직접법이 있다. 직접법은 팽창콘크리트를 타설하는 방법 등을 고려해야 한다.

사진 4-25 역타공법 시공현황

4.3.8 지중연속벽

지하에 구조체를 형성하는 공법으로 클램셀(Clamshell), Hydro Mill을 이용하여 지반을 굴착할 때 트렌치(Trench) 굴착부분에 안정액(Bentonite)을 채워 넣고 굴착하며 굴착 완료 후 철근콘크리트를 타설하여 연속적으로 차수벽을 형성해 가는 공법이다.

이 벽체는 차수벽으로서 댐의 기초 또는 건축의 가설 벽체로써 활용되며, 최근에는 본체 벽으로 사용되기도 한다. 트렌치 굴착 때 사용되는 벤토나이트는 물보다 비중이 높은 수용액으로 굴착면의 안정은 물론 굴착면의 토사공극에 침투하여 차수벽을 형성함으로써 구조체의 차수효과를 높여 준다.

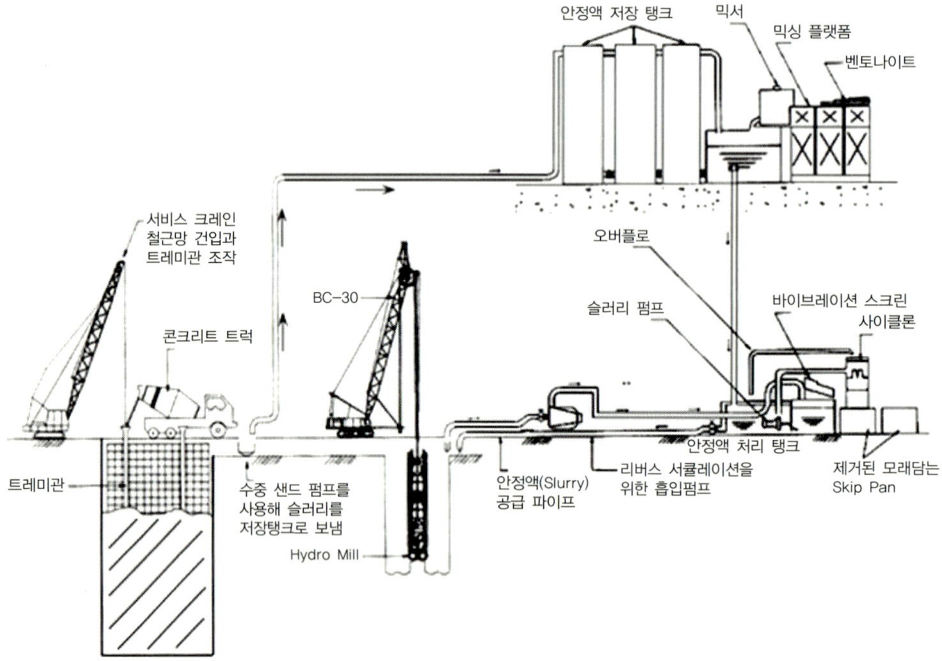

그림 4-22 지중연속벽 작업장 배치도

(1) 시공순서

① 가이드 월 터파기 및 설치-안정액 투입

② 선행 패널 굴착-공벽 수직도 검사, 벤토나이트 안정액 품질관리

③ 선행 패널 철근망 삽입-심도 확인, 패널 이음 설치

④ 선행 콘크리트 타설-안정액 회수, 패널 이음 인발

⑤ 후행 패널 굴착

⑥ 후행 패널 철근망 삽입

⑦ 후행 콘크리트

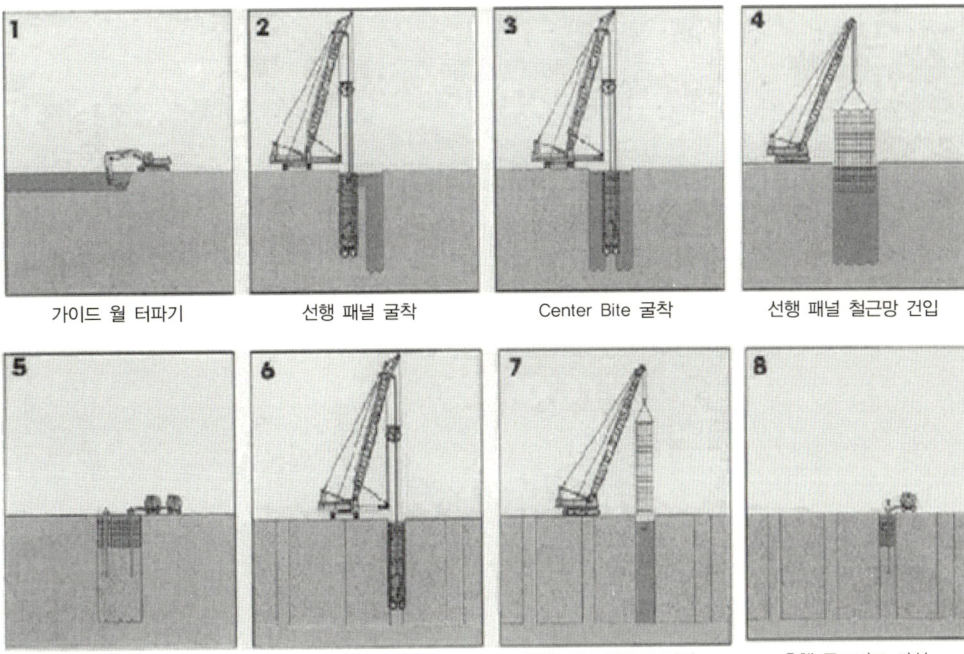

그림 4-23 지중연속벽 패널 시공순서

사진 4-26 지중연속벽 안내벽 설치

사진 4-27 지중연속벽 시공장비

사진 4-28 지중연속벽 철근조립

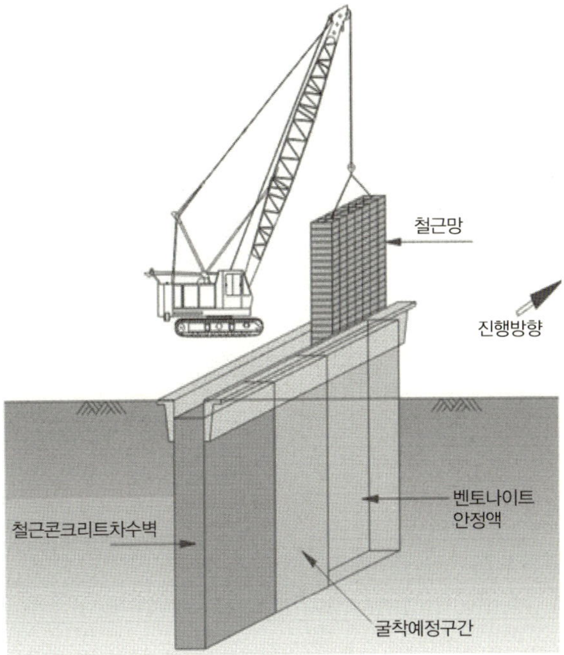

그림 4-24 지중연속벽 패널 시공도

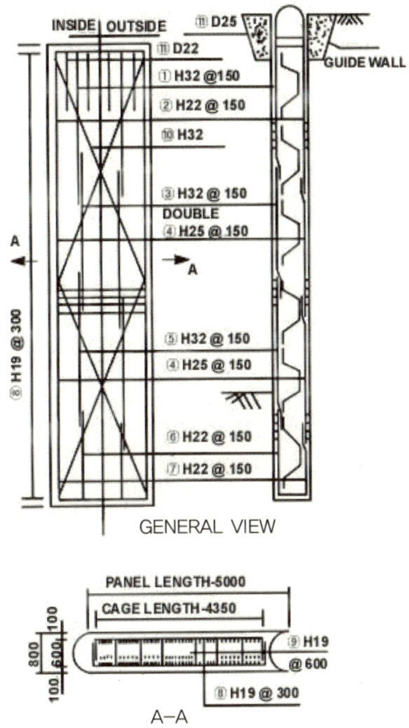

그림 4-25 패널 구조도

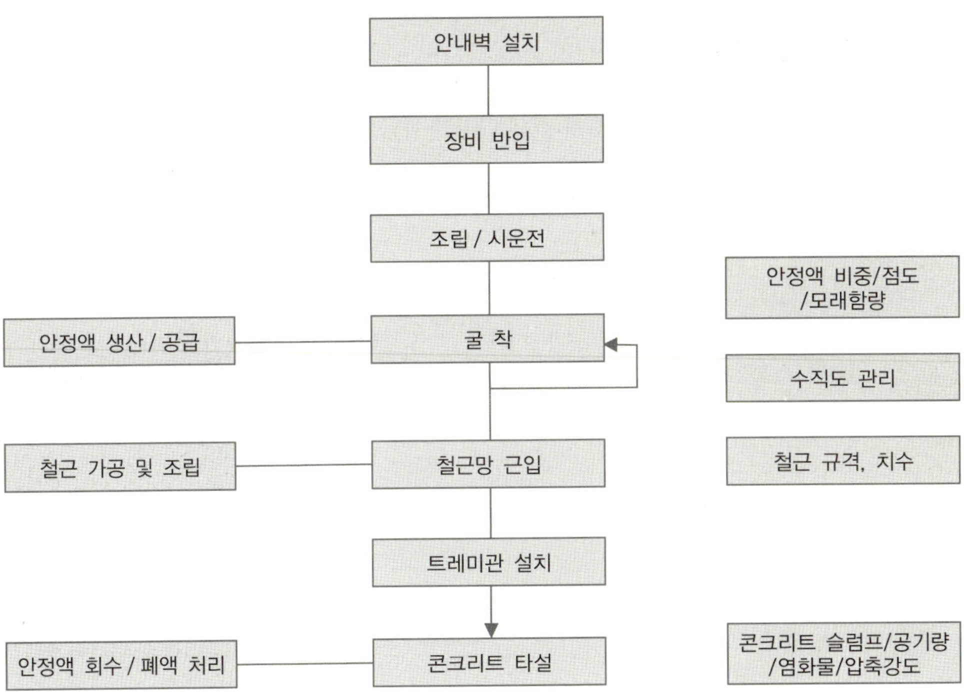

그림 4-26 지중연속벽 시공흐름도

(2) 지중연속벽 시공 시 유의사항

1) 트렌치 굴착

① 800~1,000kN 크롤러 크레인에 행 그래브(Hang Grab) 또는 트렌치 커터(Trench Cutter)를 장착시켜 내벽 속에 안정액을 주입하면서 굴착한다.

② 패널의 길이는 보통 2~9m이며, 시공법에 따라 Primary, Secondary Panel로 구분한다.

③ 패널 길이 결정요인 : 지층의 종류, 이음 수, 철근망 규격(운반 및 취급 고려), 굴착 트렌치의 안정성, 타설 콘크리트의 용량 등.

④ 안정액은 지하수위보다 약 1.5m 이상 높게 유지한다.

2) 코너부위의 굴착

① 코너부위의 경우 우각부에 미굴착 부위의 발생 우려가 크다

② 미굴착 부분을 방지하기 위해 코너부위는 굴착 시 벽두께의 1/2 정도 여유굴착을 실시한다.

③ 여유 굴착을 감안한 가이드 월(Guide Wall)의 계획 및 설치가 필요하다.

(3) 지중연속벽 시공후 처리

① 가이드 월 철거

② 두부정리

③ 캡 빔(Cap Beam) 공사(패널의 연속성)

④ 지중연속벽 벽면 정리

⑤ 다웰 바(Dowel Bar) 설치(슬래브와의 연결)

(4) 벤토나이트 안정액의 기능

① 굴착벽면의 붕괴 방지

② 부유물의 침전 방지

③ 굴착토사의 배출

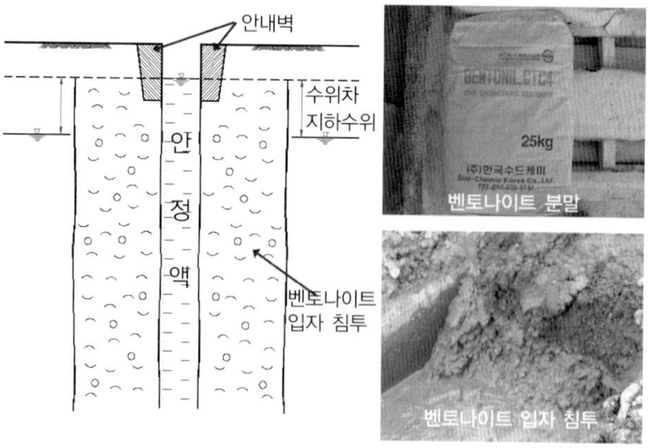

그림 4-27 벤토나이트 안정액의 원리

4.4 계측관리

계측이란 기술자의 공학적 판단과 계측기기의 성능(Capability)을 조합시켜 공학적인 정보를 수집하는 과업이다. 즉, 이론과 기법, 통찰과 경험, 측정기술과 측정기기를 이용하여 공학적 문제해결에 필요한 정량적, 정성적인 정보를 얻는 것을 말한다.

계측관리를 계획하기 이전에 명확한 계측 목적이 설정되어 있어야 한다. 일반적으로 현장계측은 다음과 같은 목적으로 수행한다.

① 설계 및 시공법의 적합도에 대한 평가와 설계변경 가능성의 모색
② 기존 이론이나 설계법의 정확도와 적용범위에 대한 평가 및 새로운 이론 또는 보다 진보된 설계법의 개발
③ 시공관리 및 조기경보 계통으로 사용

전술한 ①, ②항의 목적은 주로 연구자, 설계자의 관심대상이고 ③항은 주로 시공자, 유지관리자의 관심대상이다.

4.4.1 계측계획

과업수행을 위한 조직체계는 최상의 과업수행 결과를 도출할 수 있도록 분야별 공조체계 확립과 조직체계의 효율적 운영을 꾀할 수 있도록 최적의 분야별, 직급별 인원을 배치하여 원활한 과업추진이 이루어질 수 있도록 해야 한다.

① 공사의 개요 및 규모
② 지반여건 및 주위환경 파악
③ 계측범위와 계측위치
④ 계기의 종류와 수량 설정
⑤ 계기의 설치 및 유지방법
⑥ 계측인원 확보 및 체계구성
⑦ 계측결과의 해석방법
⑧ 계측결과를 시공에 반영할 수 있는 체제
⑨ 계측자료의 수집, 분석, 보고 체제 확립

이를 통해 전 시공구간을 적절한 계측구간으로 나누고, 각 구간에서 예상되는 지반의 거동이나 안전성 등을 고려하여 보다 안전하고 합리적인 계측계획서를 수립해야 한다.

또한 시공과정에서 어떠한 변수로 인해 당초 계획했던 사항이 변경될 경우에 대비하여 별도의 계획이 필요하며, 이때에는 신속하게 대처할 수 있는 능력이 있어야 한다.

(1) 계측항목 선정

계측항목 선정에 있어서는 계측목적, 시공조건, 환경조건 등을 감안하여 적정 항목으로 선정되어야 한다. 토류벽과 관련하여 수행하는 계측항목 및 설치위치는 다음의 표 4-5 및 그림 4-28과 같다.

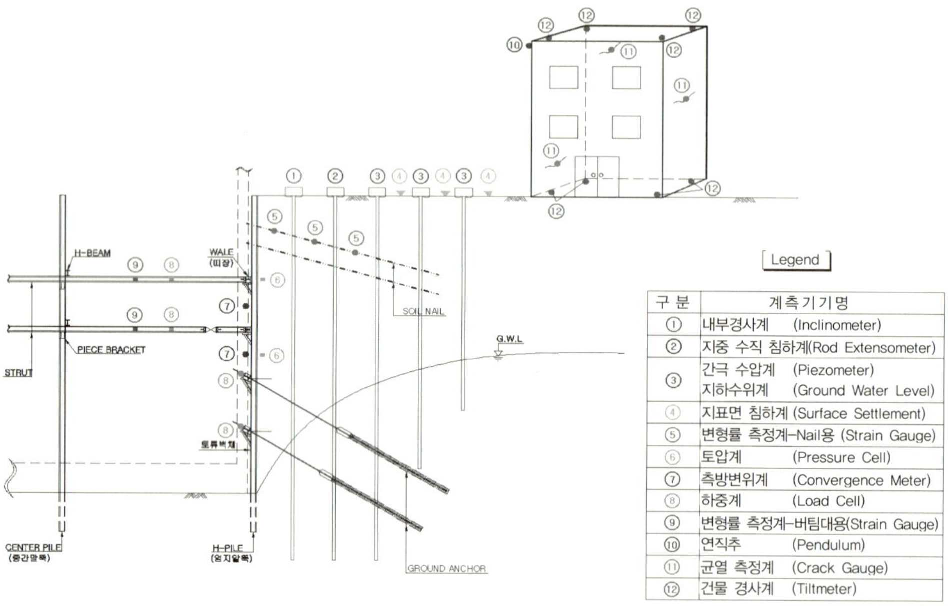

그림 4-28 계측기 배치 대표단면도

표 4-5 계측항목

측정대상		계측기명
흙막이 안정성	벽체변위	지중경사계
	지하수위	지하수위계
	배면토압	토압계
	지보공 응 · 축력	하중계, 변형률계, Rock Bolt 축력계 등
주변지반 / 구조물	지표침하	지표침하핀, 침하판 연통관식 침하계, 선로침하계
	지중층별 침하	층별 침하계
	구조물 기울기 변화	건물경사계, E.L Beam Sensor
	구조물 균열폭 변화	Crack Gauge / Joint meter
	진동 / 소음	진동측정기, 소음측정기

(2) 계측기 설치위치 선정

현장 계측은 가능하면 다양한 거동을 밝힐 수 있도록 위치 선정 시 구조물의 구조적, 재료적 취약부 및 과다한 변위가 우려되는 지점에 선정해야 하며, 또한 지반의 거동특성을 분석하여 최대, 최소응력 및 변위 발생부위, 응력변화 및 변형형태 등의 제요소들을 명확하게 파악한 후 계측목적을 고려하여 선정하는 것이 일반적이며, 다음과 같이 대별된다.

① 주변구조물의 존재에 따라 선정된 계측항목에 대해서는 그 구조물의 위치를 중심으로 기기를 배치한다.
② 공사가 선행되는 위치에 배치한다.
③ 해석 시 상호 연관시킬 수 있는 위치를 선정한다.
④ 계측 수행이 공사의 완료 시점까지 가능한 지점을 선정한다.
⑤ 기기의 고장이나 파손시 대체 기기의 선정이 가능한 곳을 선정한다.
⑥ 기기의 배선 및 설치가 용이해야 한다.
⑦ 공사에 영향이 큰 지점과 대표단면이어야 한다.
⑧ 구조적으로 응력체계가 변환되는 지점을 선정한다.
⑨ 구조적으로 응력이 집중되는 지점을 선정한다.
⑩ 원위치 시험 등에 의해서 지반조건이 충분히 파악되고 또한 가장 불리한 지점을 선정한다.
⑪ 하천 주위 등 지하수위의 상승과 하강이 빈번한 곳에 지점을 선정한다.

(3) 계측빈도

굴착지반의 거동은 지반조건, 1일 굴토량과 작업에 투입된 장비, 기상 등에 영향을 받으므로 실측 데이터의 변화속도와 안정성 여부의 관련성을 충분히 고려하여 적정한 측정빈도를 설정해야 한다.

예를 들면, ① 데이터의 변화속도가 빠른 계측항목은 빈도를 높여야 하며 반대로 장시간에 걸쳐 서서히 변화하는 항목은 낮은 빈도로 충분하다. 데이터의 변화속도는 계측시기, 계측항목, 측정위치 등에 따라 다르다. ② 현장에 근접되어 있는 주변 건축물의 경우와 같이 민원발생 소지가 많은 경우는 측정빈도를 높일 필요가 있다. ③ 각 계측항목은 상호 관련의 비교검토가 필요하므로 관련 항목은 동일 시기에 계측을 실시하도록 하고, 그 중 빈도가 높은 것은 별도로 계측한다.

표 4-6은 일반적인 계측기기별 측정빈도를 나타낸 것이다.

표 4-6 계측기기별 측정빈도

계측항목	측정시기	측정빈도	비 고
내부 경사계 (Inclinometer)	그라우팅 완료 후 4일 굴착진행중 굴착완료 후	1회/2일 2회/주 1회/주	초기치 설정
지하 수위계 (Ground Water Level)	설치후 굴착진행중 굴착완료 후	1회/일 2회/주 1회/주	초기치 설정 우천 1일 후 3일간 연속측정
하 중 계 (Load Cell)	설치 후 굴착진행중 굴착완료 후	2회/주(2일간) 2회/주 1회/주	초기치 설정 다음 단 설치 시 추가측정 다음 단 해체 시 추가측정
변형률 측정계 (Strain Gauge)	설치 후 굴착진행중 굴착완료 후	3회/일 2회/주 1회/주	초기치 설정 다음 단 설치 시 추가측정 다음 단 해체 시 추가측정
건물경사계 (Tiltmeter)	설치 후 1일 경과 후 굴착진행중 굴착완료 후	1회/일(2일간) 2회/주 1회/주	초기치 설정
지표 침하계 (Surface Settlement)	설치 후 1일 경과 후 굴착진행중 굴착완료 후	1회/일(2일간) 2회/주 1회/주	초기치 설정

4.4.2 측정자료 수집 및 정리

계측결과를 토류벽공사의 안전 확인 및 예측에 유효하게 이용하기 위해서는 다음과 같은 관리를 할 필요가 있다.

(1) 자료의 수집

계측기기의 측정은 앞에서 이미 언급한 바와 같이 계측의 원리와 목적을 이해하고 있는 경험 있는 기술자에 의해서 수행되어야 한다. 계측 시에는 표 4-7과 같은 여러 가지 오차가 발생할 수 있으므로, 이와 같은 오차를 극소화할 수 있도록 계획단계에서 분석단계까지 담당기술자의 체계적인 훈련이 필요하다.

표 4-7 계측 시 발생될 수 있는 오차

일상오차	계기오차	환경오차	관측오차	특수오차
부주의, 오독 계산실수 등	편차 미조정 영점 미조정 등	기후, 습도 먼지, 침식 등	시차 개인오차	현장 특수성으로 인한 오차

계측 시 기록해야 할 항목은 표 4-8과 같으며, 자동기록인 경우는 기록지를 절취한 즉시 이와 같은 내용을 기록하지 않으면 추후 판별이 어려우므로 주의해야 한다. 또한 결과의 정리방법을 연구목적, 설계목적, 시공관리의 목적 등 각각의 경우에 따라 정리하면 편리하다. 그리고 예상치 못한 급격한 과대변화가 발생한 경우에는 즉시 계측 전문기술자에게 보고하여 정확한 원인을 분석하여 신속한 조치가 이루어질 수 있도록 해야 한다.

표 4-8 계측 시 기록해야 할 항목

구 분	기 록 항 목
계측정보	계측번호, 측정일시, 측정치, 계측 대상물, 측정자
환경정보	기후, 기온, 현장상황, 이상치의 원인 등

(2) 자료의 정리

수집된 데이터는 다음과 같은 두 가지 항목에 대해 정리되어야 한다. 첫째, 즉각적인 조치를 필요로 하는 갑작스런 변화가 발생했는지 판단하기 위해 데이터에 대한 신속한 평가가 이루어져야 한다. 둘째, 관찰된 거동과 예측된 거동 사이에 발생하는 경향을 파악하기 위해 데이터 처리에 의한 결과의 도시와 요약이 필요하다.

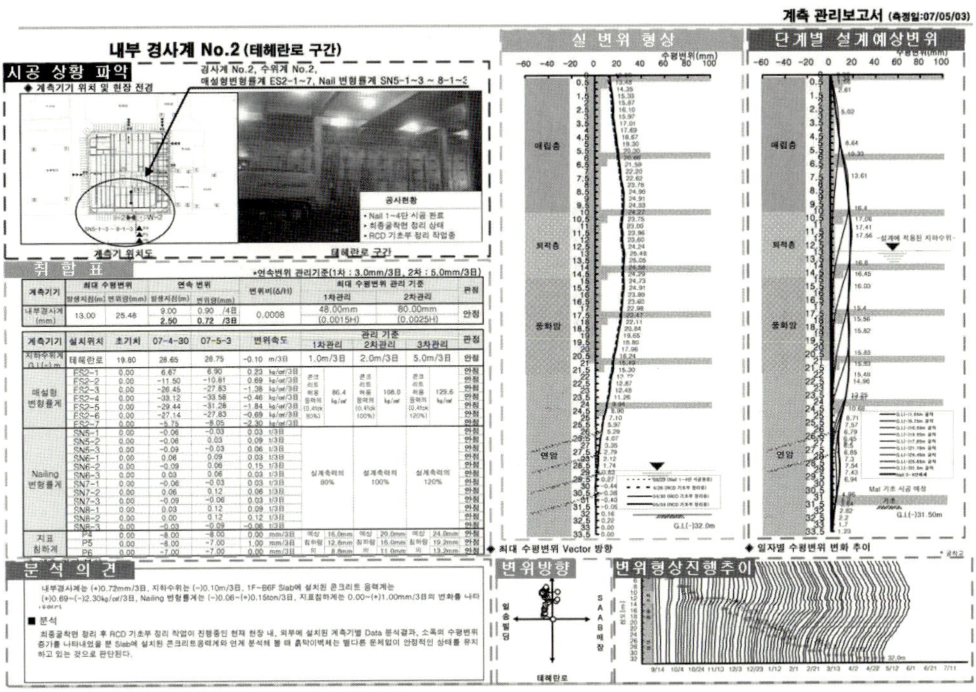

그림 4-29 자료정리의 예(단면보고서)

4.4.3 계측기기

(1) 측정기

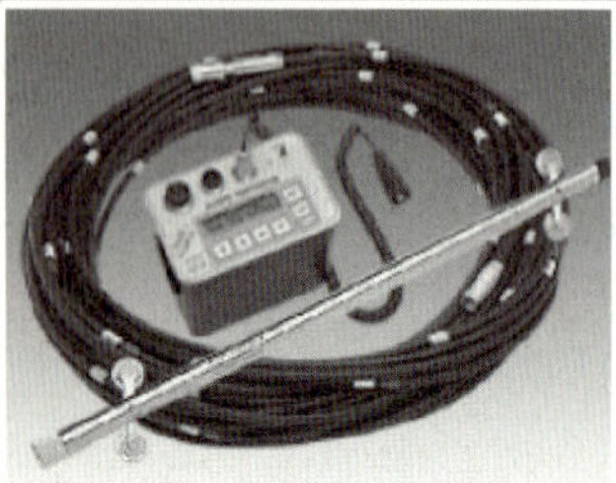

측정기명	지중경사계
측정계측기	지중경사계

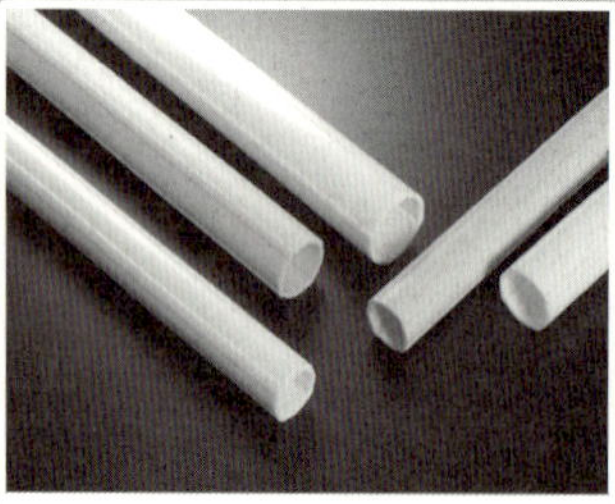

지중경사계
(Casing)

측정 장면

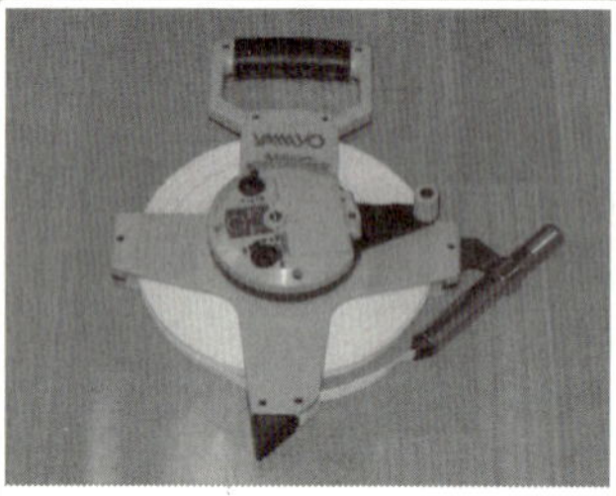

측정기명	지하수위계
측정계측기	지하수위계

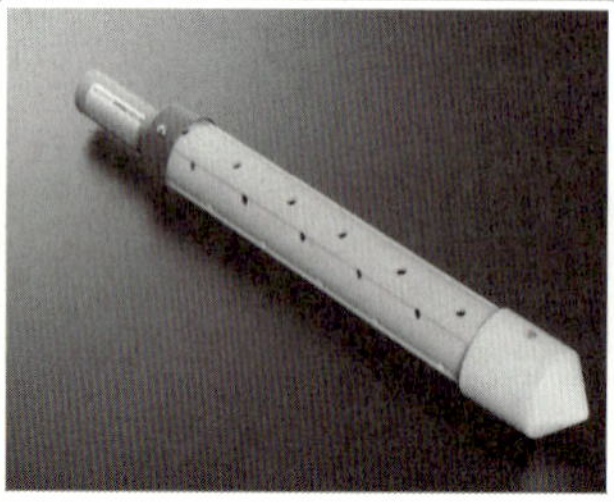

지하수위계
(Casagrande Type Tip)

측정 장면

측정기명	전기식 인디게이터
측정계측기	전기식 센서

하중계
(Load Cell Center Hole Type)

설치 전경

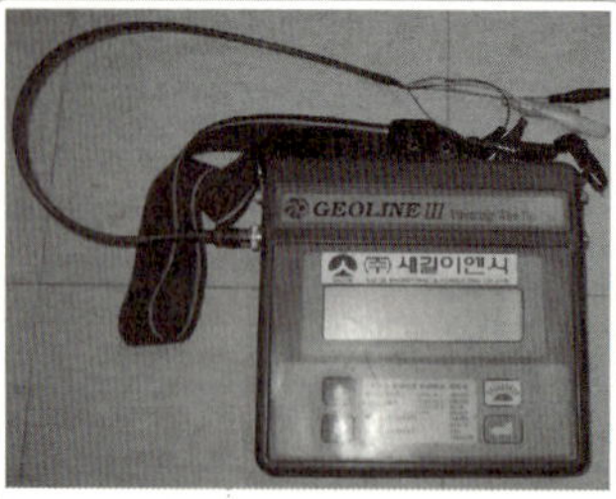

측정기명	진동현식 인디케이터
측정계측기	진동현식 센서

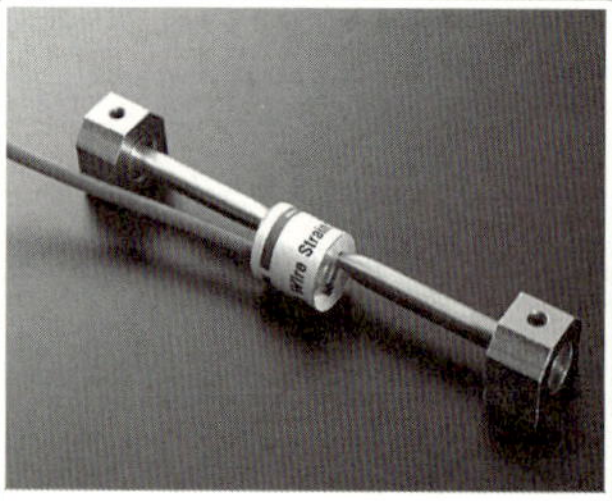

변형률계
(Strain Gauge)

설치 전경

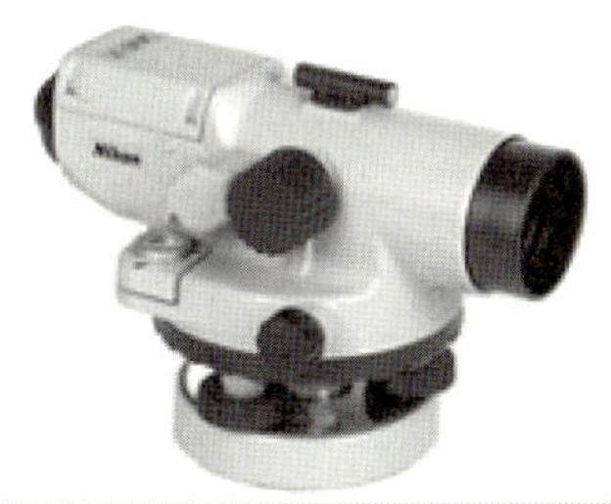

측정기명	Level
측정계측기	침하핀, 침하판

지표침하판

측정 장면

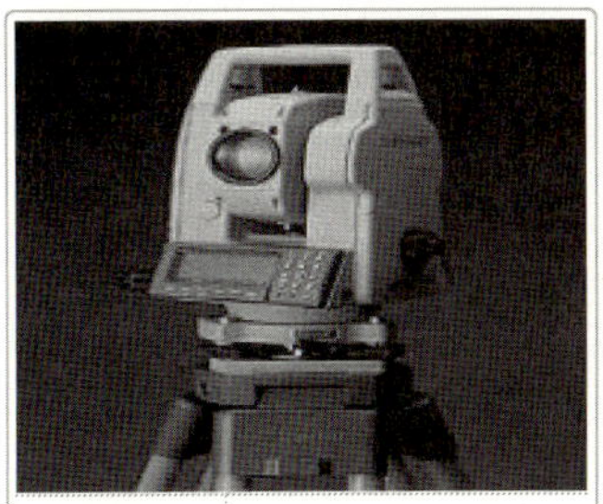

측정기명	광파기
측정계측기	광파타깃

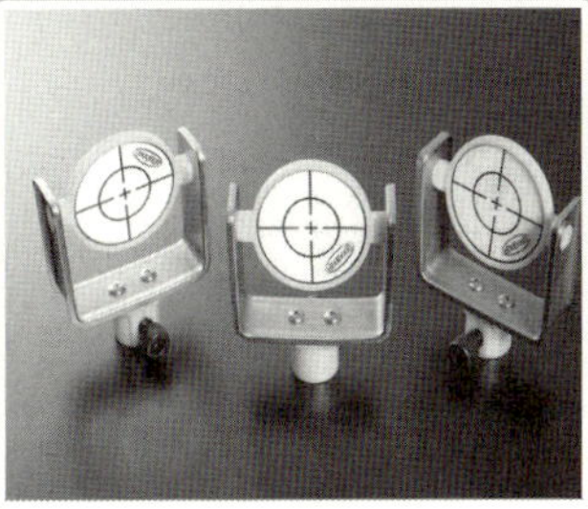

광파타깃

측정 장면

측정기명	경사계(Tiltmeter)
측정계측기	경사계

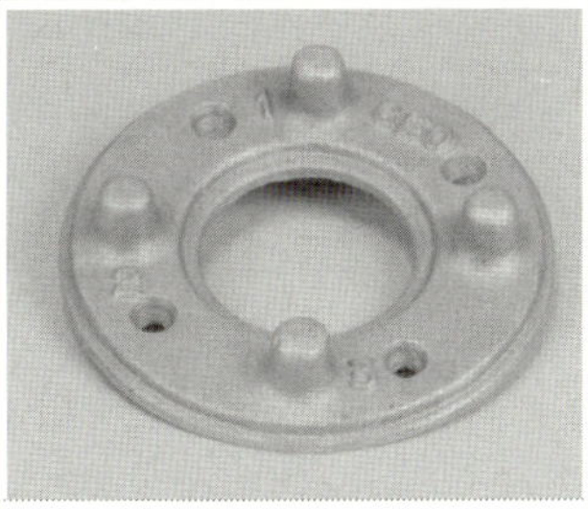

건물경사계

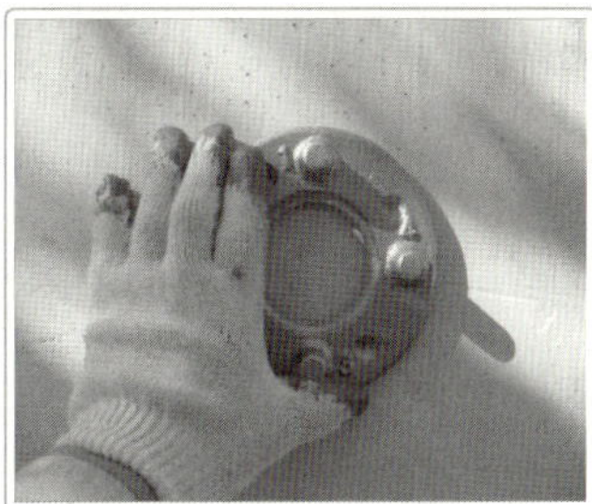

설치 전경

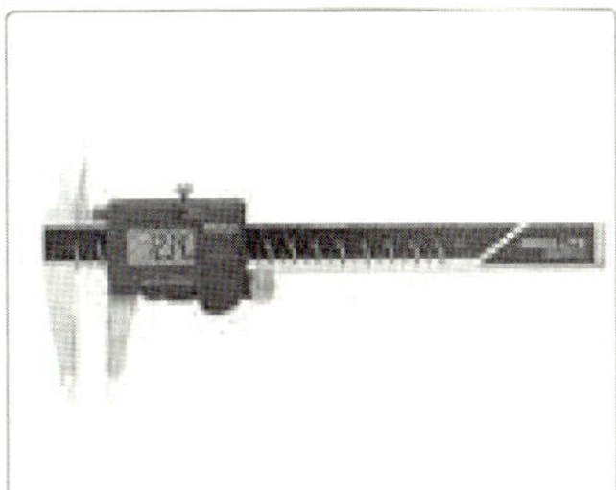

측정기명	버니어 캘리퍼스
측정계측기	Crack gauge

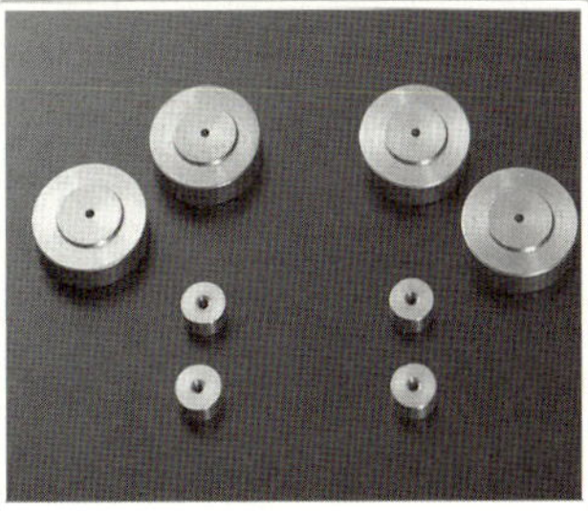

균열측정계

측정 장면

측정기명 층별 침하계
측정계측기 층별 침하계

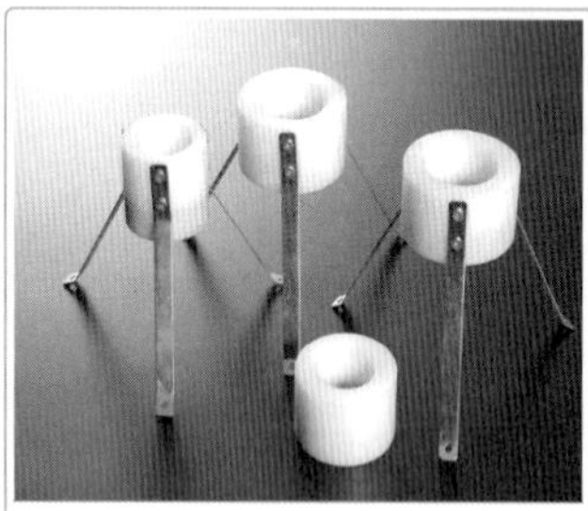

층별 침하계
(링 · 스파이더 마그네틱)

측정 장면

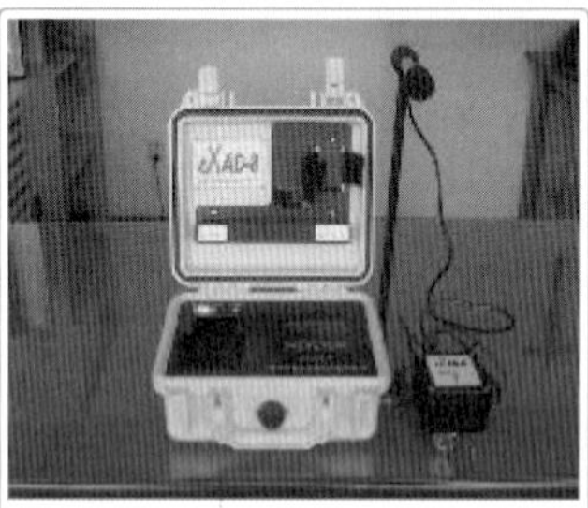

계측기명 진동 · 소음측정기

계측기명 진동측정기

그림 4-30 계측기 및 자재 사진

(2) 유지관리

일반적으로 계측결과의 분석은 1회 측정된 계측결과에 의존하기보다 상황의 진행 추이에 의존하는 바가 크므로, 현장종료 시까지 연속된 자료를 얻을 수 있도록 기 설치된 계측기를 보호 · 유지 관리하는 것이 바람직하다.

기 설치된 계측기기 망실의 피해는 단순히 자재손실로만 그치는 것이 아니라, 재설치를 위한 인력 및 장비 그리고 시간의 손실을 동반하게 되며, 비록 재설치하더라도 계측결과의 연속성에 악영향을 미치게 된다.

더욱이 계측항목에 따라서는 재설치 자체가 아예 불가능한 경우도 있음을 생각할 때, 계측기기의 유지관리에 있어서 한 치의 소홀함도 있어서는 안 될 것이다.

계측기기의 경우 그 형태에 따라 유지관리방법에 차이가 있으나, 각 계측기별 일반적인 보호 · 유지관리방법으로는 다음과 같은 것들을 들 수 있으며, 계측 수행자는 이를 숙지 · 시행해야 한다.

표 4-9 일반적 유지관리방법

계측기명	유지관리방법
내부경사계 (Inclinometer)	• 관보호 : 보호박스 설치, 보호깃발 설치(차량운행구간) 그라운드 앵커(Ground Anchor) 또는 소일 네일링 천공 전 벽체에 관 위치 표시
지하수위계 (Ground Water Level)	
건물경사계 (Tiltmeter)	• Plate 보호 : 표지판 설치
변형률 측정계 (Strain Gauge)	• 센서 보호 : 보호장치 설치, 표지판 설치 • 케이블 보호 : 플렉시블 호스로 케이블 보호, 주의 표지를 등간격으로 설치 • 커넥터 보호 : 컨트롤 박스를 설치하여 우수 및 오물로부터 보호
하중계 (Load Cell)	

(a) 보호박스 및 시건장치

(b) 표지판

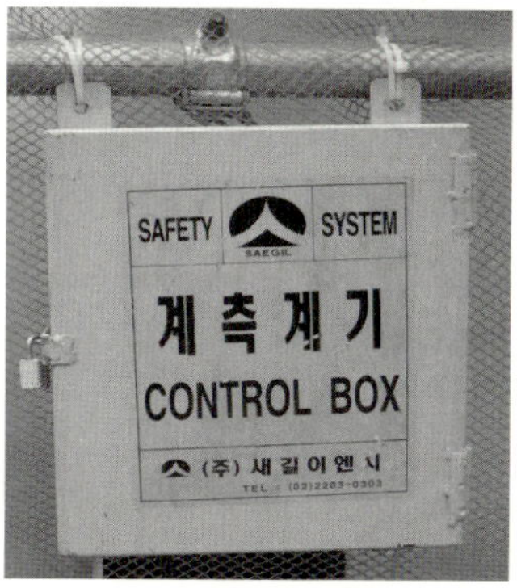

(c) 컨트롤 박스 및 시건장치

(d) 설치위치 표시

(e) 매설라인 표시

사진 4-29 유지관리의 예

4.4.4 계측관리

계측수행 중에 긴급처리를 요하는 문제가 발생할 수 있기 때문에 계측계획 단계에서 이에 대한 사전대책이 수립되어 있어야 한다. 따라서 지반거동 분석 및 과거 유사 공사 성과 분석으로부터 지반거동의 한계수준을 미리 설정한 후 이를 초과할 경우의 조치내용과 범위를 사전에 고려하는 것이 바람직하다.

계측관리방법 및 기준은 크게 두 가지로 나눠지는데 절대관리방법과 예상관리방법이 그것이다. 절대관리방법은 기존의 시공 및 계측자료를 통계적으로 분석하여 벽체 강성 및 최대 설계력 등을 허용관리 기준의 근거로 삼는 방법이다. 예상관리기법은 굴착단계별 설계변위 및 설계축력의 증가 패턴을 계측결과와 비교하고, 이를 통해 최종결과를 예상하여 허용관리 기준의 근거로 하는 방법이다. 절대관리방법은 적용이 간편하며 많은 사용경험을 축적한 장점이 있으며, 상대관리방법은 공정단계에 따른 세밀한 검토가 가능한 장점이 있다.

(1) 절대치 관리방법 및 관리기준(경험치)

흙막이벽체를 설계할 때에는 지반조건 및 공정 진행에 대하여 여러 가지 요인을 가정하여 수행하므로 불확실한 요소가 내포된다. 따라서 실제 시공 시 거동양상과 예측치와의 차이점을 비교하여 설계의 타당성을 검토하고 다음 공정을 합리적으로 유도한다.

표 4-10 계측항목에 따른 판단기준

<table>
<tr><th rowspan="2">측정항목</th><th rowspan="2">안전, 위험의 판정기준치</th><th colspan="4">판 정 표</th></tr>
<tr><th>지 표(관리기준)</th><th>위 험</th><th>주 의</th><th>안 전</th></tr>
<tr><td>측 압
(토압·수압)</td><td>설계 시에 이용한 토압분포(지표면에서 각 단계 근입길이)</td><td>$F_1 = \frac{\text{설계시에 이용한 토압}}{\text{실측에 의한 축압}}$
(예 측)</td><td>F1 < 0.8</td><td>0.8≤ F1 ≤1.2</td><td>F1 > 1.2</td></tr>
<tr><td>벽체 변형</td><td>설계 시의 추정치</td><td>$F_2 = \frac{\text{설계시의 추정치}}{\text{실측의 변형량}}$
(예 측)</td><td>F2 < 0.8</td><td>0.8≤ F2 ≤1.2</td><td>F2 > 1.2</td></tr>
<tr><td rowspan="2">토류벽 내 응력</td><td>철근의 허용 인장응력</td><td>$F_3 = \frac{\text{철근의 허용인장응력}}{\text{실측의 인장응력}}$
(예 측)</td><td>F3 < 0.8</td><td>0.8≤ F3 ≤1.2</td><td>F3 > 1.2</td></tr>
<tr><td>토류벽의 허용 휨모멘트</td><td>$F_4 = \frac{\text{허용 휨 모멘트}}{\text{실측에 의한 휨 모멘트}}$
(예 측)</td><td>F4 < 0.8</td><td>0.8≤ F4 ≤1.2</td><td>F4 > 1.2</td></tr>
<tr><td>버팀대 축력</td><td>부재의 허용축력</td><td>$F_5 = \frac{\text{부재의 허용축력}}{\text{실측의 축력}}$
(예 측)</td><td>F5 < 0.7</td><td>0.7≤ F5 ≤1.2</td><td>F5 > 1.2</td></tr>
<tr><td>굴착저면의 히빙량</td><td colspan="2">T.W Lambe에 허용히빙량</td><td>실측결과가 위험영역에 Plot되는 경우</td><td>실측결과가 주입영역에 Plot되는 경우</td><td>실측결과가 안전영역에 Plot되는 경우</td></tr>
<tr><td>침하량</td><td>각 현장마다 허용치를 결정</td><td colspan="4">각 현장상황에 맞는 허용침하량은 지정하고, 그 허용침하량을 넘으면 위험 또는 주의 신호로 판단한다.</td></tr>
<tr><td>부등침하량</td><td>건물의 허용 부등침하량</td><td>기둥간격에 대한 부등침하량의 비</td><td>1/300 이상</td><td>1/300 ~ 1/500</td><td>1/500 이하</td></tr>
</table>

※ 위의 기준치는 결과치에 대한 일반적인 관리기준이므로, 여기에 100% 의존하는 것은 바람직하지 않다. 따라서 굴착단계별 수평변위, 배면토압, 지반의 침하량 등을 감리자 및 경험 있는 기술자에 의해서 검토하고 분석하여 공사의 안전여부를 판단해야 한다.

다음에 제시된 관리기준치는 국내 여러 현장의 계측자료를 토대로 작성된 것이며, 2차 관리기준치를 초과하는 경우는 대체로 지반침하, 도로균열 등의 문제점을 나타내었으므로 2차 관리기준에 근접될 경우 감리자와 상의하여 별도의 보강책을 강구해야 한다.

표 4-11 관리기준치(최대 변위량)

계측기명	1차 관리기준	2차 관리기준	비 고
내부경사계 (수평변위 = mm)	0.002 H (0.0015 H)	0.003 H (0.0025 H)	H = 굴착고 ( )는 강성벽체의 경우
Load Cell (그라운드앵커 축력 = ton)	Design Force	Jacking Force	
Strain Gauge (버팀대 축력 = ton)	Design Force의 80%	Design Force의 100%	스크루 잭일 경우
	Design Force의 80%	Design Force의 100%	유압잭일 경우
Strain Gauge (Nail의 축력 = ton)	Design Force의 80%	Design Force의 100%	
건물경사계 (Tiltmeter = mm)	0.0024 S	0.003 S	S = 기둥간격
토압계 (Pressure Cell)	Design Earth Pressure (80%)	Design Earth Pressure (100%)	

표 4-12 관리기준치(연속 변화량)

계측기명	안 전	주 의	특별관리	비 고
내부경사계 (수평변위 = mm)	3mm/7일	3~5mm/7일	5~10mm/7일	10mm 이상은 시급한 대책 필요
Load Cell (그라운드앵커 축력 = ton)	5ton/7일	5~8ton/7일	8~10ton/7일	10ton 이상은 시급한 대책 필요
Strain Gauge (버팀대 축력 = ton)	10ton/7일	10~15ton/7일	15~20ton/7일	20ton 이상은 시급한 대책 필요
Strain Gauge (Nail의 축력 = ton)	1.0ton/7일	1.0~3.5ton/7일	3.5~6.0ton/7일	6.0ton 이상은 시급한 대책 필요
건물경사계 (Tiltmeter = mm)	0.0003S/7일	0.0003~0.0005S /7일	0.0005~0.001S /7일	0.001S 이상은 시급한 대책 필요
지하수위계 (Ground Water Level = m)	0.5m/7일	0.5~1.0m/7일	1.0~3.0m/7일	3.0m 이상은 시급한 대책 필요
토압계 (Pressure Cell)	3ton/m^2/7일	3~5ton/m^2/7일	5~8ton/m^2/7일	8ton/m^2 이상은 시급한 대책 필요

(2) 예측 관리방법(설계치)

굴착공사를 진행하면서 현재의 계측결과를 토대로 향후 토류벽체의 거동을 예측하고 합리적인 시공을 유도하도록 해야 한다.

이는 설계 시 제시한 제반조건과 실측치(계측치)를 비교하여 공사의 안정성을 검토하고 피드백을 통해 설계변경이 가능하도록 하는 것이다.

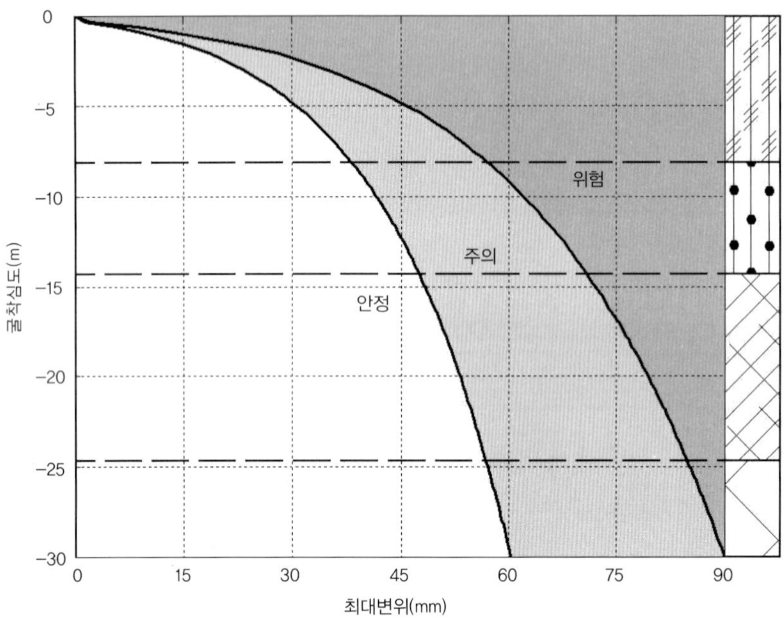

그림 4-31 예상 변위패턴(예)

정상 실측치	과다 실측치	과소 실측치
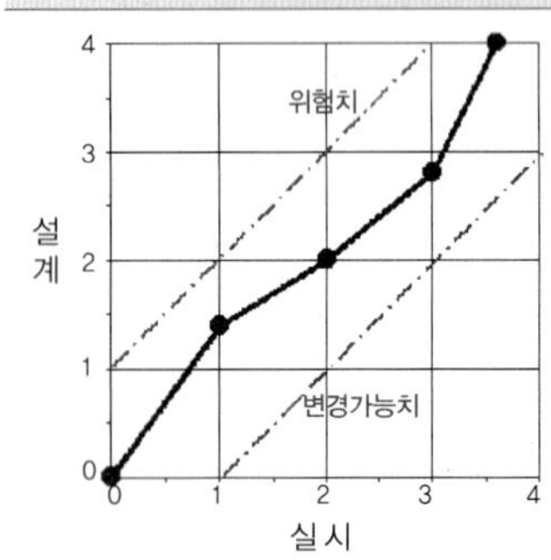	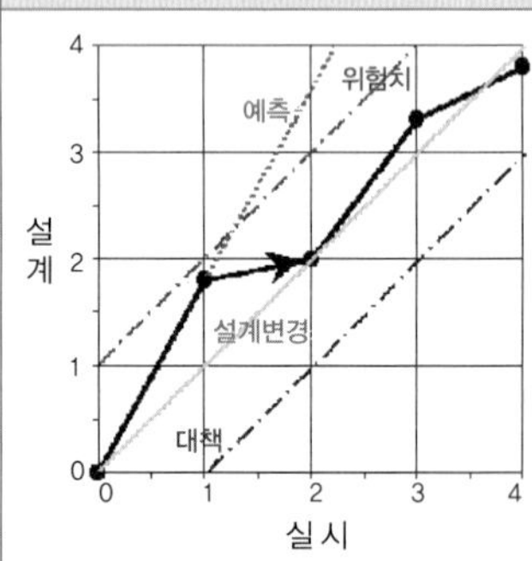	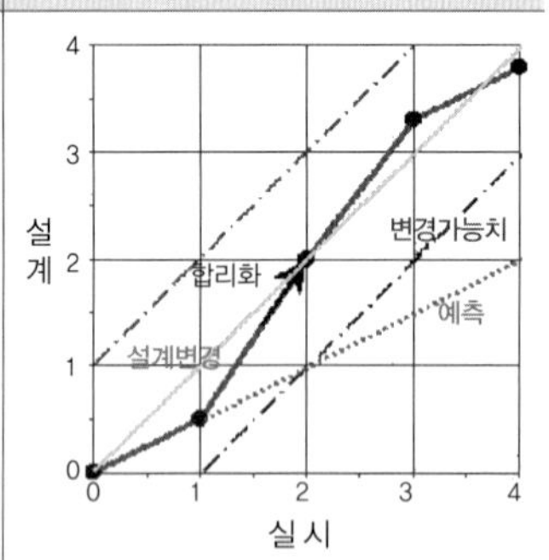
설계가 적정한 것으로 판단되므로 정상적인 시공 가능	측정치가 과다한 경우(위험측) 우선 긴급대책을 강구, 원안분석 후 조치	측정치가 과소한 경우(안전측) 경제적·합리적 시공을 위해 재검토 필요

그림 4-32 예상 관리방법에 의한 정보화 시공

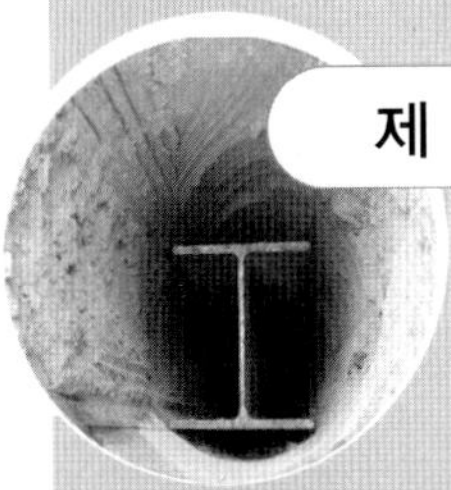

제 5 장

철근콘크리트공사

5.1 철근콘크리트공사의 개요

철근콘크리트공사는 다른 공종의 공사보다 특히 중요하다. 건축공사의 주체를 이루고 있는 공사로서 중요한 건축물의 대부분은 철근콘크리트조나 철골철근콘크리트조로 설계되고 있는 실정이다. 설계도서에 명기된 소정의 품질을 만들어내기 위해서는 시공자나 시공 관리자가 충분한 품질관리 능력을 지니고 관련된 많은 요인들을 면밀히 검토해야 한다. 본 장에서는 철근콘크리트공사에 관련된 기술적 사항들에 대하여 살펴보기로 한다.

5.2 철근콘크리트공사의 흐름

5.2.1 철근콘크리트공사의 기본적 사이클

철근콘크리트구조는 철근과 콘크리트의 합성구조이며 각 부재에 있어서 콘크리트가 소정의 단면치수대로 성형되고 철근이 콘크리트 중에 적정한 위치에 배치(배근)됨으로써 합성구조의 성능을 발휘한다. 이것을 실현하기 위한 철근콘크리트 부재(이후 구조체라 칭함)의 구축방법은 각 부재의 형상, 치수에 적합하게 철근을 부재 내에 소정의 위치에 배근하고 부재의 외곽이 되는 콘크리트의 구속을 위하여 거푸집을 조립하고 콘크리트를 부어넣는다. (타설이라 말함) 전술한 순서를 지하에서 지상의 최상층까지 각 층마다 반복하여 전체를 구축하게 된다. 여기서는 층마다 반복되는 순서(사이클)의 기본계획을 나타낸다.

(1) 먹매김

수평방향, 수직방향의 기준이 되는 먹매김 작업을 실시하고, 여기에 기둥과 벽의 평면형상의 먹매김 작업을 추가로 실시한다.

(2) 기둥철근 배근

기둥의 소정의 위치에 기둥철근(주근, 대근)을 조립한다. 이때에 하부층의 주근과 해당층의 주근을 이어서 일체화하는 작업이다. 철근의 연결부분을 이음이라고 하며 이음공법은 겹침, 용접, 압접, 기계적 이음이 있다.(그림 5-1)

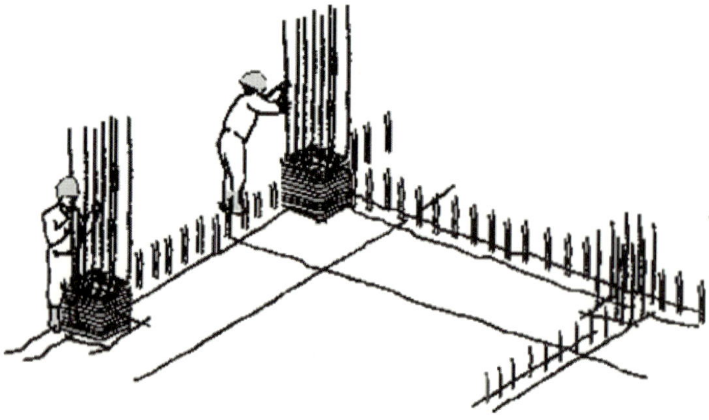

그림 5-1 기둥 철근배근

(3) 설비배관

기둥 내부의 설비배관이나 기기를 소정의 위치에 설치한다.

(4) 기둥 거푸집

기둥의 거푸집을 기둥 치수에 맞추어 연직성을 주의해서 조립한다.(그림 5-2)

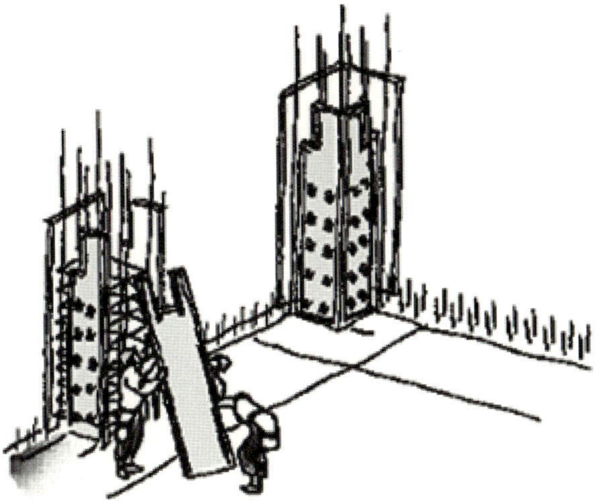

그림 5-2 기둥 거푸집 조립

(5) 벽 거푸집

벽의 한 면의 거푸집을 벽 치수에 맞추어 조립한다.

(6) 벽 철근배근

벽 내의 소정의 위치에 벽의 철근을 조립한다.

(7) 설비배관

벽 내부에 설비배관이나 기기를 소정의 위치에 설치한다.

(8) 벽 거푸집

철근의 배근이 끝난 벽 반대편의 거푸집을 조립한다.(그림 5-3)

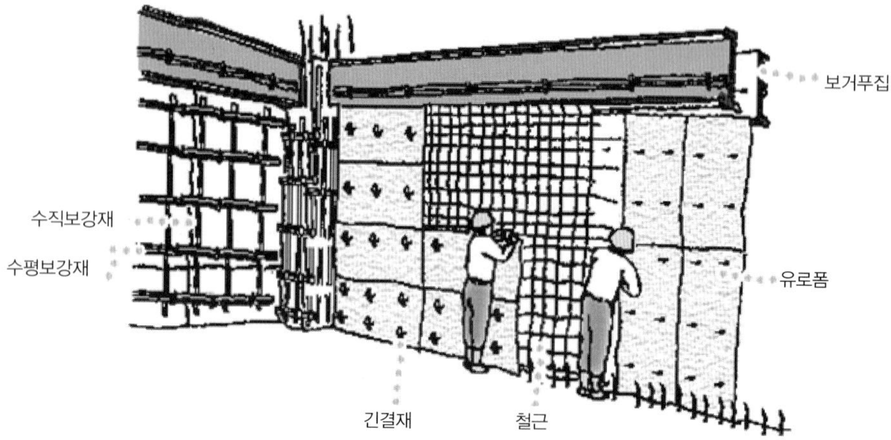

그림 5-3 벽 거푸집 조립

(9) 보, 슬래브 거푸집

기둥 사이에 보 거푸집의 밑판을 설치하고 지지대를 설치한 후 측판을 설치하여 고정한다. 보 거푸집으로 둘러싸인 슬래브 부분에 보에서 지지대를 설치하면서 슬래브 거푸집을 연결한다.(그림 5-4, 그림 5-5)

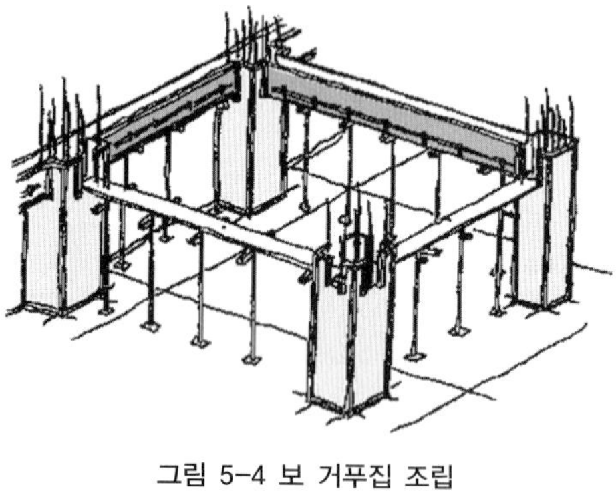

그림 5-4 보 거푸집 조립

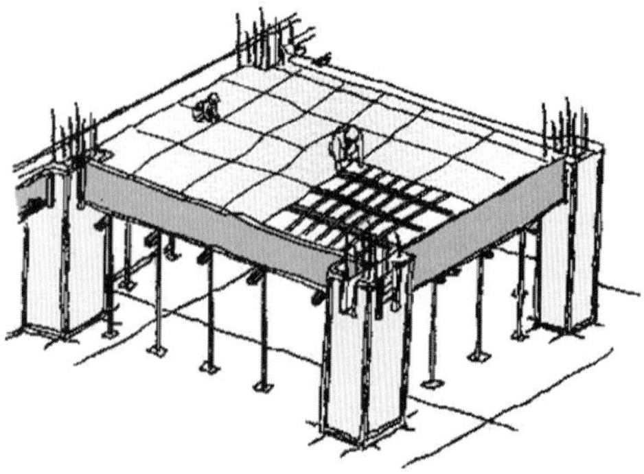

그림 5-5 슬래브 거푸집 조립

(10) 보 철근배근

주근과 띠근을 조립하여 일체화 된 철근을 거푸집 중앙에 설치한다.

(11) 슬래브 철근배근

슬래브 거푸집 위에 슬래브 철근을 배근한다.(그림 5-6)

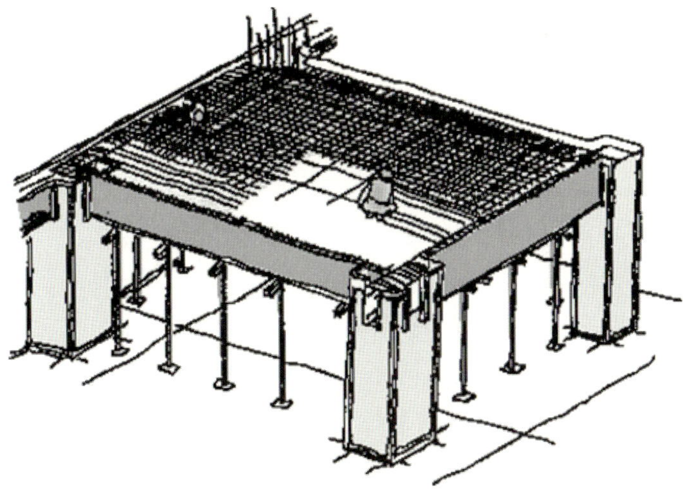

그림 5-6 슬래브 철근배근

(12) 설비배관

슬래브 콘크리트에 매설되는 설비배관이나 기기를 설치한다.

(13) 콘크리트 타설

기둥, 벽, 보, 슬래브 순으로 콘크리트를 타설한다.(그림 5-7)

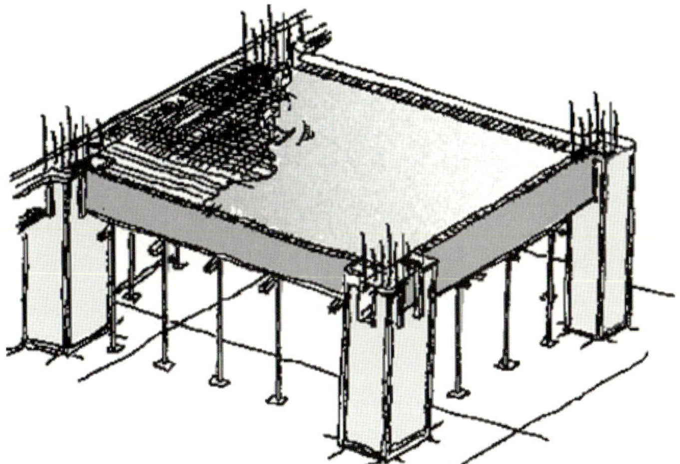

그림 5-7 콘크리트 타설

(14) 양생

콘크리트가 충분히 강도를 발휘할 때까지 습윤양생을 실시하고 외력을 가하지 않는다.

(15) 탈형

콘크리트가 충분히 경화된 후에 거푸집을 탈형한다. 측면 거푸집은 콘크리트 표면이 흠이 나지 않을 정도로 경화된 후에 탈형한다. 보, 슬래브 지주 및 저면의 거푸집은 콘크리트가 하중을 받을 수 있는 강도발현 후 해체한다.

이런 작업의 순서나 관계를 도표로 표시하면 그림 5-8과 같다. 이와 같은 그림을 공정표라 한다. 시공계획 중에서 각 공사의 순서와 상황관계, 각각의 소요 기간을 나타내고 전체의 순서와 소요 기간을 나타내어 작성한다.

철골철근콘크리트공사의 경우는 철근이나 거푸집, 콘크리트공사의 선행해서 철골의 조립을 실시한다.(세우기) 철골 세우기를 완료한 층에서는 철근, 거푸집, 콘크리트공사를 진행한다. 층마다의 사이클에서는 기둥의 배근과 동시에 보의 배근작업을 실시함으로써 철근콘크리트공사의 순서와는 다르게 된다. 또한 철골이 선행해서 존재하는 곳으로 배근이나 거푸집 조립 콘크리트 타설 시 각 작업에서 유의할 점이 있다. 철골에 철근이나 세퍼레이터(separator, 거푸집을 긴결하는 강봉)를 설치한 구멍을 설치하는 것이나, 철골이 있음으로 인하여 콘크리트가 충진되기 어려운 부분이 있다. 기둥 보 접합부에서 철근과 철골로 인하여 타설이 어렵고 기둥에서 충진 불량이 발생하는 경우가 있다. 철골에 철근이나 세퍼레이터가 지나가는 구멍을 뚫어 둘 필요가 있다.

5.2.2 철근콘크리트공사의 전체적인 순서

철근콘크리트공사의 층마다의 기본 사이클은 전술한 바와 같다. 이 사이클을 지하에서 지상층까지 반복하여 건물 전체를 구축한다. 기본적인 사이클은 같지만 크게 분류하면 지하, 지상 저층부, 기준층마다 각각의 구축방법의 특징이 있다. 여기서는 지하 1층 지상 10층 정도의 철근콘크리트 건축물 구체공사를 상정하여 각각의 특징이나 주의점을 설명한다.

(1) 지하공사

지중보, 기초공사(지하피트), 건축물의 최하층 철근콘크리트공사로 되는 것은 지중보와 기초공사이다. 먹매김은 버림콘크리트 위에 지중보, 기초, 내압판의 평면치수를 그린다.

먹매김 위에 지중보나 기초의 배근을 행한 후의 내압판의 배근 후 콘크리트를 타설한다. 내압판 콘크리트 위에 다시 한 번 지중보와 기초의 평면치수를 먹매김한다. 지중보, 기초의 거푸집을 조립하고 지하 1층 슬래브의 거푸집을 설치한다. 지하 1층 슬래브 배근 후에 지중보, 기초, 지하 1층 슬래브의 콘크리트를 타설한다. 콘크리트 타설 후의 상황이다. 지하 피트는 수가 많고 내부는 좁고 슬래브에는 큰 개구부를 설치할 수 없기 때문에 거푸집 해체 시 반출에도 곤란하다. 이 때문에 무지보공 거푸집(지주를 필요로 하지 않는 슬래브의 거푸집)이나 버림 거푸집을 쓰는 것도 많다. 건물 규모가 큰 경우에는 내압판, 지중보, 기초의 콘크리트는 매스콘크리트로 해서 취급하지 않으면 안 되는 경우가 많다. 또한 수화열에 의한 균열 방지의 의미와 레디믹스트콘크리트 공장의 공급능력의 제한에 의해서 공구를 분할하여 타설하는 경우가 많다.

(2) 지하 1층 공사

지하 1층의 기둥 벽 및 1층의 보 슬래브 공사(지하 1층의 세우기 공사)의 기본 사이클은 기준층과 동일하다. 지하 외벽의 시공방법은 외벽면과 흙막이벽과의 간격이 좁은 경우가 많다. 이 경우 흙막이벽이 외벽의 외측 거푸집이 된다. 세퍼레이터를 흙막이벽에 용접하거나 흙막이벽을 사용하지 않고 내측에서 거푸집을 고정지지하는 방법으로 된다. 지하 1층은 일반적으로 층고가 높고 콘크리트 타설 시 분리하기 쉽게 된다. 특히 독립기둥의 경우에는 주의할 필요가 있다. 지하 1층 세우기 공사의 종료 후에는 되메움을 실시하고 부지는 완성 시의 지상부의 구조체 공사로 진행하게 된다.

(3) 지상공사

1) 지상 저층부 공사

1~2층까지의 저층부는 이보다 위층과 용도가 다르기 때문에 평면, 입면, 단면, 마감의 마무리가 다르다. 철근콘크리트공사의 수순은 기본 사이클과 동일하지만 다음의 것을 주의해야 한다. 1층 슬래브 위에 먹줄을 내고 지상층의 공사를 실시한다. 상부층의 먹매김의 기준이 되기 때문에 정확히 기할 필요가 있다. 배근이나 거푸집에 대해서도 기둥의 주근 위치나 콘크리트 외벽면(기둥, 보의 외부면도 포함)은 작업이 수직적으로 연속하기 때문에 정밀도가 나쁘면 상부층의 정밀도 확보가 곤란하기 때문에 주의해야 한다. 저층부는 상업시설 등의 용도로 활용되는 경우가 있고, 그렇지 않을 경우 1층에는 현관과 홀이 있고 기계실 등이 있는 경우가 많다. 따라서 평면 및 입면이 복잡하게 되고 내·외부 마감도 기준층과 다르고 마감의 종류가 많고 품질이 높은 경우가 많다. 내외장재의 부착을 한 치수

가 되기 때문에 충분히 확인할 필요가 있다. 또한 복잡하고 형상이 얇은 벽, 불규칙한 개구부가 많고 층고가 높기 때문에 콘크리트 타설 시 미충전부가 없도록 주의해서 콘크리트가 분리하지 않는 방법으로 타설한다. 건축물 외주부에는 지상 구체공사용의 외부비계의 조립이 시작한다. 철근콘크리트공사에 선행하여 1층 분의 외부비계를 조립한다. 그 후에도 시공 층에 선행하여 1층 분의 외부비계를 조립하여 간다.

2) 지상 기준층 공사

기준층에는 용도가 같고 평면, 입면, 단면이 반복되는 층을 말한다. 철근콘크리트공사의 순서는 기본 사이클과 동등하지만 대부분 반복하는 층수가 많기 때문에 이하에 나타내는 방법으로 합리화하는 예가 많다.

• 기본적인 합리화의 예

기준층에서 평면 및 입·단면이 반복되기 때문에 사용하는 거푸집을 패널(기둥, 벽 보의 형상을 조립하기 쉽도록 판상으로 요소 분할하여 단부를 보강한 거푸집 판)과 탈형 후 대부분 그 상태로 몇 회 상부층으로 전용한다.

철근의 부재 단면 내의 본수나 위치, 길이 몇 종류를 패턴화 할 수 있기 때문에 기둥, 보 철근마다 지상에서 선조립하여 크레인으로 설치한다. 또한 1층 바닥면적이 일정한 규모 이상일 경우 공구 분할하고 콘크리트 타설일이 겹치지 않도록 해야 한다.

① 대량의 노무를 피하기 위함

② 노무의 평준화(동일 공정의 1일의 있어서 소요 일수 평준화)

③ 1일의 콘크리트 타설량이 많아지지 않도록 하기 위함

④ 자재의 전용효율을 높이기 위함

등이 있다. 따라서 작업자에 있어서는 반복에 의해서 숙련도가 올라가기 때문에 기준층에 있는 먹매김에서 콘크리트 타설까지의 공기를 단축할 수 있다.

3) 프리캐스트콘크리트공법의 합리화

기준층에서는 기둥부재나 보부재가 대부분 같은 형상으로 되기 때문에 이것을 공장생산하여 현장으로 운반하여 설치한다. 이 공장에서 제조하는 부재(정확하게 철근+콘크리트)를 현 위치 이외에서도 선행하여 제조하는 부재를 프리캐스트콘크리트 부재라 한다. 이 생산방식을 철저하게 한 경우는 기둥, 보, 슬래브, 발코니 등을 PC화하여 접합부와 보 슬래브의 상부에 절반부분만을 현장에서 배근하여 거푸집을 세우고 콘크리트를 타설한다. 사이클

공정은 1주일 정도 단축할 수 있다. 재래공법의 경우 15~20일 소요된다. PC화 공법의 개요를 사진 5-1에 나타내었다. 현장의 대지가 넓은 경우에는 현장 내에서 제조할 수 있다.

(a) 기둥 부재의 반입

(b) 기둥 부재의 설치

(c) 기둥과 보의 접합

(d) 기둥과 보의 접합 후 양생

사진 5-1 PC 부재의 시공

4) 최상층 공사

최상층까지 기본적으로는 기준층 공사가 연속되지만 그 위에 옥상층 공사가 있다. 엘리베이터 기계실 등이 들어가는 옥탑(펜트하우스), 패러핏(parapet)이라고 하는 옥상면의 최상층 공사를 말한다. 펜트하우스는 기존 공사와 동일한 사이클로 공사한다. 패러핏이나 기계기초 등은 철근이나 거푸집을 조립한 후 최상층의 수직 콘크리트와 동시 타설하는 경우와 기본 사이클과 같이 최상층 수직 콘크리트 경화 후에 철근이나 거푸집을 조립해 타설하는 경우가 있다.

5.3 거푸집공사

5.3.1 거푸집의 정의

① 거푸집이란 콘크리트 타설 시 유출방지 및 타설 후 경화하기까지 작용하는 내·외부 환경으로부터 콘크리트를 보호하여 구조체의 형상과 치수를 확보하는 가설 자재이다.

② 거푸집은 콘크리트면에 직접 접하는 판재와 판재의 변형을 방지하기 위한 버팀대 역할을 하는 장선, 멍에, 동바리 등의 구성재와 이들을 상호 연결, 구속하는 철물을 통칭하는 용어이다.

5.3.2 일반사항

(1) 거푸집공사의 기본

건축물의 주요한 재료를 구성하는 철근콘크리트는 콘크리트공사, 철근공사 및 거푸집공사가 기술적으로 하나가 되어 완성된다. 공사 중에서 거푸집공사는 콘크리트의 형태와 위치를 결정하며, 콘크리트의 품질에 커다란 영향을 미치는 중요한 요소이다.

거푸집공사는 거푸집공사 공법의 선정, 거푸집의 구조계산, 건축도면을 바탕으로 가공·조립, 전체공정과 경제성, 안전성에 미치는 영향은 매우 크다.

거푸집공사는 건물 공사비의 약 25~30%를 차지한다. 거푸집공사비 중의 노무비가 약 50%가 소요되는 노동집약형 공사이다.

(2) 거푸집에 요구되는 기능

① 강도, 강성 : 콘크리트 타설 시 콘크리트의 자체중량, 측면압력(측압), 충격하중, 작업하중 등이 지진, 바람, 적설량 등의 외부 힘에 대해 파괴되지 않고 변형, 이동 등이 허용 내에서 가능하여야 한다.

② 치수정밀도, 형상 : 완성된 콘크리트의 치수, 형상이 허용차 이내로 정밀하게 조립되어 콘크리트 타설이 가능해야 한다.

③ 콘크리트면의 다듬기 : 요구되어지는 콘크리트 표면이 평활하게 되어야 하며, 콘크리트 표면이 변색과 경화불량이 일어나지 않아야 한다.

④ 작업성 : 가공 · 조립 · 해체 및 운반이 용이해야 한다.

⑤ 안전성 : 거푸집의 가공, 운반, 조립 및 콘크리트 타설 시 지주를 떼어낼 때 등 거푸집에 작용하는 외부 압력으로 파손, 붕괴, 낙하되지 않도록 안전이 고려되어야 한다.

⑥ 경제성 : 재료비가 싸고 내구성이 있어야 하며 전용이어야 한다.

⑦ 제품의 경량화 및 소재 청소 보수가 용이해야 한다.

(3) 거푸집의 분류방법

① 부위에 따른 분류 : 기초형틀, 지하외벽형틀, 벽형틀, 기둥형틀, 보형틀, 슬래브형틀, 계단형틀

② 재료에 따른 분류 : 목재형틀, 철강재 형틀, 알루미늄형틀, 플라스틱형틀

③ 기능에 따른 분류 : 일반형틀, 타설형틀, 사장형틀, 마감재형틀, 화장형틀

④ 형태에 따른 분류 : 대형형틀, 시스템형틀

⑤ 특수 거푸집(전용거푸집, System form)

㉠ 벽 : 대형 패널폼(Gang Form) + 가설/마감 발판 = 클라이밍폼(Climbing Form)

㉡ 바닥 : 테이블폼(Table Form, 수평), 플라잉 쇼어폼(Flying shore Form, 수평 · 수직)

㉢ 벽 + 바닥 : 터널폼(Tunnel Form)

㉣ 연속 : 수직 슬라이딩폼, 슬립폼(Slip Form), 수평 트래블링폼(Traveling Form)

㉤ 무지주 : 보우 빔(Bow Beam), 페코 빔(Pecco Beam)

㉥ 바닥판 : 덱플레이트, 와플폼(Waffle Form), Half PC slab

(4) 거푸집공사의 중요성

거푸집공사는 구조물이 완성된 후에 철거되는 가설재이기 때문에 거푸집공사의 중요성을 잘 인식하지 못할 수도 있으나 마감공사의 바탕이 되는 거푸집공사의 품질상태는 후속공사의 공정 · 품질 · 공사비 · 안전 등에 큰 영향을 미친다.

(5) 거푸집의 역할

① 생콘크리트가 응결하기까지의 형상 및 부재치수 확보

② 생콘크리트 수화반응의 원활한 진행보조

③ 콘크리트구조물의 정밀도 확보

④ 철근의 피복두께 확보로 구조물의 내구성 확보

⑤ 콘크리트의 표면 마무리

(6) 거푸집 시공 시 품질관리 주안점

구분	관리자 입장	시공자의 입장	비고
1	구조체로서의 역할	골조의 수직 · 수평	
2	콘크리트 측압 및 슬래브 하중에 대한 안전	콘크리트면의 평활도	
3	거푸집 및 동바리 존치기간 준수	개구부 규격의 정밀도	
4	부위별 규격의 적정성 및 단면결손 발생 여부	벽체의 단차 발생 방지	
5		골조의 선형관리 상태	

5.3.3 거푸집의 주요부재

(1) 판재

① 정의 : 콘크리트와 직접 접하여 구조물의 표면을 형성하고 측압 및 작업하중을 최초로 전달받아 거푸집의 각 부재로 분산시키는 역할을 하는 부재

② 종류 : 합판, 코팅합판, 철판, 알루미늄판, 합성수지판, 금속데, 특수문양재 등

(2) 장선

① 정의 : 판재 지지 및 판재로부터 전달되는 측압하중을 멍에에 전달하는 부재

② 종류 : 목재장선, 철재장선, 알루미늄 장선 등

(3) 멍에

① 정의 : 장선으로부터 거푸집 패널중량, 콘크리트중량, 작업을 위한 적재하중, 충격하중 등을 전달받아 긴결재에 전달하는 부재

② 종류 : 각재, 사각파이프, 강 보강재, 파워스틸 등

(4) 동바리

① 정의 : 슬래브(성형틀)의 모든 하중을 지지하여 구조물이 안전하게 시공되도록 하는 부재

② 종류 : 철재 동바리, 시스템 동바리 등

③ 동바리 설치방법 : 수직으로 설치하고 구조 안정성 검토에 따라 간격을 맞추어서 배치할 것

사진 5-2 철재 동바리와 시스템 동바리

(5) 긴결재

① 정의 : 거푸집을 직접 고정하여 콘크리트 측압 등에 대응하는 최종 긴결재

② 종류 : 타이(매립형폼타이, 관통형 폼타이, 플랫타이 등), 컬럼밴드, 볼트 등

(6) 격리재

① 정의 : 거푸집 상호간의 간격 유지

② 종류 : 철근, 철판, 파이프제 등

(7) 박리제

① 정의 : 거푸집 해체 용이를 위하여 사용

② 종류 : 비눗물, 석유, 아마유, 파라핀 계열 등

③ 식물성을 사용하는 게 유리하며, 동물성은 철근에 붙을 경우에 철근과 부착도 저하 우려

5.3.4 거푸집의 분류

표 5-1 거푸집의 분류

- 분류
  - 재료와 시스템에 따른 분류
    - 목재 거푸집
    - 합판 거푸집
    - 강재 거푸집
    - 유로폼
    - 알루미늄 거푸집
    - 시스템 거푸집
  - 벽체 전용 시스템 거푸집
    - 갱폼
    - 클라이밍폼
      - ACS(PERI)
      - SKE(DOKA)
    - 슬라이딩폼
    - 슬립폼
  - 바닥판 거푸집
    - 플라잉폼
    - 와플폼
    - 덱플레이트
    - Half PC Slab
  - 바닥+벽체용 거푸집
    - 터널폼
    - 트래블링폼
  - 무지주공법(Non Support)

(1) 재료와 시스템에 따른 분류

1) 목재 거푸집(W.D Form)

삼나무, 미송, 육송의 두께 16~20mm의 소폭 판재를 한쪽 면은 기계대패질하고 반턱쪽매로 가공하여 사용한다. 보 밑 창널 등, 특히 중량을 받는 곳은 25~30mm 정도의 두꺼운 판재를 사용하지만 장선(띠장)의 간격을 좁혀 대어 처짐을 보강하는 것이 경제적이다.

2) 합판 거푸집

합판 중에는 알칼리에 약한 것이 상당히 있어서 콘크리트의 알칼리성에 의해서 색소가 추출되어 콘크리트를 갈색으로 착색하거나 수회 사용으로 표면이 갈라지는 경우가 있으므로 제조업자가 내알칼리성 시험을 한 것을 사용해야 한다.

사진 5-3 합판 거푸집

3) 강재 거푸집(Metal Form)

보통 철재패널과 알루미늄 패널이 있으나 철재패널이 많이 보급되고 있다. 패널의 크기는 폭 10cm, 15cm, 20cm, 30cm, 길이 60cm, 90cm, 120cm, 150cm, 180cm 등이 있으나 300×150cm의 패널이 대표적이다. 타설면이 평활하며, 제물치장 콘크리트에 사용된다.

4) 유로폼(Euro Form)

몇 가지 형태와 기본패널을 조립, 해체

- 드롭헤드(Drop Head) : 지주를 제거안하고 슬래브거푸집에만 제거할 수 있도록 사용

사진 5-4 유로폼

5) 알루미늄 거푸집(AL Form)

경합금을 재료로 한 거푸집으로서 형태는 종래의 강제패널과 큰 차이는 없으나 가볍고 녹이 슬지 않는 등 강제패널의 단점을 보충한다. 초기 투자비가 많으나 운반비 품의 경감도 녹슬지 않으므로 전용횟수를 늘릴 수 있다면 장래 발전할 가능성도 있다.

사진 5-5 알루미늄 거푸집

6) 시스템 거푸집

① 작은 부재를 사용 시마다 조립 및 해체하지 않고 부재와 서포트, 작업틀을 일체화하여 한 번에 해체, 이동 조립하는 거푸집 시스템

② 주로 강재 이용, 대형 패널화, 자주화

이외에도 경질섬유판 거푸집, 합성수지 거푸집, 성형 시멘트판 거푸집이 있다.

(2) 벽체전용 시스템 거푸집

1) 갱폼(Gang Form)

사용할 때마다 작은 부재의 조립, 분해를 반복하지 않고 대형화, 단순화하여 한 번에 설치하고 해체하는 거푸집 시스템을 말한다. 원래 갱폼이라고 하는 것은 단순한 작은 부

재들로 이루어진 거푸집을 모아서 사용한다는 의미이지만, 국내에서는 아파트의 외벽에 적용하는 대형패널 폼을 지칭하는 의미로 사용하고 있다. 외벽이 두꺼운 벽체, 옹벽, 피어기초 등

사진 5-6 갱폼

① 장점 : 설치시간 단축, 처짐량 적음, 외력에 대한 안전성 및 주요부재의 전용성 우수

② 단점 : 대형 양중장비 필요, 제작 및 조립시간 필요, 복잡한 형상에 불리, 세부가공이 어렵다.

2) 클라이밍폼(Climbing Form)

거푸집과 벽체 마감공사를 위한 비계틀을 일체로 조립하여 한꺼번에 인양시켜 거푸집을 설치하는 공법으로 갱폼에 거푸집 설치를 위한 비계틀과 마감용 비계를 일체로 제작한 거푸집이라 할 수 있다. 마감공사를 위한 비계틀을 일체로 조립하여 한꺼번에 인양시켜 설치한다. ACS(PERI), SKE(DOKA) 등이 사용되고 있다.

사진 5-7 클라이밍폼

3) 슬라이딩폼(Sliding Form)

수평적 또는 수직적으로 반복된 구조물을 시공이음이 없이 균일한 형상으로 시공하기 위하여 높이 1~1.2m의 거푸집을 연속적으로 이동시키면서 콘크리트를 타설하여 구조물을 시공하는 거푸집공법이며, 원자력 발전소의 원자로격납용기(Containment Vessel)와 같이 시공이음이 없이 시공되어야 하는 구조물에 사용한다. Silo, 교각, 건물의 Core부분 등에 사용한다.

4) 슬립폼(Slip Form)

전망탑, 급수탑 등 단면형상에 변화가 있는 수직으로 연속된 콘크리트구조물이다.

(3) 바닥판 전용 거푸집

1) 플라잉폼(Flying Form)

슬래브 콘크리트를 타설하기 위하여 거푸집널, 장선, 멍에, 동바리 등을 일체로 제작하여 크레인 등으로 한꺼번에 인양시켜 설치, 해체하는 동바리 시스템으로 테이블처럼 생겼다 하여 일명 테이블 폼이라고도 한다.

- 장점 : 갱폼과 조합 사용 가능, 시공 정밀도와 전용성 우수, 처짐 및 외력에 대한 안정성 우수

사진 5-8 플라잉폼

2) 와플폼(Waffle Form)

무량판구조, 평판구조에서 2방향 장선 바닥판 구조가 가능하도록 특수 상자 모양의 기성재 사용

3) 덱플레이트(Deck Plate)

철골조 보에 걸어 지주 없이 쓰이는 바닥판 철판으로 초고층 슬래브용 거푸집

(4) 바닥 + 벽체용 거푸집

1) 트래블링폼(Traveling Form)

트래블러(Traveler)라고 불리는 비계틀 또는 장선, 멍에, 동바리 등이 일체로 유닛화한 대형 가동골조(Movable Frame)에 지지된 수평이동 거푸집공법으로서, 한 구간의 콘크리트를 타설한 후 거푸집을 낮추고 다음에 콘크리트를 타설하는 구간까지 구조물을 따라 거푸집을 이동시키면서 콘크리트를 계속적으로 타설하며, 수평적으로 연속된 구조물에 적용한다. 이동방식은 레일방식, 무궤도방식, 활동(滑動)방식이 있으며, 그 적용에 있어서는 건축분야에서는 비교적 채용빈도가 낮은 편이나 아치(Arch) · 돔(Dome)과 같은 지붕구조에서 적용되고 있다.

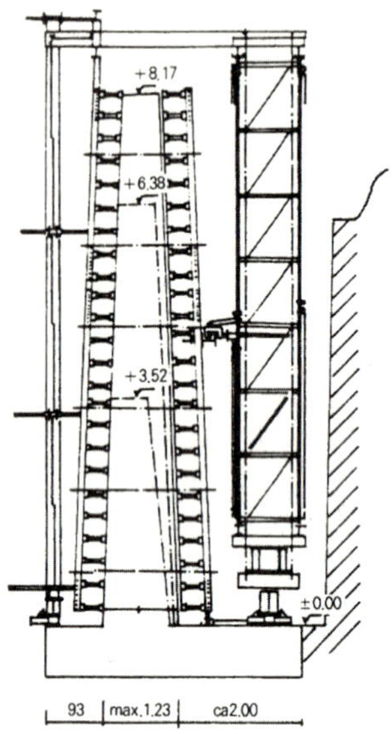

(a) 옹벽에 적용한 트래블링폼

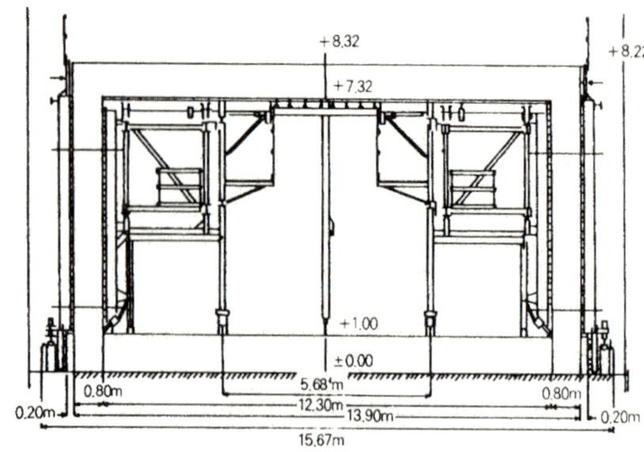

(b) 지하철에 적용한 트래블링폼

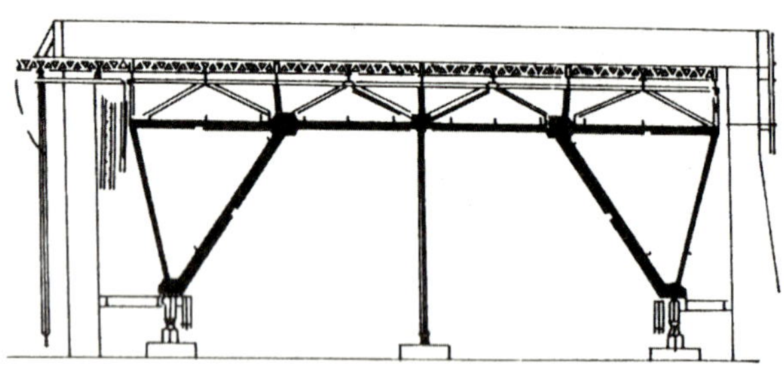

(c) 터널에 적용한 트래블링폼

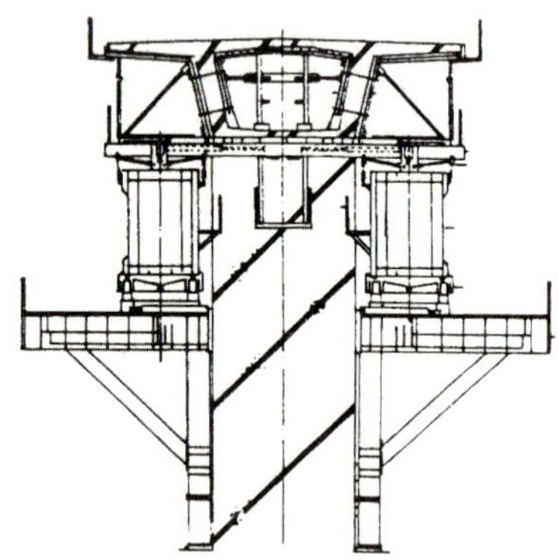

(d) 교량에 적용한 트래블링폼

그림 5-8 트래블링폼 개요도

2) 터널폼(Tunnel Form)

대형 형틀로서 슬래브와 벽체의 콘크리트 타설을 일체화하기 위한 것으로 한 구획 전체의 벽판과 바닥판을 'ㄱ'자형 또는 'ㄷ'자형으로 처리한 거푸집(Twin Shell, Mono Shell)

(5) 무지주(Non Support)공법

① 지주 없이 수평 지지보를 걸쳐 거푸집 지지

② 종류 : 보우 빔, 페코 빔

5.4 거푸집공사 시공계획

5.4.1 공사 흐름도

◎ 기준층 거푸집 작업 흐름도

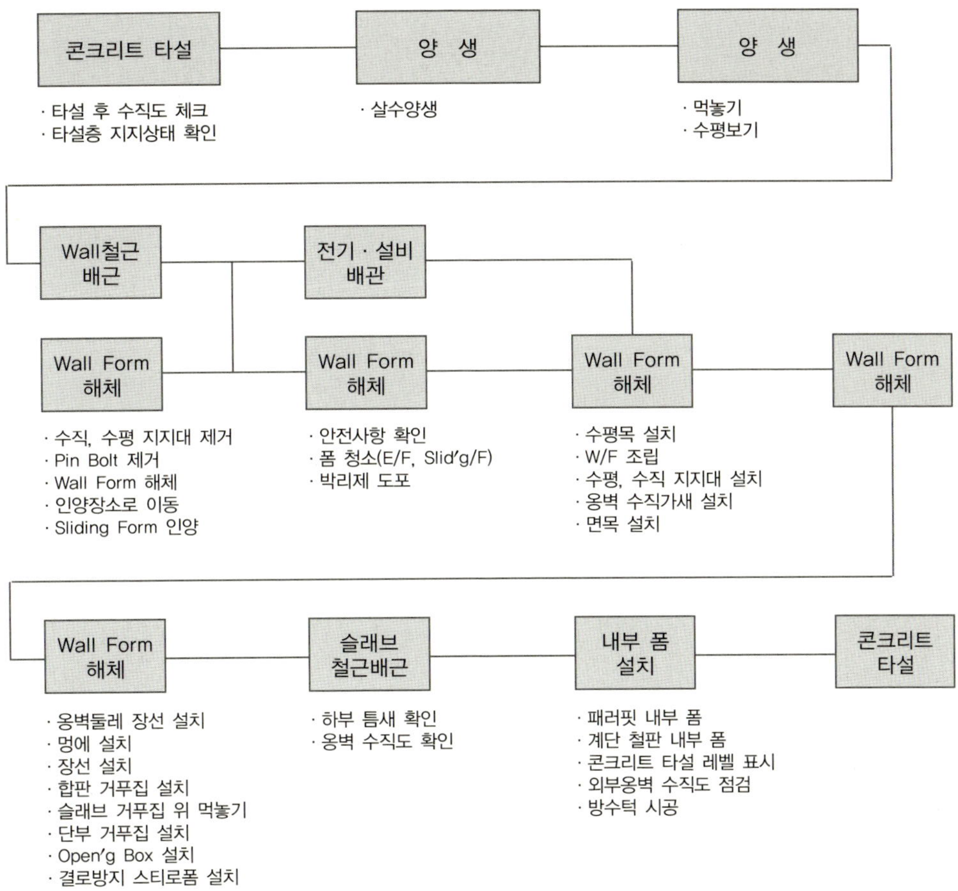

5.4.2 시공계획

(1) 거푸집 조립(아파트부분)

조립순서는 기초 옆판 거푸집 및 지중보의 거푸집을 조립한다.

① 설계도에 표시한 부재의 위치, 형상 및 치수가 정확하게 일치하도록 가공 · 조립한다.

② 거푸집은 시멘트 페이스트 또는 모르타르가 새지 않도록 긴밀히 조립한다.

③ 거푸집은 해체 시 콘크리트에 충격을 주거나 자재파손이 없도록 해체가 용이하게 조립한다.

④ 기초판 및 지중보의 철근과 기둥철근을 기초에 장착 후 콘크리트를 타설한다.

⑤ 기둥 거푸집의 한 면 세우기 및 철근배근한다.

⑥ 벽 거푸집의 한 면 및 철근배근 후 기둥 및 벽의 나머지 부분에 거푸집 조립한다.

⑦ 동바리는 수직으로 세우고 상·하층의 동바리는 가능한 한 같은 수직선 위에 세운 후 바닥판 거푸집을 조립한다.

⑧ 보 및 바닥판 철근을 배근한다.

⑨ 벽체 및 기둥 등 수직부재 거푸집의 하단에 청소구멍을 설치해야 하며 콘크리트를 부어 넣을 때 시멘트 페이스트가 유출되지 않도록 해야 한다.

⑩ 타설 부위는 공기압축기(Air Compressor)나 살수기 등을 이용해 이물질을 완전히 청소한 후 콘크리트를 타설한다.

⑪ 동바리, 장선, 멍에, 연결대, 가새, 쐐기, 철선, 볼트 및 턴버클 등을 충분히 사용하여 콘크리트 타설 시의 수평하중에 의한 도괴, 전도 및 뒤틀림의 유해한 변형을 방지한다.

⑫ 거푸집은 콘크리트 타설에 앞서 설계치수의 확인, 매입철물의 위치, 수량 및 받침기둥의 안정성 등에 대한 담당자의 검사

⑬ 스팬의 중앙부는 콘크리트 타설로 인한 처짐 등을 고려하여 그만한 솟음을 둔다.

⑭ 구조물의 처짐 및 누수하자가 많은 부위 시공은 일체로 시공한다.

- 현관 Stoop, 장애인 램프 : 지하층과 일체시공
- 캐노피 : 1층과 일체 시공
- 드라이 에리어 : 지하층과 일체시공
- 공동구 연결부위(L=1m) : 지하층과 일체시공
- 옥상 패러핏 및 방수턱 : 옥상 슬래브와 일체시공

⑮ 옹벽 마구리의 배부름이 발생하지 않도록 마구리 보강을 철저히 하여 정밀시공(옹벽 마구리 및 개구부 위치 수직 끝단 마구리에 철제 폼 제작 시공)한다.

⑯ 결로 방지용 스티로폼 매립은 맞댐이음 후 테이핑 처리하여 거푸집 해체 시 탈락되지 않게 한다(천장용은 5mm 스티로폼, 벽체는 10mm 단열모르타르 시공을 위해 유로폼(Euro Form)에 사전 Recess 시공).

⑰ 분합문 개구부 및 발코니 슬래브의 서포트 받침을 철저히 한다.

⑱ 외부에 면하는 돌출옹벽 및 측벽, 패러핏은 거푸집 조립 시 상하층 마구리 턱짐을 방지하고 수직을 철저히 시공한다.
⑲ 발코니 방수턱 끝선 및 옹벽 마구리의 면목, 수절목은 이음부위를 정교하게 처리하고 견교하게 고정한다.
⑳ 각종 매립물(선홈통 드레인, 앵커, 및 긴결철물)은 상하층 매립위치가 수직이 되게 정확하게 시공하며, 드레인 홈에 백업재를 삽입하여 콘크리트 채워짐을 방지한다.
㉑ 옹벽면의 창호, 배관 및 배관 박스, 각종 개구부의 거푸집 시공 시 콘크리트가 채워지도록 Air Poket 구멍을 뚫는다.
㉒ 외부 옹벽면의 개구부(주방 창, 외부에 면한 옹벽면의 침실 창, 계단실 창, E/V 환기창)는 개구부 작업치수에 따라 창호규격에 맞게 정밀시공한다.
㉓ 콘크리트 끊어치기 부위 발생 시 리브 라스(Rib Lath) 등의 거푸집을 사용하여 품질을 확보한다.
㉔ 외벽에 사용하는 긴결재는 누수를 예방하기 위해 D콘과 플랫 타이(Flat Tie)가 결합된 세퍼타이를 사용한다.
㉕ 외부에 면하는 창의 개구부 상단은 물끊기 홈(콤비) 면목 시공한다.
㉖ 슬래브 지지용 멍에 각재는 탈형 시 쉽게 파손되어 각재 대신 스틸목(외부를 철판으로 감싼 합성품)사용을 검토한다.
㉗ 지하구조물의 외부비계는 쌍줄비계로 설치한다.

(2) 거푸집검사

1) 먹검사

먹 놓기 작업이 정확히 되었는지 확인(각층 기준먹을 담당직원이 확인)한다.

2) 수직검사

① 내부 벽체는 내림추를 사용하여 수직검사
② 외부 벽체는 트랜싯(Transit)을 사용하여 상하층 벽이 일직선상에 있도록 수직검사
③ 콘크리트 타설 전 및 타설 직후 확인하여 이상이 발생 시 즉시 수정

3) 수평검사

① 레벨은 담당직원이 직접 형틀 책임자와 함께 슬래브를 매 층마다 확인

② 발코니, 창호 설치 부위, 외부 노출 부위의 수평은 철저히 확인

③ 슬래브 레벨검사는 철근배근 전 1회 실시하고 배근 후 재검사

4) 동바리검사

① 동바리의 상·하단부 고정상태, 수직도, 간격 및 가새나 연결대 보강여부를 검사

② 콘크리트 타설 전 및 타설 중 필히 안전과 처짐 방지를 위하여 동바리를 재확인

5) 기타검사

① 매설물 위치와 간격 확인(면목, 수절목, 앵커, 목심, 결로 및 단열 스티로폼 등)

② 거푸집의 견고성 확인(뒤틀림, 처짐, 이탈)

(3) 거푸집공사의 품질관리, 검사항목

1) 세우기 전 검사

① 거푸집의 세우기 전 위치를 표시하는 먹줄의 유무, 위치

② 가공된 형틀 부재의 길이, 형상

2) 콘크리트 타설 전 검사

① 형틀의 세우기전 위치, 정도

② 매립부분의 위치, 수량

③ 타 공사와의 관련사항

④ 지보공의 위치, 수량

⑤ 연결하는 물품의 위치, 수량

3) 콘크리트 타설 중 검사

① 콘크리트의 유출(누출)

② 형틀의 이동 변형

③ 지보공의 변형

④ 연결하는 물품의 변형

⑤ 기둥부위 등 다짐도 확인(나무망치 이용)

4) 콘크리트 타설 후의 검사

① 콘크리트의 유출

② 형틀의 이동 변형, 검사

③ 타설후 잔존 콘크리트 청소

5.4.3 거푸집 존치기간 및 해체

(1) 거푸집 존치기간

1) 부위별 거푸집 존치기간

부 위	기초, 기둥, 보 옆, 벽체	슬래브, 보 하부
콘크리트 압축강도	$50kgf/cm^2$	설계기준강도의 2/3 이상 ($f_{cu} \geq 2/3 f_{ck}$) (다만, $140kgf/cm^2$)

※ 콘크리트 압축강도시험에 따라 아래의 압축강도 이상

2) 시멘트 종류별 거푸집 존치기간

※ 콘크리트 압축강도를 시험하지 않을 경우 아래의 해당일 이상

시멘트의 종류 / 평균기온	조강포틀랜드 시멘트	보통포틀랜드시멘트 고로슬래그시멘트(특급) 포틀랜드 포졸란 시멘트(A종) 플라이애시시멘트(A종)	고로슬래그시멘트 포틀랜드 포졸란 시멘트(B종) 플라이애시시멘트(B종)
20℃ 이상	2일	4일	5일
20℃ 미만～10℃ 이상	3일	6일	8일

(2) 거푸집 해체

거푸집은 공사 추진상 또는 거푸집 사용회전율을 높이기 위하여 빨리 철거해야 하지만 거푸집 존치기간은 콘크리트 강도에 중대한 관계가 있으므로 시방서에 지정된 날짜는 엄수할 필요가 있다.

① 거푸집은 담당자의 승인을 받아 깨끗하게 해체해야 하며, 해체 시 콘크리트에 충격을 주지 않도록 한다.

② 거푸집을 해체한 직후 담당자의 검사를 받아 콘크리트의 불량한 부위는 보수한다.

③ 동바리를 해체한 후 균열 및 처짐에 대하여 주의를 기울이고 이상 발견 시에는 담당

자의 지시를 받아야 한다.

④ 해체한 거푸집은 면 청소를 깨끗이 한 후 박리제를 도포하여 규격별로 정리한다.

⑤ 거푸집 해체 시 반드시 수평목 및 고정용 콘크리트못, 갱폼 고정용 매립철근 등을 제거하여 후속작업 공정에 지장이 없도록 한다.

⑥ 매 층마다 거푸집 해체와 동시에 자재정리 및 슬래브 청소를 실시한다.

⑦ 필러(Filler)판 부위는 필러합판 및 동바리를 3벌 확보하여 3개 층 유지한다.(현장여건에 맞출 것)

⑧ 방수턱, 패러핏, 눈썹 면목 및 물끊기 홈 등 부재 단면이 적거나 복잡한 부위 콘크리트구조체에 균열이 발생되지 않게 해체한다.

⑨ 유로폼 해체 시 첫 패널은 반드시 전용해체 공구를 사용하여 자재파손을 방지한다.

5.4.4 거푸집 계획시 유의사항

① 거푸집 제작 전 도면 · 마감 관계의 선 검토가 중요

② 거푸집 가공계획은 최소한 2~3개월의 소요 시간이 필요

③ 시공계획의 확정은 기초콘크리트 타설 시점까지 완료

④ 타 현장의 거푸집 계획도면을 참고로 활용

⑤ 각 공종간의 협의 및 마감 검토 등 복합적인 구조체 도면의 작성 필요

⑥ 골조공사의 품질뿐만 아니라 마감공사 품질 및 작업의 편리성까지 검토

5.4.5 마감성 검토

(1) 설계변경 사항 검토

① 발주시점을 전후한 설계변경 사항 정리 및 적용여부 검토

② 최근 인테리어 경향 등을 파악하고 마감재의 변경 등에 대비(세대 내부 의장계획)

③ 전자제품 등의 대형화 및 빌트 인(Built-In)에 대한 검토 필요

(2) 시공 여유치수

① 각종 마감자재의 특성에 따른 시공 여유치수 검토

② 시공자의 기능도, 부재별 · 공법별로의 시공 여유치수 검토

③ 거푸집공사는 시공 여유치수의 과소와 일정한 품질관리 유지상태에 따라 평가 가능

(3) 마감도면 작성

① 부재와 부재가 만나는 부분에는 마감도면 작성

② 창호부위, 결로방지재 설치부위, 벽과 천장 및 반자돌림대, 외벽과 PL창호 및 보온틀 부위 등은 마감도면 작성에 유의

(4) 마감을 고려한 구조체 공사

노출콘크리트면과 미장마감 면이 접하는 부위 및 엘리베이터문틀 · 각종 방화문 주변 부위 등은 가능한 평면에서 이루어지도록 검토한다.

5.4.6 관련 공종간의 협의(아파트공사에서)

(1) 지하층

① 토목 Level 및 공동구 위치 · 규격(1,900×1,500 이상) 검토

② 위생 · 난방 횡주관 관통 개구부 위치 및 규격 검토

③ 전기 케이블 Tray 관통 개구부 위치 및 규격 검토

④ 오수 · 배수관 관통 슬리브 위치 검토

(2) 기준층

① 건축 평면도에 기계 · 전기도면이 중첩된 복합평면도 작성

② 벽 철근 배근도에 전기 박스 · 기계 슬리브 등을 표시한 복합입면도 작성

③ 엘리베이터 개구부는 전기도면에 여유폭을 감안하여 결정

④ PD · AD는 기계도면과 건축마감을 검토하여 결정

⑤ 양수기함, 계량기함, 소화전함, 분전함, 도시가스관, 선홈통 등과의 간섭 여부 검토

5.4.7 제작도면 작성

(1) 거푸집 제작도 작성

① 거푸집 배치도 작성 후 각 부재별 제작도를 작성하여 거푸집 생산

② 거푸집 제작도는 거푸집 제작공장에서 사용되는 도면

③ 제작도면에는 자재수량, 규격, 제작방법 등이 표시

④ 거푸집 공장 제작도면을 거푸집 배치도와 같이 검토

(2) 거푸집 배치도 및 제작도면 검토방법

① 배치도는 제작도면과 함께 검토

② 기본적인 치수 및 기본구조는 반드시 확인

③ 주요부분은 확대도면 · 입체도면 등의 추가 검토

④ 회의 및 협의사항은 기록정리

⑤ 검토된 거푸집 도면은 별도 보관관리 후 다음 현장에서 수정 반영하여 활용

5.4.8 거푸집공사 견본시공

(1) 견본시공의 중요성

① 거푸집 계획과 실제 시공과의 차이 발생

② 중간 공장관리일 등 공정관리 문제로 수정사항 반영 곤란

③ 최소 20~30일 정도의 수정기간이 필요하므로 공사 추진이 유리한 1개동을 선정하여 집중관리

(2) 견본시공방법

① 거푸집공사 견본동은 선행공사(파일 · 기초 · 지하층공사)가 빨리 진행될 수 있도록 협의

② 거푸집 계획도 및 제작도면 승인, 거푸집 반입 및 조립 시행

③ 견본시공 시 발생된 문제에 대한 검토

④ 거푸집 해체 후 도출되는 문제점에 대한 검토과정이 중요

5.5 거푸집 종류

5.5.1 유로폼(Euro Form)

(1) 개요

가장 초보적인 단계의 시스템 거푸집이며 모듈식 거푸집(Modular Form)으로 건물의 평면형상이 규격화되어 표준타입의 거푸집을 변형시키지 않고 조립함으로써 현장 제작에 소요되는 인력을 줄여 생산성을 향상시키고 자재의 전용 횟수를 증대시키는 것을 목적으로 개발된 것이다.

이 시스템은 아파트를 비롯한 철근콘크리트구조물 공사 전반에 폭넓게 서용되는데, 활용도가 높은 반면에 재래식 공법의 범주를 크게 벗어나지는 못한다. 패널폼은 크게 나누어 벽체용, 기둥용, 바닥용으로 구분할 수 있는데 종래에는 벽체용, 기둥용, 바닥용 등을 모두 사용하였으나 기본 패널의 모듈이 600×1,200mm로 작게 제작되어 있어 바닥에는 거의 사용하지 않고 벽체와 기둥에 많이 사용하고 있다. 거푸집 패널의 두께는 70mm와 63.5mm 두 가지가 있고, 70mm 패널은 근래에 거의 사용하지 않고 있다.

거푸집의 구성개념은 철재 장선과 라미네이트 코팅합판으로 제작된 거푸집 패널을 벽에서는 비계용 파이프로, 바닥에서는 드롭헤드(Drop Head)와 빔(Beam)을 보강재로 사용하여 지지하는데, 드롭헤드를 이용한 바닥거푸집 시스템은 거푸집 조기탈형 방식으로서 슬래브 콘크리트를 친 후 양생한 다음 지주(Supporting Prop)는 그대로 두고 드롭헤드의 쐐기를 빼면 슬래브 거푸집을 받치고 있는 유로폼만 아래로 떨어지면서 슬래브 거푸집이 해체되는 방식인데, 매트리폼 시스템(Metriform System)이라고도 한다. 이 방식은 거푸집 해체 후에도 지주가 슬래브를 받치고 있기 때문에 지주의 바꾸어 세우기(Reshoring) 작업이 필요 없고 거푸집도 절약할 수 있다.

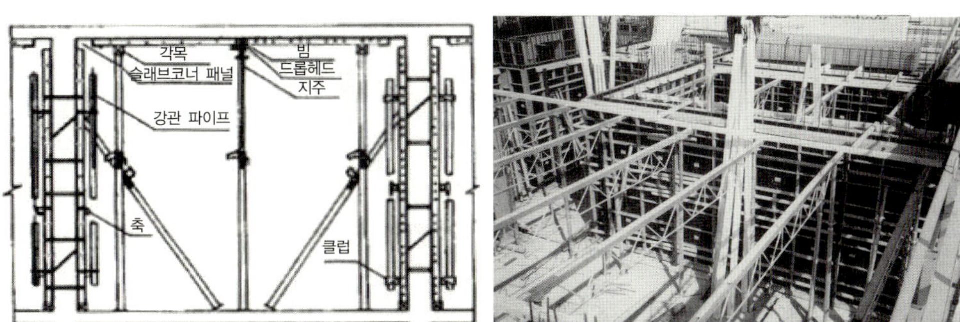

사진 5-9 유로폼 개요도 및 설치(벽체)

(2) 특성

1) 제작방법

공장에서 제작하여 일정 횟수 사용 후 합판교체 및 프레임 교정 등 보수작업은 현장에서도 가능하다.

2) 경제적 전용횟수

최초 구매 후 약 60회 정도 사용이 가능하나 15회 정도 사용한 후에는 합판교체, 프레임 교정 및 도장을 해야 한다. 또한 신품 구매하여 10회 이상만 합판 교체 없이 사용하면 일반 합판거푸집 3회용보다 거푸집 손료가 낮아지는데, 국내의 경우 아파트의 층수는 대부분 15층 내외이고 공사 도중 합판교체를 거의 하지 않는 것을 보면 아파트공사에는 매우 경제적인 거푸집공법이라 할 수 있다.

3) 장 · 단점

① 장점

㉠ 일반 합판거푸집에 비하여 시공성의 정밀도가 높다.
㉡ 타 거푸집 시스템과의 조합이 쉽다.
㉢ 장비가 불필요하다.
㉣ 초기 투자비가 적고 거푸집 손료가 저렴하므로 경제적이다.
㉤ 아파트, 사무실 등 거의 모든 구조물에 적용 가능하다.

② 단점

㉠ 부재의 크기가 작고 해체, 조립을 반복하므로 인력소모가 많다.
㉡ 부재조립, 해체, 운반을 인력에 의존하므로 시공속도가 늦고 인력수급 상황에 민감하다.
㉢ 곡면시공이 어렵다.
㉣ 거푸집 이음부위가 많아 시멘트페이스트의 누출이 많고, 이음부위 면처리 비용이 많이 든다.
㉤ 높은 측압에는 약하다.
㉥ 시공품질이 작업자의 기능도와 작업 성실도에 크게 좌우된다.

5.5.2 갱폼(Gang Form)

(1) 용어의 정의

① "갱폼"이라 함은 주로 고층아파트에서와 같이 평면상 상·하부 동일 단면 구조물에서 외부벽체 거푸집과 거푸집 설치·해체 작업 및 미장·견출 작업발판용 케이지를 일체로 제작하여 사용하는 대형 거푸집을 말한다.

② "케이지(Cage)"라 함은 갱폼에서 외부벽체 거푸집 부분을 제외한 부분으로 거푸집 설치·해체작업, 후속 미장, 치장(견출) 등 작업을 안전하게 수행하는 데 필요한 작업발판, 안전난간 등으로 구성되어 갱폼 거푸집에 결합된 부분을 말한다.

③ "상부 케이지"라 함은 갱폼 케이지의 4단 작업발판 중 거푸집 설치·해체 작업용으로 사용되는 상부 2단 작업발판 구성부분을 말한다.

④ "하부 케이지"라 함은 미장·치장(견출) 작업용으로 사용되는 하부2단 작업발판 구성부분을 말한다.

(2) 갱폼의 조립 및 점검

1) 갱폼 조립

① 스틸 패널(Steel Panel)이 현장 반입되면 도장된 상태에서 외관상 휨이나 변형이 없는지 검수하여 설계도서에 맞게 조립하며, 이때 허용오차는 ±2m/m 이내로 한다.

② 스틸 패널을 조립할 때 외부 프레임의 굴곡을 방지하기 위하여 C-Clamp 또는 쐐기를 사용하여 완성시킨 후 조립한다.

③ 평판구조 제작 후 폼타이 볼트(Form Tie bolt) 고정용 수직 C-Channel은 @600m/m 간격 두 줄로 용접하며, 이때 두 줄 간격은 40m/m를 유지하여 완전 밀착하여 직선이 되도록 용접 고정한다.

④ 폼 상부에는 리프팅 바(Lifting Bar)를 부착하여 인양할 수 있게 하며, 이때 Bar는 ϕ22m/m 환봉으로 사용한다.

⑤ 폼의 폭이 6m 이상이면 폼의 상부에 100×50×5×7×2.3(t) 띠장(Wale)을 부착하여 폼의 휨을 방지한다.

⑥ 크레인 훅(Crane Hook)의 조립용 볼트는 ϕ16m/m×150mm(L)의 H.T 볼트를 사용한다.

⑦ 작업발판은 미끄럽지 않은 가설재를 사용하여 U볼트나 철선으로 고정하고 발판높이를 8.5m로 저판의 간격은 1,850~2,100m/m로 4등분하여 발판을 고정 설치한다.

⑧ 작업발판은 폼에 고정된 Soldier에 볼트로 조립하여 조립해체 이동보관이 용이하도록 해야 한다.

⑨ 핸드레일(Hand Rail)은 상하부 6칸으로 나누어 각 파이프 40×40m/m를 Frame에 용접 고정시킨다.

⑩ 상측 벽 작업발판에는 사다리를 제작하여 상하로 이동이 용이하게 된다.

2) 점검

① 갱폼 운반 중 변형은 없고 품질이 양호한가.

② 바닥조립 시 Plate와 Plate Joint의 턱은 발생하지 않았는가.

③ 케이지 설치 시 도면간격은 유지하였는가.

④ 케이지 설치 시 볼트 및 너트의 조임상태가 양호한가.

⑤ 모든 부재의 수평, 수직은 양호한가.

⑥ 발판의 연결상태는 양호한가.

⑦ 안전발판이 흔들림은 없는가.

⑧ 띠장(Wale) 설치 시 위치는 정확한가.

⑨ 턴버클의 위치 및 용접상태, 가공상태는 양호한가.

⑩ 인양고리 설치상태는 양호한가.

⑪ 발코니에서 작업자 출입발판 공간을 확보하였는가.

⑫ 현장 절단작업 시 산소용접기 사용금지 규칙을 준수하는가.

⑬ 작업자의 안전장구 착용 및 안전수칙은 준수하는가.

(3) 갱폼제작 시의 안전설비 기준

1) 인양고리(Lifting Bar)

① 갱폼 인양고리는 갱폼의 전 하중을 안전하게 인양할 수 있는 안전율 5 이상의 부재를 사용하여 인양 시 갱폼에 변형을 주지 않는 구조로 해야 한다.

② 냉간 압연의 ϕ22mm 환봉(Round Steel Bar)을 U-벤딩(Bending)하여 거푸집 수평재(C-Channel) 뒷면에 용접 고정한다. 환봉 벤딩 시의 최소반경(R)은 1,500mm 이상으로 한다.

③ 갱폼의 길이 및 하중에 따른 인양고리의 수량과 길이를 예시하면 표 5-2 및 그림 5-9와 같다.

표 5-2 인양고리의 수량 및 길이

거푸집의 길이(m)	인양고리 수량(개)	인양고리의 길이(전 길이, cm)
1.5 이하	2	70
1.5 ~ 6	2	150
6 이상	2	200

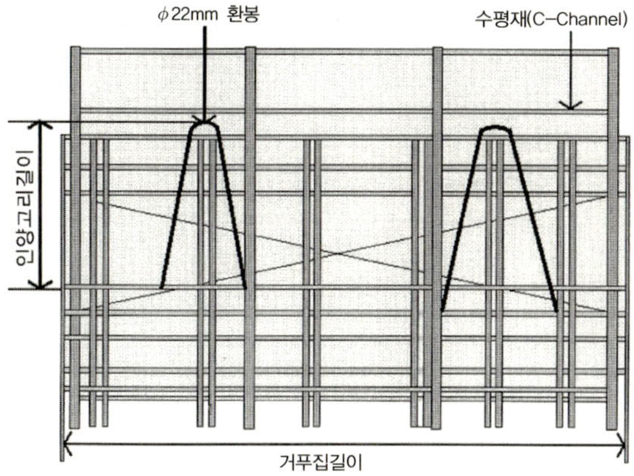

그림 5-9 갱폼 인양고리 설치 예

2) 안전난간

갱폼에서 작업용 발판이 설치되는 지점(위치)의 상부 케이지 외측과 하부 케이지 내 · 외측에는 발판 바닥면으로부터 각각 45~60cm 높이에 중간난간대, 90~120cm 높이에 상부난간대를 바닥면과 평행으로 설치해야 한다. 다만, 근로자의 작업발판 연결통로로 사용되는 하부 케이지 내측 부분에는 안전난간을 설치하지 않는다.

3) 추락방호대

상부 케이지 외측 수직재(각파이프)는 거푸집 상단 높이보다 1.2m 이상 높게 설치하고 그 상단과 중앙에 안전난간대를 2줄로 설치하여 슬래브 상부, 단부 작업자의 갱폼 외부로의 추락 및 낙하물을 방호한다.

4) 갱폼 케이지 간의 간격

갱폼 거푸집과 거푸집을 연결 · 조립하는 결속 브래킷(Joint Bracket)부분의 케이지 수직재 및 발판재 간의 간격은 갱폼 인양 시 케이지 간의 충돌을 방지하는 데 필요한 최소한의 간격 20cm를 초과하지 않도록 제작 · 설치하여 근로자의 브래킷 결속작업 또는 작업발판 이동 시 추락을 방호해야 한다.

5) 케이지 코너 마무리

갱폼 거푸집과 거푸집이 90°로 만나는 건물 코너부 케이지는 케이지 및 작업발판 간격을 유지할 수 있도록 그림 5-10 예시도와 같이 케이지 및 작업발판의 외측부재를 내측보다 45° 각도로 길게 제작하여 사다리꼴로 코너 마무리를 해야 한다.

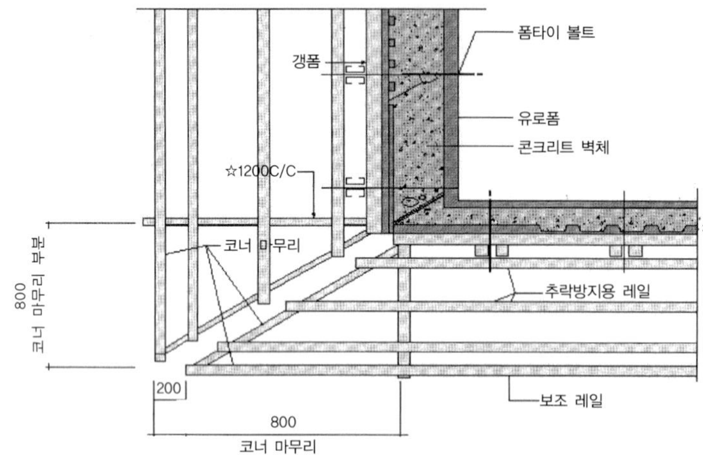

그림 5-10 코너 마무리 예시

6) 작업발판의 설치

① 케이지 내부 작업발판 중 상부 3단은 50cm 폭으로, 하부 1단은 60cm 폭으로 케이지 중앙부에 설치하되, 발판 띠장재 각파이프를 발판의(폭) 양단에 2줄 또는 3줄로 케이지 가로재에 용접 고정하여 케이지 내에서 작업발판 양쪽의 틈이 10cm 이내가 되도록 한다.

② 발판재로는 유공 아연도 강판 또는 익스텐디드 메탈(Extended Metal)을 발판폭에 맞추어 발판 띠장재에 조립 · 용접한다.

③ 작업발판 내 · 외측 단부에는 자재, 공구 등의 낙하를 방지하기 위하여 높이 10cm 이상의 발 끝막이판을 설치한다. 단, 작업발판 외부에 수직보호망을 설치하는 등 예방조치를 한 경우에는 제외한다.

7) 작업발판 연결통로

갱폼에는 근로자가 안전하게 구조물 내부에서 작업발판으로 출입 · 이동할 수 있도록 작업발판의 연결, 이동통로를 설치해야 한다.

① 갱폼을 측벽에만 설치하는 경우

- 갱폼을 건물의 측벽에만 설치하는 경우에는 평면상과 구조적으로 건물의 전·후면 발코니 측에서 측벽 갱폼의 작업발판으로 안전하게 이동할 수 있는 연결통로를 설치하기가 어려우므로, 그림 5-11과 같이 근로자가 슬래브 콘크리트 최근 타설층에서 작업발판으로 이동할 수 있는 수직형 승강사다리를 갱폼 내측에 견고하게 설치하고, 사다리가 위치하는 작업발판부분은 경첩을 이용하여 여닫이문(뚜껑)을 설치해야 한다.
- 동일 갱폼 내에서 승강사다리의 위치는 작업발판의 각 단에서 서로 엇갈리게 설치하고 갱폼의 양측 면에는 안전난간과 안전망을 설치하여 폐쇄한다.

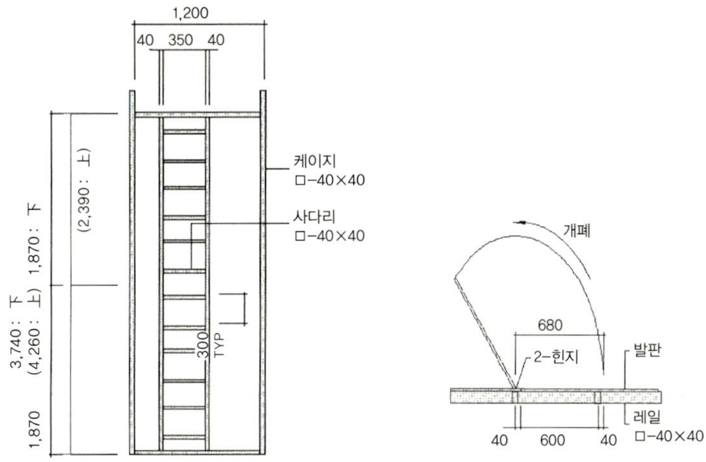

그림 5-11 갱폼 내부 수직사다리와 여닫이문 설치 예

② 갱폼을 측벽과 전·후면에 모두 설치하는 경우

- 측벽 갱폼의 작업발판과 전·후면 갱폼의 작업발판의 같은 높이가 되도록 설계·제작하여 전체 또는 일정 구간의 작업발판이 연결통로가 되도록 해야 한다.
- 필요에 따라 구조물 내부에 1~2개소를 작업발판 연결통로로 지정하고 그 위치에는 작업자가 슬래브 바닥에서 안전하게 갱폼의 작업발판으로 출입할 수 있는 일정 높이의 이동식 계단을 제작·설치해야 한다.
- 구조물 평면상의 형태에 요철이 있는 경우에는 작업발판 연결, 이동통로 확보를 위하여 작업발판을 40cm 이상 넓게 설치하거나 겹쳐서 설치해야 한다.
- 갱폼 작업발판을 관통하여 콘크리트 압송관을 설치하는 경우에는 근로자가 작업발판에서 이동 시 추락재해가 발생하지 않도록 작업발판 내측(구조물 측) 일부만 때내어 콘크리트 압송관을 설치한다.

(4) 갱폼 사용 시의 작업안전

1) 갱폼 설치 · 해체작업

① 갱폼 작업안전 일반사항

- 갱폼 설치 · 해체작업은 사전작업방법, 작업순서, 점검항목, 점검기준 등에 관한 안전작업계획을 수립하고, 작업 시 관리감독자를 지정하여 전 작업과정을 지휘 · 감독하도록 해야 한다.
- 작업 전 해당 근로자에게 안전작업계획의 내용을 주지시키고 특별안전교육을 실시해야 한다.
- 갱폼 작업에는 가능한 경험이 많은 숙련공을 고정 투입해야 한다.
- 갱폼 작업자는 지정된 설비를 갖춘 작업발판 연결통로를 이용하여 갱폼 내부로 출입해야 한다.
- 갱폼 작업자는 갱폼 및 작업발판에 충격을 가하지 않도록 주의해야 한다. 발판 위에서 뛰거나 빨리 걸어서는 안 되며, 슬래브 또는 승강사다리에서 발판으로 뛰어내려서도 안 된다.

② 갱폼 설치작업

- 폼타이 볼트는 내부 유로폼과의 간격을 유지할 수 있도록 정확하게 설치해야 한다. 폼타이 볼트는 정해진 규격의 것을 사용하고 볼트의 길이가 갱폼 거푸집 밖으로 10cm 이상 튀어나오지 않는 것으로 소요 수량 전량을 확인 · 긴결해야 한다.
- 설치 후 거푸집 설치상태의 견고성과 뒤틀림 및 변형여부, 부속철물의 위치와 간격, 접합 정도와 용접부의 이상유무를 확인해야 한다.
- 갱폼 인양 시 충돌한 부분은 반드시 용접부위 등을 확인 · 점검하고 수리 · 보강해야 한다.
- 갱폼이 미끄러질 우려가 있는 경우에는 안쪽 콘크리트 슬래브에 고정용 앵커(타설 시 매입)를 설치하여 와이어로프로 2개소 이상 고정해야 한다.
- 피로 하중으로 인한 갱폼의 낙하를 방지하기 위하여 하부 앵커볼트는 5개층 사용시마다 점검하여 상태에 따라 교체해야 한다.
- 그림 5-12와 같이 건설용 리프트 운행구간 상부에 설치된 갱폼의 하부 케이지가 리프트의 마스트에 접촉되어 접촉구간에 갱폼 하부 케이지를 설치하지 않을 경우에는 리프트 설치위치의 좌 · 우측 작업자 이동통로 단부에 안전난간을 설치하고, 또한 슬래브 거푸집 해체 시 낙하 · 비래예방을 위하여 상부 케이지 내측 수직부재

와 결속하여 수직으로 가설 기자재 성능검정규격 승인제품의 수직보호망을 설치한다.

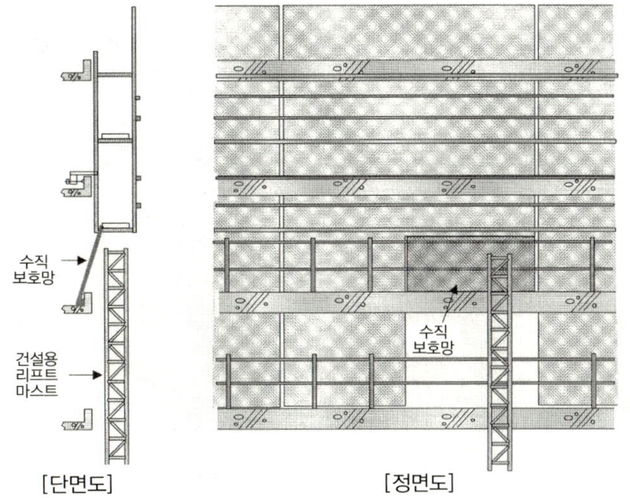

그림 5-12 건설용 리프트 운행구간 상부에 설치된 갱폼 안전시설

③ 갱폼 해체 · 인양작업

- 갱폼 해체작업은 콘크리트 타설 후 충분한 양생기간이 지난 후 행해야 한다.
- 동별, 부위별, 부재별 해체순서를 정하고 해체된 갱폼 자재 적치계획을 수립해야 한다.
- 해체 · 인양장비(타워크레인 또는 데릭과 체인블록)를 점검하고 작업자를 배치한다.
- 갱폼 해체작업은 갱폼을 인양장비에 매단 상태에서 실시해야 하고, 하부 앵커볼트 부위에 "해체작업 전 인양장비에 결속확인" 등 안전표지판을 부착하여 관리한다.
- 해체작업 중인 갱폼에는 "해체중"임을 표시하는 표지판을 게시하고 하부에 출입금지구역을 설정하여 작업자의 접근을 금지토록 감시자를 배치한다.
- 갱폼 인양작업은 폼타이 볼트해체 등 해체작업 완료상태와 해체작업자 철수여부를 확인한 후 실시한다.(갱폼 인양 시 케이지에 작업자의 탑승은 절대금지)
- 타워크레인으로 갱폼을 인양하는 경우 보조로프를 사용하여 갱폼의 출렁임을 최소화 한다.
- 데릭(Derrick)으로 갱폼을 인양하는 경우
  - 작업 전 체인블록(Chain Block) 훅 해지장치 및 체인(Chain) 상태를 반드시 점검한다.

– 데릭 2개를 이용하여 인양 시 갱폼 좌·우 수평이 맞도록 출렁임이 최소가 되도록 서서히 인양한다.
– 데릭 후면에는 ϕ9mm 이상 와이어로프와 턴버클(Turn Buckle)을 사용하여 로프를 팽팽하게 당긴 상태에서 인양한다.
– 와이어로프 고정용 앵커는 콘크리트구조물에 매입하여 견고하게 고정시킨다.
– 데릭은 정확히 수직상태로 세우고 슬리브(Sleeve) 주위를 고임목으로 단단히 고정한다.(안전성이 확인되지 않은 삼발이 등을 갱폼 인양에 사용해서는 안 된다.)

• 갱폼 인양작업 후 슬래브 단부가 개방된 상태로 방치되지 않도록 사전에 슬래브 단부에 안전난간을 설치한 후 갱폼을 인양한다.
• 작업발판의 잔재물은 발생 즉시 제거한다.

2) 미장 · 견출 기타작업

① 미장 · 견출작업

갱폼의 설치 · 해체 · 인양의 제반작업은 콘크리트 타설을 위한 거푸집 작업공정이므로 하부 케이지에서의 미장 · 견출 등 작업은 상부에서의 거푸집 설치 · 해체작업 공정에 맞추어 해당부분의 미장 · 견출 등 작업을 마무리해야 한다. 기타 케이지 내에서의 작업안전사항은 갱폼 설치 · 해체작업에 준한다.

② 발코니 안전난간 설치 등 작업

미장 · 치장(견출) 외에도 구조물 각 층 슬래브 단부에서의 낮은 발코니부 안전난간 설치 등 구조물 외벽측 작업을 갱폼이 설치되어 있는 기간에 완료할 수 있도록 작업계획을 조정하면 별도의 가설 작업발판, 안전난간 등의 설치비용을 절감할 수 있는 경제적 효과가 있다.

(5) 갱폼 단면과 구성부재

1) 갱폼 구성부재의 규격표준

갱폼 구성부재의 규격표준은 제작사의 특성 및 기술을 고려해야 하며 갱폼을 구성하는 부위별 부재의 규격을 특정 품목으로 제한하고자 하는 것은 아니다. 다만, 지금까지 사용하는 과정에서 안전성이 점검된 갱폼 구성부재의 규격표준을 참고로 제시하면 다음과 같다.

표 5-3 갱폼 구성부재의 규격표준(단위 : mm)

구 분		규 격	비 고
거푸집	측벽용 Rib철판	2.0t Rib 철판	KS D3503-SS41
		(D16-50mm 볼트조립)	Hot rolled
	평철판	3.2t 평철판	KS D 3503-SS41
	수평(띠장)재	(용접 · 볼트 접합)	Hot rolled
	상단	ϕ114.6mm×4.5t Steel Pipe	KS D 3566-SS41
		2C Channel 100×50×5×7t	KS D 3530-SS41
	중간	C-Channel 75×45×15×2.3t	KS D 3530-SS41
	하단	2C Channel 75×45×15×2.3t	KS D 3530-SS41
	수직(멍에)재	2C Channel 75×45×15×2.3t	KS D 3530-SS41
			KS D 3561-SS41
	인양고리	ϕ22mm 환봉(Round bar)	Cold drawn
케이지 (Cage)	수직재	40×40×2.0t ~ 2.3t 각파이프	KS D 3568-SS41
	가로재	40×40×1.4t ~ 1.6t 각파이프	KS D 3568-SS41
	수평재	40×40×1.6t 각파이프	KS D 3568-SS41
	안전난간재	40×20×1.6t 각파이프	KS D 3568-SS41
		Extended metal	
	작업발판	SG-362, SS-342 Type	KS D 3601
		40×40×1.6t 각파이프	KS D 3568-SS41
	발판띠장	40×20×1.6y 각파이프	KS D 3568-SS41

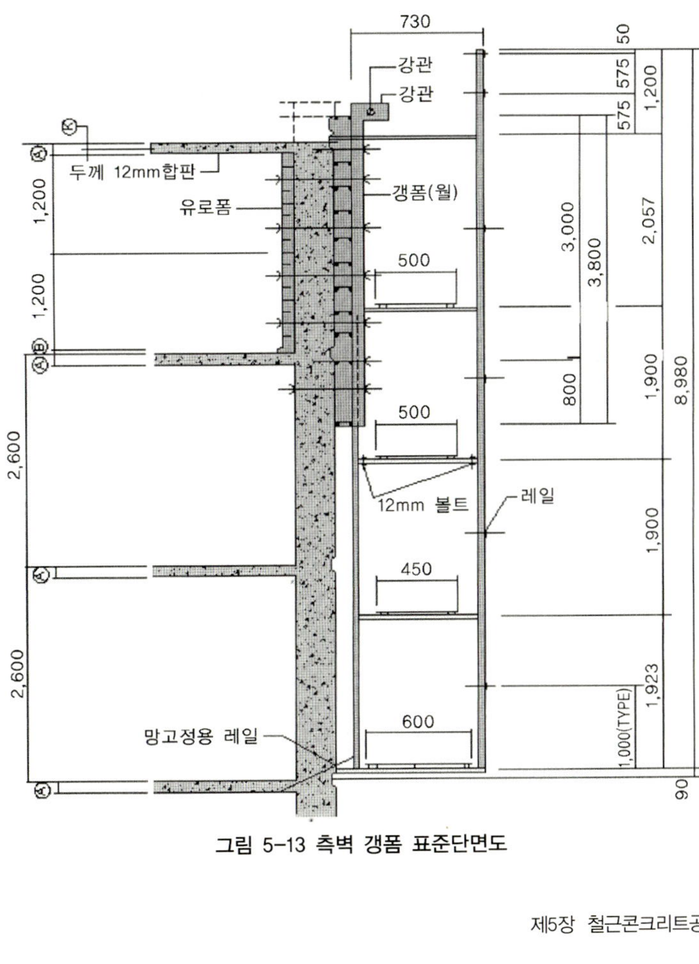

그림 5-13 측벽 갱폼 표준단면도

5.5.3 Auto Climbing System(Core)

(1) 개요

유압식 인양장치를 이용하여 대형 벽거푸집을 셀프 클라이밍(Self Climbing)하는 공법이다.

(2) 대표적인 공법(Bracket + Mask Type : 예, DOKA(SKE)/PERI(ACS) Form)

① 마스트만 잭킹하여 새로 타설된 콘크리트 표면에 설치한 브래킷에 고정시킨 후, 시스템 폼이 마스트로 타고 상승하는 방식

② 1유닛에 2개의 마스트가 필요하며 마스트마다 잭이 설치된다.

(3) 작업 흐름

1 일 차	2 일 차	3 일 차	4 일 치
벽 철근배근	폼 탈형 및 클라이밍	Form Setting	콘크리트 타설
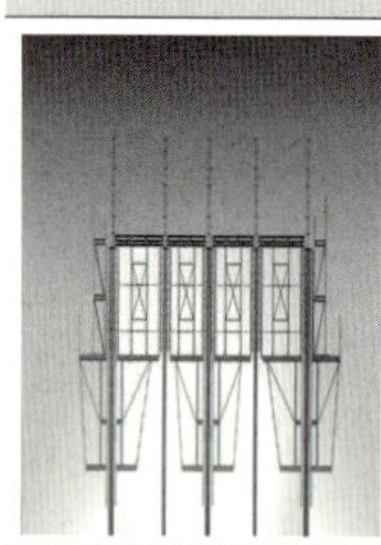	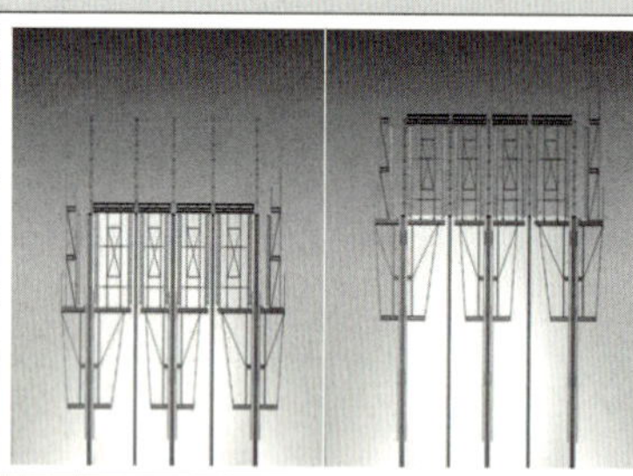	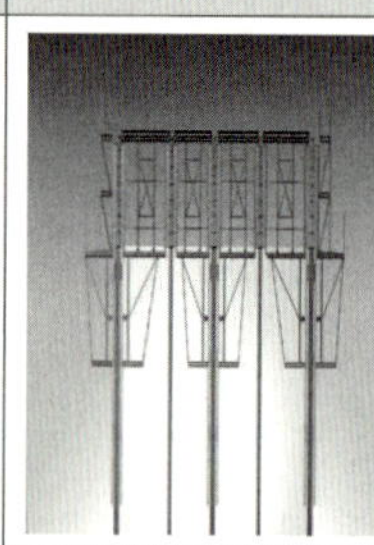	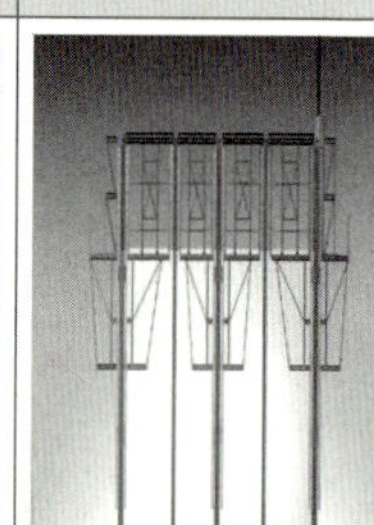

(4) 셀프 클라이밍 시스템(Self Climbing System)

구분	ACS 50/100(PERI)	SKE 50/100(DOKA)
단면형태	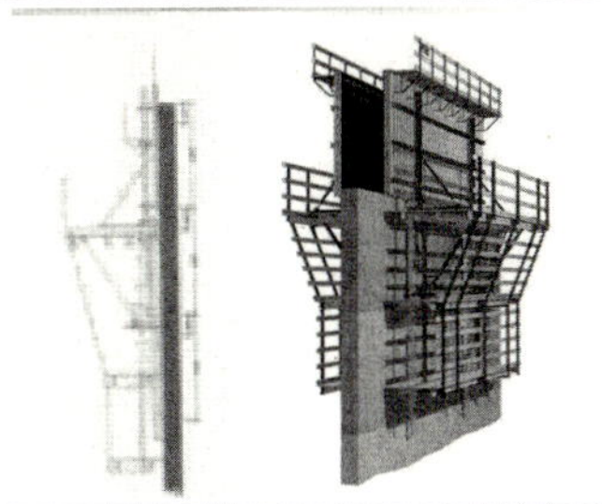	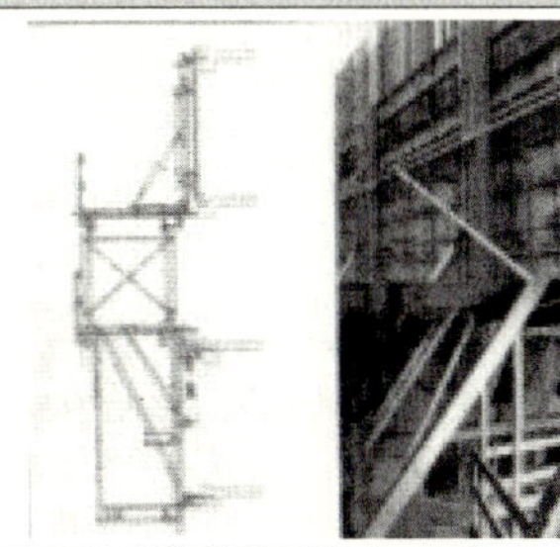
조닝방식	부분방식(30m 정도)	전체 조닝방식
앵커 위치	타설 층 1개층 아래	타설 층 1개층 또는 2개층 아래
인양 시 앵커 층 콘크리트 강도	10N/mm^2 이상	10N/mm^2 이상
클라이밍방식 및 속도	유압기 1대로 8개 실린더 작동 한 번에 300mm씩 상승/구분하여 상승 120m 기준 전체 3시간	유압기 1대로 24개 실린더 작동 한 번에 80mm씩 상승/가급적 전체상승 120m 기준 전체 2시간
허용풍속	35m/sec	35m/sec
적용가능 부위 (최소치수)	기둥 또는 250mm 이상 옹벽	기둥 또는 250mm 이상 옹벽, 외곽 보 (200×250 이상)

(5) 레일 클라이밍 시스템(Rail Climbing System)

구분	SKE 50-유압기 제거 (Rail Formwork System)	(Rail Scaffold System)
단면형태	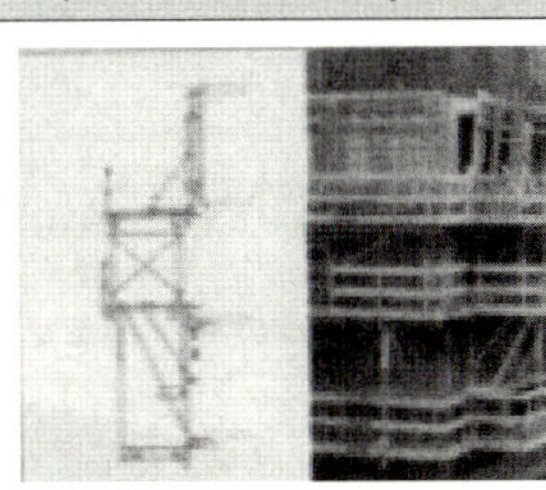	
조닝방식	폭 13m 정도	폭 10m 이내
앵커위치	타설 층 1개층 또는 2개층 아래	타설 층 1개층 아래
클라이밍방식 및 속도	T/C 사용 유닛당 20분	T/C 사용 유닛당 20분
허용풍속	35m/sec	35m/sec
적용가능 부위 (최소치수)	기둥 또는 250mm 이상 옹벽, 외곽 보 (200×250 이상)	기둥, 옹벽, 외곽 보 (150×220 이상)

(6) 코어월(Core Wall) 선행공법 거푸집 비교표

구분	ACS폼 (Auto Climbing Form)	알루미늄 거푸집	슬림폼(Slip Form)
공법 설명	• 벽체거푸집을 자동승강장치를 이용하여 타워크레인 지원 없이 거푸집 자체를 인양시키는 공법 • 폼타이 제거 후 Wall Panel 탈형 및 후퇴하고 Hydraulic System에 의한 1개층 단위 인양 • 층당 골조공기 4일 공정	• 갱폼형태로 제작, 타워크레인을 이용하여 양중시키는 공법 • Maual 작업 시스템	• 유압잭에 의한 연속인양, 연속 철근배근 및 콘크리트 타설하는 공법
장점	• 대형 폼 사용으로 인한 골조품질 향상 및 공기단축 : 수직도 관리 용이 및 층당 4일 사이클 가능 • 설계상의 변화(단면 및 평면) 치수 시공 편리 • 개구부 처리, 매입물 시공성 양호 • 고층작업 시 강한 풍속에 견딜 수 있는 높은 안전성 • 고층작업 시 안정된 작업발판으로 인한 추락 및 낙하방지에 대한 안전성 확보 • 기계화(Self Climbing) 시공으로 골조인원 감소	• 층당 골조공기 5일 공정 • 가격이 저렴함 • 바닥 및 벽체 동시 타설	• 층당 골조공기 3일 공정 • 1회 30cm 이하로 콘크리트의 타설높이가 제한되므로 다짐작업의 정밀성 확보 • 시공 정도가 우수하며 이음 JOINT가 발생되지 않음 • Tie Hole 충진 불필요
단점	• 초기 투자비 높음 – 고층화에 따른 자재 전용횟수가 증가되어야 경제적임 • 시스템을 적용할 수 있는 사전 평면계획 필요 • Tie Hole 충진 필요 • 시스템 운영을 위한 전문인력 필요	• 타워크레인에 의한 양중으로 양중부하 증가 • 일기변화에 대처 어려움 – 기상악화 시 양중의 어려움 – 열전도율 높은 알루미늄 거푸집 사용으로 혹서기 공사 시 문제점 발생 우려 • 시공실적이 미약 • Tie Hole 충진 필요	• 연속작업에 의한 공사관리 문제 – 레미콘 공급, 민원, 작업인원의 2~3교대 운영, 좁은 공간에 여러 공정 작업 간섭 • 연속공법 기준으로 초기 거푸집 설치 후 설계상의 변화 및 시공상의 돌발상황에 대처 곤란 • 시공실적이 미약 • 코어월(Core Wall) 골조공사(거푸집, 철근, 콘크리트) 저체를 일식 하도급함
국내 시공 사례	• 도곡동 대림 아크로빌 • 삼성 타워팰리스-1,2,3 • 목동 하이페리온	• 코오롱 트리폴리스	• 삼성 타워팰리스-1

(7) A.C.S 구성

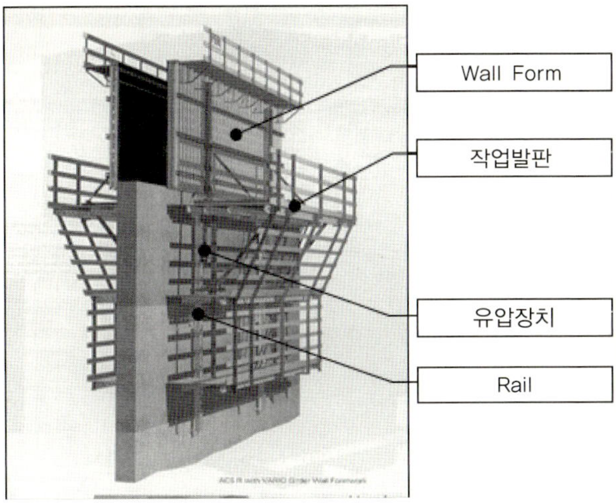

A.C.S 구성도

OOO동 ACS 설치 전경

(8) ACS 거푸집

① 콘크리트 타설

② 벽 철근배근

③ Halfen Box, Embedded Plate, Pen Box, 전기/설비 매입물 설치

④ Form 탈형

⑤ 물받이(Shoe) 설치

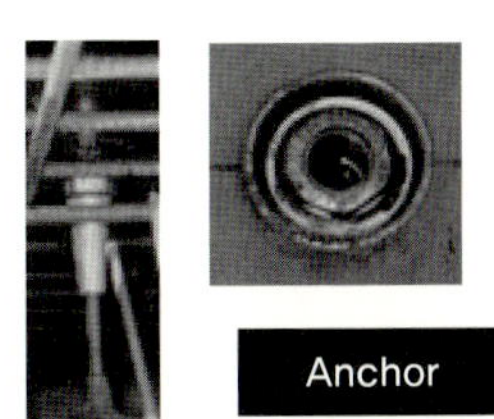

* Shoe : Anchor와 Rail을 연결하는 철물

⑥ Rail Climbing

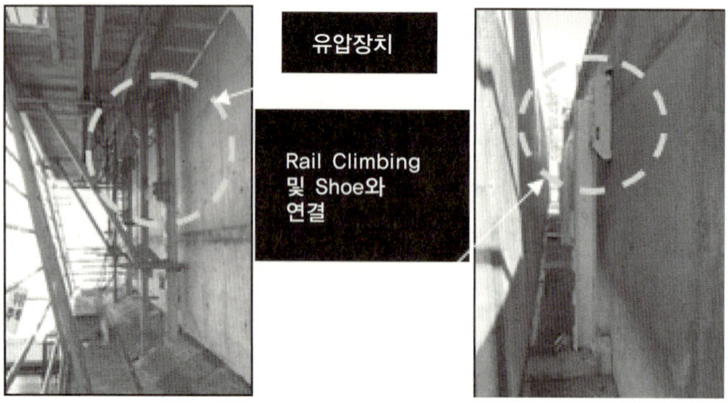

⑦ Auto Climbing

⑧ Form Setting

5.5.4 스카이 덱 시스템(Sky Deck System)

(1) 개요

기존의 거푸집과 달리 거푸집, 장선, 멍에, 동바리 등을 구조물의 시공계획과 전용횟수를 고려하여 일정한 형태로 일체화시켜 골조공사의 작업효율을 최대화한 알루미늄 시스템 거푸집

(2) 도입배경

① 경제성

- 동바리 존치기간 단축으로 공기 감소
- 반복작업에 의한 노동생산성 증가

② 품질

- 거푸집 작업의 모듈러 도입으로 작업 단순화
- 품질 균일성 확보 및 시공오차 축소

③ 안전 · 환경

- 시스템 거푸집 적용으로 재래식 대비 건설폐기물

(3) 설치광경

(4) 자재양중

(5) 드롭헤드 시스템(Drophead System)

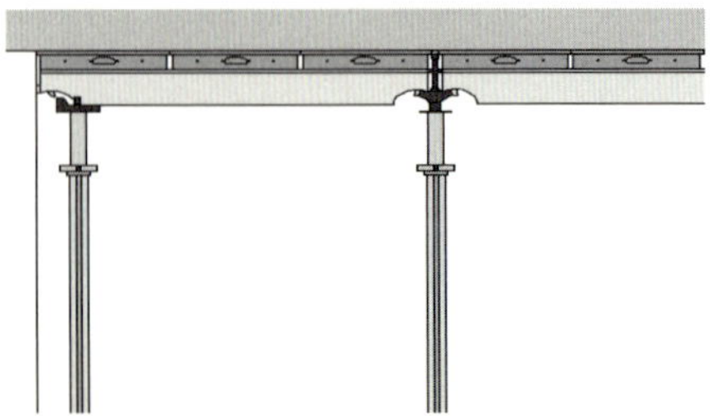

↑ 단면도

↑ 거푸집 해체 후 광경

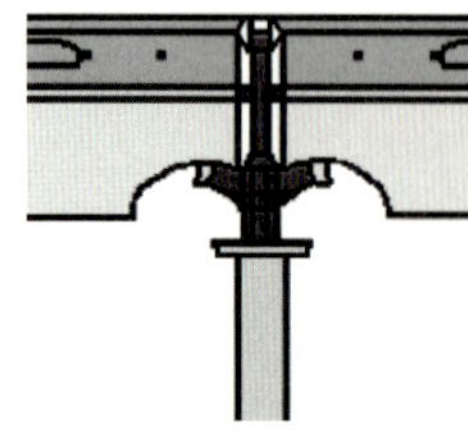

↑상세

① 드롭헤드

- 멀티 프롭(Multi Prop) 상부에 설치되어 메인 빔 및 패널을 지지
- 드롭헤드 고정핀 제거 시 메인 빔 및 패널 6cm 하강
- 메인 빔 및 패널 탈형 후 다음 층으로 전용

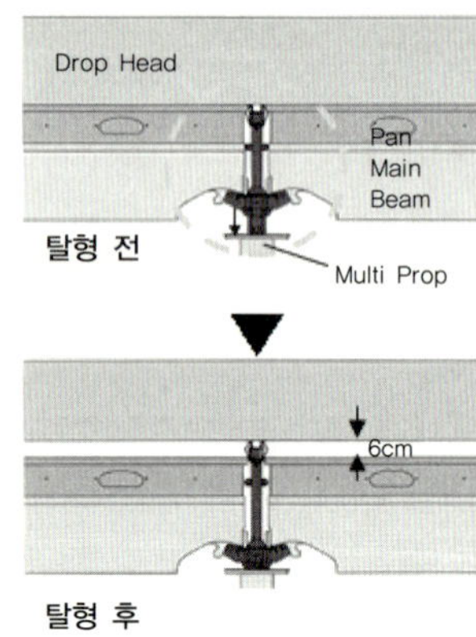

② Pre-Shoring

- 드롭헤드 시스템에 의해 메인 빔 및 패널은 해체되고 Multi prop + 드롭헤드는 존치되어 콘크리트 지지

(6) 스카이 덱(Sky Deck) 구성도

스카이 덱의 4가지 주요 구성품 : ① 메인 빔 ② 패널 ③ 드롭헤드 ④ 커버 스트립

(7) 거푸집공법 비교표

구분	스카이 덱	테이블공법	재래식 공법
구조	• 플랫 슬래브(Flat Plate) 및 와이드 빔 타입 슬래브(Wide Beam Type Slab)	• 일반 R.C구조물	• 일반 R.C구조물
작업 방법	• 슬래브 모듈러로 패널 정형화		• 멍에, 장선 설치 후 합판 설치
특징	• 분리형 Shoring System (슬래브 + 보 분리 조립) • 드롭헤드 의한 Pre-Shoring	• 일체형 Shoring System (슬래브 + 보 분리 조립)	• 일체형 Shoring System (슬래브 + 보 분리 조립)
동바리	• 6ton의 허용하중 • 패널 모듈화로 인한 작업성 우수 • 외부 충격에 의한 편심 없음 • 층고에 대한 제한 없음	• 6ton의 허용하중 • 일체형으로 작업성 우수 • 외부 충격에 의한 편심 없음 • 층고에 대한 제한 없음	• 1.5ton의 허용하중 • 분리형으로 작업성 약화 • 편심에 의한 전도 우려 • 층고에 대한 사용상 제재
장점	• 폐기물 급감 • 타워크레인 의존도 낮음 • 간단한 조립 · 해체로 인력절감 및 공기단축 • 경량패널(알루미늄)로 처리 용이 • Pre-Shoring으로 인한 패널 조기 해체 및 다음 층으로의 전용 • 시공 정밀성 및 공사관리 용이	• 시공 정밀성 • 공사관리 용이 • 폐기물 급감 • 인원투입 감소	• 보편화된 작업방법
단점	• 초기 투자비 높음 • 수직, 수평 분리타설 • 플랫 플레이트 슬래브에 적합(빔 & 거더 슬래브에서 사용은 비효율적)	• 초기 투자비 높음 • 수직, 수평 분리타설 • 타워크레인 의존도 낮음	

(8) 스카이 덱 거푸집

① Multi Prop과 드롭헤드 연결

② 드롭헤드에 메임 빔 연결

③ 메인 빔에 패널 연결

④ 스카이 덱 설치완료

⑤ 드롭헤드 시스템에 의한 탈형 후 전경

(9) 스카이 덱 시스템(Sky Deck System)
(탁월한 시공능력(50~70m²/MD) 드롭헤드 알루미늄 패널시스템)

① 드롭헤드가 장착된 스카이 덱

슬래브 두께와 콘크리트 강도에 따라 조금씩 차이는 있지만 스카이 덱은 보통 타설 익일에 패널 및 메인 빔의 탈형이 가능한 효율적인 시스템이다. 즉, 동바리는 2개층, 패널 및 메인 빔은 1개층 분으로 시공이 가능하다. 패널은 손쉽게 잔여 콘크리트를 제거할 수 있도록 고안되었고, 최소한의 구성자재를 사용하여 자재 취급이 신속하게 이루어지며 넓은 작업공간이 확보된다.

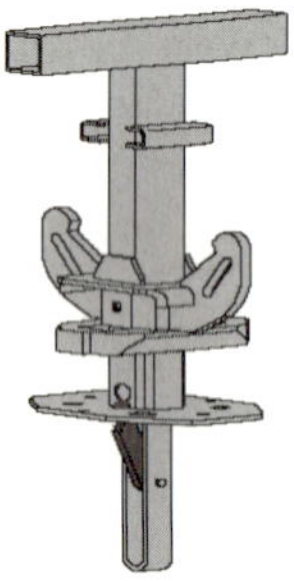

신속한 조립이 가능한 자가잠금(Self-Locking) 방식의 스카이 덱 드롭헤드 장치

드롭헤드 부착상태 : 패널과 커버 스트립이 콘크리트 아래 면에 접해 있다.

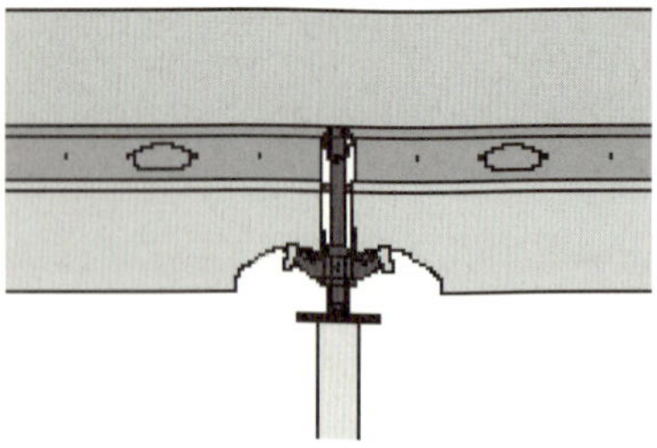

탈착 : 드롭헤드 탈착 이격(60mm) 커버 스트립과 드롭헤드는 슬래브 면을 그대로 지탱한 상태에서 패널과 빔이 이격된다.

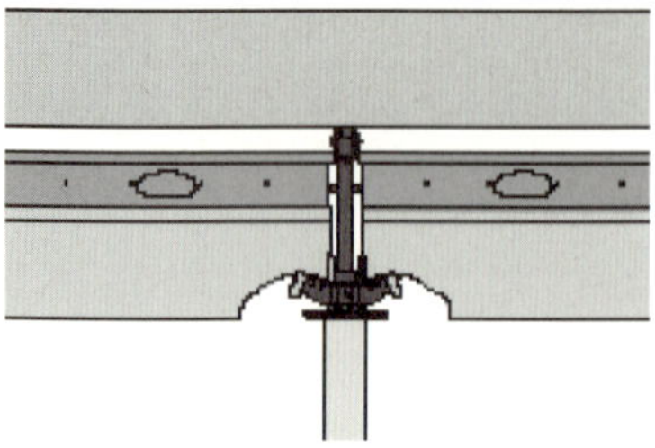

② 멀티 프롭 동바리가 두께 40cm, 너비 3.45m^{2}의 슬래브 면적 지지 가능(스카이 덱은 슬래브 1제곱미터당 0.29개의 동바리만 사용된다)

메인 빔은 사용되는 동바리 숫자를 줄일 수 있도록 고안되어 작업시간을 단축해 주고 거푸집 하부의 공간을 확보해 주는 역할을 한다. 동바리 간격이 넓어서 시공관련 장비를 이동하거나 그 밖의 자재를 적재할 수 있는 여유공간을 확보할 수 있다.

③ 탈형

드롭헤드는 망치로 한번 쳐서 간단하게 탈착할 수 있으며, 설치된 거푸집은 60mm 이격된다. 이때 탈형된 패널과 메인 빔은 다음 공정에서 사용할 수 있다. 모서리나 필러(Filler) 처리된 부위를 받치고 있던 멀티 프롭 동바리 또한 탈형할 수 있다.

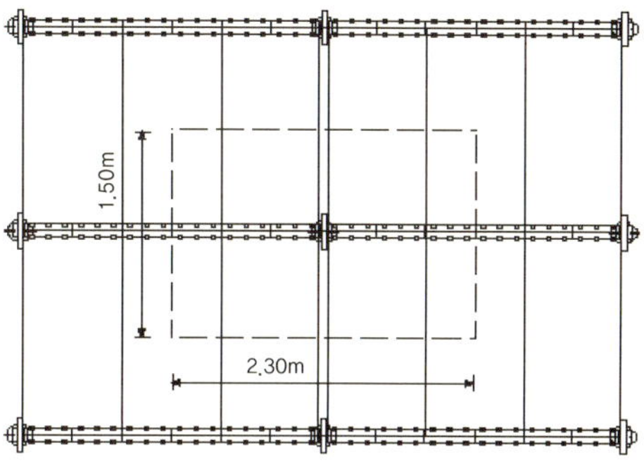

④ 자재 청소시간 및 비용 단축

스카이 덱 시스템은 플라스틱 랙, 이씨씨 파우터 코팅, 그리고 특수 설계 등을 통해 청소작업량을 현저하게 줄여준다. 우선 빔이 패널 아래에서 보호되며, 패널과 메인 빔 모서리는 자가배출(Self-Draining)이 가능하도록 설계되어 있다. 또한 패널 모서리 윗부분이 아랫부분보다 돌출되어서 잔여 콘크리트가 밑으로 흘러내리는 것을 방지해 준다.

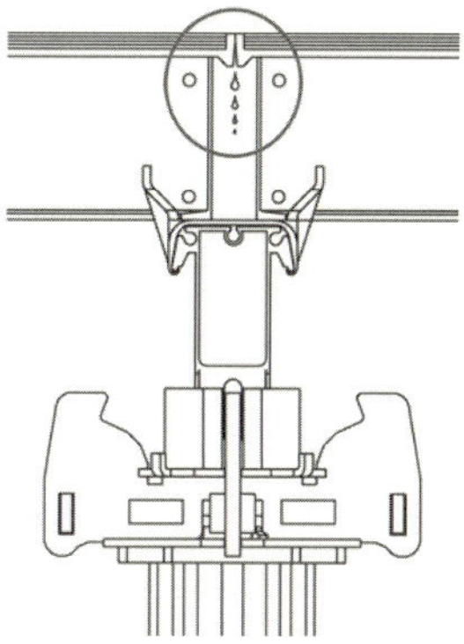

⑤ 스카이 덱 시스템은 개별구성품들의 중량이 가벼워서 보다 적은 인원이 손쉽고 간편하게 설치 및 해체작업을 진행할 수 있다.(실제로 각 구성품들의 무게는 15kg 미만이다.)

⑥ 스카이 덱 시스템은 필러 처리를 손쉽고 간편하게 처리할 수 있도록 지원해준다.

- 횡면 필러 처리(Transverse Infill)
- 종면 필러 처리(Longitudinal Infill)
- 벽면 단 처리(Wall Offset)
- 경사진 벽면 연결(Sloping Wall Connection)
- 기둥 주변(Forming Around Columns)
- 캔틸레버 구역(Cantilevered Area)

(10) 슬래브 작업 안전성을 향상시켜주는 스카이 덱 플랫폼

스카이 덱 플랫폼은 슬래브 시공 시 작업자가 높은 수준의 안전성을 확보할 수 있도록 지원해 준다.

① 에스엘티(SLT)375 메인 빔은 대략 1.3m의 캔틸레버 공간을 제공해 준다.

② 지에스(GS) 승인 스카이 덱 에스디비(SDB) 플랫폼은 핸드레일 프레임과 함께 설치되어 작업자의 안전을 유지해준다. 이 플랫폼은 제곱미터당 150kg/m^{2}의 하중을 안전하게 지지해 준다.

(11) 클라이밍 시스템과 멀티 프롭(Multi Prop) 슬래브 테이블 폼

CPP(Climbing Protection Panel)는 국내에 새롭게 도입된 안전난간대(Guiderail) 방식의 최신 인양식 클라이밍 시스템이다.

CPP시스템은 보호패널 설치를 통해 기존 방식보다 월등한 방음, 방진, 방풍효과를 가져옴으로써 안전시공을 지원해 줄 뿐 아니라 민원발생 요인까지 사전에 예방해 주었다. 또한 각 플랫폼 인양속도 역시 5분 정도에 지나지 않아 크레인 인양작업의 효율을 극대화시켜 주었다.

CPP시스템과 함께 적용된 페리 멀티 프롭 슬래브 테이블 폼은 지하주차장 및 근린생활 시설의 다양한 층고변화에 효과적으로 대응함과 동시에 높은 시공 안정성 및 품질을 구현해 주었으며, 현장 폐기물 감소에도 안성맞춤이었다. 뿐만 아니라 테이블폼의 상판 (멍에/장선)은 현장여건에 맞춰 선 조립하여 납품함으로써 테이블 설치기간 및 부가공정을 단축시키는 데 크게 일조했다.

현장 책임자들에게 있어 안전시공은 가장 중요한 정책들 중 하나이며, 수많은 현장에서 증명되었듯이 높은 시공 안전성이 확보된 현장에서는 작업 생산성을 더욱 향상시킬 수 있게 된다.

CPP시스템이 적용된 현장은 항시 상부 3개 작업층이 인양 가능한 보호 패널(Protection Panel)에 의해 완전히 둘러싸여 보호된다. 21mm 두께의 단단한 합판 패널에 둘러싸인 작업 층은 투입 인원들의 안전을 확보해줄 뿐만 아니라 도구나 못, 볼트 등의 낙하를 미연에 방지하고, 강한 바람과 궂은 날씨에도 높은 작업 효율성을 보장해 준다. 이 보호 패널은 클라이밍 레일과 슈에 의해 인양작업 중에도 슬래브 정면에 단단하고 안전하게 연결되어 있다.

CPP시스템은 안전하고 편안한 작업환경을 조성해줌과 동시에 크레인 용량에 맞춰 인양작업이 가능하도록 자재단위가 구성되어 있어 비용 효율성도 높다. 또한 패널 내부작업에 따라 패널 외부작업도 신속하게 이루어질 수 있도록 지원함으로써 공기를 단축시키는 데 일조하여 작업생산성의 향상을 가져오게 된다.

(12) 에스비 브레이스 프레임 시스템

에스비 브레이스 프레임 시스템은 최대 8.75m 높이의 합벽을 타설할 수 있도록 설계되어 페리의 다양한 벽체 시스템과 함께 사용할 수 있다. 에스비 프레임 시스템은 각 브레이스 프레임에 연결재가 장착되어 있기 때문에 추가 부품을 사용하지 않고 신속하고 간편하게 조립할 수 있다.

에스비 프레임의 구성품들은 트럭이나 컨테이너 운송이 용이한 크기로 설계되었다.

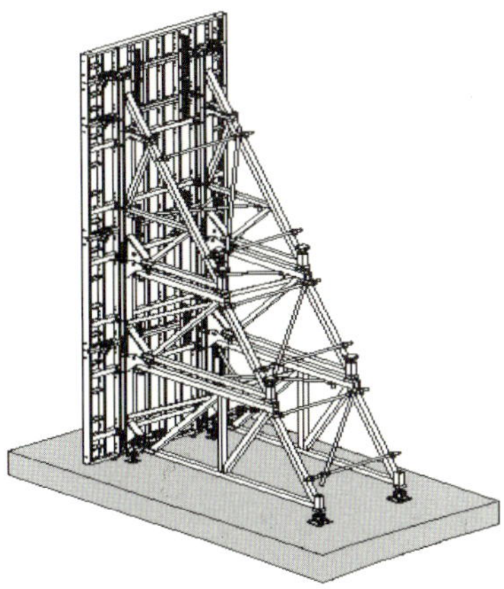

(13) 자동인양 시스템

페리는 거푸집 분야의 선구자로서 크레인 양중부담을 최소화해주는 에이씨에스(ACS) 시스템을 개발함으로써 자동인양 시스템 부문에 새로운 이정표를 세웠다.

자동인양 기술의 눈부신 발전은 고층건물 시공이 좀 더 빠르고 안전하며 고부가적으로 수행될 수 있는 원동력이 되어 왔다.

에이씨에스(ACS) 브래킷은 유압펌프에 의해 부드럽고 평탄하게 인양 레일을 타고 오른다. 이러한 방식은 모든 클라이밍 시스템의 기본이 되는 모듈화된 클라이밍 시스템의 핵심기술이다.

에이씨에스(ACS) 시스템의 자동인양장치는 10KN에 달하는 양중능력을 자랑하며 구간 중간에 앵커 없이 다음 타설 고까지 작업발판을 인양해준다. 마치 배추벌레가 나뭇잎 대를 타고 오르듯 위로 고정시켜 끌어 올리고 아래로 고정시켜 밀어 올리는 자연스럽고 부드러운 방식으로 작동되는 자동인양 시스템이다.

한 개의 리모컨으로 한 번에 최대 8개의 클라이밍 유닛을 인양할 수 있는 간편하고 안전한 작동방식이다.

5.5.5 리브 라스(Rib Lath)

(1) 용어의 정의

건설현장에서 사용하는 철물의 종류는 여러 가지가 있으나, 간단히 정리해 보면 와이어 메시(Wire-mash), 메탈 라스(Metal-lath), 익스펜디드 메탈(Expended Metal)이다.

와이어 메시는 우리말로 하면 용접철망이라 할 수 있다. 철선을 격자로 형성되도록 두 철선이 만나는 부위를 순간용접(Spot Welding)하여 제작한다.

외국에서는 슬래브 및 벽체의 구조재료로도 많이 사용되고 있으나 우리나라에서는 무근 콘크리트의 보강용으로 대부분 사용하고 있다.

메탈 라스는 얇은 철선을 그물형태로 짠 것으로, 주로 벽면 미장 시 부착성을 높이고 균열을 방지하기 위한 목적으로 사용한다.

익스펜디드 메탈은 철판에 규칙적인 홈을 내어 일정한 힘으로 잡아당겨 펼친 형태로 천장재, 바닥재, 울타리 등에 널리 사용하고 있다.

리브 라스(Rib Lath)는 시공이음 부분에 많이 쓰이고 있는 철물이며 얇은 철판에 익스펜디드 메탈처럼 규칙적인 홈을 내어 잡아당김으로써 그물망의 형태로 만든 라스부분과 홈을 내지 않은 부분을 절곡한 리브형태의 조합으로 된 제품으로 시공이음 부분에 많이 사용하고 있으며 거푸집용으로도 사용되고 있다. 다른 철물들과는 달리 일정 간격으로 철판을 접어 휨강성을 높여 줌으로써 휨재로서의 역할을 할 수 있도록 한 아이디어 상품이라 할 수 있다.

(2) 거푸집으로 사용하는 리브 라스(Rib Lath)의 활용

리브 라스 거푸집은 제품 안내서를 인용하면, 가볍고 설치가 용이하고 작업시간의 단축과 측압이 현저히 낮으므로 보강을 위한 가설재의 비용이 절약할 수 있으며, 거푸집 설치 후 배근 및 청소상태를 파악하기가 용이하고 콘크리트 타설 시 밀실하게 채워져 있는지를 육안으로 확인 할 수 있으며 이어치기 부분의 접착성이 좋아진다고 되어 있다.

실제로 일본에서는 마감이 요구되지 않는 부위에 거푸집으로 많이 사용하고 있는 것으로 알고 있으며, 문제는 콘크리트 페이스트가 얼마나 흘러나오는가 하는 것이다. 이 부분만 해결된다면 사용하지 않을 이유가 없다.

(3) 공법 개요

1) 리브 라스의 설치방향

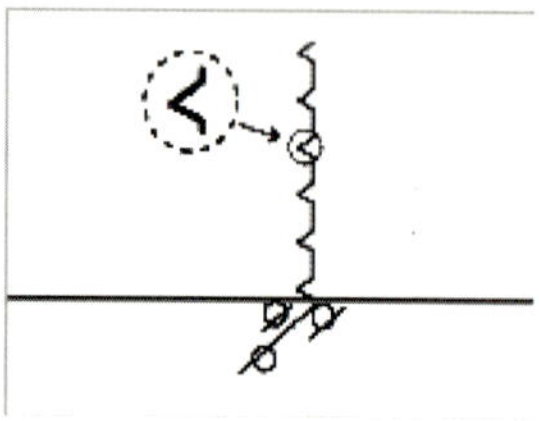

리브 라스는 리브가 반드시 바닥면과 수평으로 설치되며 리브의 돌출부가 타설면 방향으로 향하도록 설치해야 한다. 이는 리브의 돌출면이 타설면과 일체되어 표면 전단키 역할을 하여 표면 크랙을 방지함과 동시에 타설면 쪽으로 있는 것이 그 반대인 방향보다 측압을 더 견디기 때문이다.

2) 리브 라스의 횡방향 겹침

리브 라스의 겹침은 횡방향으로 약 100mm 정도이며 겹침 부위의 횡 리브 라스 양쪽을 2개소씩 사진과 같이 수직방향으로 1골 건너서 철근결속선으로 리브 라스가 서로 밀착되도록 견고히 결속한다.

3) 리브 라스의 종방향 겹침

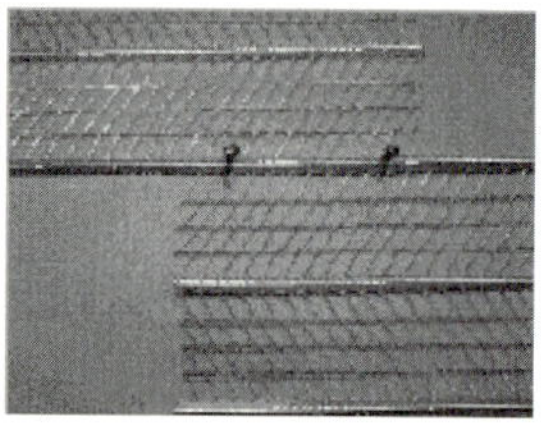

리브 라스의 종방향 겹침은 상 · 하부 리브 라스의 리브와 리브가 겹치는 것이 기본이다. 상 · 하부 리브가 겹쳐지지 않을 경우, 어떤 모양으로 겹쳐도 상관은 없으나 안팎의 리브 라스가 밀착되도록 철근결속선으로 견고히 결속을 해야 한다.

4) 리브 라스의 절곡

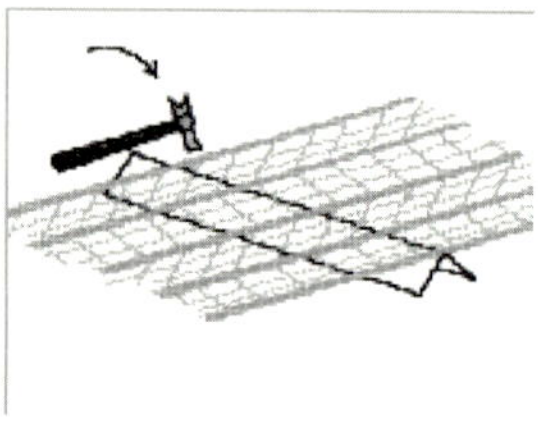

구획 타설면이 각이 진 경우나 절단을 하고자 하는 경우에는 리브 라스의 하부에 절곡하고자 하는 부위를 앵글에 올려놓고 리브 라스의 리브를 망치로 절곡부위를 평면으로 만든다. 평면으로 된 리브 라스의 리브를 원하는 각으로 꺾는다.

5) 리브의 절단

절단공구인 함석가위나 작두를 사용한다. 함석가위를 사용 시에는 리브 라스의 절곡과 같이 리브를 평면으로 만든 뒤에 함석가위로 절단한다. 절단하는 리브 라스가 많을 경우에는 작두를 사용하는 것이 인력과 시간을 절약할 수 있다.

6) 라스의 절단

구획 타설 시 이음 철근과 만나는 부분의 가공은 전지가위(포도가위)로 절단한다.

7) 수직방향의 보강

리브 라스의 수직방향의 보강은 300mm 이내로 설치해야 한다. 수직 보강재로는 단관 비계파이프, 각재, 각파이프를 사용하며 필요에 따라 철근도 사용할 수 있다.

8) 횡방향의 보강

횡방향의 보강은 수직 보강재 뒷면에 들어가며, 사용 재료로는 수직 보강재와 같은 것을 사용하여 철선작업을 실시한다. 철선간격은 @600mm 이내(#10철선), @800mm 이내(#8철선)로 실시한다.

9) 이어치기

현장 사정에 의하여 구체를 한 번에 타설하지 못하고 여러 번에 나누어서 시공을 하게 된다. 이때 발생하는 것이 이어치기(C/J)이다. 이어치기 시 이어진 면에 의한 방수문제, 전단력 저하 등 문제점이 발생할 수 있다. 이때 리브 라스를 사용하면 현재 사용되어지는 기존 거푸집보다 품질이 향상되어 문제점을 억제시킬 수 있다.

우선 전단력 증대부분은 ○○원자력 5, 6호기 현장의 이어치기 부분에 사용되면서 여러 번의 시험을 통하여 전단력이 기존 거푸집을 치핑한 것과 비교 시 약 147%로 증대된다고 밝혀졌다. 그로 인하여 현재 원자력발전소 및 ○○지하철공사, ○○○신공항 신축현장, ○○주택공사 APT현장에 사용되어지고 있다.

시공성에 있어서는 해체작업 및 치핑작업이 생략됨에 따라 시공성의 향상을 보일 수 있다. 현재 현장의 이어치기 시공에 리브 라스를 사용하는 것은 일반적인 시공으로 인정받고 있다.

(4) 리브 라스와의 비교표

구 분		시스템 거푸집(System Form)	재래식 거푸집	라스 거푸집	비고
원가	장점	Doka or Ferry가 아닌 국내 제품사용 시 원가절감 가능		양중장비 불필요 Tie Bolt 불필요 정리, 청소비 절감	
	단점	별도의 양중장비 필요 고가 H말뚝 및 토류판 등에 Tie Bolt 추가 원가 발생	Tie Bolt 필요 정리, 청소비	라스비용 추가	
공정	장점	대형 거푸집으로 공기절감		패널 제작시간 절약	
	단점	일면합벽으로 폼타이 위치 일치의 난이도 야적장 필요	공사기간 단축 난이		
품질	장점	품질 양호		콘크리트 품질 양호 (타설시 관리 가능)	
	단점		품질관리 어려움	면처리 마감의 경우 사용 불가(방수공종은 가능)	
안전	장점	타설시 붕괴위험이 거의 없음.		타설시 붕괴위험이 적음 (측압이 60%)	
	단점	양중 및 이동시 위험요소 내포 폼타이 볼트 결함 시 대형사고 우려	타설시 붕괴위험		

(5) 리브 라스 거푸집의 설치순서

① 멍에, 장선재 조립과 리브 라스 고정형틀의 수직 각재는 300mm 이내로 설치한다. 리브는 돌출된 부위를 타설면 쪽으로 설치하고 횡방향으로 리브를 100mm 이상 겹치도록 하며 수직 방향으로도 리브를 겹치도록 한다.

② 먼지 방지망의 설치 : 먼지 방지망은 잘 찢어지므로 팽팽하게 잡아당겨 각재의 모서리에 접어서 못으로 고정시킨다.

③ 리브 라스 거푸집 설치

④ 수평재 및 버팀재의 설치 : 수평 띠장은 강관 비계파이프나 각재 등을 사용하여 설치하고 버팀재로 보강한다.

(6) 시공 예

1) 지수판 시공

2) 지하철 시공

3) 타워기초 시공

4) 경사면-사면보강 시공

- 콘트리트 타설 시 흘러내림을 지연시켜 타설시간 절약
- 콘트리트면 마감 작업 작업 용이
- 철근 위나 구체의 가운데에 설치 시 표면 크랙 방지효과 우수
- 이를 응용해 경사지붕, 종합운동장 경사부분에 활용함.

5) 경사면-저수지경사면 시공

6) 경사면-경사지붕 시공

7) 선 되메우기

선 되메우기란 현장에서 구조에 불필요한 콘크리트를 줄이기 위하여 스티로폼 및 흙 되메우기를 사용하는 부위에 미리 리브 라스 거푸집을 설치한 후 부지 정리하면서 흙을 채워 넣는 공법을 말한다.

상·하부 버림콘크리트를 따로 타설 시공하는 것이 아니라 바닥과 리브 라스에 채워진 흙을 같이 다짐작업을 한 후 한꺼번에 버림을 친다. 철근도 전체를 배근하여 콘크리트를 타설하게 된다. 이렇게 하면 버림콘크리트 작업도 줄어들면서 외부로 흙의 반출작업도 줄일 수 있어서 원가 및 공정을 줄일 수 있다.

현재의 선 되메우기에서 가장 중요한 체크 포인트는 보강철근의 양과 흙을 되메우기를 할 중장비의 작업공간 확보를 우선적으로 확인해 보고 결정해야 한다.

8) 단차부위

현장에서 단차 진 부분이 발생하면 하부구체부터 상부구체로 순차적으로 시공해야 한다. 하지만 리브 라스 거푸집을 사용하면 이러한 부분이 한 번에 시공이 가능하다. 무엇보다 공정을 줄이고 Joint가 발생하는 부위를 없애고 하나의 구체로 시공이 되기 때문에 구체의 하자발생 비율이 적게 된다.

공기를 절감한다는 것은 바로 원가절감을 가져온다는 개념이기 때문에 구체의 품질을 향상시키는 동시에 원가절감을 가져올 수 있다는 장점을 가장 크게 살릴 수 있는 시공법이다.

* 리브 라스 거푸집이 기존 거푸집에 대비하여 부력이 적은 장점을 활용한 시공법이다.

5.5.6 알루미늄 거푸집(Aluminum Form)

알루미늄 거푸집은 알루미늄 합금(A6061-T6) 압출재를 주요 구성자재로 하는 거푸집으로 아파트를 비롯한 건축물이 고층화, 대형화 되어 감에 따라 정밀시공, 시공효율성의 제고, 환경문제 개선 등의 새로운 욕구를 충족시킬 수 있는 거푸집으로 최근 각광 받고 있다.

(1) 특징 및 장점

1) 공사기간 단축

기본 패널의 대형화 및 기본 패널 위주의 단순한 제품구성으로 설치 해체시간이 단축된다. 골조의 품질향상 및 구조성능 향상, 기존의 유로폼에 비해 수평 및 수직도가 정확한 구조물을 만들 수 있으며, 패널과 패널 간 연결부위의 품질이 우수하여 견출작업을 감소시키며, 작업자의 임의 시공을 방지하는 등 골조의 시공품질 및 구조성능이 향상된다.

2) 공사원가 절감

사용방법이 단순하고 쉽기 때문에 기존의 재래식 공법에 비해 비기능공의 작업 참여도가 높아 인건비 절감효과가 있고, 콘크리트 시공 품질이 우수하여 할석 등의 후속공정의 비용이 절감된다.

3) 환경문제 개선

한정된 자원인 합판 및 각재 사용을 최소화하여 기존 재래식 공법으로 시공할 때 다량으로 발생하는 건축폐기물을 억제하는 효과가 있고, 알루미늄 패널은 회수하여 재사용이 가능한 환경친화적 시스템 폼이다.

4) 안전문제 해결

재래식 공법에 비해 동바리의 설치간격이 넓어서 작업동선 확보가 용이하며, 패널의 무게를 경량화 하여 작업자가 안전하게 작업할 수 있다.

(2) 주요 제원 및 구성

구 분	내　용	비 고
재 질	Aluminum – Extrusion : A6061 – T6	
기본 Panel	1. Wall Panel : 600(W)×2300/2450(H) 2300/2450(H) 2300/2450(H) 2300/2450(H) 2300/2450(H) 2. Deck Panel : 600(W)×1200(H) 450(W)×1200(H) 3. Deck Beam : 150(W)×900(H), 1050(H)	○ Rocker – 50mm ○ Sheet – 두께4 .1mm
구 성	1. Wall Panel, Slab Panel, Stair Panel 2. Deck Beam, Prop Head 3. Slab Soffit 4. 부속자재	

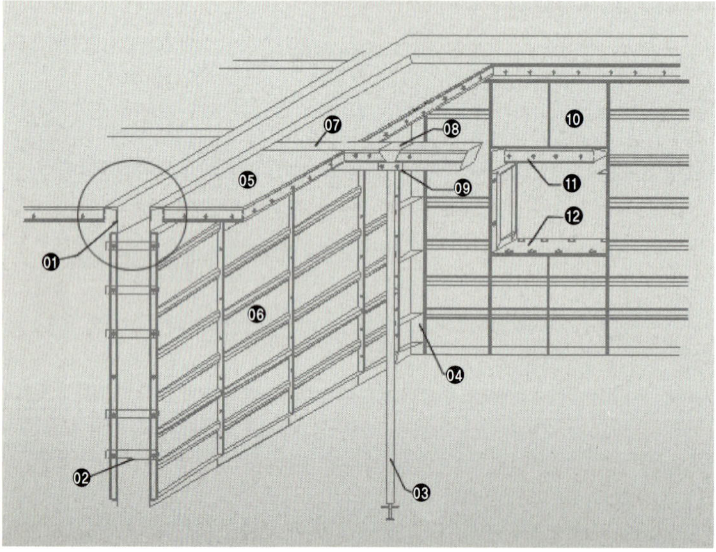

01 ……… SL(Wall Deck연결)
02 ……… Wall Tie
03 ……… AL–동바리
04 ……… IN–Corner
05 ……… Deck 패널
06 ……… Wall 패널
07 ……… END Beam(Deck 반철)
08 ……… DP 200
09 ……… BJ(DP 고정)
10 ……… Beam Panel
11 ……… SB(보반철)
12 ……… UC(상부덮개)SL

(3) 알루미늄 거푸집(AL Form)과 유로폼(EURO Form)의 비교

구 분	항 목	알루미늄 거푸집 시스템	유로폼
공정별	골조공정	6~7일	7~8일
	Wall Form	600×2,400 – 1매	600×1,200 – 2매
	제품중량(규격기준)	26kg	40kg(20×2ea)
	계단시공	AL-Form일체식	유로폼 및 재래식
	거푸집 보강대(수평, 수직)	불필요	필요(수평, 수직)
	전용횟수(합판수명)	최소 30회 이상	15~20회
	견출작업	Euro 대비 25~35% 감소	작업량이 많다
안전	현장관리	관리용이 및 통행로 확보	통행불편, 안전소홀
	형틀해체	작업공간 확보(안전)	작업공간 협소(불안전)
	자재인양	E/F 대비 40% 감소	인양속도가 늦다

(4) 알루미늄 거푸집 설계 시 필요조건

1) 설계 전 검토사항

① 건축물의 특징 및 특성 파악

② 전체 형상 입면구성 : 벽체 및 입체적으로 특성을 파악

③ 평면 및 입면구성 : 벽체 및 계단 간 부위별 입면을 체크하여 건물의 특성을 파악

④ 마감 : 창호 및 개구부의 특성을 파악하여 도면에 반영한다.

2) 시공 제 조건 파악

① 공기

② 현장의 여건

③ 시방서 및 시방서의 내용 확인

3) 설계의 범위 파악

① 단위세대 평면도

② 세부상세도

③ 기타 부위별 도면

(5) 제작순서

1) 절단(Cutting)

패널 제작은 맨 먼저 패널시트를 규격에 맞게 절단하고 상하 단에 사용되는 마구리용 Frame 보강대 등을 설치한다.

2) 펀칭(Punching)

사용 부위에 적합한 구멍을 가공하는데, 이때 가공되는 홀은 Tie Pin 구멍, 못 구멍, Soffit 등에 사용되는 장 Hole 등이다.

3) 밀링(Milling)

패널 양측면에 Flat Tie를 고정하기 위하여 가공한다. 가공은 Flat Tie가 고정되는 양측면 12개소를 밀링한다.

4) 용접(Welding)

기본 패널을 지그를 사용하는데, 지그틀에 의해 각각 패널시트를 맞대어 놓고 상하 프레임 바를 고정시키고 가운데 보강대를 위치에 맞도록 고정시키고 용접한다. 이때 4각 모서리에는 알루미늄 리브를 보강하여 패널이 견고하게 제작될 수 있도록 한다.

5) 전처리

알루미늄 패널에서 가장 중요한 공정 중 하나이다. 알루미늄 자재 압출 시에 패널시트에 기름 성분에 남아 있어 코팅제 접착 시 접착상태가 불량한데, 이를 처리하는 과정을 전처리라 한다.

우선 전처리 방법에는 여러 가지 방법이 있으나 당사에서 사용하는 방법은 크롬산염 주용액에 도금하는 크로메이트공법과 알루미늄 표면을 그라인더를 사용하여 표면에 있는 기름을 제거하는 방법이 사용된다.

6) 코팅

알루미늄 성분을 콘크리트 성분과 직접 접하면 화학적 반응이 일어나 콘크리트 표면에 부식 현상이 발생하는데, 이를 차단시키는 방법이 알루미늄 표면을 코팅시키는 방법이다. 이때 사용되는 코팅제는 수년간 개발한 특수 수지 계열의 도료이며 도막 두께는 20~30미크론으로 한다.

7) 건조

알루미늄 거푸집에 사용되는 특수도료가 패널에 강력하게 접합될 수 있도록 하는 과정으로 코팅제 도료 도포가 완료된 다음에 약 130도의 온도에 40분 정도 가열하여 건조시킨다.

5.5.7 무지보공(Non-Support) 호리빔(Horry Beam)공법

(1) 트러스형태의 호리빔을 이용하여 스팬의 폭이 1.8~4.0m의 1층 바닥 거푸집공사에 적용한다.

(2) 기존의 공법과 달리 서포트를 사용하지 않고 슬래브 하부의 공간활용이 용이하고 지보공이 설치되지 않으므로 작업이 신속하고 가설재가 줄어드는 장점이 있다.

(3) 호리빔공법을 적용하기 위해서는 호리빔이 규격화 되어 있으므로 적용부위에 대한 면밀한 거푸집 계획이 필요하였다.

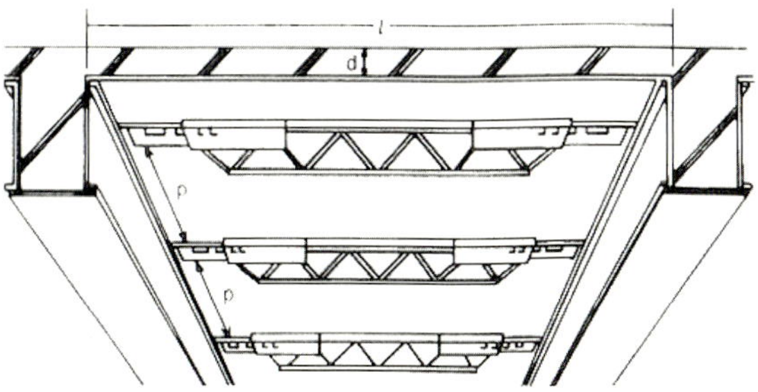

그림 5-14 호리빔 형상

(4) 부재의 상세

브래킷 일체화 설계로 기능성을 추구한 New Type Beam

- 사이드 빔(Side Beam)이 브래킷 기능을 겸비하여 작업성이 매우 양호하고 별도 브래킷이 불필요하므로 재고관리가 용이
- 목재패널은 빔 상부에 각목을 끼워 못으로 고정하므로 작업품이 절약
- 길이조정은 쐐기식으로 미세조정이 가능하고 해체작업도 원터치로 간단
- 2,500mm용 빔의 중량은 19.0kg으로 강도 확보와 경량화 실현
- Beam AX는 모두 5종류이며 1,450~4,600mm까지 사용 가능
- 사이드 빔을 빔 본체에 끼워 넣고 쐐기로 고정
- 조작이 간단하며 시공속도가 매우 빠른 단순한 설계로 되어 있음.

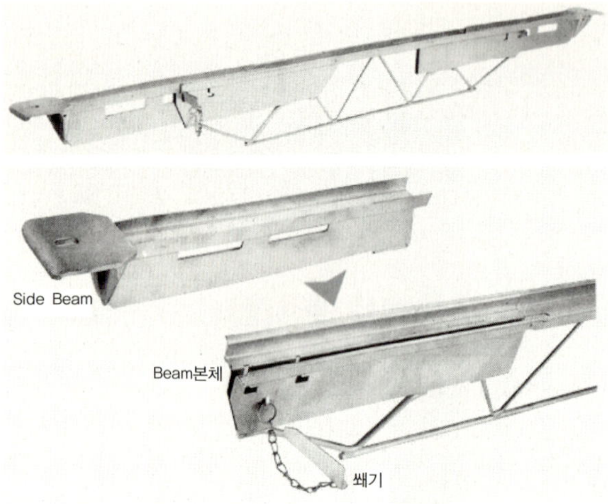

(5) 호리빔 설치 시공

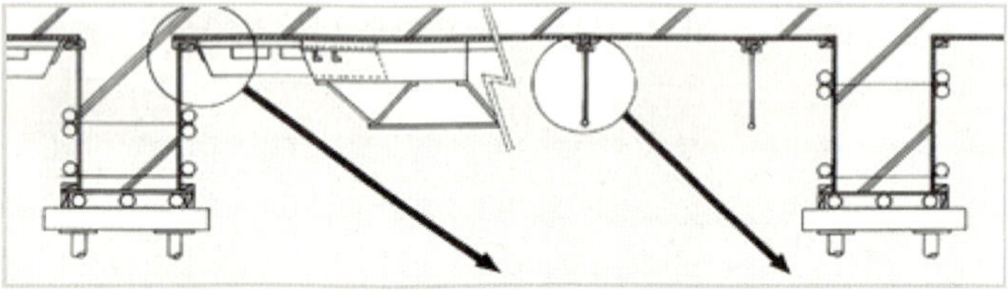

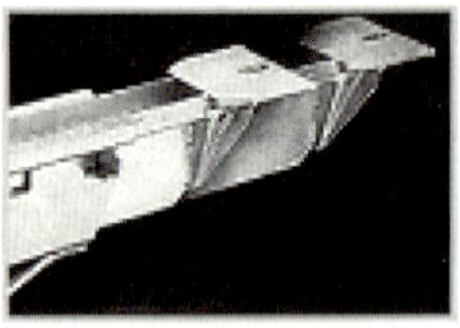

부드러운 Sliding 조작으로 신속한 Span 조정

단부상세도

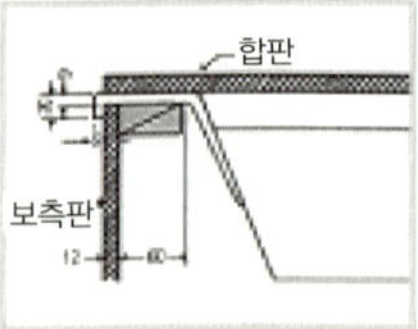

보 형틀에 사용할 경우에는 보측 판을 사이드 빔 단부 두께분(9mm)만큼 내려준다. 상판재와 보측판 사이에는 판재 등으로 메꾸어 준다.

합판이음부 상세도

합판 이음부는 콘크리트의 누설을 방지하기 위하여 빔 상부에 끼워 넣은 각목에다 못으로 고정한다.

(6) 호리빔 시공사진

R.C조 시공

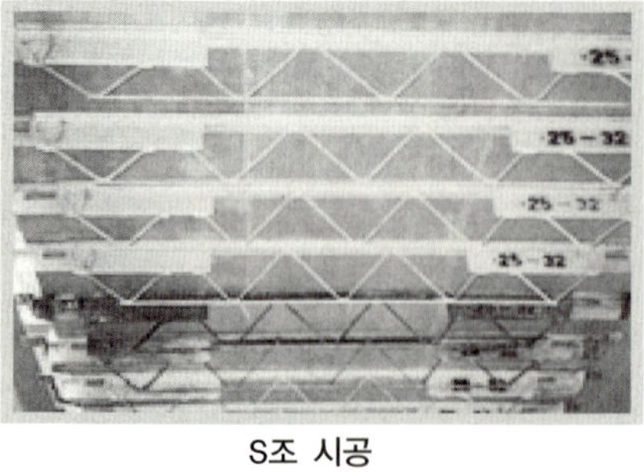

S조 시공

5.5.8 시스템 동바리(System Support)

(1) Pipe Support의 장 · 단점	(2) 시스템 동바리의 장 · 단점
1. 거푸집 설치 시 장선, 멍에와 동바리의 고정이 불편하다. 2. 정확하게 수직으로 설치하기 어려워 좌굴의 위험이 많다. 3. 설계에 대한 동바리 설치간격이 현장여건상 정확히 준수할 수가 없다. 4. 수평보강 연결재의 조립간격을 정확한 간격으로 설치하기 어렵고 조임철물의 조임 토크가 일정치 않아 풀림의 위험이 있으며 설치 · 해체작업이 불편하다. 5. 높거나 반복되는 대형구조물에 적용하기 곤란하다. 6. 재사용 시 지지핀의 분실에 따른 일반철근 등의 사용으로 성능을 확보하기 어렵다. 7. 설치비용이 시스템 동바리보다 싸다. 8. 소규모 건축물에 유리하다.	1. 상하부 스크루 잭과 거푸집의 연결이 확실하다. 2. 부재의 단순화로 시공이 용이하다. 3. 수직, 수평재의 확실한 체결과 좌굴을 방지할 수 있다. 4. 동바리(수직재) 간격을 설치계획에 따라 정확히 하여 자재의 과다 투입을 방지할 수 있다. 5. 대형구조물 동바리로 사용 시 수평재 간격을 쉽게 조절하여 수직재의 허용내력을 증가시킬 수 있다. 6. 비계용 부품을 동바리에 연결 사용함으로써 작업의 안전성을 높일 수 있다. 7. 설치 · 해체 시 별도의 도구가 필요 없다. 8. 설치비용이 기존의 Pipe Support보다 비싸다. ※ 시스템 동바리는 현장여건에 따라 설치할 상황이 모두 다르므로 반드시 구조사무소의 "구조계산"을 거쳐서 Shop-Dwg후 검토승인후 설치해야 함.

(3) 시스템 동바리는 크게 2종류로 구분된다. 그 하나는 수평 서포트와 수직 서포트의 역할을 동시에 수행하는 보 타입의 트러스재가 있으며, 다른 하나는 수직과 횡력에 대한 하중을 동시에 부담하는 형태를 지닌 지주형태의 시스템 동바리가 있다.

▌지주형태 시스템 동바리

거푸집 동바리, 가설 작업대 및 승강계단 등 다양한 용도로 사용이 가능하며, 특히 설치 높이가 높고 슬래브 두께가 큰 구조물의 동바리로 많이 사용

▌보형태 시스템 동바리

기존에 사용하던 파이프 서포트의 약점인 설치 후의 작업공간 부족과 시공기간, 소요인력, 안전성을 개선한 형태이다. 경량으로 경우에 따라 서포트를 설치하거나 수량을 줄인 가설 시스템으로 콘크리트조, 철골조 및 철골철근콘크리트조 거푸집공사에 광범위하게 사용될 수 있다.

'시스템 동바리'라 함은 일반적으로 사용하는 거푸집 동바리의 각목, 파이프 서포트, 또는 강관틀(B/T) 지주 등은 작용하중이 크거나 층고가 높은 장소에 설치하기 어렵고 위험하기 때문에 지주를 부품화, 조립화 함으로써 설치가 간편하고 작용하는 하중을 안전하게 전달할 수 있게 만든 가설 구조물을 말한다.

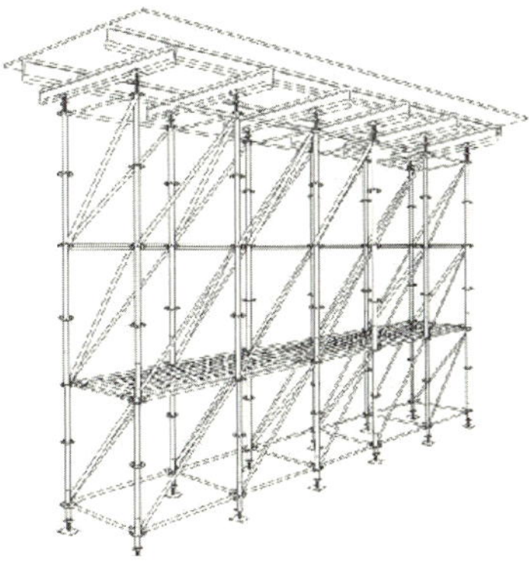

지주형태 시스템 동바리

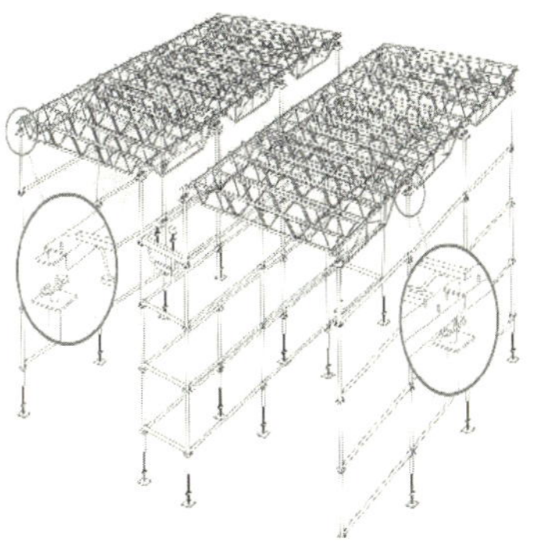

보형태 시스템 동바리

(4) 시스템 동바리 구성도

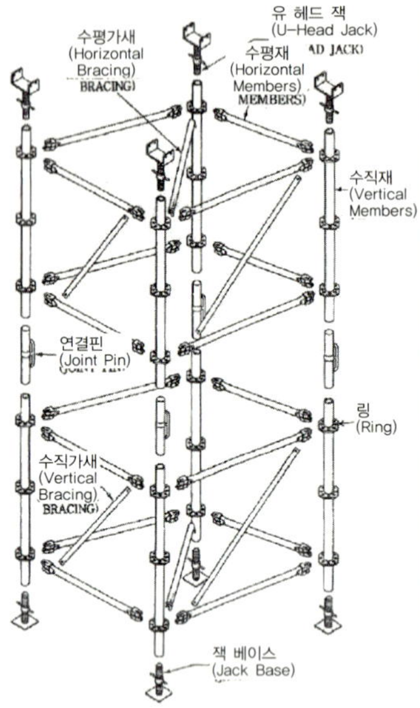

(5) Pipe Support와 시스템 동바리의 경제성 비교

Pipe Support의 경우	시스템 동바리(○○공업 S-2000 사용 시)의 경우
1. 조건 – 슬래브 두께 : 20mm – 슬래브 면적 : 2.4m×1.8m – 설치 높이 : 8m 2. 설치 부재 : V4×2단 = 8m 3. 스팬 면적 : 2.4m×1.8m = $4.32m^2$, 스팬 내 체적 : $4.32m^2 \times 8m = 34.56m^3$	1. 조건 – 슬래브 두께 : 200mm – 슬래브 면적 : 2.4m×1.8m – 설치 높이 : 9m 2. 설치부재 : (SP3600×2 + (SP1800 × 1) = 9m 3. 스팬 면적 : 2.4m×1.8m = $4.32m^2$, 스팬 내 체적 : $4.32m^2 \times 9m = 39m^3$

경제성 검토결과 : 회사별 시스템 동바리 종류에 따라 다르나 기존 Pipe Support 설치의 경우보다 시스템 동바리 설치의 경우가 재료비 면에서 20~30% 정도 비용이 더 소요된다. 그러나 시스템 동바리를 설치할 경우 Pipe Support보다 시공기간의 단축, 소요 인력의 감소, 시공의 정확성, 안전성, 재사용의 이점 및 재해위험의 획기적인 감소 등을 감안할 때 구조물 높이가 높을 경우 시스템 동바리를 사용하는 것이 더 경제적이다.

(6) 시스템 동바리 종류별 특징

–Peri System
  Stacking Tower ST100Type
  PD–8 Tower
  Multiprop Shoring Tower
  HD 200 Shoring System
  PERI–UP Access System
–DOKA D2 시스템
–O건영(주) 시스템
  S–2000 System
  S–3000 System
–D엔지니어링(주) 시스템
  605 Power System
  (중하중용)
  486 Power System
  (경하중용)
–K건설 Omega Series

※ 시스템 동바리 구조계산

▌구조계획

시스템 동바리의 구조계산 및 설치계획은 다음과 같이 실시한다.

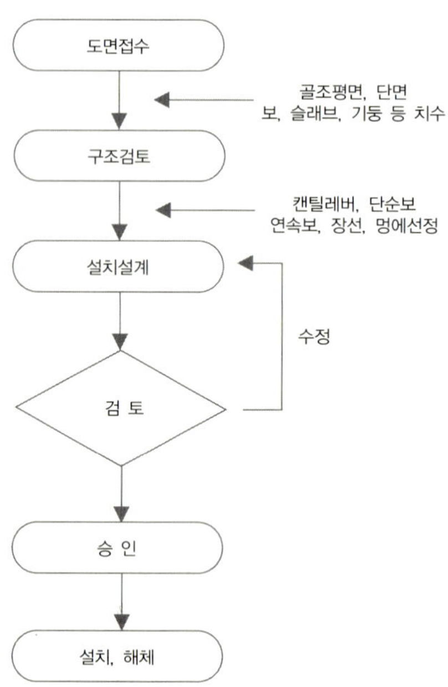

(7) 시스템 동바리 조립 시

시스템 동바리는 연직하중을 지지하는 수직재, 상·하부 U 헤드 잭과 잭 베이스 및 수평력을 지지하는 수평재와 수직·수평가새로 이루어져 있으며, 다음에 적합해야 한다.

1. 시스템 동바리는 구조설계에 의한 조립도에 따라 정확히 설치한다.
2. 수직재와 수평재는 직교되게 설치해야 하며 체결 후 흔들림이 없어야 한다.
3. 시스템 동바리를 설치하는 높이는 단변길이의 3배를 초과하지 말아야 하며, 초과 시에는 주변구조물에 지지하는 등 붕괴방지 조치를 한다.
4. 그림에 나타낸 잭 베이스의 전체길이는 600mm 이내이어야 하며 수직재와 물림부의 겹침은 150mm 이상이어야 한다.
5. 수직재를 설치할 때에는 수평재와 수평재 사이에 수직재의 연결부위가 2개소 이상 되지 않도록 한다.
6. 초기 설치 시 잭 스크루를 조절하여 수평을 확보함으로써 수직재에 편심에 의한 구조적인 힘의 손실이 발생하지 않도록 한다.
7. U 헤드 잭에 얹히는 장선, 멍에재는 편심이 생기지 않도록 중심선에 놓여야 하며 못 등으로 고정한다.

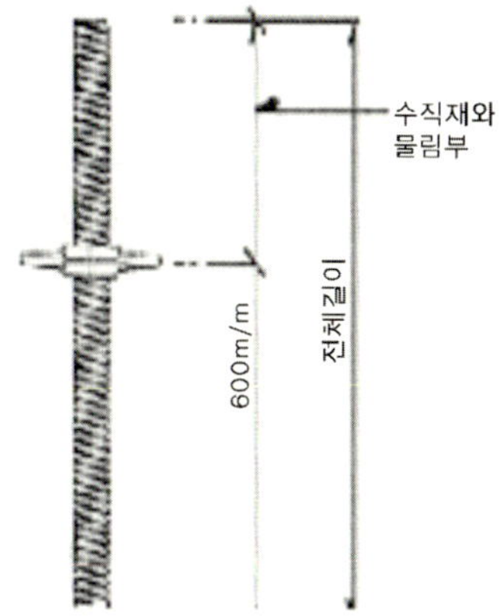

잭 베이스

(8) 시스템 동바리 최하부에 설치하는 수직재는 잭 베이스의 너트와 밀착되게 설치한다.

(9) 시스템 동바리 상부의 U

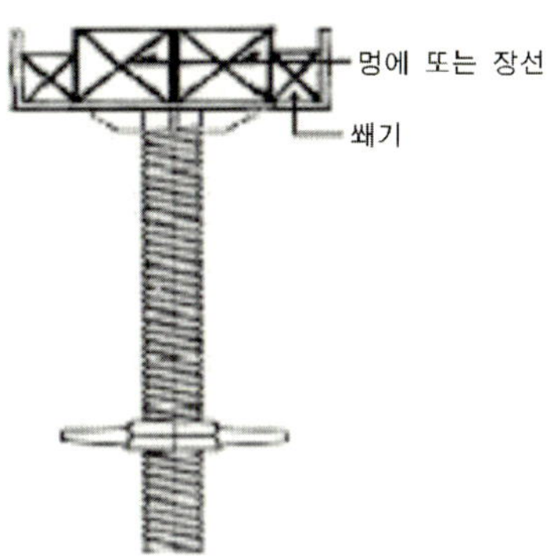

시스템 동바리 상부 U 헤드

헤드의 폭은 그림과 같이 멍에재 2개가 들어갈 수 있는 넓이 이상이 되어야 하며 쐐기 등을 사용하여 멍에재와 U 헤드를 밀착시켜 멍에재와 U 헤드와의 유격을 없애야 한다.

(10) 연결핀을 사용하여 수직재를 견고하게 조립하고 연결부위에 꺾어짐이 발생하지 않도록 한다.

(11) 조립전 점검 및 조치사항

1. 시스템 동바리를 지반에 설치할 경우에는 수직하중에 견딜 수 있도록 지반의 지지력을 검토하여 강재, 목재 등을 이용하여 깔판 또는 깔목을 설치하거나, 지반다짐 후 콘크리트를 타설하는 등 상재하중에 의한 침하방지 조치를 한다.
2. 잭 베이스를 설치할 때에는 잭 베이스 하부에 이물질이나 돌출부위가 없도록 바닥면을 정리한다.
3. 바닥이 경사진 곳에 설치할 경우에는 목재쐐기 등을 이용하여 동바리 바닥이 수평이 되도록 하고 서로 고정한다.
4. 부재와 부재와의 접속부 및 이음부에 사용하는 연결핀 등 전용철물은 제조사의 제품과 동일한 제품인지 확인 후 사용한다.

(12) 해체작업 순서

1. 해체작업은 기본적으로 조립의 역순으로 실시하며, 작업 전 해체계획 수립 후 작업 지휘자의 지시에 의해 작업을 실시한다.
2. 해체작업장에는 경계테이프 등을 설치하여 작업자 이외의 자가 임의로 작업장에 출입하지 않도록 감시원을 배치하여 통제한다.
3. 해체작업 중에 해체된 자재를 던지지 말아야 한다.
4. 해체된 자재를 정리정돈할 때에는 가능한 한 같은 규격별로 정리하고, 운반작업 시에도 가능한 한 같은 규격별로 묶어 운반토록 하며 작업 시 부재의 변형이 생기지 않도록 주의한다.

5.5.9 합벽용 무폼타이공법

(1) 개요

① 지하외벽 거푸집공사 시 양면에 거푸집의 설치가 곤란한 경우 한쪽 면에만 거푸집을 설치하여 폼타이 없이 거푸집에 작용하는 콘크리트 측압을 지지하도록 한 거푸집공법을 무폼타이 거푸집이라 한다.

② 현장에서 통상 지하 1~3층 외벽 옹벽에 적용한 합벽 거푸집을 무폼타이공법으로 행했으며, 유사 타 현장의 공법 선택 시 참조토록 그 특징을 서술한다.

(2) 공법의 종류

1) 브레이스프레임공법

① 트러스 형식의 브레이스 프레임을 이용

② 측압 및 사용횟수에 대해 솔저보다 유리

③ 전용률은 솔저보다 유리하나 중량으로 인한 운반은 불리

2) 합벽 솔저시스템공법

① 각강재 + Support + Girder를 이용

② 브레이스프레임공법에 비해 운반이 수월함

(3) 공법의 장 · 단점

1) 장점

① 지하 무폼타이 등 철물에 의한 누수방지

② 폼타이 고정을 위한 H빔에 타이 용접작업 절감(일반 합벽공사 비교)

③ 공법이 단순하고 거푸집 설치 및 해체 품이 절약됨.

④ 좁은 공간에서 작업 가능(솔저시스템)하며 전용률이 높다.

⑤ 공기단축

⑥ 여러 종류의 폼(유로폼, 제작폼, 일호폼 등)에 적용 가능하다.

2) 단점

① 하부 앵커매입을 위한 지지층이 필요하다.

② 앵커매입 시 콘크리트 측압에 대한 구조계산 필요 하며 정확한 위치에 매입

③ 다소의 기능을 요함.

(4) 기존 공법 & 무폼타이(솔저시스템공법) 비교표

구분	기존 합벽 거푸집공법	무폼타이(솔저시스템)공법
재료	1. Support 자체 강성이 낮아 변형 우려 2. 소요량이 많아 운반, 정리 설치, 해체 등 노무비 발생이 크다. 3. 자재 손망실이 과다 발생	1. 강구조 등 Channel Pipe로 이루어져 변형이 없다. 2. 소요량이 적고 운반, 정리, 설치, 해체가 간단하다. 3. 자재 손망실 적다.
시공 방법	1. H빔에 폼타이 용접 2. 토류판에 T바 설치작업 3. 거푸집 전체가 부력에 의해 위로 떠오르는 현상 종종 발생. 4. 앵글 띠장작업	1. 폼타이, T바 설치 불필요 2. 앵커매입, 시공 등으로 부력 방지
품질 안전	1. 버팀대가 약해 측압에 의해 배부름 현상 발생 2. 폼타이 등으로 인하여 방수문제, 콘크리트 내구성 저하 3. 용접작업 등 안전관리 필요	1. 버팀대의 확실한 역할로 측압을 최소화 시켜줌. 2. 폼타이 구멍이 없기 때문에 방수문제 해결.
기타	1. 폼타이는 골조에 매립되므로 재사용 불가 2. 노무비가 많이 소요	1. 자재의 전용성 우수 2. 인건비 절감 3. 공기단축 4. 정밀시공 가능

(5) 시공순서 흐름도

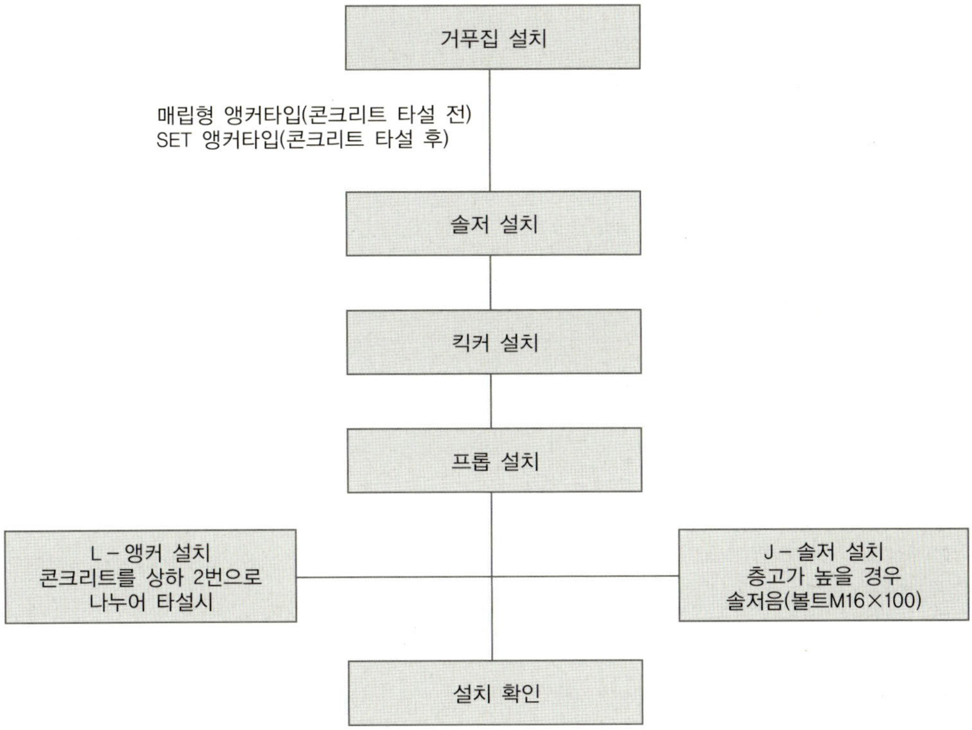

(6) 시공 시 유의사항(기본형)

1) 거푸집 설치

콘크리트 타설면에 유로폼, 목재거푸집, 리브 라스 등을 설치한다.

2) 앵커공법을 선정 및 솔저 설치

① 매입형 앵커 타입(콘크리트 타설 전)

- 콘크리트에서 유로폼(합판) + 파이프(각목) + 솔저 두께 합한 위치에 45° 각도로 매립앵커 19mm를 바닥콘크리트 타설 전에 고정한다.
- 콘크리트 타설 시 유동에 대처할 수 있도록 고정(M20 매립앵커)
  - 철근에 용접 : L-앵커를 철근에 용접(콘크리트 선 4~6cm 노출)
  - 거푸집 고정 : 상판 거푸집에 못 구멍이 가공된 철판고정
- 콘크리트 타설 후 앵커 위치의 변위를 체크할 수 있도록 조치한다.(타설시 앵커 노출부위 오염방지를 위해 테이프 처리)
- 피아노선은 미리 설치하거나 콘크리트 타설 후 육안으로 위치할 수 있는 기준 포인트 설치

② 세트앵커 타입(콘크리트 타설 후)

- 솔저, 킥커 설치위치에 D25mm 해머드릴을 이용하여 콘크리트 바닥에 세트앵커 깊이 만큼 구멍을 뚫는다.
- 솔저 바닥판에 가공된 장홀을 이용하여 세트앵커를 고정한다. 이때 세트앵커 고정 및 와셔, 너트를 철저히 긴결한다.
  →콘크리트 타설 시 부력으로 인해 이탈되는 사고가 종종 발생.
- 설치된 솔저는 파이프 클램프(3개)를 이용하여 거푸집과 긴결한다. 이때 와셔와 윙너트는 12mm용을 사용한다.

3) 킥커 설치

2개의 세트앵커를 고정하며 솔저와 정확한 일직선상에 설치되어야 하므로 정밀시공 필요

4) 프롭 설치

프롭은 길이에 따라 3가지로 분류되며 겉대, 속대 2가지로 구분

- 겉대 길이별로 2.6m – 상부, 2.2m – 중간, 1.7m – 하부

• 속대 길이별로 2.0m – 상부, 1.5m – 중간, 1.5m – 하부

5) L–앵커 설치 및 2단 시공

현장은 지하저수조(층고 : 5.3M)에서 적용.

① 매입된 L–앵커에 솔저를 조립하여 너트를 이용하여 조여 설치→이때 발생되는 모든 측압은 너트가 지지 하므로 긴결 주의

② 수평거더 설치 : 브래킷 설치 후 수평거더를 설치하면서 서포트는 측압에 따라 3~4개)를 설치한다.(각 서포트는 파이프로 연결)

③ 작업발판 설치 : 설치된 수평거더 위에 목재 또는 P.S.P 등으로 작업발판을 설치

④ 프롬 설치

6) 설치 확인

① 솔저 및 프롬 연결 볼트 확인

② 바닥에 설치된 세트앵커 상태 및 너트 긴결 확인

③ 솔저와 프롬, 킥커가 일직선상에 유지하는지 확인

(7) **솔저 설치간격**(콘크리트 두께와 타설높이 기준 솔저 설치간격)

콘크리트 두께 타설높이	0.4 M	0.6 M	0.8 M	1.0 M	1.2 M	1.4 M	1.6 M	1.8 M
2.0 M	0.9 M	0.9 M	0.9 M	0.9 M	0.9 M	0.6 M	0.6 M	0.6 M
2.4 M	0.8 M	0.8 M	0.8 M	0.8 M	0.8 M	0.6 M	0.6 M	0.6 M
2.8 M	0.8 M	0.8 M	0.8 M	0.8 M	0.8 M	0.6 M	0.6 M	0.6 M
3.2 M	(0.8M)	(0.8M)	(0.8M)	(0.8M)	(0.6M)	(0.6M)	(0.6M)	(0.6M)
3.6 M	(0.8M)	(0.8M)	(0.6M)	(0.6M)	(0.6M)	(0.6M)	(0.6M)	(0.6M)

※ 산출조건　　　　　　　　　　　　　　　　　　　　　(　)안 수치는 4–Support System 사용

1. 콘크리트 비중 2.4t/m 기준
2. 콘크리트 온도 10℃ 기준
3. 시간당 콘크리트 타설높이 1.5m 이하 기준

○○주상복합 현장 매입용 앵커 설치

○○ 주상복합 현장 프롭 설치

○○ 주상복합 현장 솔저 설치완료

○○ 주상복합 현장 작업발판 설치

(8) 향후 개선방향

① 매입앵커타입 공법 개선 : 무폼타이공법의 가장 중요한 부위인 솔저, 킥커를 고정하는 앵커타입(매입앵커타입)의 앵커 위치가 프롭을 고정하기 위한 정확한 위치에 설치되어야 하며, 콘크리트 타설 후에 앵커 위치 변위에 대응할 수 있는 기술적인 방법을 개선 발전 켜야 한다.

② 측압에 대응하는 데 가장 유리한 위치에 설치되는 앵커베이스, 킥커 고정을 위한 앵커핀, 볼트세트, 너트 등 부속물 관리를 철저히 한다.(소정의 강도를 갖는 제품사용 및 불량품 관리)

③ 무폼타이공법은 기능공의 기능숙련도에 적극 의존하므로 작업자들의 기능 숙련 향상을 위한 수시교육이 필요하며, 좀 더 기계화, 노무비를 절감할 수 있는 공법 개선이 필요하다.

(9) 무폼타이공법 실시 후 분석

① ○○○현장 지하합벽공사에 적용한 무폼타이공법(솔저공법)은 골조업체인 ○○○건

설에서 시공했던 실적이 있어 자재비는 별도로 투입되지 않아 공법 선정에 큰 무리가 없었다.

② ○○○현장은 지하구조물을 "A", "B" 구간으로 구분하여 시공하였으며, 매 층 합벽 및 슬래브를 분리시공하여 공기단축에는 별 효과를 보지 못했다.

③ 타 현장(골조업체에서 기 시공했던 현장)에서 발생된 배부름, 이동 등의 하자는 거의 없이 품질관리는 성공적이었다.

5.6 거푸집 안정성 구조 검토

5.6.1 Wood Form

(1) 구조검토 흐름

구 분	검 토 사 항	비 고
1. 허용 변형량 설정	• 휨모멘트 • 전단력(강재) • 최대 처짐량	휨모멘트 : 부재에 작용응력 $\sigma_b \leq$ 허용 휨응력 F_b 전단력 : 부재에 작용응력 $F \leq$ 허용전단응력 F_s 최대 처짐량 δ_{max} : 부재의 처짐량 $\delta \leq$ 허용처짐량 δ_{max}
2. 하중의 산정	• 고정하중(Con'c Load) • 충격하중(Impact Load) • 작업하중(Working Load) • 거푸집하중(Form Load)	콘크리트 자중 $(Y \times t)$ kgf/m^2 고정하중의 50% 150kgf/m^2 지진하중 : 전하중×1.2 60kgf/m^2 – 무시 풍하중 : 벽 면적 기준 50kgf/m^2
3. 거푸집널의 검토	• 합판 두께 • 장선 배치간격 결정	휨검토 $M_{max} = (1/8)wl^2$ 처짐검토 $\delta_{max} = (5wl^4)/(384EI)$ 전단검토 $V_{max} = (1/2)wl$ E : 탄성계수 • I = 단면 2차 모멘트 $(bh^3)/12$ • Z : 단면계수 $(bh^2)/6$
4. 장선의 검토	• 멍에 배치간격 결정	
5. 멍에의 검토	• 동바리의 배치간격 결정	
6. 동바리의 검토		멍에 배치간격에 대한 동바리 배치 검토
7. 종합검토		최적설계에 대한 검토(합판, 장선, 멍에, 가설재 배치간격)
8. 표준조립상세도	• 구조검토 결과에 의한 가설재 배치도 작성	

Wood Form 제작 시 구조검토 사항

(2) 거푸집 동바리 구조검토 예시조건

1. 슬래브 THK200mm
2. 합판섬유방향 배치
3. 단순보로 가정
4. 층고 3,600mm
5. 허용처짐값 0.3cm

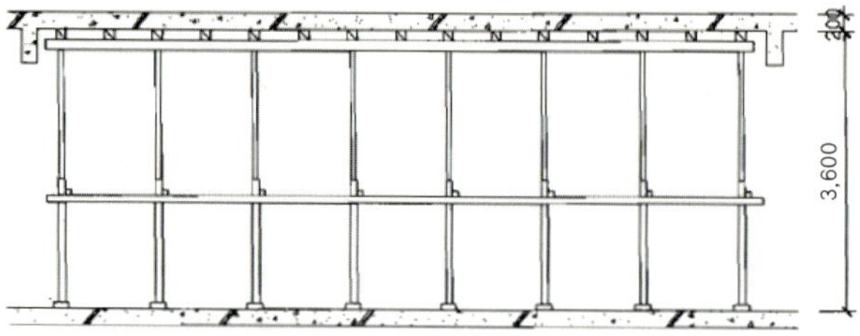

사용재료 ① 거푸집 널 : Ply Wood THK12mm
② 장　　선 : 미송 각재 3′×3′
③ 멍　　에 : 미송 각재 3′×3′
④ Support : St′L Pipe Support V4

(3) 재료별 허용응력도 및 단면성능

재료명	E (kgf/m^2)	I (m^4)	Z (m^3)	Fb (kgf/m^2)	Fs (kgf/m^2)	Fe (kg)	비고
Ply Wood THK12mm	7×10^4	0.144	0.24	240			
미송각재 3′×3′	7×10^4	547	121.5	105	7.5		
Pipe Support (V4)						1,050	

하중계산

1. 고정하중 = 2,400kgf/m^2×0.2m (slab THK) = 480kgf/m^2
2. 충격하중 = 480kgf/m^2×0.5 = 240kgf/m^2
3. 작업하중 = 150kgf/m^2 = 480kgf/m^2

Total = 870kgf/m^2

(4) 각 부재 안전성 검토

1) 합판검토(THK12mm, 900×1,800mm 사용할 때)

단면 2차 모멘트	$I = 0.144\text{cm}^4$
단면계수	$Z = 0.24\text{cm}^2$
허용 휨응력	$F_b = 240\text{kgf/cm}^2$
탄성계수	$E = 7\times104\text{kgf/cm}^2$

① 하중계산

합판의 단위폭 1cm에 작용하는 하중 산출

$\text{W} = 870\text{kgf/cm}^2 \times 1\text{cm} = 0.087\text{kgf/cm}$

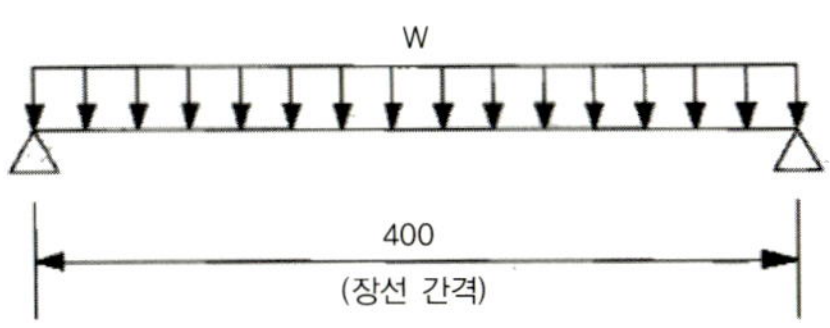

② 휨 검토

$M_{max} = wl^2 / 8 = 1/8 \times 0.087\text{kgf/cm} \times (40)^2 = 17.4\text{kgf/cm}$

$z = bh^2 / 6 = 0.24\text{cm}^3$

σ (휨응력) $= M_{max} / z = 17.4\text{kgf/cm} / 0.24\text{cm}^3 = 72.50\text{kgf/cm}^2 < F_b$

③ 처짐 검토

$\delta_{max} = 5wl^4 / 384\text{EI} = 5 \times 0.087 \times (40)^4 / 384 \times 7 \times 104 \times 0.144$

$= 0.28\text{cm} < 0.3\text{cm} \qquad \therefore \text{O.K}$

2) 장선 검토(미송각재 3′×3′ 사용)

① 하중계산

멍에 간격을 80cm로 가정하여 장선 1본에 작용하는 하중 산출

$W = 0.087\text{kgf/cm}^2 \times 40\text{cm} = 3.48\text{kgf/cm}$

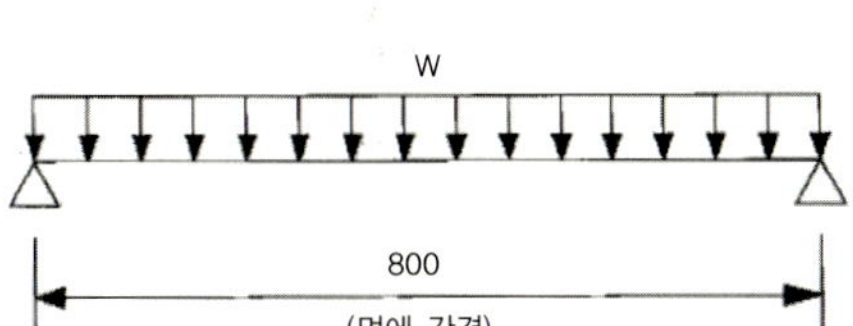

② 휨 검토

$M_{\max} = wl^2/8 = 3.48\text{kgf/cm} \times (80)^2 / 8 = 2,784\text{kgf/cm}$

$\sigma_b = M_{\max}/z = 2,784/121.5 = 22.91\text{kgf/cm}^2 < F_b$

$= 105\text{kgf/cm}^2$ $\therefore$ O.K

③ 처짐 검토

$\sigma_{\max} = 5wl^4/384\text{EI} = 5 \times 3.48 \times (80)^4 / 384 \times 7 \times 104 \times 547$

$= 0.048\text{cm} < 0.3\text{cm}$ $\therefore$ O.K

④ 전단 검토

$V_{\max} = wl^2 = 3.48\text{kgf/cm} \times 80/2 = 139.2\text{kg}$

$\tau = K \cdot V_{\max}/A = 1.5 \times 139.2 / 9 \times 9 = 2.58\text{kgf/cm}^2 < F_s$

$= 7.5\text{kgf/cm}^2$ $\therefore$ O.K

3) 멍에 검토(미송각재 3′×3′ 사용)

① 하중계산

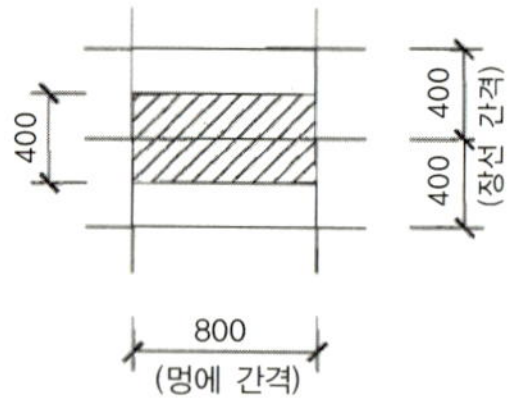

멍에 1본에 작용하는 하중 산출

$W = 0.087\text{kgf/cm}^2 \times 80\text{cm} = 6.96\text{kgf/cm}$

② 휨 검토

$M_{\max} = wl^2/8 = 6.96\text{kgf/cm} \times (80)^2 / 8 = 5,568\text{kgf/cm}$

$\sigma_b = M_{\max}/z = 5,568 / 121.5 = 45.8\text{kgf/cm}^2 < F_b$

$= 105\text{kgf/cm}^2$ $\therefore$ O.K

③ 처짐 검토

$\sigma_{\max} = 5wl^4/384\text{EI} = 5 \times 6.96 \times (80)^4 / 384 \times 7 \times 104 \times 547$

$= 0.10\text{cm} < 0.3\text{cm}$ $\therefore$ O.K

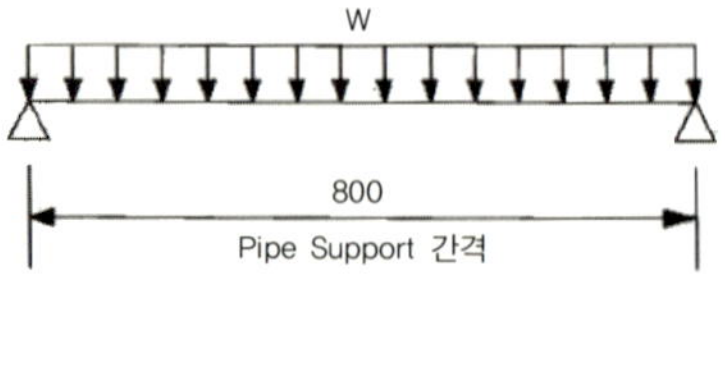

④ 전단 검토

$V_{max} = wl^2 = 6.96 \times 80 / 2 = 278.4\text{kg}$

$\tau = K \cdot V_{max} / A = 1.5 \times 278.4 / 9 \times 9 = 5.16\text{kgf/cm}^2 < F_s$

$= 7.5\text{kgf/cm}^2 \qquad \therefore \text{O.K}$

4) 멍에 캔틸레버 부분 검토

① 하중계산

멍에 단부(장선재)에 집중하중이 작용하는 캔틸레버 보로 가정하여 장선재 1본에 작용하는 하중 산출

$P = 0.087\text{kgf/cm}^2 \times 1\text{cm} \times 80\text{cm} = 6.96 \times 1\text{kg}$

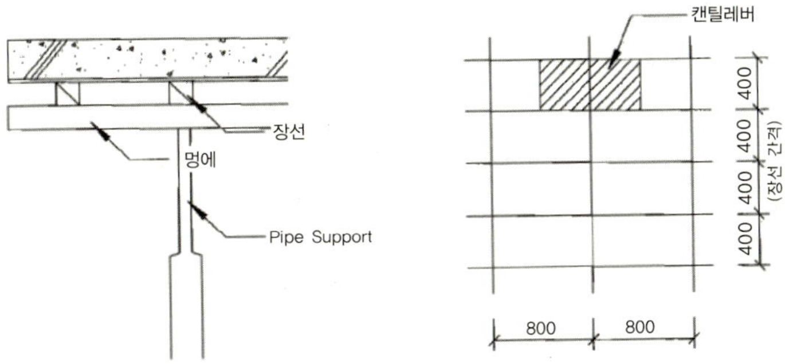

그림 5-15 장선 설치간격

② 휨 검토

$M_{max} = P \times I = 6.96 \times 12$

$\sigma_b = M_{max}/z = 6.96 / 12 / 121.5 < F_b$

$= 105\text{kgf/cm}^2$

$\therefore 12 < = 105 \times 121.5 / 6.96 = 1,832.9$

$\therefore 1 < 42.8\text{cm}$ (42cm 이하로 함)

③ 전단 검토

멍에의 내민 길이(장선재 위치)를 42cm로 하면

$V_{max} = P = 6.96 \times 1 = 6.96 \times 42\text{cm} = 292.3\text{kg}$

$\tau = K \cdot V_{max} / A = 1.5 \times 292.3 / 9 \times 9 = 5.4\text{kgf/cm}^2 < F_s$

$= 7.5\text{kgf/cm}^2 \qquad \therefore \text{O.K}$

④ 처짐 검토

$\sigma_{max} = Pl^3 / 3EI = 292.3 \times (42)^3 / 3 \times 7 \times 104 \times 547$

$= 0.19\text{cm} < 0.3\text{cm}$ ∴ O.K

5) Pipe Support 검토

① 하중 검토

Pipe Support의 허용 축하중 검토

$N = 0.087\text{kgf/cm}^2 \times 80 = 556.8\text{kg}$

Pipe Support의 허용하중을 안전율

$(F_s = 1.3)$ 적용하여 검토하면

$N = 556.8\text{kg} < 1{,}050\text{kg} / 1.3 = 807$ ∴ O.K

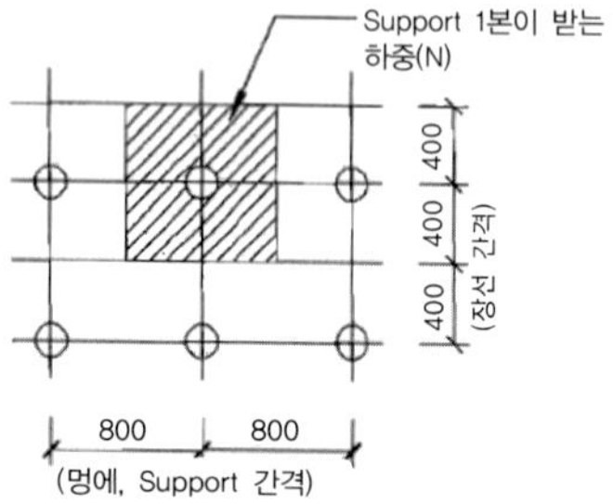

그림 5-16 Support 1본이 받는 하중 검토

② 수평 연결재 검토

Support의 높이가 3.5m 이상이므로 높이 2m마다 수평 연결재를 직교하여 설치한다.

6) 검토 결과

① Ply Wood THK12mm 사용

② 장선 : 미송각재 3′×3′ @400 설치

③ 멍에 : 미송각재 3′×3′ @400 설치

④ Pipe Support : V4 @800 설치

⑤ 높이 2m마다 수평 연결재를 직교하여 설치

5.6.2 유로폼(Euro Form)

(1) 측압

<table>
<tr><th colspan="2" rowspan="2">타입속도 (m^3/h)
H(m)
부 위</th><th colspan="2">10 이하의 경우</th><th colspan="2">10을 초과 20 이하의 경우</th><th>20을 초과하는 경우</th></tr>
<tr><th>1.5 이하</th><th>1.5 초과
4.0 이하</th><th>2.0 이하</th><th>2.0 초과
4.0 이하</th><th>4.0 이하</th></tr>
<tr><td colspan="2">기둥</td><td rowspan="3">W_oH</td><td>$1.5W_o+0.6W_o\times(H-1.5)$</td><td rowspan="3">$W_oH$</td><td>$2.0W_o+0.8W_o\times(H-2.0)$</td><td rowspan="3">$W_oH$</td></tr>
<tr><td rowspan="2">벽</td><td>길이 3m
이하의 경우</td><td>$1.5W_o+0.2W_o\times(H-1.5)$</td><td>$2.0W_o+0.4W_o\times(H-2.0)$</td></tr>
<tr><td>길이 3m
초과하는 경우</td><td>$1.5W_o$</td><td>$2.0W_o$</td></tr>
</table>

[표] 거푸집 설계용 콘크리트 측압

※ 최대 측압을 구하기 위하여 필요한 요소

1) 콘크리트의 타설속도(m^3/h)
2) 벽길이(m)
3) 아직 굳지 않은 콘크리트의 타설 높이(m) : H
4) 아직 굳지 않은 콘크리트의 단위 용적 중량(t/m^3) : W_o

※ 측압 계산 예시

- 콘크리트의 타설속도 : 15m/h
- 아직 굳지 않은 콘크리트의 타설높이(m) : 2.45(층고 2.6 − 슬래브두께 0.15)
- 아직 굳지 않은 콘크리트의 단위용적 중량(t/m^3) : 2.3
- 이상에서 높이 3m 이하인 벽의 경우 최대 측압 P를 구해보면

  (Solution) 상기 조건 식 $P = 2.0W_o + 0.4W_o \times (H - 2.0)$

$$P = (2.0\times2.3) + (0.4\times2.3)\times(2.45 - 2.0) = 5.0\text{t/m}^2$$

① 일반적으로 건축물의 벽체에 작용되는 거푸집의 콘크리트 측압은 5.0t/m^2의 사용하중기준(KS규정)

② 아파트 현장의 유로폼 2장당 5.0t/m^2의 하중을 충당

(2) 각 부재의 안전성 검토

1) 거푸집의 검토

> 거푸집은 형틀용 합판(두께 12mm, 900×1,800mm)를 사용한다.
> 허용 휨응력 $F_b = 240\text{kgf/cm}^2$
> 탄성계수 $E = 7 \times 104\text{kgf/cm}^2$ (두께 12mm의 경우)

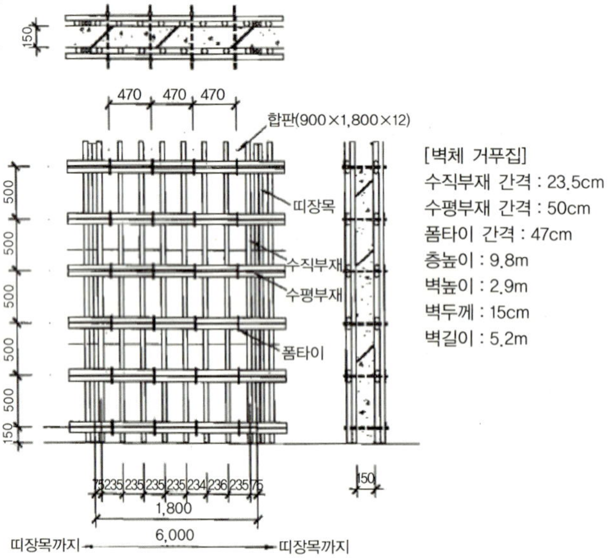

거푸집널에 작용하는 단위폭(1cm)마다의 하중 w은 콘크리트의 최대측압이 4.6t/m^2였기 때문에, $w = 4.6\text{t/m}^2 \times 1.0\text{cm} = 0.46\text{kgf/cm}^2 \times 1.0\text{cm} = 0.46\text{kgf/cm}$가 된다.

① 휨에 대한 검토

$M_{max} = wl^2/8 = 0.46\text{kgf/cm} \times (23.5\text{cm})^2 / 8 ≒ 32\text{kg.cm}$

$\sigma_b = M_{max}/z = 32 / 0.24 ≒ 134\text{kgf/cm}^2 / F_b$

$= 240\text{kgf/cm}^2 ≒ 0.56 < 1$ ∴ O.K

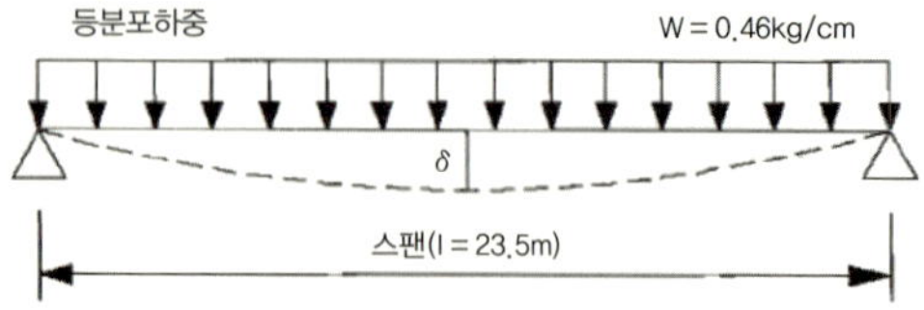

② 처짐에 대한 검토

$\sigma_{max} = 5wl^4/384EI = 5\times0.46\times(23.5)^4 / 384\times7\times104\times0.144$

$= 0.18cm < 0.3cm \quad \therefore$ O.K

수직부재로는 단관 $\phi48.6\times2.4$ (3종, STK51)을 사용한다.

단면 2차 모멘트 $I = 9.32cm^4$

단면계수 $Z = 3.83cm^3$

허용 휨응력 $F_b = 2,400kgf/cm^2$

탄성계수 $E = 2.1\times106kgf/cm^2$

2) 수직부재의 검토

① 하중계산

$W = 0.46kgf/cm^2\times23.5cm \fallingdotseq 10.8kgf/cm$

② 휨에 대한 검토

$M_{max} = wl^2/8 = 10.8kgf/cm\times(50cm)^2 / 8 \fallingdotseq 3,375kg/cm$

$\sigma_b = M_{max}/z = 3,375 / 3.83 \fallingdotseq 882kgf/cm^2 / F_b$

$= 2,400kgf/cm^2 \fallingdotseq 0.37 < 1 \quad \therefore$ O.K

③ 처짐 검토

$\sigma_{max} = 5wl^4/384EI = 5\times10.8\times(50)^4 / 384\times2.1\times106\times9.32$

$\fallingdotseq 0.045cm < 0.3cm \quad \therefore$ O.K

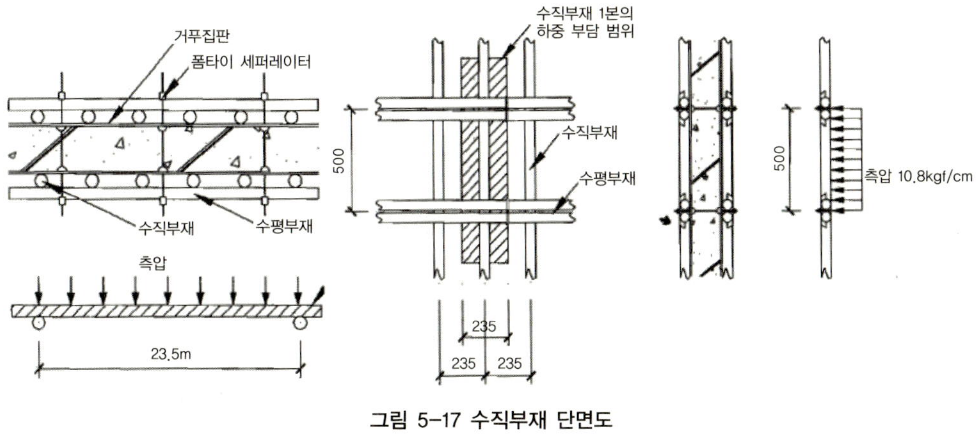

그림 5-17 수직부재 단면도

3) 수평부재의 검토

수평부재로는 단관 ϕ48.6×2.4 (3종, STX51) 2본을 사용한다.	
단면 2차 모멘트	$I = 9.32\text{cm}^4$
단면계수	$Z = 3.83\text{cm}^2$
허용휨응력	$F_b = 2,400\text{kgf/cm}^2$
탄성계수	$E = 2.1 \times 106\text{kgf/cm}^2$

① 하중계산

$W = 0.46\text{kgf/cm}^2 \times 50\text{cm} ≒ 23\text{kgf/cm}^2$

② 휨에 대한 검토

$M_{max} = wl^2/8 = 23\text{kgf/cm} \times (47\text{cm})^2/8 ≒ 6,351\text{kg/cm}$

$\sigma_b = M_{max}/z = 6,351 / 2$ (단관파이프 2본 사용) $\times 3.83 ≒ 829\text{kgf/cm}^2 / F_b$

$= 2,400\text{kgf/cm}^2 ≒ 0.35 < 1$ ∴ O.K

③ 처짐 검토

$\sigma_{max} = 5wl^4/384\text{EI} = 5 \times 23 \times (47)^4/384 \times 2.1 \times 106 \times 2$

(단관파이프 2본 사용) $\times 9.32 ≒ 0.04\text{cm} < 0.3\text{cm}$ ∴ O.K

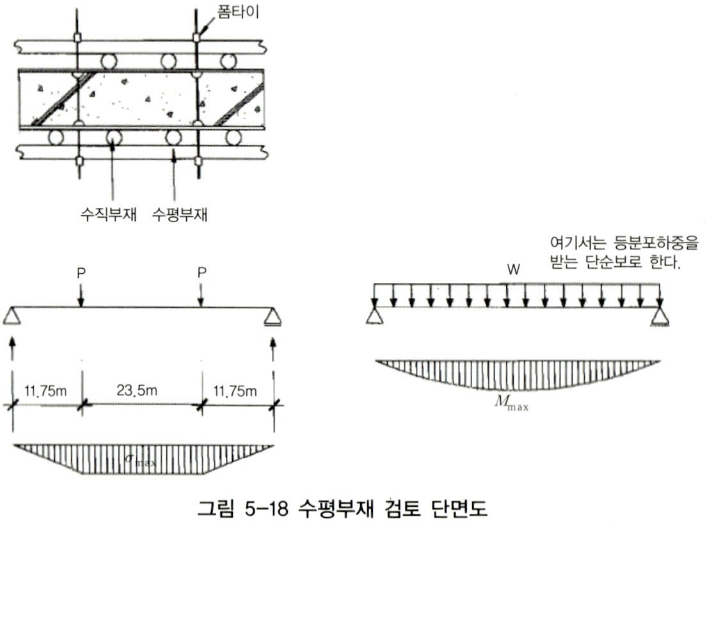

그림 5-18 수평부재 검토 단면도

4) 폼타이(Form Tie)의 검토

> 폼타이는 W5/16를 사용한다.
> 허용인장내력 $F_t = 1,400$kg/본

① 폼타이 1본이 하중 부담하는 면적 $A = (23.5\text{cm}+23.5\text{cm}) \times (25\text{cm}+25\text{cm})$

$= 2,350\text{cm}^2$

② 인장력 $T = 0.46\text{kgf/cm}^2 \times 2,350\text{cm}^2 = 1,081$kg/본

③ $T/F_t = 1,081/1,400 \fallingdotseq 0.77 < 1.0$ $\therefore$ O.K

– 합판 : Ply Wood THK12mm

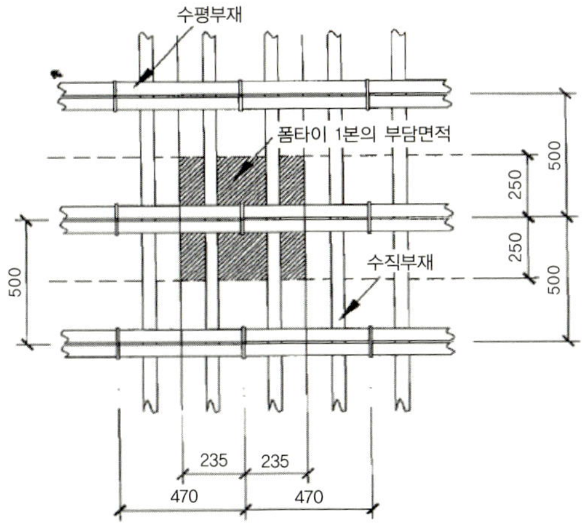

그림 5-19 폼타이 검토 도면

5.7 철근공사

5.7.1 개요

철근공사는 철근콘크리트(RC)조나 철골철근콘크리트(SRC)조 뿐만 아니라, 철골조의 기초 등에서도 적용된다. 철근공사를 수행한 후에 콘크리트가 타설되기 때문에 골조공사가 완료된 후에 철근 자체는 보이지 않는다. 만약 철근공사에 불량이 있으면 콘크리트에 균

열이 생겨서 녹물을 발생하거나 지진 등이 발생할 경우에 큰 피해를 유발시킬 수 있다. 철근공사는 구조물의 내력이나 내구성을 확보다는 측면에서 매우 중요한 공사이므로 철근공사에 관련하여 많은 지식을 필요로 하는 공사 중 하나이다.

최근의 몇 년 사이에 초고층건축물이나 대규모 구조물이 건설되고 사용되고 있는 철근들은 점점 강도가 커지고 있으며 지름 또한 커지고 있는 실정이다. 또한 지진에 대한 내진성의 향상 측면에서 철근공사의 중요성이 높아지고 철근량이 많아지므로 공사는 점점 까다로워지고 있다. 한편 건축공사의 성력화(省力化) 등의 요구로 인해 노동력이 많이 투입되고 있는 철근공사는 철근가공의 공장가공화, 철근 선조립공법 등의 신기술 적용이 많아지고 있으며, 철근이음방법에 있어서도 과거 가스압접과 겹침이음에서 최근 커플러와 같은 기계적 이음방법의 적용이 상대적으로 늘어남에 따라 철근공사에서 유의해야 할 점이 많아지는 현상이다.

5.7.2 철근재료와 구성부재

(1) 철근재료

철근은 단면형태에 따라 원형철근과 이형철근으로 분류되며, 원형철근은 철근 표면에 마디가 없고 이형철근은 마디와 리브(Rib)가 있다.

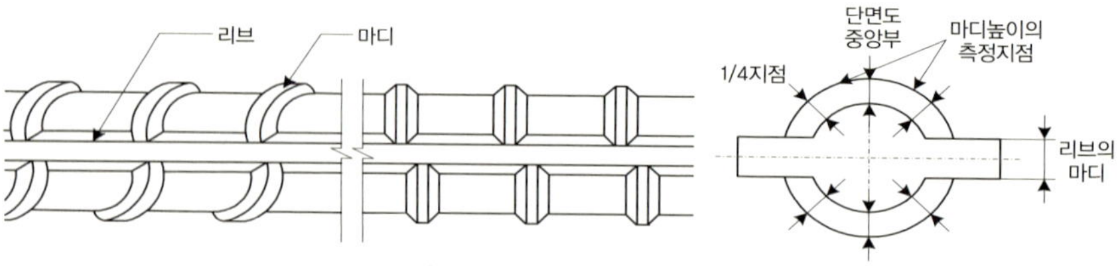

그림 5-20 이형철근의 형태

이형철근은 콘크리트와의 부착력이 강하고 혹시 콘크리트에 균열이 생길 때에도 균열폭을 작아지게 하는 장점이 있어 건축용이나 토목용으로 널리 쓰인다. KS(한국표준규격)에 의해 원형철근은 'SR(Steel Round bar)' 그리고 이형철근은 'SD(Steel Deformed bar)'라는 기호로 표시하여 종류를 구분하고 있다. KS규격 중 KS D3504에서 이형철근의 종류 및 화학성분, 기계적 성질, 치수 및 단위무게 등에 대하여 규정하고 있다. 철근콘크리트용 원형철근 종류에는 SR240, SR300이 있다. 이형철근(일반용)에는 SD300, SD350, SD400, SD400W, SD500, SD500W가 있는데, 여기서 수치는 항복강도를 나타낸다. 그리고 호칭별 종류로는 D10~D51까지 12종류가 있다.

표 5-4 이형봉강의 치수 및 중량

호칭	단위무게 (kg/m)	공칭치수			비 고
		직경(mm)	단면적(cm^2)	둘레길이(mm)	
D10	0.56	9.53	0.7133	3.0	
D13	0.995	12.7	1.267	4.0	
D16	1.56	15.9	1.956	5.0	
D19	2.25	19.1	2.865	6.0	
D22	3.04	22.2	3.871	7.0	
D25	3.98	25.4	5.067	8.0	
D29	5.04	28.6	6.424	9.0	
D32	6.23	31.8	7.942	10.0	
D35	7.51	34.9	9.566	11.0	
D38	8.95	38.1	11.40	12.0	
D41	10.5	41.3	13.40	13.0	
D51	15.9	50.8	20.27	16.0	

표 5-5 철근콘크리트용 봉강별 주용도

구분	용 도	비 고
SD300	일반바(Mild Bar)로 불리며 주로 토목현장 이나 아파트 옹벽구축에 쓰임.	
SD350	일반바와 하이바의 중간 물성치를 지니며 지하철공사 현장(터널 등)에 주로 쓰임. 최근에는 하이바로 대체 사용하는 추세임.	
SD400	하이바(Hi Bar)로 불리며 주로 일반 건설현장에 쓰임.	
LNG 저온철근	LNG 저장탱크용으로 저온 콘크리트 구조물에 사용(LNG기지 등)	
SD400W	웰딩바(Welding Bar)로 불리며 용접이 필요한 구조물에 주로 쓰임. ex)인천대교	
SD500	메가 블랙바로 불리며 초고층 건물 지하 현장에 주로 쓰임.	
SD500W	SD400W와 동일한 용도로 쓰이며 강도는 SD500과 동일함.	

표 5-6 봉강의 단면 색 표시

봉강 종류	양단면 색깔	봉강 종류	양단면 색깔
SR240	청색	SD400	황색
SR300	녹색	SD500	흑색
SD300	녹색	SD400W	백색
SD350	적색	SD500W	분홍색

(2) 구성부재

철근콘크리트구조에서 거푸집을 조립한 후 철근의 가공 · 조립을 행한 후 콘크리트 타설함으로써 부재가 완성된다. 그러므로 철근의 가공 · 조립에 대한 계획이나 시행을 위해서 각 부재에 가공 · 조립되는 철근의 명칭을 기억할 필요가 있다.

사진 5-10 기초철근

철근공사는 구조물을 구성하는 요소를 형성하기 위해 각 부재마다 철근을 가공해서 조립하며, 철근의 가공이나 조립의 계획을 행하기 위해서는 각 부재에 들어가는 철근의 명칭을 기억할 필요가 있다.

각 부재를 형성하는 각 철근에는 단면 내에 발생하는 인장력을 부담하는 인장철근과 압축력을 부담하는 압축철근이 있다. 인장철근과 압축철근은 철근 단면에 가해지는 힘의 방향으로 결정된다.

기둥에 사용될 수 있는 띠철근(Hoop)이나 큰보 또는 작은보에 사용될 수 있는 늑근(Stirrup)은 전단 보강근의 역할을 하므로 단면 내에 발생하는 전단력을 부담한다.

사진 5-11 기둥철근

사진 5-12 보철근

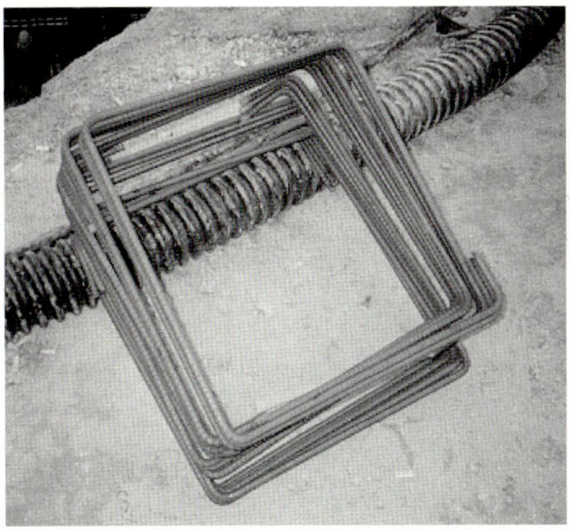

사진 5-13 가공된 띠철근

사진 5-14 가공된 스터럽

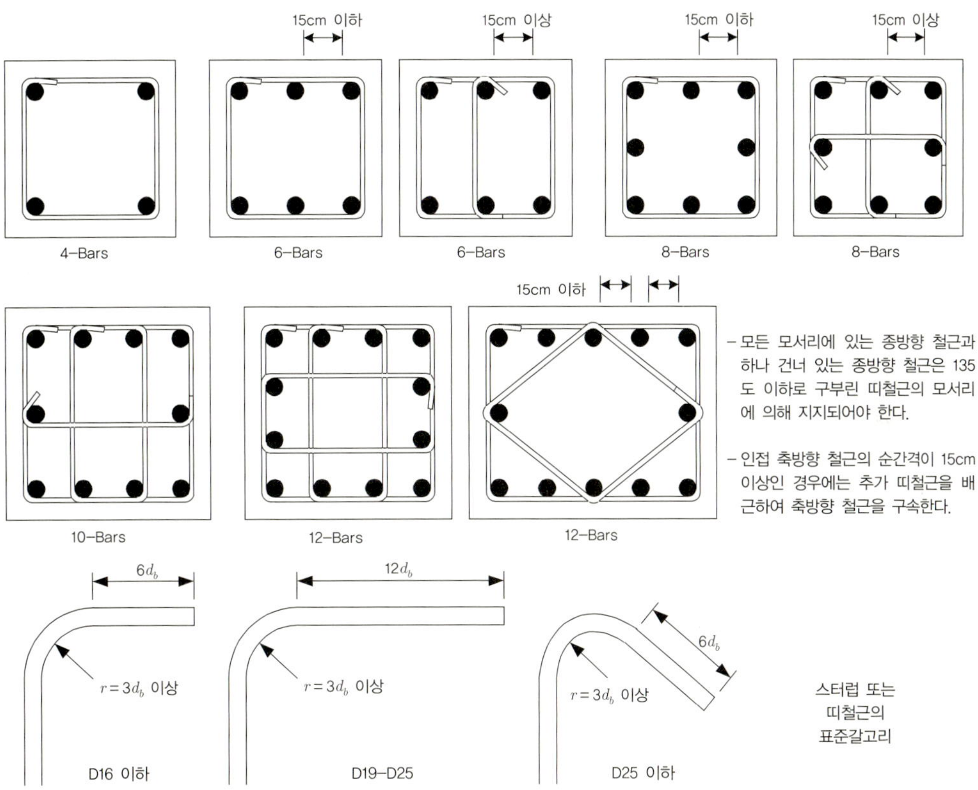

그림 5-21 띠철근의 배근

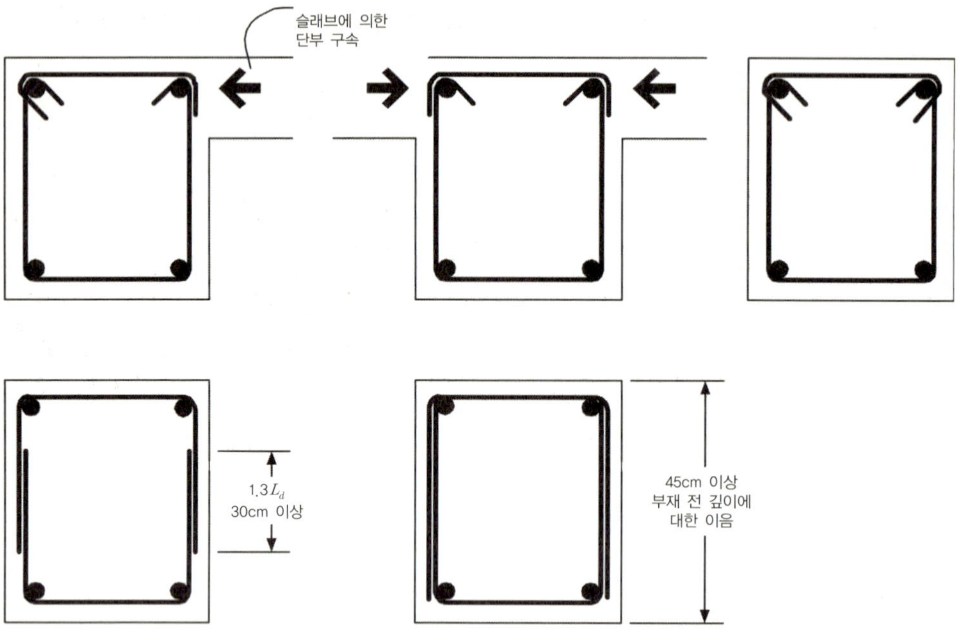

그림 5-22 스터럽의 형상

사진 5-15 벽체철근

사진 5-16 슬래브 철근

5.7.3 철근공사의 계획

철근공사는 설계도서의 확인, 철근공사계획, 철근시공도의 작성, 철근자재의 발주 및 입고, 철근가공, 가공철근의 입고, 철근조립, 배근검사의 순으로 진행되며 주요 공정에 대한 상세한 설명은 다음과 같다.

(1) 설계도서의 확인

철근공사에서는 최초에 설계도서를 면밀히 확인하여 ① 특기사항과 시방서의 파악, ②

구조도면 및 마감도면 설비도면 참조, ③이음공법 및 이음길이 등의 지정 유무, ④개구부 보강 및 보강근 지정 등, ⑤각종 시험 및 검사에 대한 사항 등을 확인함과 동시에 안전상에서 문제가 될 것 같은 부분을 미리 검토해 둔다.

구조설계상의 특성을 이해하는 것은 물론 시공불량이 발생하지 않도록 하기 위해서 사전에 설계자와 충분한 협의를 거치는 것이 중요하다.

(2) 철근공사계획

철근공사의 공정계획을 수립하거나 검토하는 경우 타 공사와의 관계를 고려할 필요가 있다. 예를 들어, 철근콘크리트조에서 철근공사는 거푸집 조립이 완료된 전·후에 이루어지기 때문에 거푸집공사와 거의 동시에 작업이 이루어지게 되며, 철근공정은 거푸집공사의

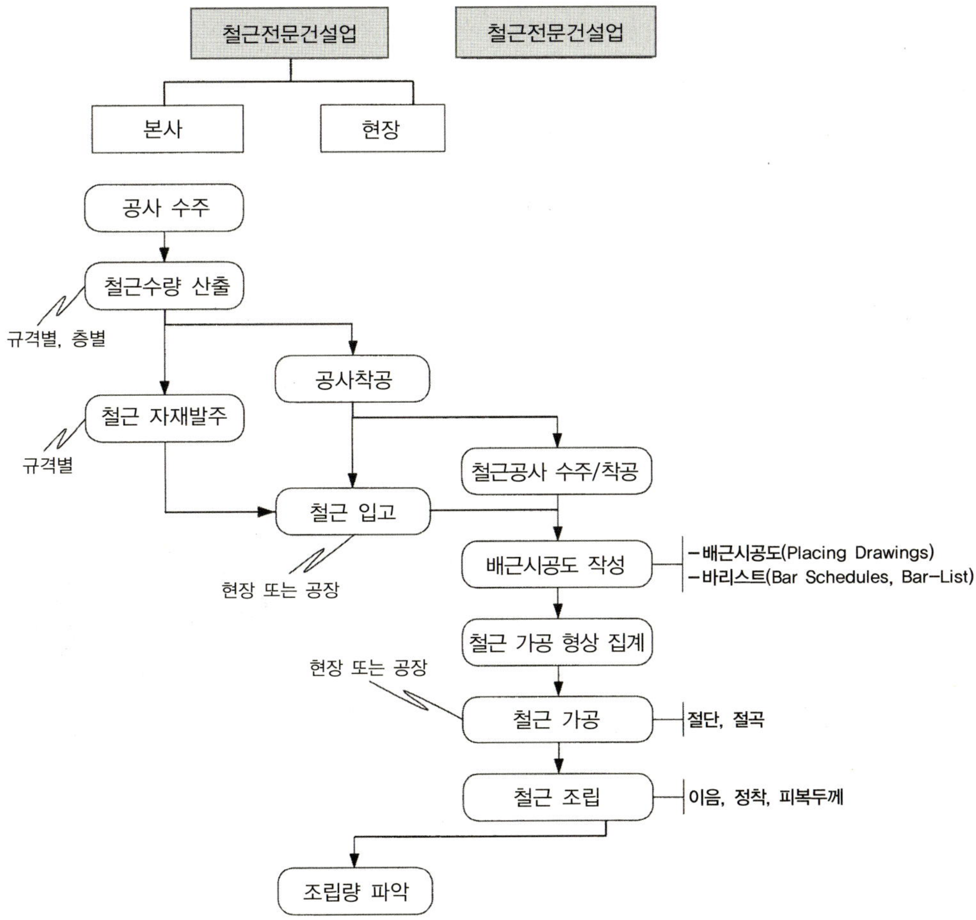

그림 5-23 철근공사 작업흐름

진행상황에 따라 좌우되는 경우가 많다. 또한 철골철근콘크리트조에서는 철근공사가 철골공사의 공정에 따라 좌우되는 경우가 많다. 철근공사에서 1명의 작업자가 1일에 시공 가능한 철근 조립량은 골조구조의 형식이나 작업조건에 의해 크게 다르지만 공구 구분이나 공사와 관련된 조립공법의 검토 등에 의해 일일 철근 조립량의 평준화를 도모해야 한다.

(3) 가설계획

가설계획의 검토에서 비계뿐만 아니라 철근의 운반이나 철근재료의 야적장, 철근 가공하는 방법과 위치를 결정하는 현장가공 또는 철근공장 가공에 대해서도 검토한다.

철근 운반에는 철근전문가공회사의 철근가공공장부터 작업장까지의 장외운반과 작업장 내 운반인 보관장부터 시공장소까지의 장내운반이 있다. 장외운반은 작업상 주변의 교통을 확인한 후에 1회당의 운반량과 사용하는 차량 등을 철근전문가공회사와 철근전문건설회사와 의논한다. 장내운반은 종합가설계획에 의해 좌우되기 때문에 타워크레인의 위치나 타워크레인의 양중능력을 사전에 검토한다.

또한 데크 등의 슬래브 거푸집 위에 철근재료를 적치하는 경우에 거푸집에 유해한 변형이 발생하지 않도록 적재중량을 검토한다. 비계는 거푸집의 조립, 콘크리트 타설, 철골의 볼트접합 등의 작업과 겸용이 되는 경우가 많으므로 종합가설계획을 중심으로 검토한다.

철근의 가공은 대부분이 철근전문건설회사에 의해 현장에서 가공이 이루어지고 있으나 최근에 현장에 철근을 야적할 수 있는 공간의 부족, 현장야적 철근관리의 어려움, 그리고 철근 손실의 최소화 등의 이유로 철근전문가공회사의 가공공장에서 행해지는 것이 점차 증가하는 추세에 있다. 공장가공의 경우 발주한 철근이 발주한 수량과 공정에 맞게 현장에 반입될 수 있도록 사전에 철근전문건설회사 또는 철근전문가공회사 등과 사전협의가 반드시 필요하다. 그리고 현장 내 가공장을 설치하는 경우 철근재료를 야적하는 곳과 현장 가공장의 배치 등을 사전에 검토해야 한다.

사진 5-17 현장 내 철근가공장

(4) 철근배근 시공도 작성

철근 시공도는 가공도와 조립도로 구분된다. 가공도는 일반적으로 철근전문업자가 설계도서를 바탕으로 철근의 강도별, 사이즈별, 길이별로 작성하며 철근공사 담당자는 가공도를 바탕으로 철근가공공장에 철근재료를 발주하게 된다. 또한 가공도는 철근을 가공하기 위한 목적으로 작성되며 철근의 형태와 치수, 개수, 중량을 표현하고 있다. 조립도는 기둥, 대들보 접합부, 기초부 등 철근이 복잡하게 교차하는 부분에 대해서 철근공사 담당자가 작성한다. 그리고 조립도를 검토 실시 후 가공도와의 조정을 실시하게 된다.

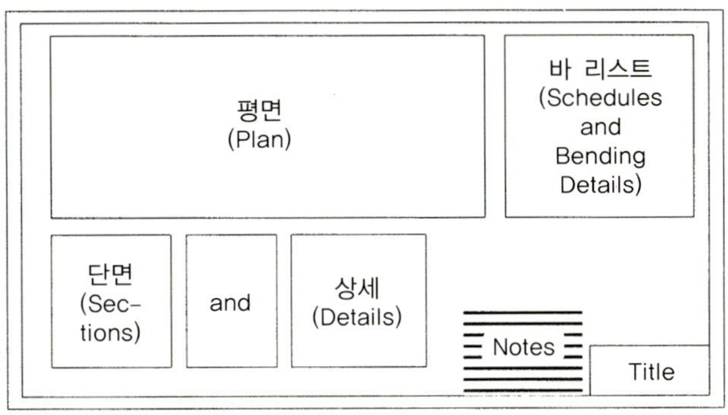

그림 5-24 배근 시공도의 배치기준(ACI)

(5) 철근가공

일반적으로 철근의 가공은 철근전문업자의 가공공장에서 행해지는데, 철근담당자는 발주한 철근재료가 확실하게 입고되는지를 오류 없이 가공될 수 있도록 철근재료의 수입검사, 철근의 가공정밀도, 철근의 접곡형태와 치수 등에 대해서 충분히 합의해야 한다.

5.7.4 배근공사

(1) 가공철근의 수입(受入)

철근공사 당담자는 가공된 철근이 현장에 반입되면 메탈택과 철근에 표시된 롤마크에 의해 재질과 사이즈를 확인하고 길이와 개수를 다시 한 번 체크한다. 또한 발주된 자재가 오차 없이 반입되었는지를 확인해야 하며 밀 시트에 의해 기계적 성질이나 화학적 성질을 확인해야 한다. 현장에 반입된 철근은 직접 지지면에 접하지 않도록 가장자리 큰 모퉁이 등을 사용하여 강도별, 사이즈별, 길이별로 나누어 보관해서 비 또는 흙탕물 등이 닿지 않도록 시트 등으로 보관하도록 한다.

(2) 철근의 조립

철근콘크리트조의 일반계의 배근은 기둥, 벽, 큰보, 작은보, 슬래브 순서로 작업이 진행되며, 철골철근콘크리트조에서는 건축물의 형태에 따라 조립순서가 다른 경우가 있으므로 주의한다.

철근공사의 전에는 버림콘크리트의 상부에 표시된 중심먹을 기준으로 기둥 각 부재를 나타내는 땅먹을 표시한다. 큰보는 대들보의 높이가 큰 경우가 많으므로 필요에 따라 철근비계나 조립용 비계를 설치하여 배근한다.

기초대들보의 폭이 주단면보다 큰 경우에는 기초대들보 다음에 기둥의 조립을 하는 경우도 있다. 기둥의 배근은 땅먹임에 맞추어 기둥근을 설치한 후 하부의 후프를 삽입하여 조립 실시하며 기둥근을 이음새에 의해 접합한 후 마지막으로 상부의 후프를 삽입하여 조립한다. 또한 기둥근과 후프는 결속선을 사용하여 움직이지 않도록 고정하는데 결속선에는 0.8mm 정도의 철선을 사용한다.

철골철근콘크리트조의 기둥 망과 후프가 철골보의 웨브(Web)를 관통하는데, 양단 훅부착의 후프에서는 웨브의 구멍에 후프를 통과시킬 수 없기 때문에 필요에 따라 나눔후프(L자 등의 형태에 가공한 후프를 웨브의 구멍에 통과하여, 단(端)부를 플레어 용접 또는 기계식 이음새로 접합하여 폐쇄형 후프를 형성한다)의 사용을 검토한다.

기둥의 배근 후에 형틀공사와 동시에 벽근을 배근하며 대들보와 슬래브의 형틀이 조립된 후 큰보, 작은보, 슬래브 순으로 배근작업을 실시한다.

한 개분의 배근이 끝난 후 공사감리자에 의한 검사 실시 후 합격하면 콘크리트를 타설한다. 공사감리자로부터 불량 지적을 받았을 경우에는 적절한 정정조치를 실시한 후 감리자의 확인을 받도록 한다. 타설단계에서는 타설 시 펌프배관의 충격이나 진동, 작업인의 보행 등에 의해 철근이 흐트러지지 않도록 주의한다.

5.7.5 철근공사의 유의점

철근공사에 있어서는 설계도서대로의 품질을 확보하기 기둥 또는 보 주근의 종별, 지름, 수량 등을 확인하는 것 외에 다음과 같은 점에 대해 유의해야 한다. ① 철근과 철근의 간격, ② 철근의 피복두께, ③ 철근 말단부의 훅, ④ 철근의 정착, ⑤ 균열의 보강, ⑥ 설비와의 관계와 같은 6가지 유의점을 확인해야 한다.

철근콘크리트구조물에 필요한 기본적 성능으로 구조성능, 내화성능, 내구성능을 확보하기 위해 위에서 언급된 6가지에 대해 유의해야 하며 다음 세부 절을 통해 유의점에 대해 구체적으로 설명하였다.

(1) 철근과 철근의 간격치수

기둥 또는 보 주근을 다수 병렬배근하는 경우에는 철근 사이에 필요한 간격을 설치해야 하는데 철근의 최소간격치수는 그림 5-25와 같이 정해져 있다.

- 2.5cm 이상
- 철근의 공칭지름(db) 이상
- 굵은 골재 최대치수 4/3 이상

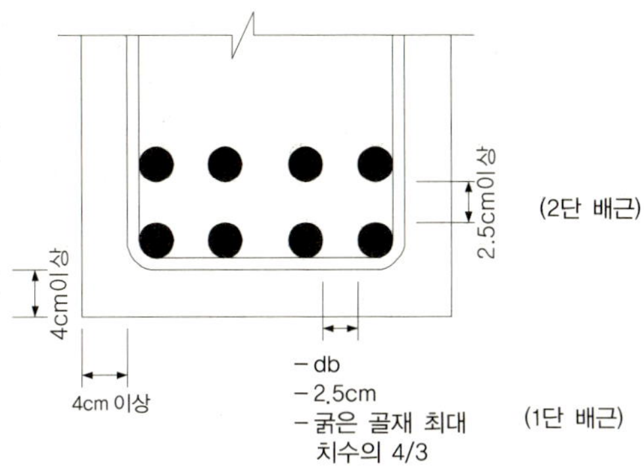

그림 5-25 철근의 순간격 및 피복두께

따라서 통상적인 굵은골재의 최대치수 25 mm를 사용하고, D 25 철근을 사용할 경우, 수평철근 간격은

- 2.5cm 이상
- db = 25.4 이상
- 2.5×4/3 = 3.33 이상이므로 3.4cm의 간격이 필요하다.

철근과 철근 사이의 필요한 간격을 확보하지 못할 경우에는 콘크리트를 타설하였을 경우 조골재가 막히는 현상이 발생되며, 콘크리트가 철근 주위에 충분히 부착되지 않고 분리나 구멍이 생길 우려가 있다. 철근 주위에 공극 등이 있으면 콘크리트의 내구성 저하의 원인이 되거나 공기나 물의 투입에 의해 철근이 녹슬 우려가 있으므로, 조골재 최대치수의 1.25배 또는 25mm 이상의 간격치수를 확보한다.

이형철근은 기계적 맞물림에 의해 콘크리트로부터 빠져나가는 것이 없도록 외력에 대한 안전성을 확보할 수 있다. 이러한 현상은 부착작용이다. 철근에 인장력이 발생하게 되면 표면 주위의 철근으로부터 콘크리트에 경사진 방향의 응력이 발생하게 되며, 발생된 응력은 주위의 콘크리트에 압력을 가해 압착시키려는 힘으로 변화된다. 응력발생 지점에서 가까운 곳에 위치한 철근들 또한 서로 콘크리트를 압착시키고 넓히려는 힘이 발생하여 균열이 생길 우려가 있다.

따라서 지진발생 시 등에 균열이 발생하지 않도록 이웃 되는 철근의 간격치수는 철근의 명칭수치의 1.5배 이상 확보할 필요가 있다. 또한 기둥 또는 보 주근의 개수가 많아 2단근으로 하는 경우가 있다. 이러한 경우는 1단근과 2단근의 간격이 지나치게 클 때가 많다. 이것은 부재내력과 구부림내력의 감소로 이어지므로 S자 철물 등을 사용하여 적정한 간격에 보유할 수 있도록 주의해야 한다.

(2) 피복두께

철근콘크리트에서는 철근의 콘크리트 피복두께의 확보가 중요하다. 피복두께는 철근 표면으로부터 콘크리트 표면까지의 최단거리를 말하며, 철근공사에서는 건축기준법에 정해진 최소피복두께를 확보하기 위해 최소피복두께에 시공상 오차에 10mm를 더한 값을 설계 피복두께로 한다. 또한 맞춤새를 설치할 경우에는 철근 표면으로부터 맞춤새 바닥까지를 설계 피복두께로 한다.

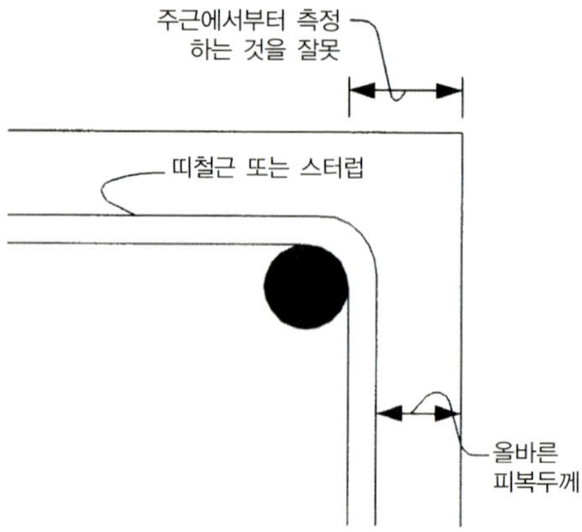

그림 5-26 피복두께의 측정방법

표 5-7 최소피복두께

<table>
<tr><td colspan="3">흙에 접하여 콘크리트를 친 후 영구히 흙에 묻혀 있거나 수중에 있는 콘크리트</td><td>8cm</td></tr>
<tr><td colspan="2" rowspan="3">흙에 접하거나 옥외의 공기에 직접 노출되는 콘크리트</td><td>D29 이상 철근</td><td>6cm</td></tr>
<tr><td>D25 이하 철근</td><td>5cm</td></tr>
<tr><td>D16 이하 철근</td><td>4cm</td></tr>
<tr><td rowspan="5">옥외의 공기나 흙에 직접 접하지 않는 콘크리트</td><td rowspan="2">슬래브, 벽체, 장선</td><td>D35 초과 철근</td><td>4cm</td></tr>
<tr><td>D35 이하 철근</td><td>2cm</td></tr>
<tr><td rowspan="2">보, 기둥</td><td>$f_{ck} \geq 400kg/cm^2$</td><td>3cm</td></tr>
<tr><td>$f_{ck} < 400kg/cm^2$</td><td>4cm</td></tr>
<tr><td colspan="2">쉘, 절판부재</td><td>2cm</td></tr>
</table>

철근 주위에 충분한 콘크리트 피복을 설치하는 이유는 3가지가 있다.

첫 번째는 내구성능의 확보 때문이다. 철근의 녹이 진행하여 단면결손이 발생하면 실질적인 철근 단면적이 감소하여 부재로써의 내력이 저하되기 때문에 철근의 녹을 방지할 필요가 있다. 콘크리트 중성화는 물과 공기에 의한 산화반응을 통해 녹이 발생한다. 철근 주위에 알칼리성 콘크리트를 사용함으로써 녹을 방지하는 것이 가능하지만 공기 중 탄산가스의 영향에 의해 콘크리트 표면은 알칼리성을 상실하게 된다. 피복두께가 충분히 확보되었을 경우에는 중성화 반응이 이르기까지 수십 년 이상 걸리지만 피복두께가 충분히 확보되지 않을 경우 중성화 반응이 쉽게 발생하여 철근에 녹이 쉽게 발생될 우려가 있으므로 주의해야 한다.

두 번째는 구조성능의 확보이다. 간격치수에서 기술한 바와 같이 철근에 힘이 발생하면 이웃하는 철근으로부터 콘크리트 변형응력이 발생하게 된다. 이를 방지하기 위해 피복두께 확보가 중요하지만 충분한 피복두께를 확보하지 않을 경우 균열이 발생한다.

세 번째는 내화성능의 확보이다. 철근은 600° 이상에 가열되면 항복점은 절반으로 감소하게 된다. 화재발생 시 콘크리트 표면이 1,000° 이상 가열된다 하더라도 피복두께가 확보되면 콘크리트는 열을 전달하기 어렵기 때문에 철근이 600° 이상 가열될 일은 발생하지 않게 된다.

(3) 철근 단부의 훅(Hook)

다음과 같은 7가지 경우 훅을 설치해야 한다. ① 후프 또는 스터럽, ② 기둥 또는 보의 돌출부 철근의 정착 또는 이음, ③ 기둥근의 모서리부분의 최정부(제일 윗부분), ④ 슬래브의 상단근의 선단부, ⑤ 기둥보에 둘러싸인 벽의 개구부 주변의 벽근, ⑥ 슬래브의 개구부 주변의 상단근, ⑦ 굴뚝의 철근 후프나 스터럽의 말단부분 90°각으로 훅을 설치하면 피복콘크리트가 벗겨 떨어져 훅이 탈락되어 주근을 구속할 수 없고, 기둥이나 보가 파괴될 우려가 있으므로 훅이나 스터럽의 말단부에는 135° 훅을 설치한다.

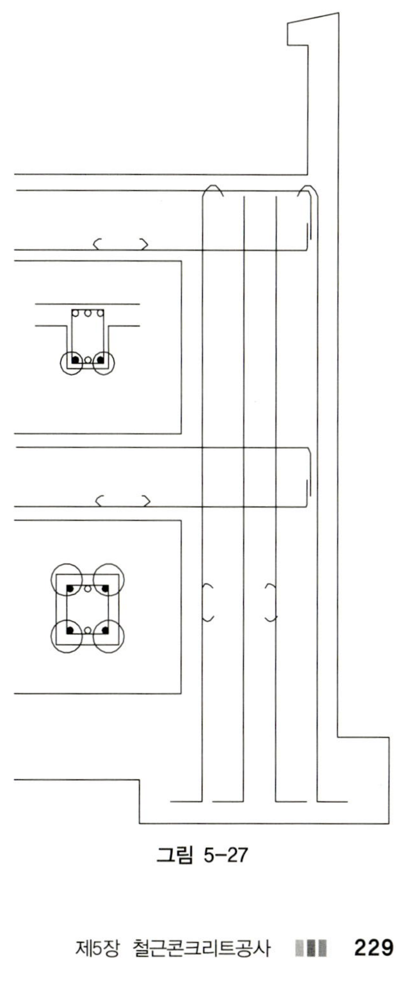

그림 5-27

기둥이나 보의 돌출부분의 주근은 콘크리트 피복이 2방향으로 시공되어 피복부분이 쪼개지기 쉽다. 이를 방지하기 위해 돌출된 주근을 정착하거나 겹침이음으로 시공한다. 또한 돌출부 주근을 정착하거나 겹침이음으로 하는 경우에는 말단부분에 180° 훅을 설치할 필요가 있다. 또 기둥주근의 네

모서리의 최정부의 말단에는 180° 훅을 설치하도록 작업을 진행한다.(그림 5-27)

슬래브의 상단근에는 인장력이 발생하게 된다. 훅을 설치하지 않을 경우 인장력을 견딜 수 없기 때문에 90° 훅을 설치한다.(그림 5-28)

동일한 방식으로 슬래브에 개구부를 설치한 경우에는 슬래브근의 상부 단에는 인장력이 생기고 있으므로, 상단부의 단부에는 90° 훅이 필요하다.(그림 5-29).

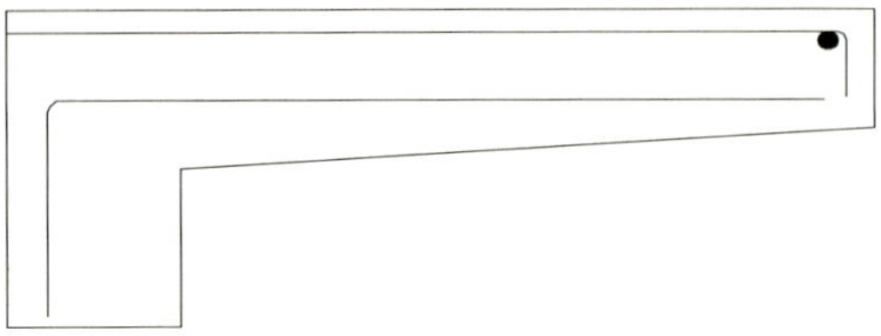

그림 5-28

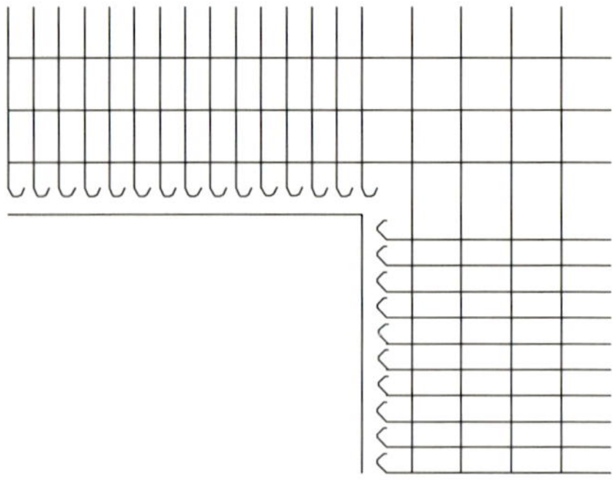

그림 5-29

(4) 철근정착

기둥과 보는 일체화 되어 외력에 저항할 필요가 있다. 그 때문에 일반적으로는 보 주근의 말단부를 90°로 접어 기둥부재에 접착함으로써 기둥부재와 보부재의 일체화가 되도록 접합하고 있다.

건축기준법에서는 보의 인장철근의 정착길이를 규정하고 있지만 보 주근의 기둥면으로부터 말단까지의 정착길이를 확보하는 것만으로는 충분하지 않다. 보 주근을 접어 정착위치가 기둥중심을 넘지 않는 경우 및 지진발생 시 보 주근에 큰 인장력이 발생하게 된다. 이 경우 철근을 구부리는 부분으로부터 큰 힘이 기둥 콘크리트에 작용하여 콘크리트에 균열 및 분열하여 보 주근이 빠질 우려가 있다. 그러므로 보 주근은 기둥중심을 넘는 위치에 정착할 필요가 있다

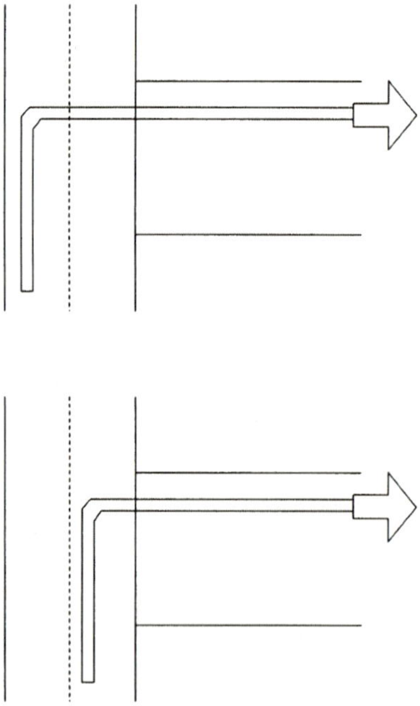

그림 5-30

한편 보 하단근의 구부린 정착은 지진발생 시 보 하단근에 인장력이 발생하는 경우가 있다. 이

경우에는 아래구부림 시공하게 되면 접는 부분으로부터 발생하는 힘이 콘크리트 균열을 발생시키며 보 주근이 빠질 우려가 발생된다. 그러므로 보 하단근은 위 방향으로 접어 정착한다.

최근 철근콘크리트조 건축물이 고층화, 거대화함에 따라 철근량이 증대하고 있다. 이러한 구조물들의 기둥접합부에서는 보 주근을 접어 정착을 행하는 것이 어렵게 되어 있어 새로운 정착공법으로서 기계식 정착공법이 사용되고 있다

이러한 새로운 정착방법은 철근정착판(강철제의 원판 등)을 접속하는 공법으로 배근작업이 용이하기 때문에 최근 빠르게 보급되고 있는 실정이다. 이 경우 역시 기둥중심을 넘어 기둥높이의 3/4배의 길이 이상의 위치에 정착판을 설치할 필요가 있다. (그림 5-32)

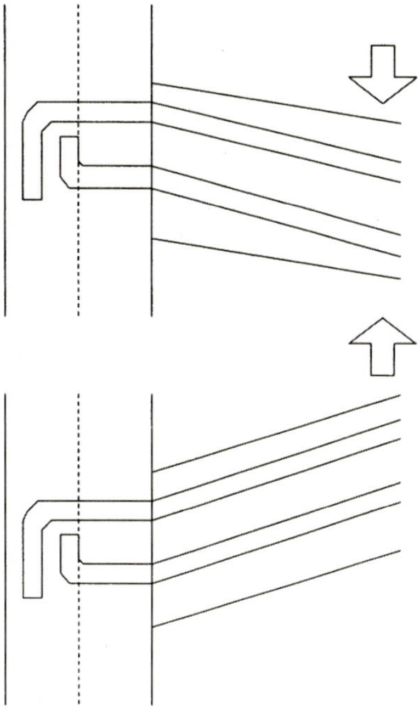

그림 5-31

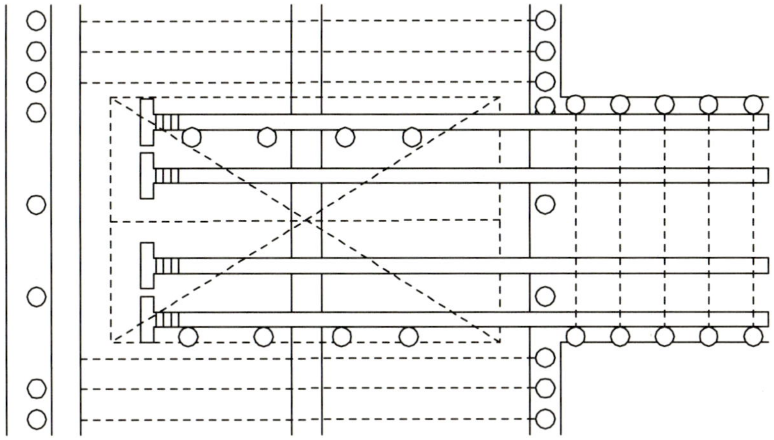

그림 5-32

(5) 균열보강

발코니 및 차양 등의 내민구조 부분는 시공 중, 시공 후의 균열이나 늘어짐을 방지하기 위해 그림 5-33과 같이 배근하며 도면에 명시되어 있지 않은 경우는 공사감리자에게 확인 받아야 한다.

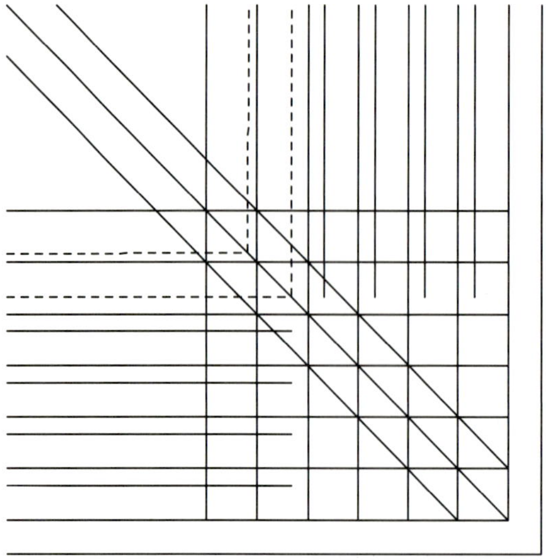

그림 5-33

슬래브에 개구가 존재하면 단면결손에 의한 균열의 발생이 예상되므로 균열방지를 위한 보강이 필요하다. 개구부의 지름이 70ϕ 이하의 경우에서는 개구에 따라 상실되는 철근의 양과 동일하게 주위를 보강하고, 다시 경사 보강근으로서 D13을 2개 배치한다.(그림 5-34)

외벽 개구부에서는 모서리부분에 콘크리트의 건조수축에 의한 균열이 발생하기 쉽기 때문에 맞춤새를 설치하거나 맞춤새가 설치될 수 없는 경우는 용접철망 등을 사용하여 보강을 행한다(그림 5-35).

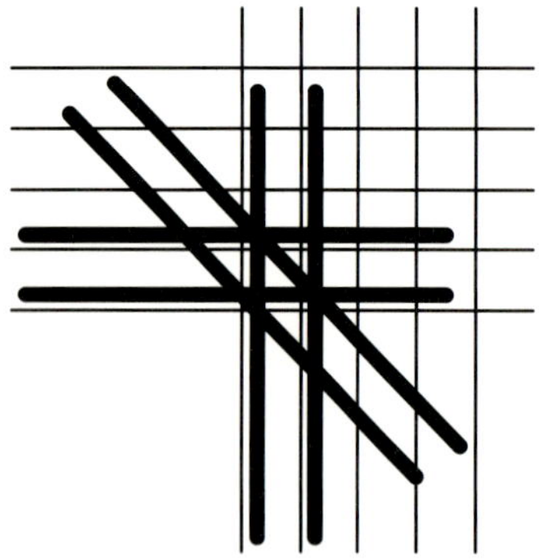

그림 5-34

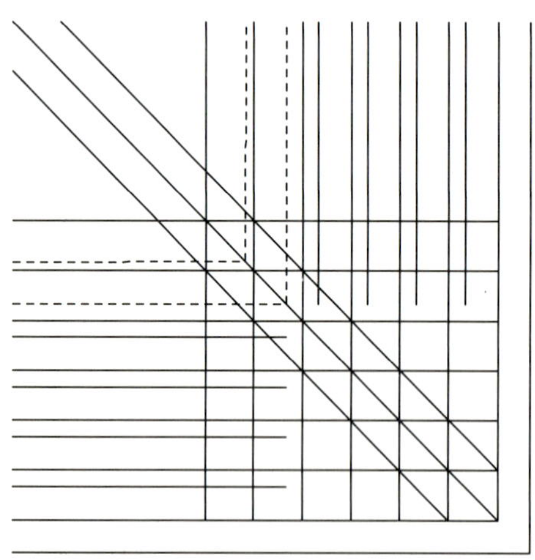

그림 5-35

(6) 철근공사와 설비공사

슬래브나 보 등에 슬리브를 설치하여 설비용의 개구부로 활용할 경우는 슬래브와 철근이 접촉하지 않도록 충분한 피복두께를 확보한다. 슬래브나 기둥부재 내에 전선 등을 통과시키기 위한 관을 배치할 경우, 설비관과 철근의 거리가 가까우면 균열이 발생하거나 철근의 접착성능이 손상되는 경우가 발생하므로 슬래브근과는 30mm 이상 기둥 주근과는 50mm 이상의 간격을 만든다.

5.7.6 철근이음

(1) 이음의 종류

철근은 정척물로써 현장에 반입되기 때문에 현장에서 접합할 필요가 있다. 이러한 철근의 접합을 이음이라고 하는데 지금까지 각종 이음공법이 개발되고 있다. 철근 이음방법은 사진 5-18에 나타난 것처럼 크게 겹침이음, 기계적이음, 용접이음 등의 방법이 있다. 각각의 방법은 장점과 단점이 있으므로 시공하는 구조물의 상태에 맞는 적절한 이음공법을 선정할 필요가 있다.

(a) 겹침이음 (b) 기계적 이음 (c) 압접이음

사진 5-18 철근 이음방법

(2) 이음위치

철근은 이음을 할 경우 철근모재와 동등한 성능이 필요하다. 하지만 철근이 철근모재보다 성능이 떨어질 경우가 있기 때문에 다음과 같은 원칙을 준수해야 한다.

① 철근의 이음의 위치는 부재응력의 작은 곳이어야 한다.

② 동일 단면에 철근의 이음이 집중되지 않도록 한다.

③ 철근의 이음 위치는 서로 비켜놓는 것이 원칙이다.

④ 인장응력이 작은 곳에서 이음을 해야 한다.

비교적 응력이 큰 부분에 철근이음을 하는 경우에는 A급 이음(표 5-8)에 제시된 기준으로 선정해야 한다.

표 5-8 철근이음 기준

- 인장을 받는 이형철근의 겹침이음 길이는 A급 이음과 B급 이음으로 분류
  A급 이음 : 배근된 철근량이 이음부 전체구간에서 계산된 소요 철근량의 2배이고 소요 겹침이음 길이 내 철근의 이음량이 50% 이하인 경우
  B급 이음 : 상기 A급 이음에 해당되지 않는 경우
  (구조도면에 별도 표기가 없을 경우 대부분 B급 이음)

(3) 겹침이음

겹침이음은 철근의 끝부분을 소정의 길이로 겹쳐 철근과 콘크리트의 접착력을 이용하여 철근들을 일체화하는 이음공법이다. 굵은 철근의 경우 부착균열 파괴가 빈번히 발생되므로 원칙적으로 금지되어 있으며 일반적으로 벽체근이나 슬래브근 등은 D16 이하의 얇은 철근을 이음으로 사용한다.

하지만 실험을 통해 구조적 성능이 인정된 경우 굵은 철근은 D35까지 겹침이음으로 인정하고 있다. 토목구조물에서는 철근지름의 제한이 없기 때문에 D51 철근도 겹침이음으로 시공된 사례가 있고 원자력발전소 건물에서는 D38 철근까지 겹침이음의 사용이 인정되고 있다.

사진 5-19 굵은 철근의 겹침이음

(4) 가스압접이음

가스압접이음은 수직 또는 평활로 절단된 철근의 끝부분끼리 맞대어 가스로 철근 주위를 가열하면서 가압하여 철근을 일체화 한 공법이다. 현재 기둥이나 보 주근의 이음으로서 80% 이상이 가스압접이음 공법으로 이용되며 철근의 주요 이음공법으로 이용되고 있다.

사진 5-20 철근의 압접 작업

가스압접이음의 품질은 작업자의 숙련도에 영향을 받기 때문에 철근담당자는 압접작업자의 작업숙련도를 체크한다. 압접작업은 철근의 단면처리→압접품의 설치→가열·가압의 순서로 행해진다(사진 5-21). 완성품의 품질을 확보하기 위해서 각 단계에서 작업을 확실히 하는 것이 중요하다.

연마 장면 기계 정착 및 가열 장면 1차 가압된 장면

2차 가압된 장면 3차 가압된 장면 압접 완료된 장면

사진 5-21 철근가스압접의 시공

철근의 단면은 직각으로 평활하게 가공되었는지 또는 단면에 녹이나 페인트, 흙 등의 이물질이 묻어 있지는 않은지를 확인할 필요가 있다. 압접은 철근지름에 맞는 적절한 압접품을 사용해야 하고 철근 사이의 빈틈이 3mm 이하로 한다. 또한 철근의 편심이나 구부

러짐이 없도록 설치한다. 압접품의 압접볼트는 선단이 마모되지 않은 것을 사용해야 하고 철근 표면에 유해한 흠집이 생기지 않도록 주의해야 한다. 철근공사 담당자는 압접작업 시 비계 등을 이용한 고소작업에 대한 안전 조치에 대해서도 고려해야 한다.(사진 5-22)

사진 5-22 비계를 이용한 압접작업

철근은 가접과 동시에 가열하는데 압접면이 완전히 닫힐(끝날) 때까지 환원 불꽃에 의해 단면이 산화되지 않도록 주의가 필요가 있다. 따라서 바람에 의해 환원 불꽃이 흐트러지지 않도록 바람막이를 설치하거나 강풍 시(풍속 4m 이상)에는 작업을 중지한다. 또 강우 시에는 압접부가 급랭하거나 철근의 단면에 이물질이 부착될 우려가 있으므로 작업을 중지해야 한다.

(5) 기계식 이음

기계식 이음은 철근 표면과 커플러(Coupler)와의 기계적인 맞물림 작용을 이용하여 접합하는 방식이다. 기계식 이음의 종류는 나사식 철근이음, (단부)나사가공이음, 압착이음, 충전이음이 있다.

기계식 이음에서 커플러의 지름은 철근지름보다 크기 때문에 피복두께나 이음부 사이틈에 대해 주의를 기울여야 한다. 피복두께를 확보하기 위해서 적절한 간격으로 고임대 및 간격재를 배치하도록 한다.

1) 나사식 철근이음

나사식 이음은 표면형상이 나사모양으로 열간압연에 의해 성형된 이형철근 안쪽을 나사식으로 가공한 커플러의 안에 철근을 삽입하여 접합하는 방법이다. 나사식 이음은 커플러와 철근 사이의 빈틈으로 인해 미끄럼이 발생할 수 있다. 이러한 문제를 해결하기 위해 커플러의 양단(端)에 잠금나사를 단단히 죄어 발생하는 긴장력을 이용하여 미끄럼을 없애는 토크방식과 커플러 중앙에 구멍을 뚫어 수지나 모르타르를 충전하여 빈틈을 없애는 그라우트방식을 이용하도록 한다. 건축물에서는 일반적으로 작업이 쉬운 그라우트방식 사용되고 있다.

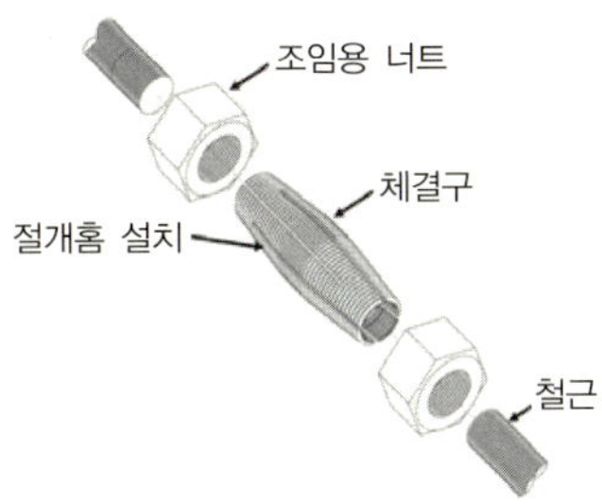

그림 5-36 철근 체결구 구성

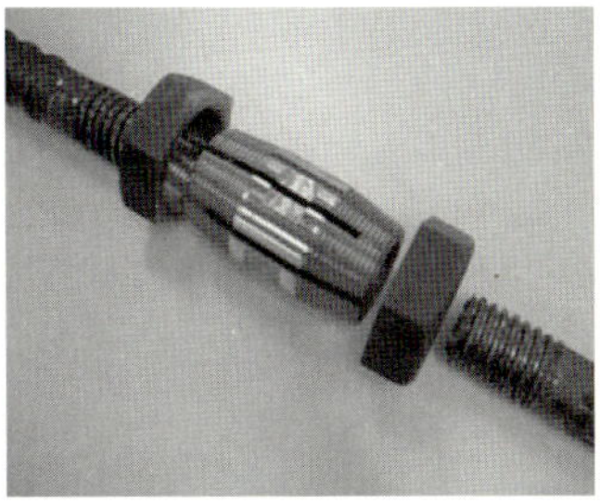

사진 5-23 철근 체결구

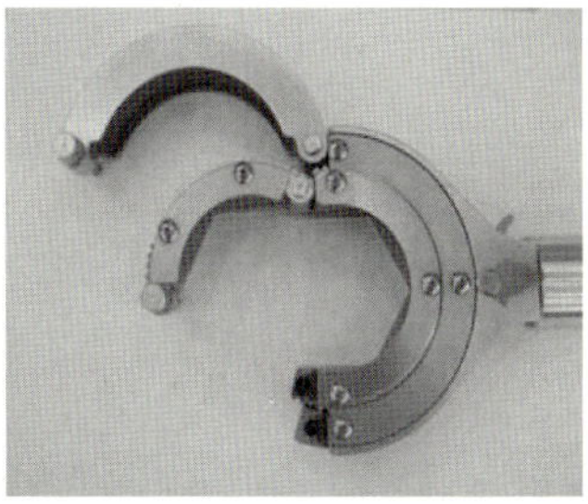

사진 5-24 개폐식 래치 렌치

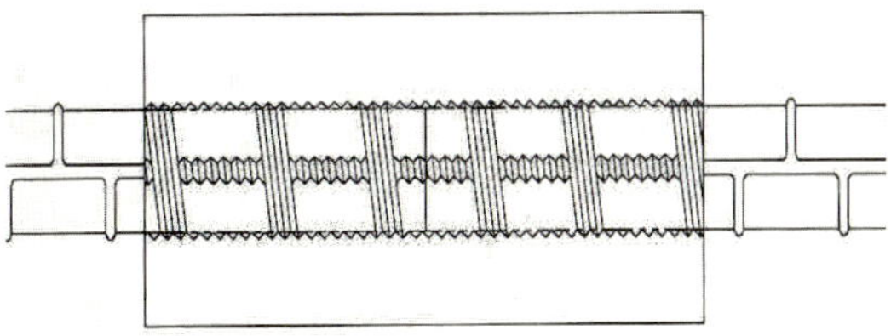

그림 5-37 나사식 이음(나사가공이음)

사진 5-25 기둥에 설치된 커플러

2) 단(端)부 나사가공이음

단부 나사가공이음은 암나사로 가공된 커플러를 사용하여 수나사부로 가공된 철근을 삽입한 후 양단을 잠금나사로 단단히 죄어 고정하는 방법이다.

3) 충전이음

충전이음은 비교적 굵은 강관 슬리브(Sleeve) 속에 철근을 삽입하여 철근과 슬리브 사이의 빈틈에 고강도모르타르를 충전하여 접합하는 공법이다. 이러한 방법은 다른 기계식 이음보다 슬리브의 안지름이나 길이가 클 경우에도 다수 철근의 위치가 빗나가 있어도 삽입할 수 있기 때문에 뚫고 나온 철근이 고정되어 있는 PCa 공법용의 이음으로서 주로 사용되어진다. 선조립공법은 PCa에 비해 철근의 고정도가 높아 피복두께의 점에서보다 바깥

지름의 작은 이음이 요구되기 때문에 최근에는 선조립공법에서 작은 지름의 충전이음도 개발되고 있다.

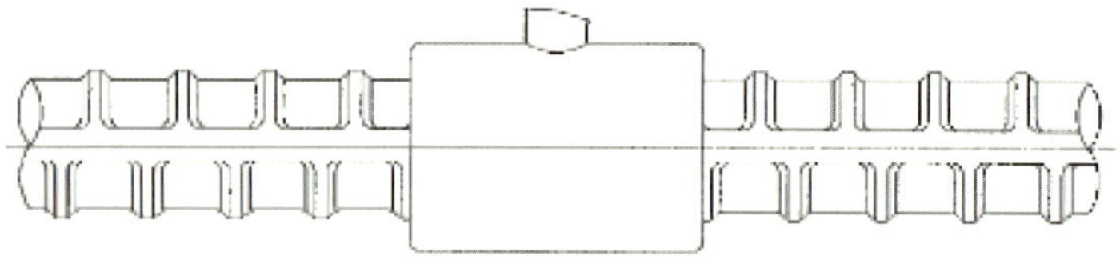

그림 5-38 용융금속 충전이음

4) 압착이음

압착이음은 비교적 굵은 강관 슬리브에 철근을 삽입한 뒤 외부에서 Jacky를 이용하여 슬리브를 파괴한 후 철근 표면의 마디와 밀착시켜 접합하는 공법이다. 압착장치의 크기가 커서 건축공사에서는 거의 이용되지 않으며, 일반적으로는 공장에서 철근의 한끝에 슬리브를 압착한 상태로 현장에 반입시키는 경우가 많다.

(6) 용접이음

용접이음은 주근의 이음으로 사용되는 맞물림 아크용접이음 방법을 사용한다. 이 방법은 후프근이나 슬래브근 등의 얇은 철근의 이음으로 사용되는 겹침 플레어 그룹 용접이음, 폐쇄형 전단 보강근의 이음새로 사용되는 맞물림 저항 용접이음 등이 있다.

1) 맞물림 아크 용접이음(맞댄 용접이음)

맞물림 아크 용접이음은 철근간을 개선(開先) 간격을 맞대어 설치하여 용접막대나 용접와이어를 용해시키면서 철근모재도 용해하여 접합하는 것이다. 용융금속이 용접부에서 흘러나오지 않도록 U형의 철판이나 동판 등으로 감싸야 한다. 맞물림 아크 용접이음은 주로 한 방향으로 용접되며 A급 이음으로 성능이 평가된다.

2) 겹침 플레어 그룹 용접이음(겹침 용접이음)

철골철근콘크리트조의 후프의 접합이나 슬래브 마디의 접합 등에서 겹침 플레어 그룹 용접이음이 사용되는 경우가 있다. 겹침 플레어 그룹 용접이음은 철근을 소정의 길이로 겹친 후 용접막대를 사용하여 수(手)용접하는 공법이다. 용접길이는 양면용접의 경우 5d 이상, 편면용접의 경우 10d 이상으로 하고 철근의 겹침을 양단(端)에서 1d 이상의 여분길이를 확보하여 양면접합은 7d 이상, 편면접합은 12d 이상으로 한다.

5.7.7 철근공사의 품질관리

(1) 품질관리의 원칙

철근공사는 설계도서 및 각종 시방서의 규정을 준수하고 정밀한 철근의 가공 및 조립을 통해 필요한 구조성능을 확보할 수 있을 뿐 아니라 철근콘크리트의 균열이나 철근에 발생하는 녹을 막음으로써 구조물의 수명을 늘릴 수 있다. 특히 철근은 콘크리트가 타설된 후 보이지 않게 되기 때문에 철근공사의 각 공정단계에서 품질관리가 필요하다. 품질관리는 철근재료의 반입검사, 철근의 조립 시 또는 조립 후의 배근검사로 이루어진다.

(2) 반입검사

철근의 가공은 대부분 철근공장에서 진행되므로 불량재료가 반입되지 않도록 철근공장에서 미리 철근의 품질에 대해 철근전문업자와 협의를 해야 한다.

반입검사는 가공된 철근의 수량과 치수를 납입표와 맞는지를 확인하고 필요시 스케일 등을 사용하여 확인한다. 철근의 종류와 지름은 건축물의 구조성능에 직접 영향을 미치므로 철근다발에 붙여진 tag(철판플랫)의 표시뿐 아니라 철근 표면의 롤 마크도 확인해야 한다.

(3) 배근검사

철근조립 시 필요한 피복두께가 확보될 수 있도록 알맞은 퍼서보드나 스페이서를 적절한 간격으로 배치할 필요가 있다. 철근담당자는 시공요령서에 각 부재에 사용되는 퍼서보드나 스페이서의 종류와 배치간격을 기술하여 조립 시 또는 조립 후에 순서대로 배치되어 있는지를 확인할 수 있도록 한다.

철근 종류나 지름, 개수, 철근간격이나 2단근의 위치, 정착위치와 이음 등에 대해서는 조립 시 또는 조립 후에 철근전문업자가 모든 수량에 대해서 눈으로 확인하거나 스케일 등을 사용하여 수시로 검사를 해야 한다. 철근담당자는 육안 또는 스케일 등을 사용하여 배근검사를 한다. 특히 기둥이나 보에 대해서는 가능한 한 전수에 대해서 검사를 한다. 공사감리자의 배근검사에서 지적된 사항에 대해서는 확실히 수정을 하여 조치한 후 감리자의 확인 후 콘크리트를 타설한다.

(4) 철근이음의 관리

1) 겹침이음

겹침이음 성능에 영향을 주는 요인으로는 겹침길이, 이음위치, 피복두께, 철근간격이다. 피복두께와 철근간격은 배근검사에서 체크되므로 겹침이음의 품질관리는 주로 겹침길이와 이음위치에 대한 검사가 실시된다. 철근전문업자는 설계도서에 규정된 겹침길이와 이음위치를 기준으로 배근 중 또는 배근 후에 전수에 대해서 육안 또는 스케일을 사용하여 확인해야 하며, 철근담당자는 역시 동일한 방법으로 추출하여 육안 또는 스케일을 사용하여 치수를 확인하고 사진에 기록한다.

2) 가스압접이음

가스압접이음 압접부는 접어 구부림이나 담금질(불림)균열, 움푹 들어감, 아래로 늘어짐 또는 내부에 결함이 없는 것으로 하는 것으로 규정되어 있다.

가스압접이음에 대해서는 편심량이 1/5d 이하, 압접부 단부에서 엇갈림이 1/4d 이하, 융기지름이 1.4d 이상, 융기길이는 1.2d 이상이어야 하며 균열이나 함몰 등을 조사해야 한다.

◎ 가스압접 시공순서

① 접합부의 직각절단 및 절단면 처리

절단 전

절단 후

② 압접기에 의한 철근 정착

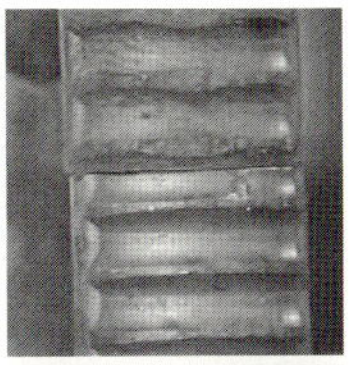

양호

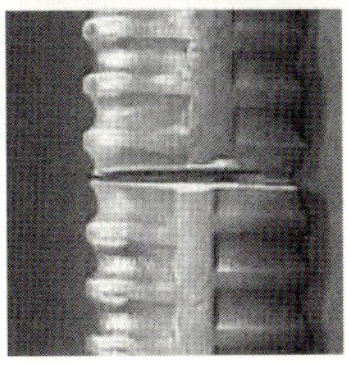

불량

③ 압접기에 구동기 정착

④ 압접 진행

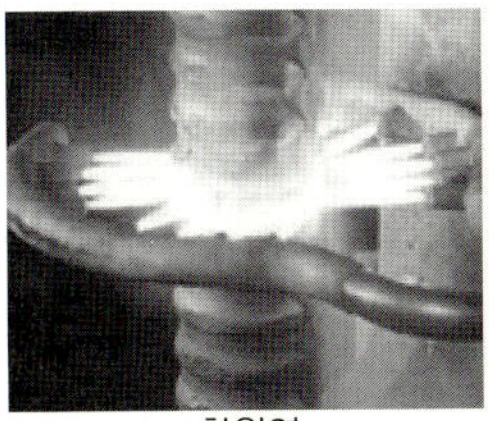

환원염

중성염

폭가열

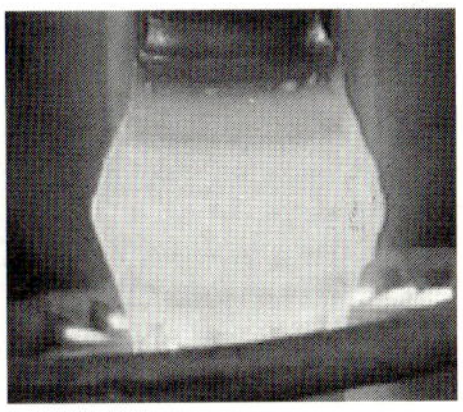

완성

⑤ 상온에서 공랭

⑥ 압접검사

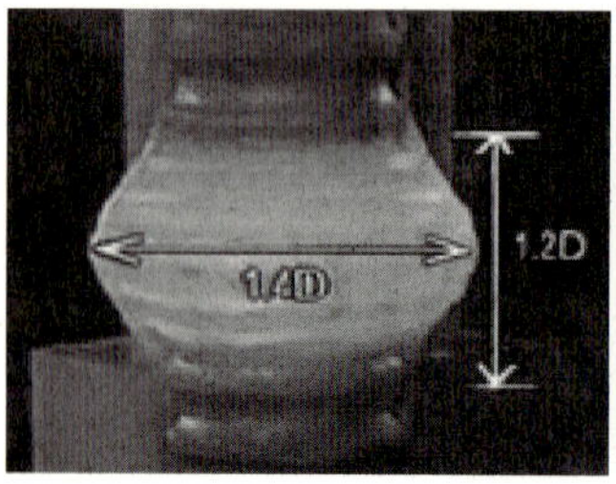

외관검사

초음파 탐사검사

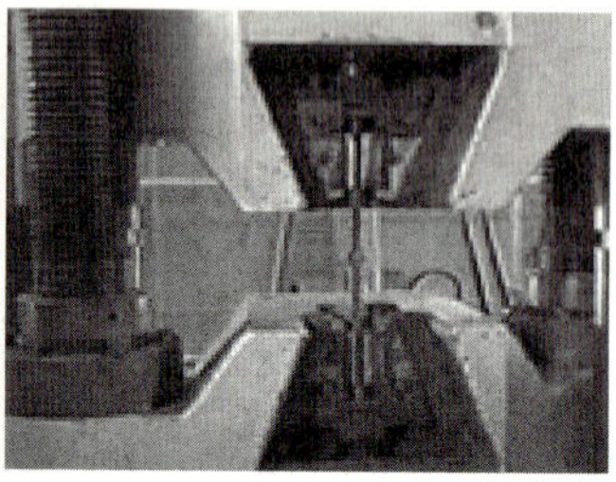

인장시험검사

부풀어 오른 부분은 육안에 의한 외관검사를 원칙으로 하되 필요시 캘리퍼스(Calipers) 등의 기구를 사용한다. 내부의 결함을 확인하는 방법에는 인장검사와 초음파탐상검사가 있다. 구조물의 이음을 직접 검사할 수 있거나 검사로 인해 공정에 영향을 미치지 않는 경우 외관검사와 초음파탐상검사를 한다.

인장검사는 추출검사로 1검사 로트(통상, 동일 작업반이 같은 날에 시공한 압접개수)마다 3개 또는 5개를 검사하고 압접부 중앙의 철근을 잘라내서 공적기관에서 인장검사를 의뢰하여 검사한다. 인장검사에서 1개 이상이 불합격일 경우 배수를 추출하여 재검사를 실시한다. 재검사에서도 불합격이 있으면 공사감리자와 협의하여 그 로트에 대해서 재압축하거나 추가근 보강을 실시한다.

초음파탐사검사는 추출검사(단, SD490 철근은 전수검사)로 하는 예가 많아 자격증을 소유하는 자가 1검사 로트마다 30개소의 추출검사를 행한다. 불합격 수가 1개 이하라면 합격, 2개 이상 불합격이 있는 경우에 잔여의 전수에 대해서 검사를 실시한다. 불합격이 된 것에 대해서는 공사감리자와 협의하여 재압축하거나 추가근으로 보강한다.

3) 기계식 이음

기계식 이음 품질관리의 공통점은 철근의 커플러의 삽입길이를 확인하는 것이다. 일반적으로는 철근 단(端)부의 개정위치에 마킹되어 철근과 커플러를 접합한 후에 커플러 단에서 마킹까지의 거리가 소정의 허용치를 확인한다.

그라우트식의 나사식 철근이음의 경우 커플러 중앙에서 그라우트 재료로 수지나 모르타르를 충전하는데 커플러 중앙에서 충전한 그라우트재가 양단에서 새어나간 것을 확인함으로써 충전도를 확인한다.

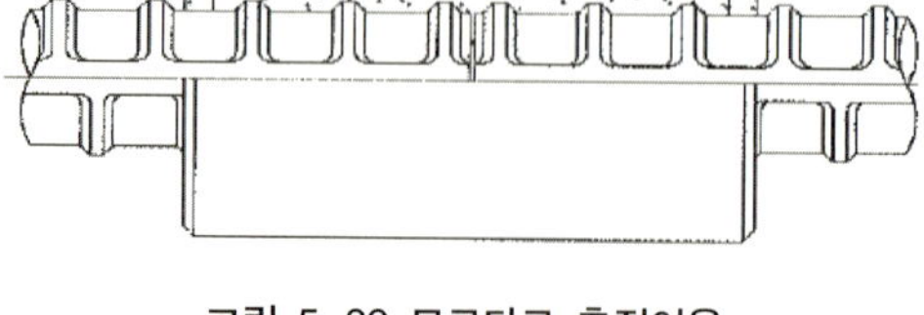

그림 5-39 모르타르 충전이음

토크식의 나사식 철근이음이나 단부나사 가공이음의 경우 추출에서 토크치를 확인한다. 충전이음은 하부의 개구에서 모르타르로 충전한 뒤 하부의 개구까지 모르타르가 새어나온 것을 확인함으로써 충전도를 확인한다.

4) 용접이음

용접이음의 이음성능은 작업자의 숙련도가 큰 영향을 준다. 시공 후의 검사에서는 자격을 소유한 검사자가 1로트 당 10% 정도의 이음부에 대해서 외관검사를 행하여 형태, 철근의 편심, 유해와 결함의 유무를 찾는 동시에 초음파탐사검사를 실시한다. 공사감리자로부터의 지시가 있을 경우 인장시험 등의 파괴검사를 실시한다.

5.7.8 철근 선조립공법

(1) 철근 선조립공법

철근 선조립공법은 기둥, 보, 슬래브, 벽체 등을 부위별로 공장 또는 현장 작업장에서 미리 조립하여 유닛화 시킨 후 가스압접, 용접, 또는 특수이음 철물 등을 사용하여 조립하는 공법이다. 기존의 운반 · 가공 · 조립으로 진행되는 전통적인 철근공사 방식과 대조적인 방식이다.

철근 선조립공법은 작업장을 확보하기 어려운 도심현장의 고층건축물에 유리한 장점을 지니고 있다. 또한 철근공사의 품질향상과 인력절감 효과를 가져다준다. 하지만 접합방식에 대한 주의가 필요하며 운반비 상승의 문제점을 가지고 있다.

철근 선조립의 종류로는 철근 선조립공법과 구조용 용접철망 선조립공법 등이 있다.

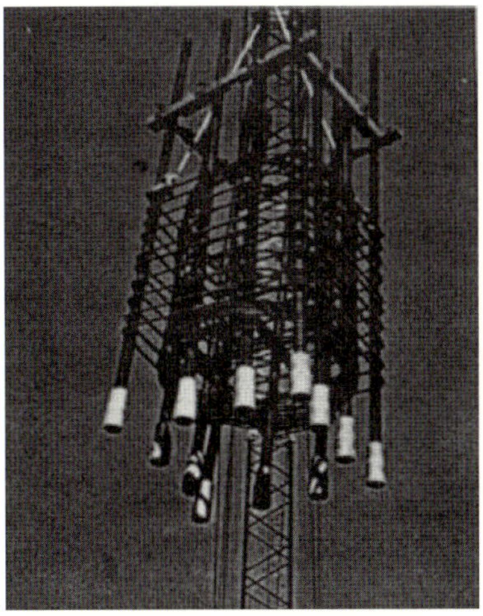

기계적 이음의 철근 선조립

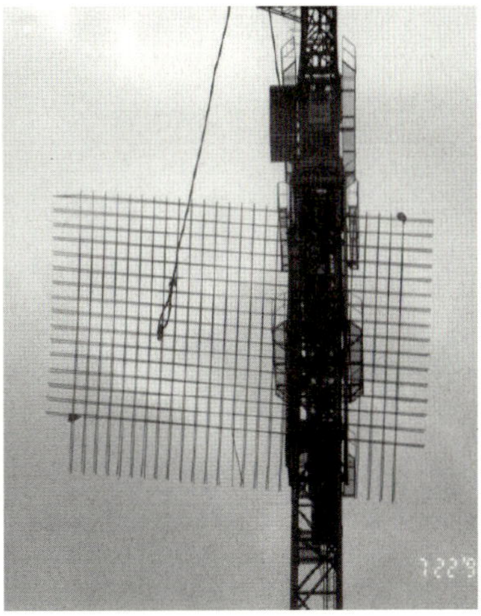

구조용 용접망 선조립

(2) 철근 선조립공법 시공 시 주의사항

철근 선조립공법으로 시공 시 다음과 같은 사항에 대해 주의한다.

① 효율적인 공정을 위해 철근 유닛의 배치, 조립, 가설재 조립 등의 순서를 사전에 협의한 후 작업을 진행한다.

② 선조립 작업을 수행할 때에는 거푸집 설치 및 해체 등의 작업에 의해 작업장이 어수선해지지 않도록 주의를 기울인다.

③ 비계가 필요한 기둥의 선조립 작업 시 비계 설치에 영향을 주지 않도록 한다.

(3) 철근 선조립 조립순서

① 공장 및 현장작업장에서 선조립

② 운반 및 하역(생략 가능)

③ 크레인으로 유닛을 운반

④ 유닛을 연결부위에 위치시킴

⑤ 용접이음 및 기계식 이음 등으로 접합

5.8 콘크리트공사

5.8.1 개요

좋은 콘크리트는 일정의 강도와 마감성이 확보되어야 하며, 결함이 적고 내구성이 우수한 콘크리트여야 한다. 따라서 콘크리트는 공장제품과 차이가 있으며 레디믹스트콘크리트라고 하는 반제품을 현장에 운반하고 거푸집에 타설하여 콘크리트가 경화한 후 처음으로 제품이 되는 특징을 가지고 있다. 콘크리트의 마감은 거푸집을 떼어낸 후에 확인할 수 있으며, 강도는 통상 타설 후 28일 경과한 후 확인할 수 있다. 예를 들면 재령 28일의 강도시험 결과가 소요 강도를 만족하지 못하는 경우 그 부분의 콘크리트를 제거하여 바로 잡아야 하는 경우도 있다. 이러한 사이에도 공사가 진척되어야 하며, 이에 따라 커지는 비용과 공기에 따른 담당자(비용), 사회적 신용도 실추하게 된다. 이러한 콘크리트공사에 있어서는 양질의 콘크리트를 사용하고 성실한 시공을 해야 하며, 공사의 각 프로세스에 있어 품질을 검증하는 것이 중요하다. 따라서 콘크리트공사의 기본적인 지식과 시공기술을 습득하는 것이 필요하며, 그 사항에 대해서는 콘크리트공사에 대하여 최소한 알아야 할 필요가 있는 사항에 대하여 다음에 기술하고자 한다.

5.8.2 콘크리트의 재료

콘크리트는 시멘트, 잔골재(모래), 굵은 골재(자갈), 물, 혼화재료로 구성된다. 이러한 재료도 KS 규정에 따르며, 기본적인 규정에 적합한 것을 사용한다.

(1) 시멘트

시멘트는 포틀랜드시멘트와 혼합시멘트의 2종류로 크게 분리하게 된다. 혼합시멘트는 보통포틀랜드시멘트에 고로슬래그 미분말과 플라이애시 등의 혼화재를 혼합하도록 한다. 현재 시멘트의 종류는 20종 정도가 있으며 일반적으로 사용하는 것은 대표적인 5종류의 특징과 용도를 표 5-9에 제시하였다.

표 5-9 시멘트 종류의 특징과 용도

종 류	특 징	용 도
보통포틀랜드 시멘트	일반적인 시멘트로서 전 시멘트 생산량의 70% 이상을 차지함.	일반 건축공사용으로 사용됨.
조강포틀랜드 시멘트	조기에 소정의 강도를 얻기 위함. 보통포틀랜드시멘트의 3일 강도를 1일에, 7일 강도를 3일에 발현함.	긴급공사, 동절기공사, 콘크리트제품 등에 사용됨.
중용열포틀랜드 시멘트	수화열이 보통포틀랜드시멘트보다 낮다. 조기강도는 보통포틀랜드시멘트보다 낮고 장기강도는 동등 이상임.	매스콘크리트, 고강도콘크리트 등에 사용됨.
저열포틀랜드 시멘트	중용열포틀랜드시멘트보다 더욱 수화열이 낮다. 초기강도는 낮고 장기강도는 높다.	매스콘크리트, 고유동콘크리트, 고강도콘크리트에 사용됨.
고로슬래그 시멘트	보통포틀랜드시멘트에 고로슬래그를 혼입한 것임. 혼입량에 따라 1종(5~30%), 2종(30~60%), 3종(60~70%)이 있다. 화학저항성, 내해수성에 우수함.	해수, 황산염의 작용을 받는 콘크리트, 지하구조물 콘크리트에 사용됨.
플라이애시 시멘트	보통 포틀랜드 시멘트에 플라이애시를 혼입한 것임. 혼입량에 따라 A종(5~10%), B종(10~20%), C종(20~30%)이 있다. 수화열, 건조수축이 적음.	주로 매스콘크리트에 사용됨.

(2) 잔골재

잔골재는 골재의 입도 최대치수가 5mm 이하이어야 하며, 채취장소에 따라 하천모래, 산모래, 바다모래, 암석을 파쇄하여 제조한 부순모래 등이 있다. 잔골재의 종류, 품질은 지역에 따라 크게 차이가 있고 콘크리트의 배합과 품질에 미치는 영향이 크게 되고, 사용한 잔골재의 종류, 품질을 충분히 파악하는 것이 필요하다. 밀도가 작거나 흡수율, 점토덩어리양, 씻기손실량, 유기불순물량, 염분량 등이 많은 것은 잔골재로 적합하지 않으며 각각의 항목에 따라 품질규정이 마련되어 있다. 또한 잔골재의 입도분포 범위도 규정되어 있다. 이러한 규정에 합격한 것을 사용한다.

(3) 굵은골재

굵은골재의 입도 최대치수는 15부터 80mm까지 여러 종류가 있으며, 건축공사에는 주로 20, 25, 40mm의 것을 사용하고 있다. 일반적으로 구조물에는 20, 25mm의 굵은골재를 사용하게 된다. 기초부분 등의 매스콘크리트 부재(부재치수가 큰 것)에서는 골재치수가 40mm의 것을 사용하기도 한다. 잔골재와 동일하게 굵은골재도 하천골재, 산골재, 쇄석 등이 있으며 종류나 품 질도 지역에 따라 크게 차이가 있으므로 잔골재와 마찬가지로 주의가 필요하다. 굵은골재의 품질도 규정되어 있어서 그 규정에 합격한 것을 사용해야 한다. 잔골재, 굵은골재에 공통적으로 주의해야 할 사항으로 알칼리골재반응이 있다. 이것은 반응성 실리카를 포함한 골재와 시멘트 등에 함유되어 있는 알칼리 금속이온이 반응하여 반응생성물이 팽창하면서 콘크리트에 균열이 발생하여 박락 등을 발생시키게 된다.

(4) 물

콘크리트에 사용되는 혼합수에는 상수도수, 지하수, 공업용수, 하천수 등이 있다. 상수도수는 그대로 사용하게 되며 그 이하의 물을 사용하는 경우에는 KS규격에 '상수도 이외의 물의 품질' 규정에 적합한 것을 사용한다.

(5) 혼화재료

혼화재료는 콘크리트에 약품을 소량 첨가하는 혼화세와 비교적 다량을 사용하게 되는 혼화재의 2가지가 있다. 혼화제는 프레시콘크리트(Fresh Concrete, 아직 굳지 않은 콘크리트)의 성질과 경화된 콘크리트의 성질을 개량 또는 조정하는 데 사용하게 된다. 현재 혼화제는 다량의 종류가 사용되고 있으며, 주로 사용되는 것은 AE제, 감수제, AE감수제, 고성능 AE감수제, 유동화제 등이 있다. 이러한 혼화제의 특징을 표 5-10에 제시하였다. 혼화재도 콘크리트의 성질을 개량·조정하는 데 사용되고 있으며 플라이애시, 팽창재, 고로슬래그 미분말, 실리카퓸 등이 있다.

표 5-10 주요한 혼화제의 특징

종 류	특 징
AE제	공기연행제라고 한다. 콘크리트 중에 무수한 미세 공기포를 연행한다. 콘크리트의 워커빌리티를 개선하며, 콘크리트 중의 수분 동력에 따른 동결융해작용에 대한 저항성을 향상시켜 준다. 공기포를 과다하게 연행시키면 강도가 저하하는 큰 문제가 발생하기 때문에 일반적으로 4.5% 정도의 공기량을 확보토록 한다.
감수제·AE 감수제	감수제는 계면활성제의 일종이며 콘크리트의 작업성에 영향을 미치지 않으며, 사용수량을 감소시켜 주는 역할을 한다. 이러한 감수효과에 콘크리트 중에 미세한 공기포를 연행시킨 것을 AE감수제라고 한다. 감수제, AE감수제를 사용하여 동일한 슬럼프의 콘크리트를 만드는 데 필요한 단위 수량을 15% 정도까지 감소시킬 수 있다. 콘크리트 혼화제에서는 가장 많이 사용하고 있다.
고성능 AE감수제	AE감수제의 감수성능을 한층 더 높게 하며 단위수량을 18% 이상 감소시킬 수 있다. 초고층건축물에 사용되는 고강도콘크리트와 고유동콘크리트를 제조하기 위해서 없어서는 안 될 재료가 되고 있다.
유동화제	현장에서 콘크리트 타설 전에 레미콘트럭 내에 첨가하여 콘크리트의 유동성을 증대할 목적으로 사용한다. 성분상 고성능감수제와 유사하다.

5.8.3 콘크리트 배합

(1) 콘크리트 배합조건

콘크리트 배합은 구조물의 종류와 규모, 시공장소와 시기, 콘크리트 타설되는 부재의 종류, 크기, 형상, 철근형태 등에 따라 다르게 된다. 구체적으로는 거푸집의 단면형상과 철근형상부터 프레시콘크리트의 워커빌리티(시공 정도와 균일성 : 일반적으로 슬럼프에서 표현)가 정해지며, 구조체의 설계부터 설계기준강도가 정해진다. 또한 용도와 환경조건(한랭지와 해안지대 등)에서 내구성에 따른 단위수량과 단위시멘트양, 공기량이 결정된다. 이러한 배합조건은 일반적으로 설계도서에 특기 시방서로 기록되게 되며, 이에 대한 배합검사를 하게 된다.

콘크리트의 워커빌리티와 강도, 내구성 등의 특성은 콘크리트에 사용된 시멘트의 종류와 골재 등의 재료특성과 콘크리트의 재료구성 비율(조합)에 따라 결정된다. 콘크리트의 강도는 시멘트와 물의 중량비(물시멘트비)에서 결정되며, 슬럼프는 시멘트페이스트(시멘트+물)와 혼화제의 양을 많이 사용하게 되면 커지게 된다. 다만, 물을 많이 사용하게 되면 블리딩(콘크리트에서 물이 분리되어 표면으로 떠오르는 현상)과 건조수축이 커지게 되며, 내구성이 저하하는 등의 재료구성에서 결정되는 콘크리트의 성질은 복합적이므로 재료별 밸런스의 조합을 잘 선택하는 것이 필요하다.

(2) 콘크리트 강도

콘크리트의 배합을 정할 때에는 우선 기본이 되는 것이 강도로서 설계기준강도와 내구설계기준강도의 2가지가 있다. 설계기준강도는 구조설계에서 확보해야 할 소요 강도, 내구설계기준강도는 내구설계에 확보해야 할 소요 강도를 말한다. 그러한 설계기준강도와 내구설계기준강도의 큰 값에 일정하게 할증을[일반적으로 $3N/mm^2$(MPa)] 더한 값을 품질기준강도라고 한다. 품질기준강도를 기초로 콘크리트의 배합을 정할 경우에 목표로 하는 배합강도가 결정된다.

배합강도는 품질기준강도에 대하여 불량률(강도가 품질기준강도를 만족하지 못할 확률)이 4% 이하가 되도록 하고, 기온이 낮을 경우에 강도의 보정값을 더하도록 한다. 앞서 기술한 개념을 그림 5-40에 제시하였다.

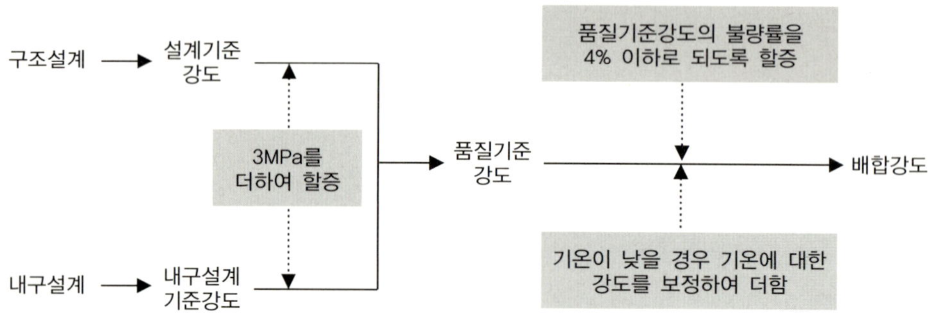

그림 5-40 콘크리트 강도의 개념

(3) 워커빌리티와 슬럼프

콘크리트의 워커빌리티는 프레시콘크리트 타설작업의 용이성과 타설작업 시에 콘크리트의 균일성이 없어지지 않도록 종합적인 성질을 나타내고 있다. 따라서 워커빌리티를 직접 측정한 시험방법은 없으며, 일반적으로는 프레시콘크리트의 유동성 정도를 나타내는 슬럼프를 지표로 한다. 슬럼프콘을 들어 올린 후의 콘크리트 꼭대기까지를 나타내며, 슬럼프값이 커지면 유동성이 높은 것이다. 따라서 슬럼프가 과도하게 커지면 굵은골재의 분리와 블리딩양이 증가하게 되며 철근과의 부착강도도 저하하고, 건조수축량이 커짐에 따라 균열이 발생하게 된다.

(4) 물시멘트비

물시멘트비는 '물의 중량 ÷ 시멘트의 중량×100(%)'로 표시한 것이다. 콘크리트의 압축강도와 물시멘트비의 관계에서는 상관관계에 있으며, 그림 5-41에 나타내었다. 물시멘트비의 역수의 시멘트물비와 압축강도는 각각 직선관계로 표시한다. 그 관계에서 소요 강도를 얻는 물시멘트비를 구하게 된다. 단, 물시멘트비가 너무 크면 양호한 워커빌리티와 균일성을 얻을 수 없는 상태가 발생한다. 건축공사표준시방서에서는 물시멘트비의 최대값에 대한 규정이 있다. 규정에서는 포틀랜드시멘트와 혼합시멘트의 A종을 사용할 경우에는 65%, 혼합시멘트의 B종을 사용할 경우에는 60%의 물시멘트비의 최대값을 규정하고 있다.

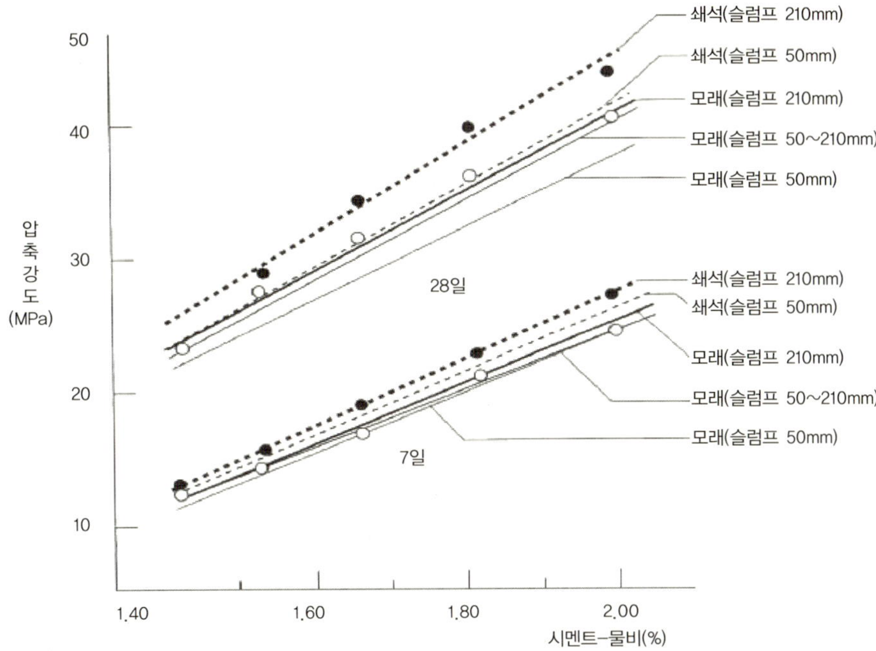

그림 5-41 시멘트물비와 압축강도와의 관계

(5) 단위수량

콘크리트의 단위수량이 많아 건조수축과 블리딩이 커지게 되면 사진 5-26에 나타낸 바와 같이 건조수축균열이 발생하게 된다. 그림 5-42에 나타낸 것은 블리딩으로 인한 콘크리트의 침하균열을 유발한 것으로, 철근 밑면에 공극이 생성되어 철근의 부착력 저하를 초래하게 된다. 단위수량과 건조수축 사이에는 그림 5-43과 같은 관계가 나타난다. 건축공사 시방서에 단위수량을 185kg/m^3 이하로 하여 내구성 배합을 하도록 되어 있다.

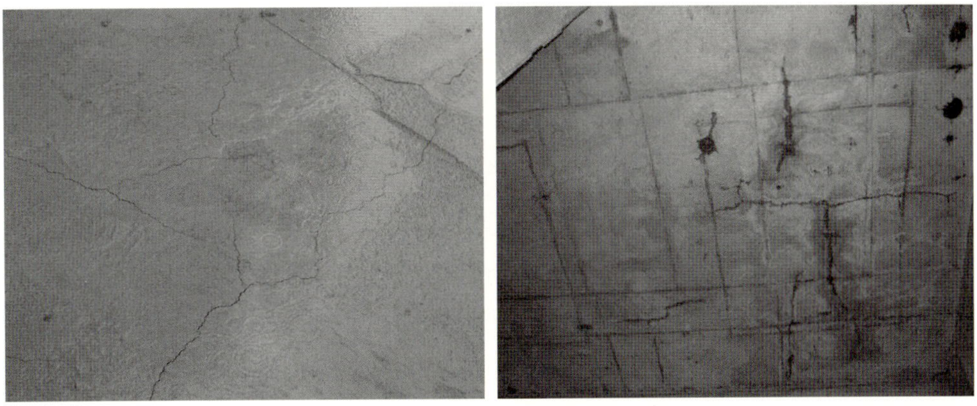

사진 5-26 건조수축에 따른 콘크리트 균열

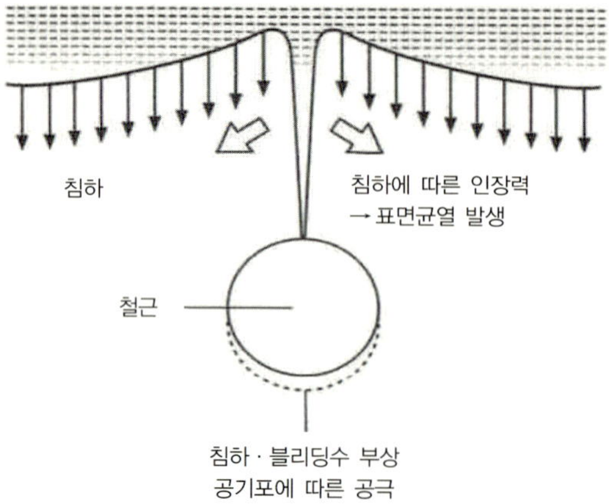

그림 5-42 블리딩에 따른 침하균열과 철근 하부의 공극

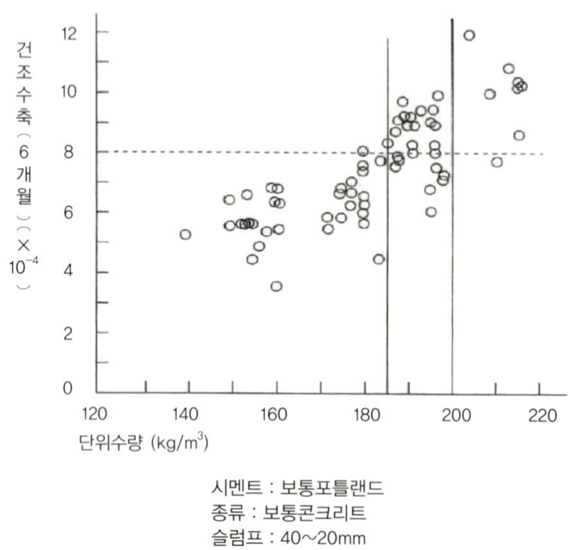

그림 5-43 단위수량과 건조수축의 관계

(6) 공기량

콘크리트 중에서 미세한 공기포를 연행시키면 단위수량 저감, 워커빌리티 개선, 동결융해작용에 대한 저항성 개선을 도모한다. 미세공기포는 AE제, AE감수제, 고성능 AE감수제를 사용하여 연행시킨다. 이와 같이 콘크리트 중에 미세한 공기포를 연행시킨 콘크리트를 AE콘크리트라 하며, 현재 대부분의 콘크리트가 AE콘크리트로 되어 있다. 공기포의 양이 6% 이상이면 워커빌리티의 개선효과가 한계점에 다다르게 되며, 역으로 압축강도 저하와 건조수축이 증가된다. KS에서는 4.5%를 표준값으로 하고 있다.

(7) 콘크리트 배합표시방법

표 5-11에서는 콘크리트의 배합표시방법을 나타내고 있다. 골재의 질량은 보통골재의 경우 함수상태가 건조형태에 있어서 표면건조 내부포화상태로 명시되어야 한다. 경량골재에 있어서는 건조상태에 표시된다.

표 5-11 배합표시방법

배합강도 (MPa)	슬럼프 (mm)	공기량 (%)	물시멘트비 (%)	굵은골재 최대치수 (mm)	잔골재율 (%)	단위수량 (kg/m²)	용적(l/m³)				질량(kg/m³)				화학혼화제의 사용량 (CX%)
							시멘트	잔골재	굵은골재	혼화재	시멘트	잔골재	굵은골재	혼화재	

(8) 콘크리트의 시험배합

시험배합은 배합계획한 콘크리트가 목표로 한 콘크리트의 성능을 만족시키고 있는지 확인하는 과정이며, 원칙적으로 콘크리트 배합은 시험배합에 따라 결정된다. 다만, KS F 4009에 적합한 레디믹스트콘크리트를 사용한 경우는 공사 감리자의 승인을 받아 시험배합을 생략하기도 한다.

시험배합은 공사감리자와 시공자가 입회하여 사용재료 확인, 프레시콘크리트의 성상 확인, 압축강도시험용 공시체 등의 제작으로 이루어진다. 시험배합에 있어서 콘크리트의 성능 확인은 압축강도시험 결과가 나온 후에 종결된다. 강도관리 재령이 28일인 경우는 콘크리트 타설 예정일의 1개월 이상 전에 시험배합하는 것이 필요하다.

시험배합에 있어서 사용한 재료가 요구하는 성능에 만족하는지 아닌지를 확인할 때 콘크리트의 슬럼프, 공기량, 온도, 염화물량, 워커빌리티를 검사한다.

슬럼프 및 공기량은 표 5-12, 5-13의 허용범위 내에서 합격해야 한다. 염화물량에 있어서 소정의 염화물 측정기를 사용하여 염화물량이 0.3kg/m^3 이하인 것을 확인해야 하며, 워커빌리티 판정은 육안으로 확인하고 판정해야 한다. 프레시콘크리트의 검사결과가 합격되면 압축강도시험용 공시체를 제작하고 표준양생(20℃ 수중양생)에서 관리재령까지 양생하고 압축강도시험을 실시한다.

표 5-12 슬럼프의 허용오차

(단위 : mm)

슬럼프	슬럼프의 허용오차
25	±10
50 및 65	±15
80 이상	±25

표 5-13 공기량의 허용오차

콘크리트의 종류	공기량	공기량의 허용오차
보통콘크리트	4.5%	±1.5%
경량콘크리트	5.5%	
포장콘크리트	4.5%	
고강도콘크리트	3.5%	

5.8.4 콘크리트 제조, 발주

(1) 레디믹스트콘크리트공장

콘크리트를 제조방법에서 분류하면 레디믹스트콘크리트와 공사현장의 혼합콘크리트로 구분할 수 있다. 건축공사에 있어서 공사현장의 혼합콘크리트가 사용되는 것은 매우 드문 경우이다. 레디믹스트콘크리트는 사진 5-27에 나타낸 전용공장에서 제조하며 공사현장까지 운송하게 된다. 전국에는 800개가 넘는 레디믹스트콘크리트공장이 있으며 건축공사를 행하는 장소에서는 거의 확실한 레디믹스트콘크리트의 구입이 가능하게 된다.

레디믹스트콘크리트에 관해서는 KS F 4009 레디믹스트콘크리트에 있으며, 전국 800여 개의 공장에서는 한국표준협회에서 KS인증을 받아 규격품으로 생산되어 납품되고 있다.

사진 5-27 레디믹스트콘크리트공장

(2) 레디믹스트콘크리트 발주

레디믹스트콘크리트 구입에 있어 시공자가 레디믹스트콘크리트공장과 직접 구입계약을 맺는 경우는 거의 없고 시공자는 회사와 회사는 레미콘공장과 계약을 맺어 공장을 선정하는 경우가 많다.

시공자는 회사를 통하여 제출한 레디믹스트콘크리트의 배합보고서, 각종 시험성적서, 공장 개요 등을 체크하여 문제가 없도록 계약하고, 콘크리트 타설 예정일이 확정된 단계에서 회사에 콘크리트를 발주한다. KS F 4009 레디믹스트콘크리트에서는 레디믹스트콘크리트의 종류를 표 5-14에 따라 규정하고 있으며 굵은골재의 최대치수, 슬럼프, 호칭강도를 조합하고 규격을 표시하게 된다. 국내에서는 호칭강도 40MPa을 초과하는 것을 고강도콘크리트로 분류하고 있다. 레디믹스트콘크리트의 호칭방법은 다음과 같다.

'25-24-150'은 보통콘크리트로써 호칭강도 24MPa, 2 럼프 150mm, 굵은골재 최대치수 25mm를 사용하는 경우의 콘크리트이다. 특기사항이 있을시 표시된 규격의 기타 항에 기록하도록 되어 있다.

표 5-14 레디믹스트콘크리트의 종류

콘크리트 종류	골재의 최대치수 mm	슬럼프 또는 슬럼프플로 (mm)	호칭강도 MPa (=N/mm^2)												
			18	21	24	27	30	35	40	45	50	55	60	휨4.0	휨4.5
보통	20,25	80, 120, 150, 180	○	○	○	○	○	○	−	−	−	−	−	−	−
		210	−	○	○	○	○	○	−	−	−	−	−	−	−
		500, 600	−	−	−	○	○	○	−	−	−	−	−	−	−
	40	50, 80, 120, 150	○	○	○	○	○	○	−	−	−	−	−	−	−
경량	15, 20	80, 120, 150, 180, 210	○	○	○	○	○	○	○	−	−	−	−	−	−
포장	20, 25, 40	25, 65	−	−	−	−	−	−	−	−	−	−	−	○	○
고강도	15, 20, 25	120, 150, 180, 210	−	−	−	−	−	−	○	○	○	−	−	−	−
		500, 600, 700	−	−	−	−	−	−	○	○	○	○	○	−	−

5.8.5 콘크리트 타설계획

(1) 운반방법의 검사

콘크리트 타설계획에 적합하게 먼저 콘크리트의 운반방법을 검사한다. 운반방법에는 몇 가지가 있다. 여기서는 최근에 일반적으로 사용하는 콘크리트 펌프에 따른 콘크리트 압송인 '펌프타설'과 크레인으로 콘크리트 버킷을 사용한 타설인 '버킷타설'에 대하여 기술하고자 한다.

계획한 1회의 타설량(속도), 운반거리, 운반높이, 콘크리트의 워커빌리티 등에 따라 운반방법을 결정한다. 다만, 붐 부착 펌프카가 사용되지 않는 높이, 평면형상, 규모 등부터 검사한다.

대형 펌프카에 있어서 높이 20m의 일반건물 6층 정도까지는 타설이 가능하며, 그 이상의 높이를 타설할 경우 혹은 평면적으로 넓은 경우, 붐의 범위가 닫지 않는 경우 등은 배관에 의하여 타설을 하게 된다. 배관은 압송저항의 크기에 따라 곡선관, 테프관, 플렉시블호스 등을 가능하면 최소로 해야 한다. 또한 높은 곳이나 거리상 멀어도 펌프의 능력을 크게 해야 하며, 동일한 양상의 콘크리트의 경우 워커빌리티가 낮은 만큼 펌프의 능력이 높게 산정해야 한다. 펌프의 소요 능력을 산정하면 1.25배 이상의 능력이 있는 특별한 펌프를 사용하는 것이 일반적이다.

타설량(속도)이 그 만큼 많지 않고 크레인 등의 중기가 현장에 있는 경우 버킷으로 타설을 실시하게 된다. 초고층 RC건물 등에서 기둥과 보 슬래브에 분리타설을 하루에 2번 분리하는 VH분리방식을 채택하는 경우 기둥 콘크리트의 타설은 버킷을 사용하는 경우가 많다.

(2) 표준적인 타설량

타설량, 즉 타설속도의 최대값은 콘크리트 펌프의 능력에 의해 결정된다. 따라서 평균 타설속도는 현장의 조건에 따라 펌프의 호퍼에 레디믹스트콘크리트 차 2대를 동시에 댈 수 있는지 아닌지에 따라 큰 차이가 있다. 2대가 가능한 경우는 30m^3/Hr, 1대인 경우는 15m^3/Hr 정도를 평균 타설량으로 계획한다. 즉, 펌프카 1대당 약 250m^3/일을 최대량으로 계획한다.

(3) 콘크리트 타설 시의 표준적인 인원배치

일반적으로 슬럼프 180mm의 콘크리트를 펌프카 1대(평균 30m^3/Hr 정도의 속도)에 타설할 경우, 즉 200m^3/일 정도를 타설한 경우 협력회사의 평균적인 인력배치를 그림 4-5에 제시하였다. 이러한 전체를 지휘하는 자는 상부 타설층, 타설 하층에 각 1인씩 총 2인의 건설회사 담당자가 필요하다.

(4) 콘크리트 타설

앞에서 기술한 바와 같이 일반적으로 수직을 1회 타설구획으로 타설하지만 지하층과 지상 1층에서 층고가 높은 경우는 상하 2회에 나누어 타설하게 된다. 또한 2회에 나누지 않는 경우에도 거푸집에 걸린 측압이 커지는 것을 방지하는 의미에서 '돌려치기'라고 하는 타설방법을 채택하는 경우가 있다. 이것은 우선 하부의 콘크리트를 타설할 때 콘크리트 측압이 작아지는 시기를 예측하여 상부의 콘크리트를 타설하면서 거푸집에 작용한 측압을 제어하도록 한다. 이때 상하(신구)의 콘크리트가 일체화되도록 충분한 다짐이 필요하다.

한편 '돌려치기'를 하지 않는 수직부재를 상부까지 건물의 한쪽부터 쏘아 올려 눌러 타설한 경우는 앞에서 기술한 상하(신구)의 콘크리트가 일체화되지 않는 상태(콜드이음)의 발생 방지와 거푸집 및 철근에 횡방향의 힘이 가해져 변형이 발생하는 것에 주의할 필요가 있다.

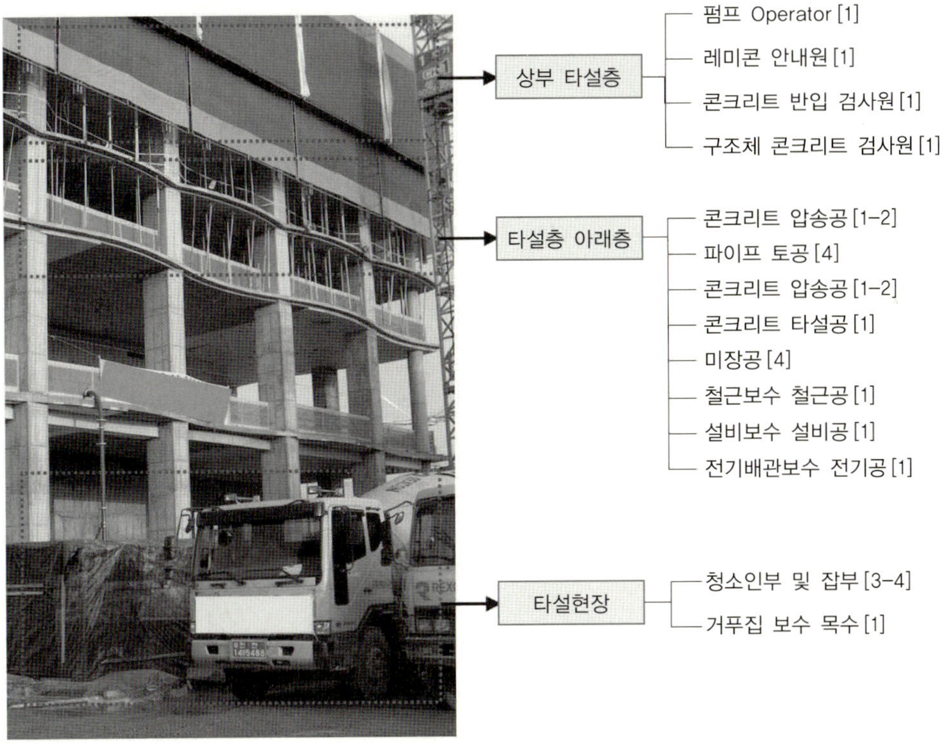

그림 5-44 콘크리트 타설 시 인원배치

(5) 다짐

콘크리트 다짐은 철근, 철골 매설물 등의 주위와 거푸집 구석까지 콘크리트가 채워지도록 콘크리트 봉형 진동기, 거푸집 진동기 등 필요에 따라 보조적인 도구를 사용한다. 다짐은 콘크리트 상승을 이용해서 빠짐없이 다지도록 하며, 무리하게 1곳만 집중적으로 다지거나 표면만 다지는 것은 어떠한 효과도 볼 수 없다. 진동기는 가능한 한 철근과 접하지 않도록 하고, 한 곳에 장시간 진동기를 두면 콘크리트가 분리되기 때문에 주의가 필요하다.

(6) 표면마감

표면마감은 일명 탬핑(Tamping)이라고도 한다. 이러한 탬핑은 표면에 나온 굵은골재를 정리하거나 급격한 건조 및 침전에 따른 균열을 처리할 때 매우 유리하다.

(7) 돌발사태에 대한 대처

다음에 기술하는 사태에 대처하는 방법은 감리자와 미리 타설협의를 하지 않으면 안 된다.

① 강우

급격한 강우에는 지붕, 시트 등으로 덮고 수직부재가 도중에서 중단(VH분리)되는 등의 대책의 가능성도 검사해야 한다.

② 레디믹스트콘크리트공장의 고장

위와 동등의 대책 혹은 가능하면 예비의 레디믹스트콘크리트공장부터 납품시킨다.

③ 배관 파열

상시 예비용 배관을 비치해야 하고 곡선배관 등 파열되기 쉬운 부분을 상시 체크해야 한다.

④ 슬럼프 로스 대책

고성능 AE감수제를 현장에 준비하여 감리자의 승인을 얻어 슬럼프 로스된 콘크리트의 슬럼프를 회복시켜 타설하도록 한다.

5.8.6 콘크리트의 운반

콘크리트 운반은 프레시콘크리트를 레디믹스트콘크리트 공장에서 공사현장까지 운반하는 '수송'과 콘크리트를 부리고 난 후 타설하는 지점까지 이송하는 '운반'으로 분류한다. 콘크리트를 레디믹스트콘크리트공장에서 공사현장까지 수송하는 방법은 대부분의 경우 레미콘으로 불리는 트럭 에지데이터(사진 5-28)를 사용하게 된다. 콘크리트의 현장 내 운반은 콘크리트 펌프(사진 5-29)와 콘크리트 버킷(사진 5-30)을 주로 사용하게 된다.

사진 5-28 트럭 에지데이터

사진 5-29 콘크리트 펌프

사진 5-30 콘크리트 버킷

콘크리트 펌프에 따른 콘크리트 압송에 있어서는 콘크리트 압송에 앞서 배관 내의 윤활성을 확보하기 위하여 선송 모르타르를 압송한다. 선송 모르타르를 생략할 경우 콘크리트의 모르타르분이 관벽에 남아 있어 시멘트페이스트와 모르타르가 부족한 콘크리트가 되어 품질이 저하되는 경우도 있으며, 배관 내에 콘크리트의 폐색을 발생시켜 압송이 불가능한 경우가 된다. 배관 내에 폐색이 발생하는 경우는 폐색된 부분의 배관을 자르고, 품질이 변화된 콘크리트는 폐기해야 한다. 선송 모르타르는 배관의 선단까지 토출하여 형태를 확인하고 품질이 손실된 부분은 폐기하고 남은 것은 거푸집 내에 분산하여 타설하며, 이후 타설한 콘크리트와 일체가 되도록 한다. 따라서 선송 모르타르도 타설될 콘크리트와 동등 이상의 품질이 필요하며, 사용한 콘크리트보다도 3N/mm^2(MPa) 정도의 강도가 높은 것을 사용한다.

콘크리트 버킷은 고층건축물의 기둥과 슬립폼공법 등에 사용한다. 콘크리트 버킷을 사용한 경우는 버킷 가운데에 장시간 콘크리트를 넣어 두면 블리딩 발생과 워커빌리티 저하가 발생하여 콘크리트의 배출이 어렵게 된다. 따라서 양중시간에 대한 계획을 충분히 수립해야 하며, 콘크리트를 신속하게 타설하는 것이 필요하다. 또한 콘크리트는 시간이 경과되면 슬럼프와 공기량이 감소하고, 워커빌리티도 저하하게 되어 가능한 한 빨리 타설하는 것이 필요하다. 건축공사 시방서에서는 콘크리트 혼합부터 부어넣기까지의 시간 한도를 외기온이 25℃ 미만에서 120분, 25℃ 이상에서는 90분으로 정하고 있다.

5.8.7 콘크리트 부어넣기

(1) 콘크리트 부어넣기 준비

콘크리트 부어넣기 전에는 거푸집, 철근위치, 치수, 피복두께를 확인하고 진동다짐기 등의 기구류를 점검·확인해야 한다. 또한 거푸집 내의 점검, 나뭇조각, 톱밥, 콘크리트 무늬, 고인물 등은 청소·제거해야 한다. 또한 물이 얼 걱정이 없는 경우에는 거푸집 내에 물이 고이지 않을 정도로 살수한다.

(2) 콘크리트 부어넣기 방법

콘크리트 타설은 완성된 구조체의 좋고 나쁨을 결정하는 중요한 작업이다. 관계자에게 작업내용을 주지시키고 충분한 관리를 실시하는 것이 필요하다.

콘크리트 타설은 그림 4-6에 나타낸 바와 같이 콘크리트 펌프카부터 가장 먼 구획부터 타설을 시작하고 콘크리트 펌프의 배관을 순차적으로 짧게 하여 콘크리트 펌프 앞에서 종료되도록 한다.

벽, 기둥, 보 등의 수직부재 타설은 콘크리트 분리가 발생하기 쉬워 횡력이 발생할 위치를 가능한 한 피하여 타설한다. 또한 콘크리트의 낙하높이가 커서 콘크리트가 분리되면 하부에 자갈층이 생김으로써 슈트와 호스를 찔러 넣고 부어넣어야 하며, 거푸집 중간부에서부터 부어넣을 수 있도록 개구부를 설계하는 등 콘크리트의 낙하높이가 2m 이내가 되도록 해야 한다.

기둥벽은 보 밑까지 타설하고 1~2시간이 경과할 때는 콘크리트가 안정된 후 보 바닥의 콘크리트를 타설한다. 이것은 보 바닥과 동일한 콘크리트를 쏘아 올려 기둥벽의 콘크리트는 시간과 함께 침하하지만 보 바닥의 콘크리트는 철근까지 침하하지 않도록 함으로써 침하균열이 발생하지 않도록 한다.

콘크리트 부어넣기 중의 타설시간 간격이 길어지면 컨시스턴시가 발생하여 부재의 일체성이 손실하게 된다. 이러한 타설시간 간격은 외기온이 25℃ 미만의 경우는 150분, 25℃ 이상의 경우는 120분을 기준으로 하여 부어넣기를 실시한다.

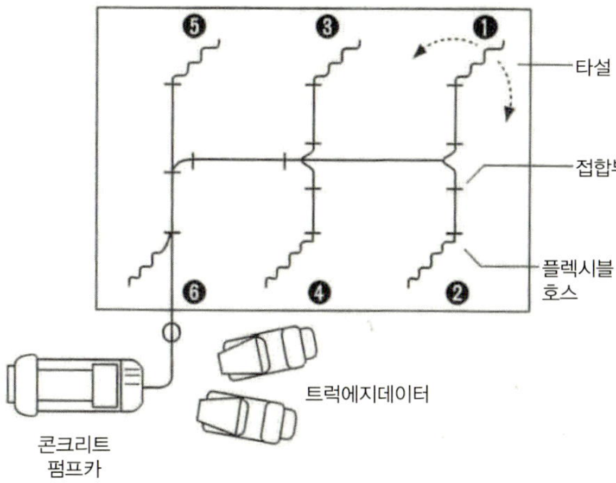

그림 5-45 콘크리트 타설순서

철골철근콘크리트(SRC)조의 보에서는 철골보의 아랫면에 콘크리트의 미충진 부분이 생길 수도 있다. 따라서 철골철근콘크리트조의 보의 부어넣기는 ① 한쪽에서 부어넣기, ② 역측에서 분출 확인, ③ 양측에서 부어넣기 방법으로 미충진 부분의 발생을 방지한다. 바닥콘크리트는 보에 연속해서 부어넣고 철근을 밟아 철근의 위치가 소정의 위치 아래에 가지 않도록 주의한다. 또한 콘크리트 침하가 철근의 부분에 구속되어 콘크리트를 따라 균열이 발생하게 된다. 침하균열은 부어넣고 1시간 후에 탬핑을 실시하여 균열을 방지하도록 한다.

흙막이 기초공사 타설공법의 경우는 위층 바닥·보 콘크리트가 시공된 후 아래층 기둥·벽 콘크리트를 부어넣으면 된다. 이러한 콘크리트의 부어넣기는 일반적인 방법과는 달라 그림 5-46에 제시한 ① 연속타설공법, ② 슬리브 타설공법, ③ 압입공법 등으로 실시한다. 또한 역타공법의 경우는 연속타설부의 응력 전달성·방수성·기밀성·내화성을 확보하기 위하여 콘크리트의 블리딩과 침하에 대한 처리를 충분히 하는 것이 필요하다.

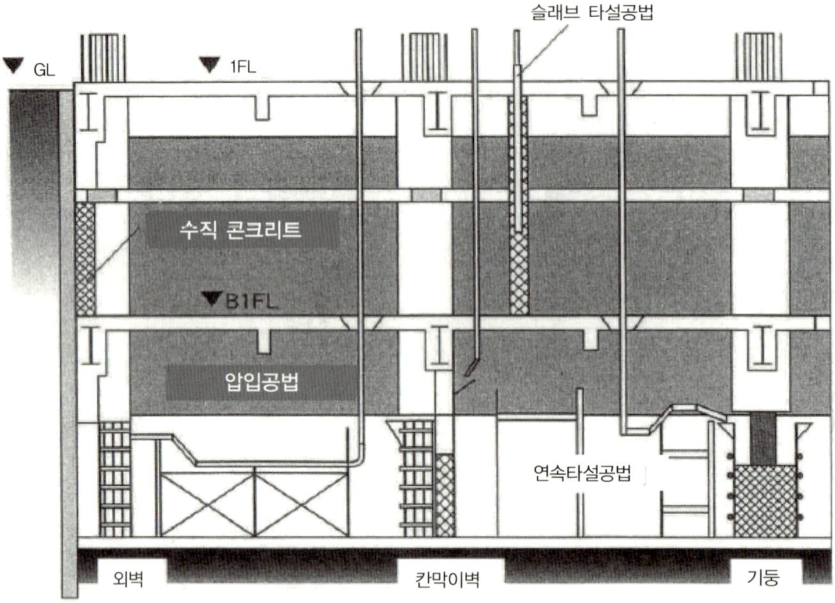

그림 5-46 역타 콘크리트의 부어넣기 방법

연속타설부의 처리방법에 있어서 그림 5-47에 나타낸 ① 충진법, ② 주입법, ③ 직접법 등이 있다. 직접법의 경우는 팽창콘크리트를 사용하는 등의 배려가 필요하다.

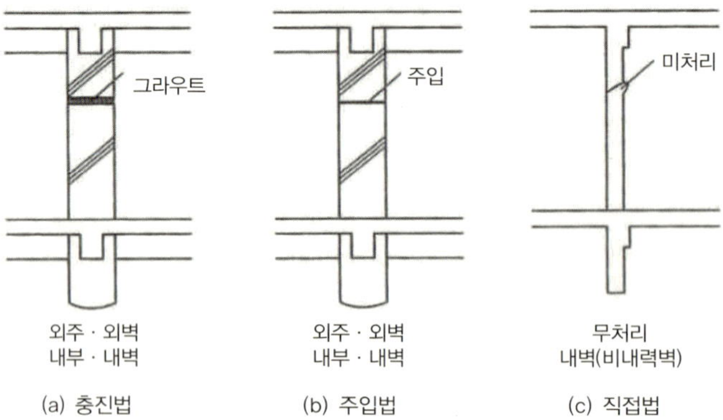

(a) 충진법 (b) 주입법 (c) 직접법

그림 5-47 연속타설부의 처리방법

내진 슬릿으로 설계된 벽에 있어서 난간 등을 타설할 경우 내진 슬릿 부재 양측 콘크리트 측압에 각각 동등하게 주의하지 않으면 내진 슬릿 부재가 변형되어 콘크리트 경화 후 재작업을 하는 사태가 발생하게 된다. 내진 슬릿 콘크리트 타설에서는 세심한 주의가 필요하다.

(3) 다짐

다짐은 타설된 콘크리트가 밀실하게 충진되도록 하는 것이다. 다짐기구에 있어서 콘크리트 내부에 넣어 진동을 통해 다짐을 하는 봉형 바이브레이터와 거푸집 면에 대고 진동을 주어 다짐을 하는 폼 바이브레이터가 있다. 그 외에도 다짐봉으로 찔러 채우는 것과 거푸집 면을 두드려 채우는 방법이 있다. 봉상 바이브레이터는 콘크리트를 수직으로 삽입하고 삽입간격은 60cm 정도 이하, 1층의 부어넣기 두께는 60~80cm로 하며 2층 이상 부어 넣을 경우는 바이브레이터의 선단을 하층 콘크리트에 10cm 정도 삽입하여 다짐한다. 바이브레이터를 콘크리트에 삽입하여 진동을 주는 시간은 1개소당 10~15초로 하며, 바이브레이터의 선단은 철골, 철근, 매립배관, 철물, 거푸집 등에 닫지 않도록 해야 한다.

폼 바이브레이터는 거푸집의 각진 부분과 둥근 파이프에 설치된 석판을 개입시켜 진동을 콘크리트에 전하는 기구로서 간격은 일반 벽의 경우 2~3m/대가 기준이다. 진동은 콘크리트를 부어넣는 높이는 폼 바이브레이터가 설치된 위치에서 15~20cm 정도 위의 시점에서 진동을 가한다. 진동시간은 1~3분 정도가 기준이다.

5.8.8 양생

콘크리트 타설이 종료된 후 콘크리트의 경화가 충분히 진행되는 사이를 양생이라 한다. 양생의 목적은 ① 경화 초기에 시멘트의 수화반응에 필요한 수분의 공급, ② 강도 확보에 따른 적당한 온도와 습도환경 보관 유지, ③ 진동, 외력으로 보호의 3가지이다.

①의 습윤양생에 있어서 건축공사 시방서에 습윤양생을 실시해야 하는 기간 및 습윤양생이 끝난 콘크리트의 압축강도를 표 5-15와 5-16에 나타내었다.

표 5-15 습윤양생 기간

시멘트 종류	일반 및 표준	장기
조강포틀랜드시멘트	3일 이상	5일 이상
보통포틀랜드시멘트	5일 이상	7일 이상
기타 시멘트	7일 이상	10일 이상

표 5-16 습윤양생을 중지할 수 있는 콘크리트 압축강도(단위 : MPa)

시멘트 종류	일반 및 표준	장기
조강포틀랜드시멘트	10 이상	15 이상
보통포틀랜드시멘트	10 이상	15 이상

습윤양생방법에 있어서 투수성이 있다.

②의 양생온도에 있어서 한이 적은 판으로 피복, 양생 마대와 수밀 시트로 피복, 살수 · 분무, 도막양생제 도포 등랭기에 조강포틀랜드시멘트를 사용하는 경우 타설 후 3일 이상, 조강포틀랜드시멘트 외에 사용한 경우는 5일 이상 콘크리트 온도를 2℃ 이상 보호해야 한다. 또한 콘크리트 타설 후 초기 동해의 우려가 있는 경우 보온과 급열을 통해 초기양생을 실시해야 하며, 5N/mm^2(MPa) 이상의 압축강도가 발현될 때까지는 콘크리트 온도를 0℃ 이상이 되도록 해야 한다. 매스콘크리트에 있어서 콘크리트의 내부와 표면부의 온도차와 내부의 온도 하강속도가 커지지 않게 보온양생을 실시해야 한다.

③의 진동 · 외력에 있어서 콘크리트 타설 후 적어도 1일간은 상부 작업을 하지 않아야 하며 철근, 거푸집 등의 중량물을 바닥 상부에 집중시켜 놓지 않도록 한다.

5.8.9 거푸집 제거

기초, 보측, 기둥, 벽의 수직거푸집은 콘크리트 압축강도가 5N/mm^2(MPa) 이상이 되면 떼어낸다. 다만, 평균기공이 10℃ 이상인 경우는 콘크리트 재령이 표 5-17에 제시한 일수 이상 경과하면 압축강도시험을 실시하지 않아도 떼어낼 수 있다. 슬래브 밑, 보 밑의 동바리와 거푸집은 원칙적으로 설계기준강도의 100% 이상의 콘크리트 압축강도를 얻은 것을 확인한 후 제거해야 한다. 거푸집을 제거한 후에는 표면의 모래발과 콜드이음, 콘크리트 경화 불량 등의 상태가 없는지를 확인한다. 사진 5-31~5-33에 콘크리트 상태의 사례를 나타내었다. 그런 상태에 대해서는 사전에 공사감리자와 검사방법, 판정기준, 보수방법을 정하여 적절한 조치를 실시해야 한다.

사진 5-31 경화불량

사진 5-32 콜드이음

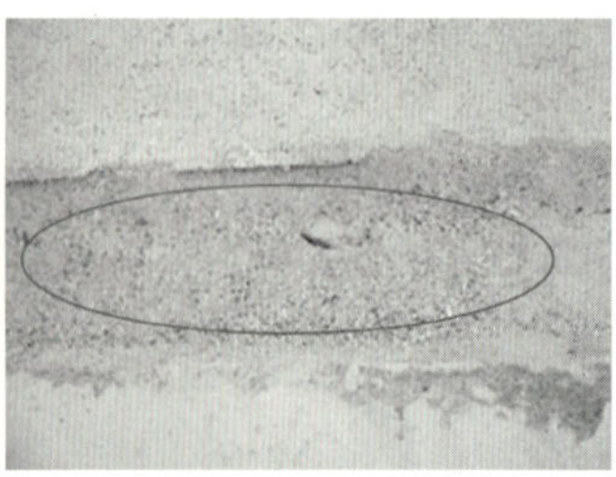

사진 5-33 표면 모래발

표 5-17 기초 · 보측 및 벽 거푸집의 존치기간을 정하는 콘크리트 재령

시멘트 종류 / 평균온도	조강포틀랜드 시멘트	콘크리트 재령(일) 보통포틀랜드시멘트 고로시멘트 A종 실리카시멘트 A종 플라이애시시멘트 A종	고로시멘트 B종 실리카시멘트 B종 플라이애시시멘트 B종
20℃ 이상	2	4	5
20℃ 이상 20℃ 이상	3	6	8

5.8.10 콘크리트의 품질관리

사용되는 콘크리트의 주된 품질관리 항목에 있어서는 레디믹스트콘크리트의 수입검사, 구조체 콘크리트의 마감 및 두께 검사, 구조체 콘크리트 강도 검사가 있다. 레디믹스트콘크리트의 수입검사는 표 5-18에 제시하였으며, 시험 · 검사를 실시하여 합부를 판정한다.

표 5-18 콘크리트 수입 품질검사

항 목		시험 · 검사방법	시기 및 횟수	판정기준
굳지 않은 콘크리트의 상태		외관관찰	콘크리트 타설 개시 및 타설 중 수시로 함	워커빌리티가 좋고 품질이 균질하며 안정할 것
슬럼프		KS F 2402의 방법	압축강도 시험용 공시체 채취 시 및 타설 중에 품질변화가 안정될 때	50mm 이상 80mm 미만 : 허용오차±15mm 80mm 이상 180mm 이하 : 허용오차±25mm
공기량		KS F 2409의 방법 KS F 2421의 방법 KS F 2449의 방법		허용오차 : ±1.5%
온도		온도측정		정해진 조건에 적합할 것
단위용적질량		KS F 2409의 방법		정해진 조건에 적합할 것
염화물이온량		KS F 4009 부속서 1의 방법	바다모래를 사용할 경우 2회/일, 그 밖의 경우 1회/주	원칙적으로 0.3kg/m^3 이하
배합	단위수량	골재의 표면수율과 단위수량의 계량치로부터 구하는 방법	내릴 때 전배치	허용치 내에 있을 것
	단위시멘트양	시멘트의 계량치	내릴 때 전배치	허용치 내에 있을 것
	물시멘트비	골재의 표면수율과 콘크리트 재료의 계량치로부터 구하는 방법	내릴 때 전배치	허용치 내에 있을 것
	기타, 콘크리트 재료의 단위량	콘크리트 재료의 계량치	내릴 때 전배치	허용치 내에 있을 것
펌퍼빌리티		펌프에 걸리는 최대 압송 부하의 확인	펌프압송 시	콘크리트 펌프의 최대 이론 토출압력에 대한 최대 압송 부하의 비율이 80% 이하

구조체 콘크리트의 마감 및 두께의 검사는 부재의 위치, 수치 및 마감, 외관, 두께 등에 있어서 실시한다. 구조체 콘크리트 강도 검사는 공사현장에서 시료를 채취하여 표 5-19에 제시한 판정기준에 합부를 판정한다. 이러한 수입검사 중 콘크리트 강도 검사는 호칭강도 확인을 위하여 실시하며, 구조체 콘크리트 강도 검사는 시험방법과 합부 판정기준에 차이가 난다. 따라서 그러한 검사는 각각 별개로 실시할 필요가 있다.

표 5-19 구조체 콘크리트의 압축강도 판정기준

강도관리재령	공시체 양생방법	판정기준
28일	표준수중양생	$X \geq Fl + T$
	현장수중양생	$X \geq Fl$
28일 초과, 91일 이내의 n일	현장대기양생	$X_n \geq Fl$

다만, Fl : 콘크리트의 품질기준강도(MPa)

X : 재령 28일의 1회 시험에 있어서 3개 공시체의 압축강도 평균값(MPa)

X_n : 재령 n일의 1회 시험에 있어서 3개 공시체의 압축강도 평균값(MPa)

T : 구조체 콘크리트의 강도관리 재령을 28일로 할 경우 콘크리트의 타설일부터 28일까지의 예상평균기온에 따른 콘크리트 강도 보정값(MPa)

5.9 굳은 콘크리트의 성질

5.9.1 압축강도

콘크리트의 압축강도는 설계도서에서 정해진 설계기준강도 및 품질기준강도를 만족해야 한다. 양호한 골재나 시멘트를 사용한 경우, 콘크리트 강도는 물시멘트비(중량비)에 의해 결정되기 때문에 소요 강도에 맞는 물시멘트비를 정한다. 보통 설계기준강도는 21~24MPa의 콘크리트가 많고 40MPa을 넘을 경우는 고강도콘크리트의 시방이 된다. 그림 5-48은 콘크리트의 1축 압축강도시험법을 나타낸 것이다.

5.9.2 탄성계수

변형이 응력에 비례하고 제하하면 원점으로 돌아오는 성질을 탄성이라고 하며, 항복치 이상의 응력하에서 변형이 진행하여 제하하여도 원상태로 돌아오지 않는 성질을 소성이라고 한다. 대부분의 재료는 응력이 적으면 탄성적 성질을, 응력이 커지면 소성적 성질을 나타내는데 콘크리트의 경우도 이와 유사하다고 말할 수 있다. 정적재하시험의 응력과 변형곡선에서 구한 탄성계수를 정탄성계수라 하고 일반적으로 탄성계수라고 하면 정탄성계수를 의미하며 영계수라고도 하고 있다. 탄성계수는 콘크리트의 강도에 가장 큰 영향을 받으며, 그 외에 콘크리트의 재령, 골재와 시멘트 성질, 재하속도, 시험체의 형상 및 크기에 따라 변하기 때문에 탄성계수에 대한 여러 가지 정의가 있다.

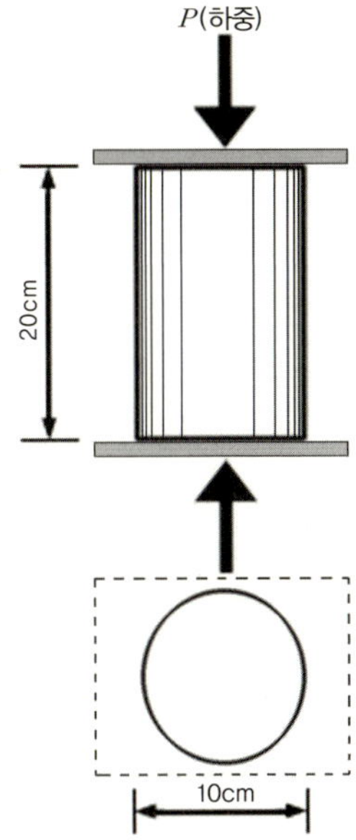

그림 5-48 압축강도시험

그림 5-49는 콘크리트의 대표적인 응력-변형곡선으로, 이 곡선에 나타난 바와 같이 1축 압축력을 받는 콘크리트는 응력이 압축강도의 30~40%에 이를 때까지는 탄성거동을 나타내지만 그 이상의 응력상태에서는 미세한 균열의 발생으로 점차 비선형 거동을 보이며, 최대압축강도의 80~90%에 이르러서는 각 균열이 서로 연결되어 하중을 더 이상 지지하기 어려운 상태가 되어 파괴된다. 응력-변형곡선에서 초기 변형상태의 기울기를 초기 접선탄성계수, 임의의 점 A에서는 접선탄성계수, 임의의 응력상태를 잇는 직선의 기울기를 할선탄성계수라 하며, $0.25f_{ck}$에서 $0.5f_{ck}$ 사이(주로 $0.45f_{ck}$)에 대한 할선탄성계수를 콘크리트의 탄성계수 또는 영계수라 한다.

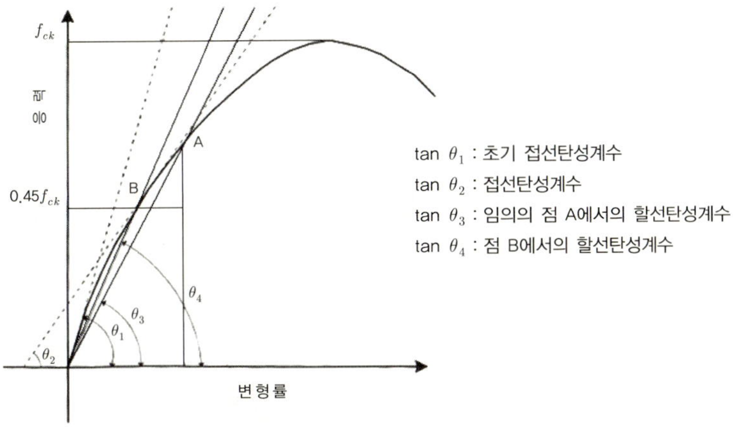

그림 5-49 콘크리트의 응력변형곡선

콘크리트의 압축강도가 30MPa 이하이고, 단위용적중량이 1,450~2,500kg/m^{3}인 경우의 탄성계수는 식(1)과 같으며, 보통골재를 사용한 콘크리트의 단위용적중량은 대략 2,300kg/m^{3}이므로 식(2)와 같이 나타낼 수 있다.

$$E_c = 0.043\rho^{1.5}\sqrt{f_{ck}} \qquad (\mathrm{MPa}) \qquad \text{식(1)}$$

$$E_c = 4700\sqrt{f_{ck}} \qquad (\mathrm{MPa}) \qquad \text{식(2)}$$

압축강도가 30MPa을 초과하고, 단위용적중량이 1,450~2,500kg/m^{3}인 콘크리트의 경우 탄성계수는 식(3)에 따라 계산할 수 있다. 단, 보통골재를 사용한 콘크리트의 경우 다음 식(4)를 사용할 수 있다.

$$E_c = 0.030\rho^{1.5}\sqrt{f_{ck}} + 7700 \qquad (\mathrm{MPa}) \qquad \text{식(3)}$$

$$E_c = 3300\sqrt{f_{ck}} + 7700 \qquad (\mathrm{MPa}) \qquad \text{식(4)}$$

5.9.3 인장강도

콘크리트의 인장강도는 압축강도의 약 1/10 정도이고, 건조수축 등에 의한 균열제어에 중요한 물성치가 된다. 인장강도시험 방법에는 직접적인 방법과 간접적인 방법이 있다. 직접인장시험은 부착철물, 편심하중, 건습상태 등의 영향으로 편차가 큰 단점이 있다. 간접시험법인 할렬인장강도시험은 파단면에 인장응력뿐만 아니라 압축응력도 동시에 생겨서 인장강도의 값이 올바르지 못한 면이 있으나, 시험방법이 간편하고 편차가 적어 많이 사용되고 있다. 한편, 할렬인장강도는 직접인장강도와 큰 차이가 없는 것으로 알려져 있다.

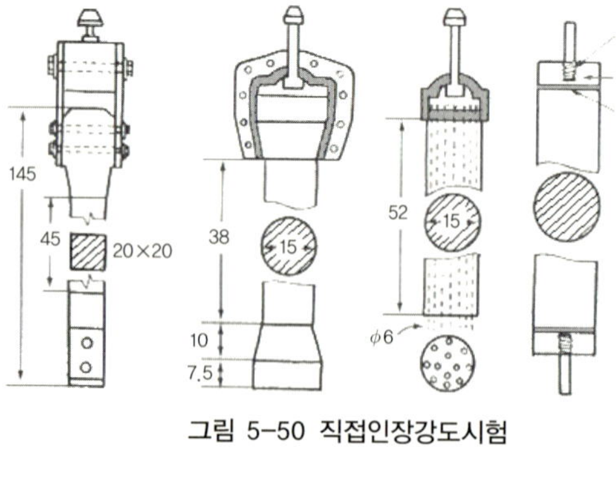

그림 5-50 직접인장강도시험

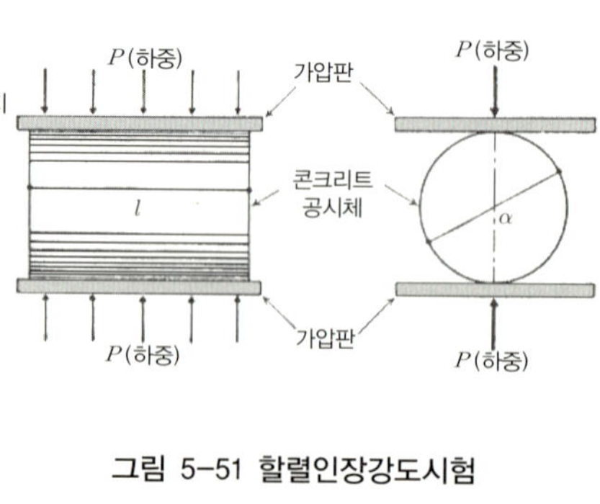

그림 5-51 할렬인장강도시험

5.10 콘크리트 종류

5.10.1 한중콘크리트

한중콘크리트는 부어넣기 후에 동결의 우려가 있는 기간, 보통은 부어넣기 후 28일간의 예상평균기온이 약 3℃ 이하의 경우에 시공하는 콘크리트이다. 따라서 한중콘크리트의 최대 과제는 동결방지에 있다. 콘크리트 중의 수분이 조금이라도 동결하면 콘크리트는 붕괴할 수 있다. 우선 동결방지를 위해서는 초기 보온양생이 절대적으로 필요하며, 또 양생온도가 낮으면 초기강도 발현도 늦기 때문에 극한기에는 미리 여러 가지 사항을 고려하여 콘크리트를 타설하든지, 혹은 위험한 요소를 피하기 위해 타설을 중지해야 한다.

(1) 배합

① 설계기준강도는 24MPa 이상으로 한다.

② 배합강도의 온도보정은 예상 평균양생온도(예상 평균온도가 아님)에 따른다.

③ 동해 예방을 위해 단위수량을 가능한 적게 하고 물시멘트비는 60% 이하로 한다.

AE제 혹은 AE감수제를 반드시 사용한다.

(2) 제조 및 타설

출하 시 콘크리트 온도가 10~20℃가 되도록 한다. 이를 위해 배합수와 골재를 가열한다.(매스콘크리트는 하한치를 5℃로 할 수 있다)

① 시멘트는 냉각되지 않도록, 골재는 빙설이 혼입되지 않도록 저장한다.

② 시멘트는 절대로 가열하지 않도록 한다. 골재는 직접 불로 가열하면 안 된다.

③ 시멘트 투입 직전에 믹서 내의 골재 및 배합수의 온도가 40℃를 넘어서는 안 된다.

④ 굳지않은 콘크리트의 경우는 공장으로부터 운반시간이 문제가 된다.

⑤ 동결된 지반에 콘크리트를 타설해서는 안 된다.

(3) 보온양생

초기동해를 입지 않기 위해서 콘크리트 온도가 0℃ 이하가 되지 않도록 보온양생을 해야 한다.

1) 보온양생의 시기

보온양생은 콘크리트 강도가 5MPa에 달할 때까지의 시기로 한다. 강도가 발현되면 냉한기에도 견디므로 초기동해를 거의 입지 않는다.

2) 보온양생

단열이나 가열에 의해 콘크리트가 계획된 온도를 유지할 수 있도록 보온한다.

① 단열 : 시트, 단열거푸집 등으로 콘크리트를 외기로부터 차단한다.

② 가열 : 가열설비로 콘크리트 혹은 그 주변을 가열한다. 가열 중에는 콘크리트가 건조되기 때문에 살수 등으로 습윤상태를 유지한다.

3) 주의사항

초기양생 종료 후에도 콘크리트가 냉각되지 않도록 적절한 보온양생을 계속한다.

5.10.2 서중콘크리트

서중콘크리트란 월평균 기온이 약 25℃를 넘을 경우(대략 7월 중순에서 8월말까지의 기간)에 타설하는 콘크리트를 말한다. 콘크리트가 고온이 되면 응결시간이 빨라지고 수분이 급격히 증발하므로 다음과 같은 현상이 생기기 쉽다.

① 다짐 등 타설작업이 곤란해진다. 콜드이음이 발생한다.

② 타설 시 슬럼프가 저하한다. 콘크리트는 상온에서도 운반 중에 슬럼프가 저하하지만 고온의 경우에는 저하가 더욱 크다.

③ 냉각 시에 균열이 발생하기 쉽다.

서중콘크리트에서 무엇보다 중요한 것은 콘크리트의 온도를 낮추는 것이며 다음과 같은 사항을 유의해야 한다.

① 비빔 시의 콘크리트 온도는 30℃(이상적으로는 25℃) 이하로 한다.

- 골재온도 2℃, 수온 4℃, 시멘트 온도 8℃ 중의 하나를 낮추므로 콘크리트 온도를 1℃ 떨어뜨릴 수 있다.
- 골재 및 배합수는 저온의 것을 사용한다. 골재는 직사광선을 피해 살수한다. 배합수는 경우에 따라서는 얼음물을 사용한다. 시멘트는 고온의 것을 사용하지 않는다.

② 출하 시 콘크리트 온도는 35℃ 이하로 한다.

콘크리트는 수화열에 의해 기온보다 5℃ 높게 비벼지며 운반 중에 또 3℃ 높아진다. 예를 들어 기온 32℃의 경우, 출하 시의 콘크리트 온도는 40℃에 달하므로 미리 5℃ 온도를 낮추어 두어야 할 필요가 있다.

(1) 배합 및 시공

1) 혼화제

AE감수제 지연형을 사용한다. 미세한 기포에 의해 유동성이 증대되고 단위수량을 줄일 수 있으며 초기 수화열의 감소, 응결의 지연이 가능하다.

2) 슬럼프

18cm 이하로 한다. 서중에는 운반 중의 슬럼프 저하가 크기 때문에(1시간에 2~5cm) 운송시간을 짧게 해야 한다. 슬럼프가 저하해도 시공이 가능하도록 계획한다.

3) 단위수량

슬럼프의 저하를 막기 위한 방법으로 단위수량을 증가시킬 수 있으나(5~10kg/m^3 정도) 단위수량은 가능한 커지지 않도록 한다.

4) 거푸집

직사광선을 받지 않도록 하고 살수로 습윤상태를 유지한다.

5) 양생

콘크리트를 살수 등에 의해 습윤을 유지하고 수분의 발산을 막는다. 급격한 건조는 균열과 강도저하를 가져온다.

5.10.3 고내구성 콘크리트

고내구성 콘크리트는 일반환경하의 보통 사용상태에 있어서 특히 긴 내용연수를 기대하는 건축물의 철근콘크리트 공사에 적용한다. 단, 본 장에서는 장시간 고온에 노출된다든지 부식성 가스에 접하는 등 극히 가혹한 환경조건하에 있는 건축물 및 원자력발전시설 등 특수한 용도의 건축물은 대상으로 하지 않는다. 고내구성 콘크리트를 적용하는 개소나 특수한 콘크리트와 함께 병행하여 적용하는 경우의 시방은 특기에 의한다.

(1) 특성

콘크리트 및 철근공사에 사용하는 재료는 콘크리트에 열화 · 손상을 일으키거나 철근을 부식시키는 유해물을 함유하지 않으며 특히 내구성이 뛰어난 것을 사용해야 한다. 내구성상 특히 종합적으로 고려해야 할 사항으로서 염화물량과 반응성 골재의 문제가 있다. 고내구성 콘크리트는 콘크리트 중에 염화물의 총량이 염소이온량으로 0.20kg/m^3 이하로 규정하고 있다. 그러므로 각 재료에 포함되어 있는 염화물량의 총량이 이 값 이하가 되도록 해야 한다.

반응성 광물을 포함한 골재가 사용될 우려가 있을 경우 알칼리골재반응 억제대책의 기본적인 생각에 관해서는 고내구성 콘크리트에 있어서도 특별히 다른 점은 없으나, 물시멘트비가 낮고 반응성 골재를 사용한 경우에는 알칼리골재반응을 일으킬 위험성이 높다. 알칼리골재반응에 의해 균열이 발생한 경우에는 구조물 전체로서의 내구성이 저하될 가능성이 있으므로, 알칼리골재반응에 관해 무해하다고 판정된 골재를 사용하는 것을 원칙으로 한다. 부득이 알칼리반응성 위험이 있는 골재를 사용할 경우의 알칼리골재반응 억제대책으로서는 그 지역의 골재 및 시멘트의 특성을 조사하고 특기에 의해 정할 필요가 있다.

시멘트는 콘크리트의 품질 및 공사의 조건에 대해 특기에 의해 정한다. 본 장에서는 보통포틀랜드시멘트를 기준으로 하여 배합, 양생 그 밖의 시방을 규정하고 있으므로 보통의 경우 보통포틀랜드시멘트, 고로슬래그 A종 또는 플라이애시 A종을 사용한다.

매스콘크리트의 수화열 저감, 알칼리골재반응 억제대책 등을 목적으로 고로시멘트 B · C종, 혹은 플라이애시시멘트 B · C종을 사용할 경우에는 강도발현의 지연, 중성화 속도 증대 등의 시멘트 성질을 고려해서 관련된 시방을 특기에 의해 정할 필요가 있다. 강도발현에 관해서는 보통의 경우, 기온에 대한 강도의 보정치를 크게 할 필요가 있으며 설계기준강도를 얻는 재령을 28일을 넘겨 연장하든지, 거푸집, 동바리의 존치기간을 구조계산에 의해 정하는 등의 대책도 필요하다. 일반적으로 이러한 시멘트는 장기강도의 증대는 크지만 습윤양생이 불충분할 경우는 강도발현이 부족하기 때문에 충분한 양생을 해야 한다.

골재의 품질과 상호관계에 관해서는 일반적으로 절대비중이 감소함에 따라 흡수율이 증대하고, 이와 함께 안정성이 저하하는 경향이 있다. 저품질의 골재가 콘크리트의 품질에 미치는 영향에 관해서는 많은 연구가 있다. 굵은골재, 잔골재의 절대비중이 작고 흡수율이 클수록 콘크리트의 압축강도 및 탄성계수는 저하하며 건조수축이 증가하는 경향이 있다.

(2) 배합

본 장에서는 철근콘크리트조 건축물의 내구성을 확보하기 위해 필요한 콘크리트의 품질에 관한 규정 및 배합에 관하여 규정을 정한다. 고내구성 콘크리트로 사용하는 콘크리트의 품질규정의 목표는 표 5-20과 같다.

표 5-20 고내구성 콘크리트의 품질 목표

항 목	품질의 목표
압축강도(표준양생)	f_{ck}를 밑돌 확률 4%이나 또한 최저강도 $0.8f_{ck}$ 이상
건조수축률	6×10^{-4} 이하
블리딩양	$0.3cm^3/cm^2$ 이하
내구성 지수	80 이상(300사이클)

콘크리트의 품질로서 설계기준강도는 보통콘크리트에서는 21~36MPa, 경량콘크리트에서는 21~27MPa로 하며, 그 외의 부분은 공사시방에 따른다. 슬럼프값은 12cm 이하로 하고 유동화콘크리트를 사용하는 경우에는 베이스 콘크리트의 슬럼프값은 12cm 이하, 유동화콘크리트의 슬럼프값은 18cm 이하로 한다. 내구성을 확보하기 위하여 단위수량은 $175kg/m^3$ 이하로 하고 단위시멘트양의 최소값은 보통콘크리트에서 $300kg/m^3$, 경량콘크리트에서 $330kg/m^3$로 한다. 물시멘트비의 최대값은 표 5-21에 따르며 표에 나타낸 것 이외의 시멘트를 사용한 경우의 물시멘트비 최대값은 공사시방에 따른다.

한편 굳지 않은 콘크리트의 온도는 공사시방에 따르며 공사시방이 정한 바가 없을 때에는 타설 시의 콘크리트 온도는 3℃ 이상, 30℃ 이하로 한다.

일반콘크리트에 있어서도 내구성을 확보하기 위하여 규정을 정하고 있으나 고내구성 콘크리트에 관해서는 단위수량, 단위시멘트양, 물시멘트비, 염화물량에 대해서 아래 ①~④와 같은 엄격한 규정을 정하고 있다.

① 단위수량의 증가는 콘크리트의 품질 및 내구성을 저하시키는 커다란 요인이 되므로, 콘크리트의 단위수량은 시공 가능한 워커빌리티가 얻어지는 범위에서 되도록 적게 할 필요가 있다. 콘크리트의 품질을 표 5-20의 목표치를 만족하도록, 특히 건조수축을 목표치 6×10^{-4} 이하가 되기 위해서는 보통콘크리트에서는 단위수량을 적어도 $175kg/m^3$ 정도 이하로 해야 한다.

② 고내구성 콘크리트의 단위시멘트양은 내구성 확보의 관점으로부터 기본시방 콘크리트에 대해 보통콘크리트 및 경량콘크리트라도 최소치를 $20kg/m^3$ 증가시킨다.

③ 표 5-21은 강도에 의해 정하는 물시멘트비 외에 내구성을 확보하기 위해서 필요한 물시멘트비의 최대치를 정한 것이다.

표 5-21 물시멘트비의 최대값

시멘트의 종류 \ 콘크리트의 종류	보통콘크리트	경량콘크리트
포틀랜드시멘트 고로슬래그시멘트 실리카시멘트 A종 플라이애시시멘트 A종	60	55
고로슬래그시멘트 1급 실리카시멘트 B종 플라이애시시멘트 B종	55	55

한편 콘크리트의 계획배합은 소요 워커빌리티, 강도, 내구성, 그 외에 소요 품질이 얻어질 수 있도록 반드시 시험비빔을 하여 정한다.

(3) 주의사항

콘크리트의 운반 및 타설 다지기에 관한 계획을 정하는 경우 1회의 콘크리트 타설구획, 타설깊이 및 타설량은 거푸집 속으로 콘크리트를 균질하고 밀실하게 충전할 수 있는 한도 내로 한다. 콘크리트 운반방법은 버킷을 이용할 경우는 하부로부터 콘크리트를 배출하는 형식으로서 타설장소에서 조작하여 임의로 배출 및 중단을 할 수 있는 구조의 것을 사용한다. 벨트 컨베이어를 이용하여 콘크리트를 운반하는 경우는 콘크리트의 분리 및 시멘트 페이스트의 손실이 생기지 않게 하는 구조의 것으로서 품질변화가 생기지 않도록 운반한다.

콘크리트의 비비기 시작으로부터 타설이 끝나는 시간의 한도는 공사시방에 따르나 공사시방에 정한 바가 없을 경우에는 외기온도가 25℃ 미만일 때에 90분, 25℃ 이상일 때에 60분으로 한다.

그 외에 콘크리트 타설 전의 준비는 다음에 따른다.

① 콘크리트를 이어치는 경우는 이음면의 레이턴스 및 취약한 콘크리트를 제거하고 건전한 콘크리트면을 노출시킨 후물로 충분히 습윤시킨다.

② 철근, 철골 및 금속제 거푸집의 온도가 50℃를 넘을 경우는 콘크리트의 타설 직전에 살수하여 냉각시킨다.

③ 거푸집, 철근, 이어붓기 부분의 콘크리트에 살수한 물은 콘크리트의 타설 직전에 고압공기 등으로 제거한다.

고내구성 콘크리트의 피복두께는 표 5-22의 값으로 하고 공사시방 및 설계도서에 따른다. 최소피복두께는 공사시방 및 설계도에 명시된 피복두께로 해야 하며 담당원의 승인에 따라 표 5-22의 치수에서 10mm를 공제한 값 이상으로 해야 한다.

표 5-22 고내구성 콘크리트의 피복두께(mm)

<table>
<tr><th colspan="3">구조부분의 종별</th><th>피복두께</th></tr>
<tr><td rowspan="5">흙에 접하지 않은 부분</td><td rowspan="2">지붕슬래브
바닥슬래브
비내력벽</td><td>실내</td><td>40[1)2)]</td></tr>
<tr><td>실외</td><td>50[3)]</td></tr>
<tr><td rowspan="2">기둥
보
내력벽</td><td>실내</td><td>50[3)]</td></tr>
<tr><td>실외</td><td>60[4)]</td></tr>
<tr><td colspan="2">옹벽</td><td>60[4)]</td></tr>
<tr><td rowspan="2">흙에 접하는 부분</td><td colspan="2">기둥 · 보 · 내력벽</td><td>50</td></tr>
<tr><td colspan="2">기초 · 옹벽</td><td>70</td></tr>
</table>

1) 내구성상 유효한 마감이 있을 경우, 담당원의 승인을 받아 30mm로 할 수 있다.
2) 슬래브의 상단 철근에 있어 내구성상 유효한 마감이 있는 경우, 담당원의 승인을 받아 30mm로 할 수 있다. 다만, 방수를 한 경우에도 30mm로 할 수 있다.
3) 내구성상 유효한 마감이 있을 경우, 담당원의 승인을 받아 40mm로 할 수 있다.
4) 내구성상 유효한 마감이 있을 경우, 담당원의 승인을 받아 50mm로 할 수 있다.

5.10.4 매스콘크리트

부재 단면의 최소치수가 크고 또 수화열에 의한 온도상승에 의해 유해한 균열이 생길 우려가 있는 콘크리트를 말한다.

부재 단면이 큰 콘크리트는 내부온도의 상승이 크고 20~40℃까지도 상승한다. 내부온도는 타설 후 1~3일 간에 최고에 도달하고 그 후에는 서서히 저하한다. 콘크리트는 내외의 온도차에 의해 균열이 생기는데, 수화작용을 억제하여 내부의 온도상승을 막는 것이 중요하다.

(1) 시멘트

수화열이 큰 시멘트를 사용하지 않는다. 초기강도가 큰 시멘트일수록 초기 수화열이 크다. 조강포틀랜드시멘트, 보통포틀랜드시멘트, 혼합시멘트, 중용열시멘트의 순으로 각각 수화열은 10% 이상의 차가 있다. 중용열시멘트에 플라이애시를 혼입하면 수화열은 더욱 작아진다.

(2) 단위시멘트양

수화열에 낮추기 위해서 단위시멘트양을 적게 한다.

① 된비빔한다.(유동화제를 사용해 타설하기 쉽게 한다)
슬럼프를 3cm 낮추면 시멘트를 15~20kg/m^3, 6cm 낮추려면 25~40kg/m^3 줄일 수 있다.

② 수량, 시멘트양을 줄이기 위해 AE감수제 지연형, 감수제 지연형을 사용한다.

(3) 콘크리트 온도

여름철 출하 시 콘크리트 온도를 35℃ 이하로 한다. 운반 중에 수화가 진행되어 3℃ 정도 온도가 상승되기 때문에 여름철에 35℃ 이하로 하는 것은 쉽지 않다. 배합수, 골재를 차갑게 하는 등의 처리를 한다.

(4) 타설 후의 온도관리

① 콘크리트 내부와 표면의 온도를 측정한다.

② 내부온도의 상승 중에는 표면온도가 급격하게 냉각되지 않도록 한다.

③ 내부온도가 최고에 달한 후 보온해서 급격한 온도저하가 일어나지 않도록 한다.

④ 합판, 보온재는 콘크리트의 표면온도가 외기온에 가까워지면 제거한다. 제거 후에는 콘크리트 표면의 급격한 건조를 피한다.

5.10.5 고강도콘크리트

구조물이 고층화, 대형화 그리고 해양구조물이나 고속전철 등과 같이 특수화 되어감에 따라 보다 합리적이고 경제적인 구조시스템 개발이 요구되고 있으며, 이에 부응하여 가장 보편적인 건설재료라고 할 수 있는 콘크리트도 고성능화가 적극적으로 진행되고 있다.

특히, 콘크리트의 고성능화의 일환으로 가장 대표적인 물성인 압축강도를 높이기 위한 연구는 18세기 중엽부터 행해져 왔고, 외국에서는 1930년대에 이미 100MPa 이상의 강도를 얻었다는 보고가 있다. 그러나 이 당시의 100MPa 이상의 초고강도콘크리트는 연구단계인 실험실 레벨에서 얻어질 수 있었던 것으로 실용화에는 미치지 못하였다.

1960년대 들어서 단위수량을 대폭 줄일 수 있는 고성능감수제가 개발되고 1970년대에는 고성능감수제를 사용한 콘크리트를 오토클레이브 양생한 80MPa 이상의 초고강도콘크리트를 쉽게 얻을 수 있는 기술이 개발되었다. 이 기술은 고강도 PC파일의 제조에 응용되어 초고강도콘크리트가 공업적으로 대량생산될 수 있었다.

고강도콘크리트를 사용하기 전 고강도콘크리트의 의미가 국내에서 우선 명료하게 정의되어야 하는데, 이는 현재 국내외의 여건 차이뿐만 아니라 국내에서 사용되고 있는 분야, 사용되는 대상, 규준 그리고 기술자나 제품생산업자에 따라 달라질 수 있기 때문이다. 현재 고강도콘크리트를 건축물에 가장 많이 쓰고 있는 미국에도 1950년대에는 35MPa 이상이면 고강도로 간주되었으며, 아직도 미국 내 일부에서는 35MPa 이상이 물리적이나 심리적 한계로 여겨지고 있다. 이후, 1960년대에는 42MPa에서 52MPa 정도가 상업적으로 이용되어 왔으며, 1970년대에는 63MPa의 콘크리트가 시카고 지역을 중심으로 사용되었다. 1980년대에 들어와서는 77MPa의 콘크리트를 사용한 건축물이 완성되었으며 쌍둥이 유니온 스퀘어(Two Union Square) 건물에 133MPa의 강도를 사용한 실적이 있다. 이에 미국콘크리트학회 고강도콘크리트 분과위원회는 1984년 보고서를 통하여 제조에 관한 주의사항과 함께 보통콘크리트는 42MPa, 경량콘크리트는 28MPa 이상을 고강도로 간주하고 있으며, 보통콘크리트로서 105MPa 이상을 최근에는 초고강도콘크리트(Ultra High Strength Concrete)라고 구분하고 있다. 이웃 일본에서는 건축에서 36MPa 이상을 고강도로 정의하고 있으며, 건축물에서는 사용 시 심의위원회를 통과하여 사용하도록 규정하고 있다.

국내에서는 건축공사표준시방서에 설계기준강도가 보통콘크리트는 40MPa 이상, 경량콘크리트는 27MPa 이상을 고강도콘크리트로 간주하고 있다.

(1) 특성

콘크리트의 건조수축은 일반적으로 단위수량에 지배되며 단위수량이 적을수록, 물시멘트비가 적을수록 동일한 물시멘트비에서는 시멘트양이 적은 만큼 건조수축이 작게 된다. 따라서 고강도콘크리트의 건조수축은 보통강도의 콘크리트와 비교하여 작고, 오토클레이브 양생을 한 경우는 그 후의 건조수축은 극히 작아진다.

그리고 크리프도 고강도일수록 작아진다. 그 이유는 고강도콘크리트는 물시멘트비가 작기 때문에 건조에 의한 탈수에 동반되는 크리프(Drying Creep)가 극히 작아지기 때문이라고 생각된다.

고강도콘크리트의 동결융해작용에 대한 내구성에 대해서는 여러 가지 시험결과가 나와 있다. 즉, 고강도콘크리트는 내구성이 증가한다는 설과 증가하지 않는다는 설이 있어 결론은 얻을 수 없다. 그러나 최근에는 특히 가혹한 기상작용을 받는 경우에는 다소 강도가 희생되어도 적당 양의 공기를 혼합한 고강도 AE콘크리트를 이용하는 것이 좋다는 쪽으로 결론이 모아지고 있다.

화학작용에 대해서는 그 조직이 보통콘크리트보다도 치밀하므로 그 내구성(내약품성)은 우수하다. 초고강도콘크리트의 내화성상은 골재의 종류, 콘크리트의 배합, 제조방법, 가열온도 등에 의해 달라지지만 내화성 시험을 한 결과 압축강도와 동탄성계수의 저하율이 커서 내화성에 난점이 있다고 한다. 그 밖에 고강도콘크리트의 열팽창계수, 비열, 열확산율 등은 보통콘크리트와 비교하여 큰 차이가 없다고 알려지고 있다.

(2) 배합

고강도콘크리트의 배합강도는 보통콘크리트 배합강도 규정에 의하여 정한다. 또한 고강도를 얻기 위해서는 물시멘트비를 50% 이하로 낮게 하는데, 이때 물시멘트비가 작으면 시공성이 저하될 우려가 있으므로 고성능감수제를 사용하여 슬럼프값을 증가시킬 수 있으며, 따라서 워커빌리티를 개선시킬 수 있다. 국내에서는 40~50MPa 사이의 고강도 발현을 위해서는 33~38% 사이의 물시멘트비가 권장될 수 있으나, 실제로 사용하는 콘크리트와 거의 동일한 재료를 사용하여 소요 슬럼프값, 소요 공기량이 얻어지는 콘크리트에 관해 물시멘트비와 콘크리트 강도의 관계식을 시험배합하여 구한 뒤 현장치기 직전에 골재의 함수량과 표면수량을 측정한 후 최종배합이 조정되어야 한다. 70MPa 이상의 고강도콘크리트 경우에는 30% 이하의 물결합재비가 권장된다.

고강도콘크리트의 경우는 보통콘크리트에 비해 비교적 많은 양의 시멘트를 필요로 하게 된다. 작업에 적절한 워커빌리티와 요구하는 강도를 얻는 데 필요한 단위시멘트양은 시멘트의 품질, 감수제의 투여량, 잔골재율, 굵은골재의 최대치수와 형상 그리고 입도에 의해서도 달라지기 때문에 시험배합에 의해서 단위시멘트양을 정하는 것이 좋다. 단위수량은 180kg/m^3 이하로 하고 소요 워커빌리티를 얻을 수 있는 범위 내에서 가능한 적게 한다.

잔골재율은 콘크리트의 물시멘트비, 굵은골재의 입형, 단위시멘트양이 고려되어야 하며, 고성능감수제를 이용한 경우의 잔골재율은 감수제의 단위량에 의해서도 달라지기 때문에 시험비비기에 의해서 결정하는 것이 좋다. 기존 시공 경험에 의하면 골재의 최대치수가 19~25mm의 경우에 50MPa의 고강도 발현이나 원활한 워커빌리티를 위하여 잔골재율은 30~40%의 범위가 좋은 결과를 보여주고 있다. 이때 사용되는 잔골재율의 조립률(FM)이 2.5이하인 경우는 다지기가 어려우므로 3.0 정도가 적당하다.

콘크리트를 고강도화 시키기 위한 단순하고도 확실한 방법은 물시멘트비를 감소시키는 것으로 고성능인 감수제를 사용함에 따라 물시멘트비를 더욱 저하시킬 수가 있다. 고성능감수제는 종래의 감수제와는 달리 고분자계를 주성분으로 하여 시멘트의 분산력을 크게 높여 감수효과를 높이고 공기연행성이 대단히 작고 응결지연을 억제하는 계면활성제이다.

이 고성능감수제의 감수율은 보통 20~30% 정도로 극히 높고 다량의 혼입도 가능하여 단위시멘트양이 많을수록, 시멘트 분말도가 클수록, 또 고온일수록 감수효과가 크다.

고성능감수제의 사용은 반드시 시험배합에 의해서 결정되어야 하며, 물에 희석하여 사용하는 감수제의 경우에는 희석 시 사용하는 물은 배합수로 계산되어야 하며, 이외의 고성능감수제의 경우에는 배합지에 영향을 주지 않는다. 또한 고성능감수제를 투여한 콘크리트의 슬럼프의 경시변화 보통콘크리트의 경우보다 훨씬 급격하기 때문에 장시간 운반을 할 경우에는 시간경과에 따른 슬럼프 저하를 고려한 슬럼프값을 결정하고 또 타설 직전에 슬럼프시험을 하여 현장에서 고성능감수제의 재투여를 하는 경우도 있는데 이는 반드시 기존의 실험결과에 의해 결정하는 것이 바람직하다.

(3) 주의사항

고강도콘크리트의 운반 및 타설, 다짐은 보통의 방법으로 지장 없이 시행할 수 있으나 이하에 나타내는 사항에 주의해야 한다.

고강도콘크리트를 펌프로 압송할 경우, 일반콘크리트보다도 압송부하가 커지기 때문에 압송거리를 길게 하고 싶을 때에는 고성능의 콘크리트 펌프가 필요하다. 최근의 콘크리트 펌프 중에는 최대연직압송거리 430m 이상, 최대압력이 23MPa 이상, 최대타설속도 130m^3/h 이상의 능력을 가진 것도 있다. 이와 같은 고성능 펌프를 사용하여 고강도콘크리트를 시공한 예로서는 시카고의 311 South Wacker Tower의 건설이 있다. 펌프어빌리티를 개선할 목적으로 실리카 퓸을 혼합하여 높이 295m까지 압송한 보고도 있다.

높은 곳으로부터 콘크리트를 배출할 경우에는 배관 등의 토출구를 이미 타설된 콘크리트 윗부분에 되도록 가깝게 하여 배출한다. 이것은 재료분리나 철근 및 거푸집에 콘크리트가 부착되는 것을 막을 뿐만 아니라, 직경이 큰 공기포가 콘크리트 내부에 발생되지 않도록 하기 위해 필요하다.

다짐작업은 다짐불량 개소가 강도특성에 직접적인 영향을 미치기 때문에 진동기 삽입위치, 깊이, 간격, 시간 등을 정하여 특히 주의해야 한다.

5.10.6 경량콘크리트

경량골재를 사용한 콘크리트를 말하고 1종과 2종이 있다.

1종 : 굵은골재만 경량골재
기건비중 1.7~2.0

2종 : 모든 골재가 경량골재
기건비중 1.4~1.7
경량이지만 수축률이 커서 균열이 발생하기 쉽고 흡수율이 크며 중성화가 빠르고 시공이 힘든 단점이 있다.

경량콘크리트는 경량화가 필요할 경우 사용된다. 주로 S조 초고층건축물의 바닥콘크리트, 커튼월의 PC콘크리트(1종만 사용됨) 등에 사용된다.

콘크리트 가격은 비중 1.8의 것이 보통콘크리트보다도 40~60% 비싸며, 비중 1.6의 것이 60~80% 비싸다. 경량골재로는 인공경량골재, 천연경량골재(화산재 등), 부산경량골재(팽창슬래그, 석탄재 등) 등 3종류가 있다. 구조용 경량콘크리트에는 인공경량골재만이 사용된다.

〈인공경량골재〉

- 혈암, 점토, 플라이애시 등을 로터리 키른에서 소성한 것이다.
- 절건비중은 굵은골재가 1.0~1.5, 잔골재가 1.3~1.8이다.
- 입형은 구형이고 굵은골재의 실적률은 보통 63~65%이다.
- 굵은골재의 최대치수는 15mm로 한다.
- 흡수율(24시간 수중에 침전한 경우)은 크며, 대략 5~10% 정도이다.
- 골재가격은 보통골재의 약 3배이다.

(1) 배합

1) 기건 단위용적중량

경량콘크리트는 경량을 목적으로 하기 때문에 기건 단위용적중량이 소정의 값이어야 한다. 이것을 배합으로부터 다음의 식에 의해 추정할 수 있다.

기건 단위용적중량 = 절건 골재중량 + 1.25 시멘트중량 + 120
(단위는 모두 kg/m^3)

2) 시멘트

포틀랜드시멘트, 혼합시멘트(설계기준강도가 27MPa을 넘을 경우는 A종만)를 사용한다.

3) 슬럼프

출하 시에 21cm 이하로 한다.

4) **물시멘트비**는 55% 이하, 단위시멘트양은 320kg/m^3 이상으로 한다. (단, 설계기준강도가 27MPa의 경우는 50% 이하, 단위시멘트양은 340kg/m^3 이상으로 한다)

5) 단위수량

185kg/m^3 이하(설계기준강도가 27MPa을 넘을 경우는 170kg/m^3 이하)로 한다.

6) **경량콘크리트**는 시공성이 나쁘기 때문에 워커빌리티 향상을 위해서 AE제, AE감수제, 고성능 AE감수제를 이용한다. 공기량은 5%가 표준.

(2) 운반/타설

골재가 가벼운 점, 흡수율이 큰 점이 시공상 문제점이다.

① 레미콘공장 : 원칙적으로 경량콘크리트의 허가를 받은 KS공장으로 한다.

② 압력흡수(壓力吸水) : 압송 시에 골재의 압력흡수에 의해 슬럼프의 저하, 운송관이 막힐 우려가 있다. 제조 시에 충분히 미리 흡수한 골재를 사용한다. 압송관경은 125A 이상을 사용한다.

③ 골재의 분리

골재가 가볍기 때문에 타설 시에 분리해서 콘크리트 표면에 뜨기 쉽다. 표면에 뜬 굵은골재는 재진동, 흙손 등으로 마무리한다.

5.10.7 고유동콘크리트

고유동콘크리트란 다짐작업을 하지 않거나 거의 하지 않고도 철근이 배근된 거푸집 속을 자기 스스로 흘러 밀실하게 충전되는 높은 유동성과 간극통과성을 가지며, 또한 유동 중에 과도한 재료분리를 일으키지 않고도 필요로 하는 균질성을 확보할 수 있는 콘크리트를 말한다.

고유동콘크리트는 일반적으로 시멘트 혹은 시멘트와 광물질 분말인 혼화재를 다량 사용하며, 고성능 AE감수제를 다량 첨가하여 단위수량을 줄이고 필요에 따라 분리저감제(증점제 등)를 적당량 첨가함으로써 굳지 않은 상태에서의 재료분리저항성을 부여하고 슬럼프

23~27cm, 슬럼프 플로(슬럼프 실험 후 콘크리트의 퍼짐)가 50~70cm 정도이다. 또한 철근이나 거푸집 사이를 빠져나가는 간극통과성을 부여하기 위하여 굵은 골재량을 보통콘크리트보다도 상당히 적게 한 것이다.

고유동콘크리트는 위에서 설명한 것처럼 기본적으로 자기충전성을 가지기 위해서 원칙적으로 진동을 할 필요가 없고 콘크리트를 부어넣는 것만으로 작업이 간단히 완료된다. 따라서 콘크리트 공사의 대폭적인 저에너지화, 공기단축이 가능하며 또한 타설작업 시의 결함도 생기지 않는다. 뿐만 아니라 대규모 구조물의 콘크리트 타설이 용이하며 금후 필요로 하는 콘크리트공사의 기계화, 로봇화에도 대응할 수 있을 것으로 기대되므로 새로운 기술 · 재료로서 주목이 되며 그 발전이 크게 기대되고 있다.

그러나 현재로서는 아직 일부의 공사를 제외하고는 경제적인 면에서 종래의 콘크리트와 경쟁이 되지 않으며, 현재의 제조 및 시공 시스템에 적용시키는 데에는 곤란한 점이 남아 있기 때문에 특수한 예를 제외하고는 일반적인 보급이 이루어지지 않고 있는 것이 사실이다.

(1) 특성

콘크리트의 유동성을 슬럼프 및 슬럼프 플로로 비교하면 그림 5-52에 나타내는 것과 같은 관계에 있다. 고유동콘크리트는 종래의 콘크리트보다도 높은 유동성을 가지며 유동구배가 작아지고, 그러므로 유동거리가 길어져 펌프압송이나 다짐작업이 간단해진다. 또한 높은 유동성에 의해 과밀한 철근 사이나 작은 공간에도 쉽게 충전할 수 있다.

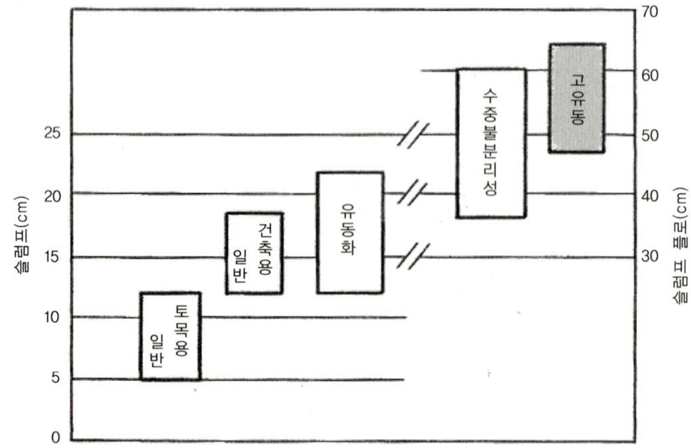

그림 5-52 콘크리트의 유동성 비교

한편 굳지 않은 때와 경화 후의 전반적인 고유동콘크리트 품질을 항목별로 나누어 설명하면 다음과 같다.

1) 워커빌리티

고유동콘크리트는 굳지 않은 상태의 유동성을 슬럼프 플로 값으로 나타내며 50cm 이상 70cm 이하를 목표로 한다. 70cm를 넘으면 압송 중이나 타설 중에 재료분리가 일어날 가능성이 있으며, 이와 반대로 50cm를 밑돌면 타설 시 충전성에 지장이 생길 가능성이 있다. 굳지 않은 콘크리트의 재료분리저항성은 슬럼프 플로 시험 후의 콘크리트 상태에 의해 다음과 같이 확인한다. 굳지 않은 콘크리트의 재료분리 저항성은 주로 슬럼프 플로 속도로 표현된다. 또한 원통관입시험 등의 신뢰성을 지닌 방법들에 의해 평가할 수도 있으나, 아직 확실한 방법이 규정되지 않고 있으며 기본적으로는 눈으로 확인한다.

2) 블리딩

굳지 않은 콘크리트의 블리딩양은 KS F 2414(콘크리트의 블리딩시험방법)에 의해 시험하여 0.3cm^3/cm^3 이하로 한다.

3) 침강

특히 프리캐스트콘크리트 구조의 접합부나 강관콘크리트의 충전에 이용하는 경우, 침강에 의한 결함이 생기기 쉽다. 굳지 않은 콘크리트의 침강량은 규정되어진 시험방법이 없으나 높이 1m 정도의 거푸집을 시험 제작하여 콘크리트의 부어넣고, 부어넣은 직후의 블리딩이 종료하고 응결이 시작할 때까지의 침강량을 측정하여 판단하는 방법이 있다.

4) 응결시간

응결시간 측정에는 고유동콘크리트만의 방법이 특별히 없으며 시결 20시간 이내를 목표로 하지만 특별한 시방이 규정되어 있으면 그것에 따른다. 굳지 않은 콘크리트의 응결시간은 시공성에 큰 영향을 미친다. 응결시간이 짧으면 마감작업에 지장이 있으며 길면 공정지연의 원인이 되므로 응결시간은 시공조건이나 시공계획에 맞추어 적절하게 설정할 필요가 있다. 혼화제의 종류나 사용량, 양생온도 등에 의해 조절하기도 하지만 일반적으로 고유동콘크리트에서는 응결시간이 길어지는 경향이 있으며 특히 겨울철 공사의 콘크리트 타설에 있어서는 충분한 시공계획상의 배려가 요구된다.

5) 초기강도

콘크리트의 초기강도는 성형 후에 온도 20℃로 보존한 공시체의 24시간 압축강도로 시험하여 5MPa 이상의 강도를 목표로 하지만 특별히 시방이 정해져 있는 경우에는 그에 따른다. 콘크리트의 강도발현은 주로 양생온도에 의해 좌우되며 특히 거푸집 동바리를 조기에 철거하는 공정을 세울 경우나 슬라이딩폼공법을 채용하는 경우 등은 초기강도의 발현이 매우 중요하다. 반대로 장기강도를 중시하여 저발열시멘트 등을 사용할 경우는 상기의 값을 만족하지 않을 수도 있으며 시공계획상의 충분한 검토가 필요하다.

6) 수화열

수화열의 상승은 콘크리트에 균열을 가져오므로 콘크리트구조체에 악영향을 미치지 않는 범위로 관리할 필요가 있다. 콘크리트의 수화열에 의한 온도상승을 좌우하는 요인은 시멘트의 종류나 배합, 부재의 크기, 환경조건 등 다양하나 주로 시멘트의 성분조성 및 분말도, 단위시멘트(결합재)양 등을 들 수 있다. 온도상승 추정치가 과대해질 경우에는 다음과 같은 방법들이 있다.

① 저발열량의 시멘트를 선택한다.
② AE감수제 · 고성능 AE감수제 지연형을 사용한다.
③ 단위시멘트(결합재)양을 되도록 적게 한다.
④ 단위수량 · 잔골재율을 되도록 작게 한다.
⑤ 강도관리 재령을 길게 한다.

7) 압축강도

표준양생한 콘크리트의 28일 압축강도는 25MPa 이상으로 하고(최소한의 압축강도), 구조체 콘크리트의 압축강도가 설계기준강도를 상회할 필요가 있다.

8) 영계수

고유동콘크리트에서는 단위 굵은골재량이 적고 혼화재를 이용하므로 영계수가 작아지는 단점이 있다. 그 때문에 영계수는 표준양생한 재령 28일에 있어서 20,000MPa 이상, 또는 동일 골재를 이용한 비교용의 콘크리트에 대해서 90% 이상으로 한다.

9) 건조수축 · 자기수축

① 건조수축

고유동콘크리트는 재료분리저항성을 높이기 위해서 분체량을 증가시키든지 단위 굵은골재량을 적게 하는 경향이 있으므로 건조수축은 보통의 콘크리트에 비해 생기기 쉽다. 내구성상 유해한 균열의 발생을 피하지 않으면 안 되지만 그를 위해서 건조수축의 표준치는 구조형식이나 입지조건, 부재의 크기 등에 따라 다르므로 일단 목표를 정한다. 즉, 재령 7일까지 표준양생한 공시체를 온도 20±2℃, 상대습도 60±5%의 환경조건에서 건조기간 6개월간 모르타르 및 콘크리트의 길이변화 실험을 하여 8×10^{-4} 이하, 또는 동일 골재의 비교용 콘크리트에 대해 110% 이하를 목표로 한다.

② 자기수축

분체량이 많은 콘크리트는 경화와 함께 자기수축이 비교적 크고 균열발생일수가 빨라지는 경향이 있다. 자기수축의 표준적인 시험방법은 아직 규정되어 있지 않지만 일본콘크리트학회의 '고유동콘크리트의 자기수축 시험방법'이 자주 이용된다.

10) 중성화

콘크리트의 중성화는 구조물의 내구성상 중요한 요인의 하나이다. 고유동콘크리트의 중성화는 사용하는 결합재의 종류 및 결합재비에 따라 크게 다르다. 그림 5-53은 고로슬래그 미분말과 플라이애시를 혼화재로서 사용한 경우의 물결합재비와 중성화 속도계수와의 관계를 나타낸 것이다. 보통콘크리트와 같이 물결합재비가 커짐에 따라서 중성화 속도계수는 커지고, 사용하는 혼화재의 종류에 따라서 중성화 속도계수는 다르다. 고로슬래그 미분말은 치환율이 50% 정도까지는 중성화 속도계수에 변화가 없는 것으로 보아 중성화 저항성에 기여하는 것으로 볼 수 있다. 한편, 플라이애시의 경우는 치환율이 커짐에 따라 중성화 속도계수도 커져 중성화 저항성에 거의 기여하지 않는 것으로 판단된다.

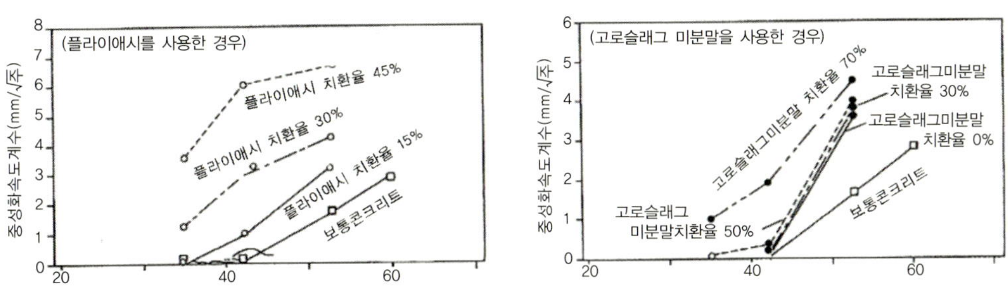

그림 5-53 물결합재비와 중성화 속도계수의 관계

11) 염화물이온 침투성

콘크리트 중의 염화물이온 침투성은 해안에 가까운 구조물에 있어서 중성화와 함께 내구성상 중요한 요인의 하나가 된다. 그림 5-54는 침지 및 건조를 1사이클 7일로서 반복하여 염소이온의 침투깊이를 측정한 고유동콘크리트와 보통콘크리트의 결과이다. 그림에 따르면, 고유동콘크리트는 보통콘크리트와 같은 정도의 염화물이온의 침투속도를 가지는 것으로 판단된다. 단, 이러한 성질은 혼화재나 물시멘트비, 양생방법 등에 따라 변화할 것으로 생각이 되므로 실험이나 자료에 의해 확인할 필요가 있다.

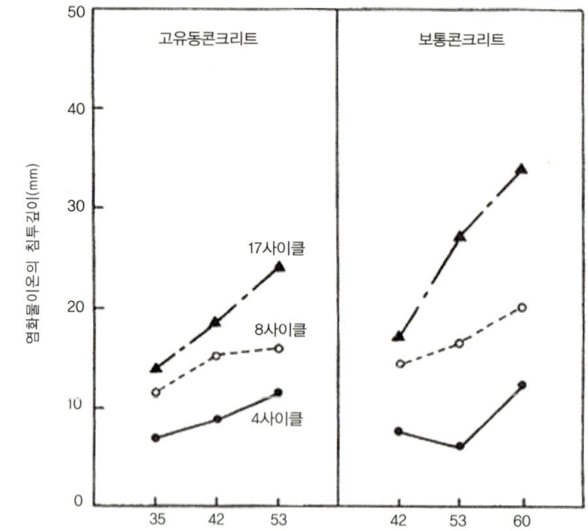

그림 5-54 물시멘트비와 염화물이온 침투깊이의 관계

12) 내화성 · 내열성

보통콘크리트에서도 시멘트양이 많은 경우나 고강도콘크리트의 경우에는 화재 등의 열을 받으면 폭렬(爆裂)하는 등의 경향이 있다. 고유동콘크리트의 경우에도 내화실험의 결과에 따르면 사용 혼화재나 분리저감제의 종류 및 사용량에 따라 폭렬이 생긴다. 특히 내화성이 요구되는 부분에 고유동콘크리트를 사용할 경우에는 폭렬이 생기기 어려운 재료를 선택하든지, 폭렬이 생기더라도 필요한 피복두께를 확보되도록 하는 대책이 필요하다. 한편 그림 5-55는 가열온도와 압축강도 잔존비의 관계를 나타낸다. 그림에서와 같이 보통콘크리트의 경우와 비교해서 큰 차이는 없으며 같은 정도 이상인 것을 확인할 수 있다.

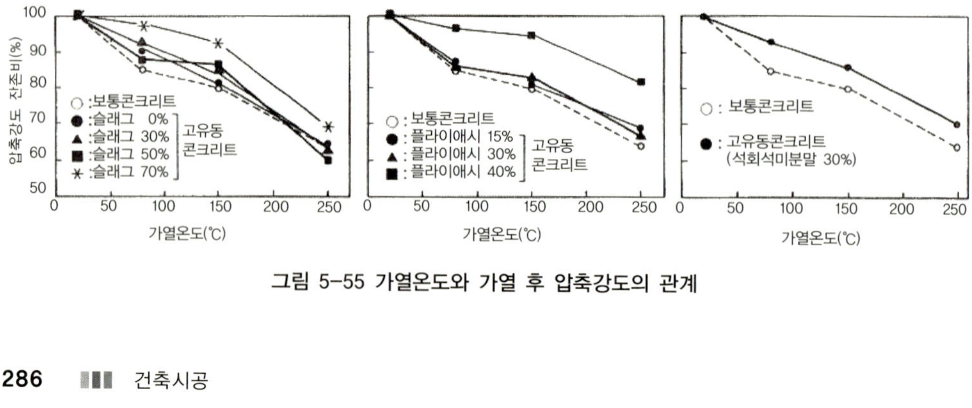

그림 5-55 가열온도와 가열 후 압축강도의 관계

13) 내동해성

내동해성에 대해서는 보통콘크리트의 경우는 AE콘크리트로 함으로써 내동해성이 현저하게 향상되는 것과 같이 고유동콘크리트의 경우에도 격렬한 동결융해의 작용을 받을 위험이 있는 부분에 대해서는 공기량을 증가시키는 등의 대책이 필요하다.

(2) 배합

고유동콘크리트의 배합을 정할 경우에는 신뢰할 수 있는 자료나 시험비빔에 의해 소요 성능이 얻어질 수 있는지를 확인해야 한다. 고유동콘크리트에는 많은 종류가 있으므로 보통콘크리트의 배합을 정할 때보다도 복잡하다. 일반적으로 다음의 순서를 따라 배합설계가 진행된다.

① 요구조건을 고려해서 결합재의 종류 및 그 구성비, 분리저감제의 사용 유무 등 고유동콘크리트의 종류를 선택한다.

② 구조체 콘크리트의 압축강도가 설계기준강도 및 내구설계기준강도(소요 내구성으로부터 요구되는 압축강도)에 대해서 일정 불량률 이하가 되도록 배합강도를 정한다.

③ 상기 ②에서 정해진 배합강도와 소요 워커빌리티가 얻어질 수 있는 물결합재비에 대응하는 압축강도 중에서 큰 쪽의 강도를 소요 평균압축강도로 정한다.

④ 소요 평균압축강도를 만족하는 물결합재비를 구한다.

⑤ 소요 워커빌리티가 얻어질 수 있는 단위수량, 단위결합재량, 고성능AE감수제 · 분리저감제의 사용량을 구한다.

⑥ 소요 충전성, 간극통과성을 얻기 위한 단위굵은골재용적을 구한다.

⑦ 상기 ①~⑥의 순서로 얻어진 배합으로 시험비빔을 하고 배합의 조정을 통해 계획배합을 정한다.

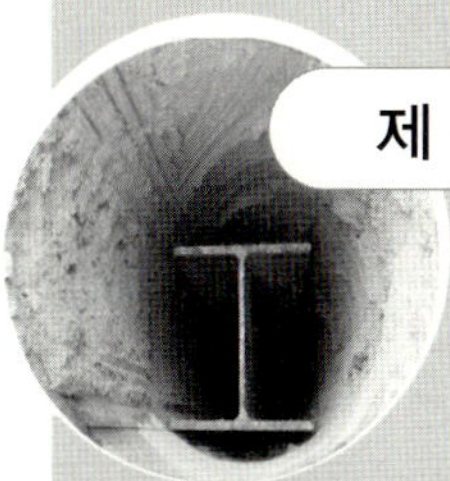

제 6 장

프리캐스트콘크리트공사

6.1 프리캐스트콘크리트공법의 역사

6.1.1 공법의 도입과 발전

우리나라의 공업화건축 발달은 대한주택공사의 '건축자재의 규격화와 조립식 아파트에 대한 연구'를 시작으로 1963년 서울 수유리에 시범주택을 건설하면서부터이다. 그러나 건설 초기부터 부재접합부 개발의 미흡과 충전재의 품질불량으로 누수 및 결로가 발생되기도 하였다.

1968년 대한건축학회에서는 과학기술처의 연구사업으로 '건축척도조정 연구'를 실시하여 공업화건축의 이론적 바탕을 마련하였다.

사진 6-1 PC조립식 아파트

1971년 대한주택공사는 일본 대성(大成)건설과 합작으로 한성프리패브(주)를 설립하였고, 대형 프리캐스트콘크리트(Precast Concrete : 이하 PC라 한다) 패널구조 아파트를 연간 1,200~

1,500호를 생산할 수 있는 공장을 경기도 성남에 건설하였다.

1990년대에 이후에는 정부의 적극적인 지원으로 많은 건설업체에서 조립식 아파트 공법 개발 및 외국의 선진공법을 도입하였고, '90년 후반에는 PC공법을 주택 이외의 다른 건축물에 적용하면서 복합화공법으로 발전하였다. 그러나 최근에는 PC공법이 활발하게 적용되지 못하고 있다.

6.1.2 해외의 PC공법

유럽에서 공업화 건축이 발전하게 된 원인으로는 제2차 세계대전 후 숙련된 기술자 부족과 주택난 때문이었다. 그 후 공업화 건축공법은 각국의 문화와 기후에 대응하면서 발전하였다. 전통적으로 조적조 건축물이 많은 유럽에서는 건축물의 외관에 PC공법을 적용하기도 하였고, 동기후에 영향을 적게 받는 공법으로 공장에서 부재를 생산하는 PC공법이 넓게 이용되었다.

미국에서는 고층빌딩에 PC 커튼월을 사용하였고, PC기술을 이용한 캐나다의 Habitat '67(사진 6-2), 호주의 시드니 오페라 하우스(사진 6-3) 등의 다양한 형태로 PC기술이 적용되었다.

일본의 경우 1942년에 일본주택영단이 목조 프리패브 주택을 시도하여 주택에서 사용되었고, 1947년에는 PC구조 및 목질계의 프리패브 주택이 생산되었다. 특히 1950년대 대도시 지역의 주택수요 집중은 주택건설 공업화의 필요성을 가속화시켰다. 1970년대 이후에 일본의 공업화 건축기술은 환경공생 주택과 사용자의 다양한 요구에 부흥할 수 있는 중·고층 주택 고도화 시스템과 복합화 기술 개발을 하고 있다.

사진 6-2 캐나다 Habitat '67

사진 6-3 시드니 오페라 하우스

표 6-1 국내 공업화공법 개발현황

업체명	생산품목	공법특성	생산능력 (호/년)	비고 (건립연도)
극동건설	· 커튼월	· Prefabtech (two way slab)	3,000	1995
금호건설(주)	· PC · 커튼월/특수부재	· DSBG(one way slab) · 음성, 장성	7,000	1992
동아건설	· 토목/도로구조물	· Prefabtech · 충북 청원	3,000	1994
(주)대우	· PC(아파트)	· Box Type(3D) · 이동식 생산	2,000	1992
삼성물산	· 커튼월, 토목구조물용 PC · PC · R+PC부재	· KONCZ(two way) · 충북 음성	6,800	1991
삼환까뮤	· PC · 커튼월, half slab	· CAMUS(two way) · 경기 이천, 충북 천안	4,200	1978
(주)한성	· PC · 부분PC	· 자체개발(two way) · 충남 아산, 성남	6,000	1972
현대산업개발	· PC, 부분PC · 커튼월	· 자체개발(two way) · 경기 여주	3,000	1994
(주)한양	· PC, 부분PC · 지하주차장	· LVI(one way) · 경기 이천/의정부	16,000	1980
강남건영	· PC, 부분PC · 커튼월, 지하주차장	· 자체개발(two way) · 경기 여주	3,000	1979
화성산업	· PC, 부분PC · 커튼월	· Prefabtech · 경북 의성	3,000	1995
두산건설	· PC, 부분PC · 커튼월	· DSBG · 충남 아산	4,000	1994
세양주건	· PC, 부분PC	· LVI · 충북 음성	4,000	1989
한주개발	· PC, 부분PC	· LVI · 충남 태안	3,400	1994
우림콘크리트	· 부분PC · 외장판(커튼월 등)	· 자체개발 · 경기 하남	–	1974
동서산업	· PC · 부분 PC	· 자체개발 · 이천, 고양	4,000	1982
한일	· PC · 부분 PC	· DSBG · 경기 여주	3,000	1993

(주) · LVI : 덴마크 Laura & Vural Internationl사
· DSBG : 덴마크 Danish System Building Group사
· CAMUS : 프랑스 CAMUS사
· KONCZ : 스위스 KONCZ사

표 6-2 국내 PC업체 및 생산현황 요약

회사명 및 소재지	보유 생산라인	생산능력	주요 생산부재
강남건영(주) * 경기 여주	스판크리트 : 180m 11개 라인 PC부재 : 120m 3개 라인	스판크리트 : 800m^2/일 PC부재 : 90m^2/일	기둥, 보, 스판크리트
(주) 대흥 * 충북 괴산	PC부재 : 100m 3개 라인 PS 부재 : 100m 1개 라인	150m^3/일	기둥, 보, 하프 슬래브
동서PCC(주) * 경기 이천	PC부재 : 60m 8개 라인 PS 부재 : 50m 3개 라인	150m^3/일	기둥, 보, 하프 슬래브
동아건설산업(주) * 충북 청원	PC부재 : 50m 2개 라인 PS 부재 : 45m 7개 라인	150m^3/일	기둥, 보, 하프 슬래브
삼연PCE(주) * 충북 음성	PC부재 : 80m 4개 라인 PS 부재 : 100m 11개 라인	600m^3/일	기둥, 보, MRS 하프 슬래브
(주)삼환까뮤 * 경기 이천	PC부재 : 80m 8개 라인 PS 부재 : 100m 2개 라인	200m^3/일	기둥, 보, 하프 슬래브
우림콘크리트공업(주) * 경기 하남	더블티 슬래브 : 150m 8개 라인 PS 부재 : 150m 2개 라인	250m^3/일	기둥, 보, 더블티 슬래브
(주)한성 * 충남 아산	PC부재 : 100m 10개 라인 PS 부재 : 60m 2개 라인	400m^3/일	기둥, 보, 하프 슬래브
현대산업개발(주) * 경기 여주	PC부재 : 100m 5개 라인 PS 부재 : 100m 1개 라인	150m^3/일	기둥, 보, 하프 슬래브
화성산업(주) * 경북 의성	PC부재 : 100m 6개 라인 PS 부재 : 100/150m 각 2개 라인	200m^3/일	기둥, 보, 하프 슬래브

6.2 PC공법의 특성

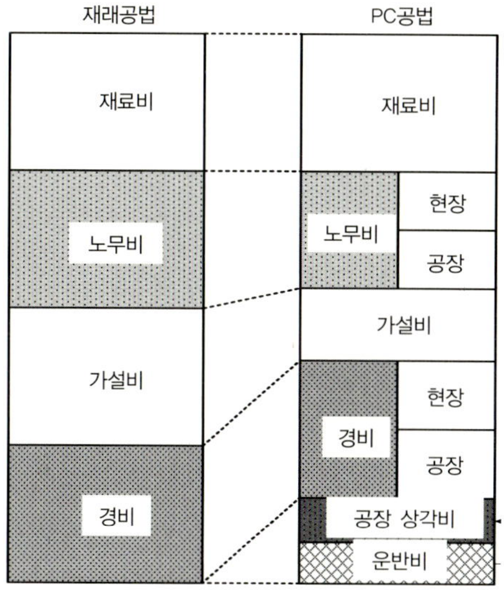

그림 6-1 PC공법과 재래공법의 비용구성

6.2.1 비용(Cost)

일반적으로 PC공법을 적용하면 노동생산성은 향상되고 건설에 투입되는 총 노무비는 감소한다. 또, 가설 발판 등이 합리화되고 청소 정리비가 축소된다. 또한 PC공법은 공사기간 단축으로 인해 직접가설비용이 감소된다. 그림 6-1은 PC공법과 재래공법의 비용구성 예이다.

PC공법은 적은 인원으로 관리가 가능해지고 전체 공사기간이 단축되는 특성으로 인하여 재래공법에 비해 현장경비가 절감된다. 그러나 공장을 설치하여 운영하기 때문에 고정비 및 공장경비, 부재의 운반비용이 추가로 발생한다. 따라서 PC공법 적용이 적합한 조건에서는 공사비의 절감 가능성이 높다.

6.2.2 공사기간

PC공법의 공사기간은 구체공사 기간이 단축되고 설비공사, 마무리공사 등의 착수시기가 앞당겨지면서, 20% 정도의 공기단축이 가능하다. 공기단축을 위해서는 부재 제조기간 및 준비기간의 확보가 필요하다. 그림 6-2는 PC공법과 재래식 공법에 의한 공사기간을 비교한 것이다.

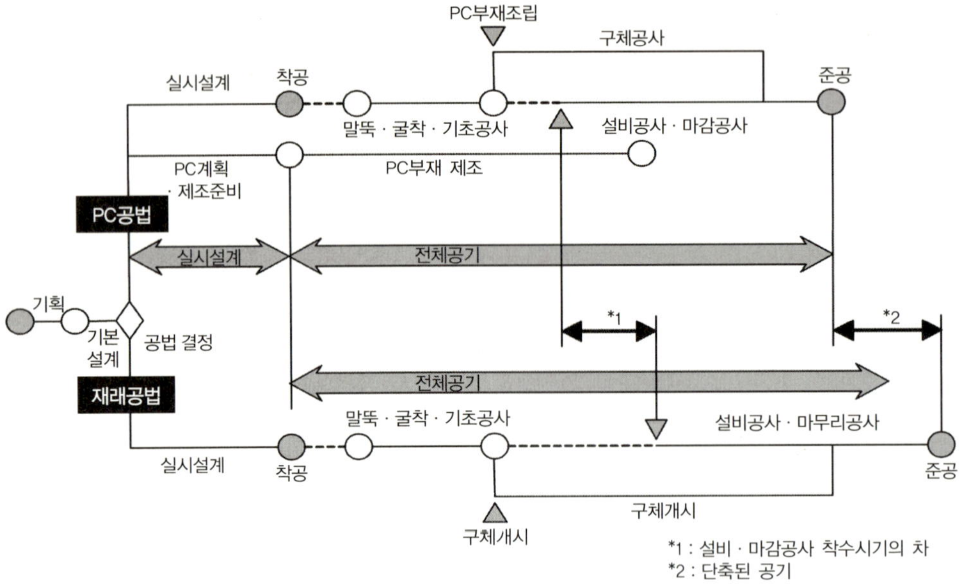

그림 6-2 PC공법과 재래공법의 공기 비교

6.2.3 노동생산성

PC공법 도입 목적은 공사기간의 단축과 함께 노동력 절약에 있다. 건축생산에 있어서 노동생산성 향상은 중요한 과제이다. 그림 6-3은 조립식 패널공법의 개발 초기에 행해지는 노동력 절약효과이다. 구체공사의 노동력 절감은 물론이고 마감공사, 설비공사를 포함한 전체의 노동력 축소가 가능하다.

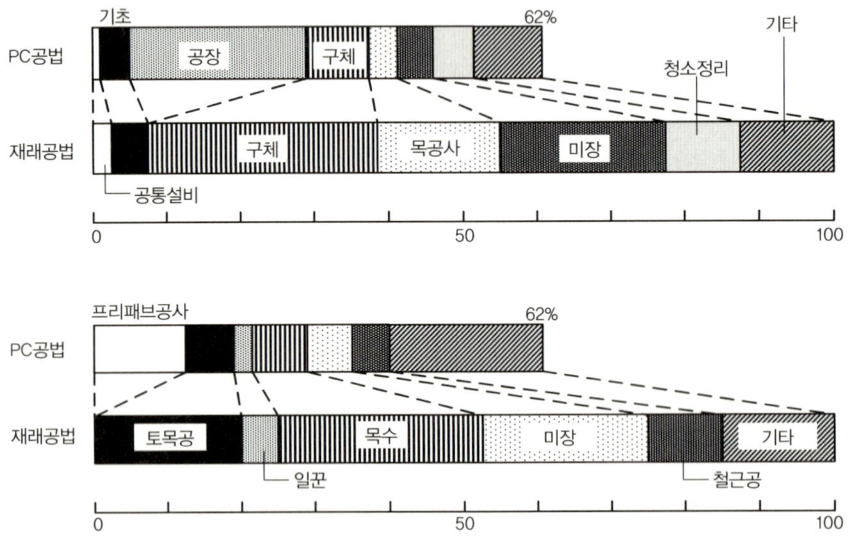

그림 6-3 PC공법과 재래공법의 노무 비교

6.2.4 품질

PC공법을 적용한 건축물은 2가지 이유로 구체의 치수정밀도와 내구성 등이 재래공법에 비해 양호하다고 되어 있다.

첫째, 정밀도가 높은 거푸집을 이용한 공장작업으로 정교한 작업과 품질관리를 할 수 있기 때문에 높은 정밀도의 부재를 얻을 수 있다.

둘째, 부재 제조과정에서 작업조건이 좋기 때문에 고품질의 내구성을 가지는 콘크리트 사용이 가능하다.

PC공법에서는 현장작업의 합리화를 꾀하기 위해 타일 등의 각종 마감재나 새시, 단열재 등을 구체 콘크리트 타설 시 일체화시키기도 한다. 이로 인해 부재의 성능이나 품질을 높이는 효과가 생긴다. 예를 들면, 타일을 먼저 붙이면 구체와의 접착성능이 높아져 타일이 벗겨져 떨어지는 것을 예방할 수 있다. 또한 새시를 선부착하면 새시 주위의 방수성능이나 차음성능이 향상된다.

6.2.5 환경부하

PC공법은 환경부하 면에서 재래공법과 비교할 때 건축물 주위의 환경에 미치는 영향을 감소시킬 수 있다.

시공 시 거푸집 재료의 사용에 의한 삼림자원의 소비와 가설재에 의한 산업폐기물의 발생 및 소음, 진동, 교통의 장해가 있다.

6.3 PC공법의 종류

6.3.1 복합화공법

복합화공법은 PC공법과 RC공법의 장점을 조합한 것으로 비용(Cost), 공사기간, 노무량 등을 고려하여 최적의 시스템으로 조합한 공법이다. 철근의 선 조립품이나 거푸집용 PC부재, 부분적인 PC부재 등을 조합해 이용한다. 최근에는 초고층 RC주택 건설에 다양한 형태로 적용되고 있다.

사진 6-4 복합화공법(RPC공법)

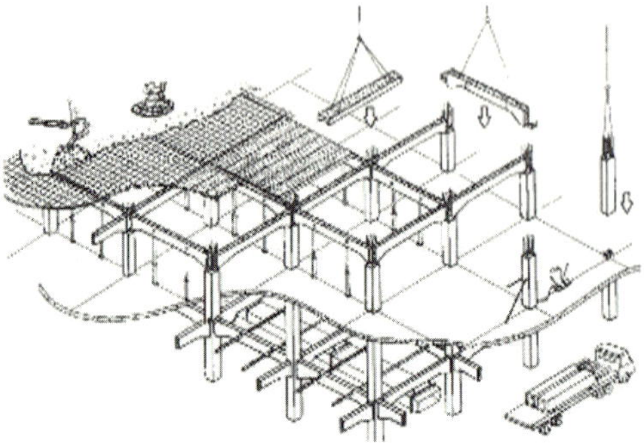

그림 6-4 RPC공법

(1) RPC공법

RPC공법은 기둥과 보를 PC부재로 하여 접합부를 현장에서 타설한 콘크리트로 접합한다(그림 6-4). RPC공법은 라멘구조이므로 벽식구조에 비해 설계가 자유로우며 폭넓은 방법으로 적용되고 있다.

(2) 부분PC공법

부분PC공법은 벽은 PC부재로 하고 바닥은 Half-PC바닥판을 사용하여 상부를 현장타설 콘크리트로 하는 구조이다. 접합부 및 바닥판 상부(Half-PC바닥판)는 PC부재 조립 후 철근배근과 거푸집 조립을 한 뒤 현장타설 콘크리트에 의해 일체화된다.

표 6-3 각종 복합화공법과 용도의 조합에 따른 분류

공법 명칭	구조형식	구조구별	주요용도							
			주택	점포	물류	사무소	공장	학교	병원	그 외
WPC공법	벽식구조	RC조	○							
WRPC공법	복합형식	RC조	○	○	○	○	○	○	○	
RPC공법	라멘구조	RC조	○							
고층 RPC공법	라멘구조	RC조	○			○			○	
SRPC공법	라멘구조	SRC조	○	○	○	○	○	○	○	
SPC공법	라멘구조	S조	○							
PC · PC공법	라멘구조	PS조		○	○	○	○	○	○	○
PC · PC공법	라멘 · 셀	PS조								○
바이브레이터공법	라멘구조	복합구조		○	○	○	○		○	

6.3.2 PC공법

(1) 패널구조

우리나라 PC아파트에 주로 사용한 공법이다. 공장에서 생산한 벽(패널)과 바닥판 PC부재를 현장에서 조립하고, 접합부에 콘크리트를 타설하여 일체화시킨 구조이다. 바닥판의 구조형식에 따라 일방향, 이방향 슬래브 방식이 있다.

(2) 기둥-보 구조

기둥-보 구조(Column & Beam System)는 기둥과 보는 PC부재로 하고 바닥은 역시 PC판을 사용하는 구조이다.

접합부(기둥-기둥, 기둥-보, 큰보-작은보, 보-슬래브)는 PC부재 조립 후 철근배근과 거푸집 조립을 한 뒤 현장타설 콘크리트에 의해 일체화한다.

(3) 유닛시스템

공장에서 생산된 공간유닛(Space Unit)을 현장에서 쌓거나 연결하면서 건축물을 구축하는 방법이다. 국내에서는 DWS공법으로 부산지역 아파트 건설에 사용되었다.

6.3.3 PC공법과 RC공법의 비교

PC공법, RC공법 및 복합화공법 모두 상대적인 장·단점을 가지고 있다. 따라서 건축물의 종류, 현장여건, 공사기간, 경제성 등 여러 가지를 검토하여 공법을 선정해야 한다.

표 6-4 RC공법, PC공법 및 복합화공법의 비교표

공법 / 비교항목	RC공법	PC공법	복합화공법
가격	저가	고가	중간
품질	낮다	높다	중간
공기	길다	짧다	중간
일체성 확보	유리	불리	중간
시공의 유연성	좋다	불리	중간
차폐성능(물·음·열 등)	좋다	나쁘다	중간
생산 방식	주문생산(디자인 다양)	소품종 대량생산	다품종 소량생산
안전성	낮다	높다	중간
공사 규모	소규모	대규모	대규모

6.4 PC공사

6.4.1 공법 선정에서 시공까지의 전체적인 업무흐름

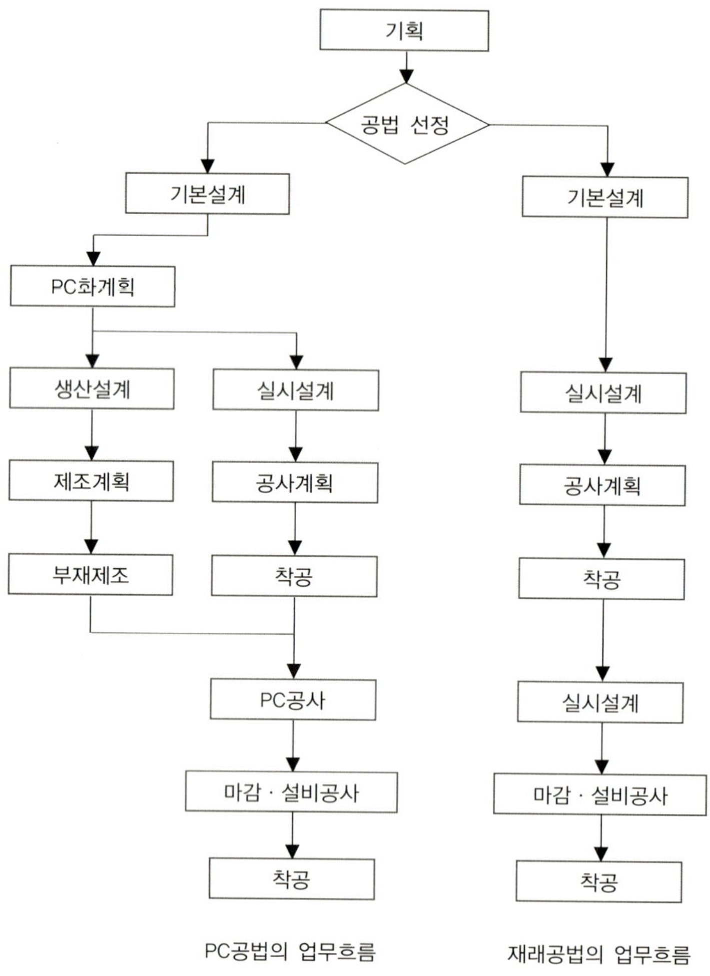

그림 6-5 PC공법과 재래공법의 업무흐름

(1) PC 시공계획

공법 선정의 결과 PC공법이 선정된 후 부재의 분할방법이나 접합부 등의 검토를 실시하고 부재 및 접합부를 설계하여 실시설계에 반영한다. 이러한 업무는 통상 설계자(건축 · 설비), 시공자(건축 · 설비), 부재 제조자가 공동으로 실시한다.

(2) 생산설계 및 부재의 제조

설계도를 기초로 제조나 시공에 필요한 정보를 정리한 생산설계를 실시하여 부재 제작도를 작성한다. 생산설계와 병행하여 부재의 제조계획을 작성한 후 부재를 제조한다.

(3) 부재의 조립 및 접합

설계도 및 부재 제작도를 기초로 PC공사 계획을 작성한 후 부재의 조립 및 접합을 실시한다. 그림 6-5는 PC공법과 재래공법의 업무흐름을 나타낸다.

6.4.2 부재 및 접합부의 설계

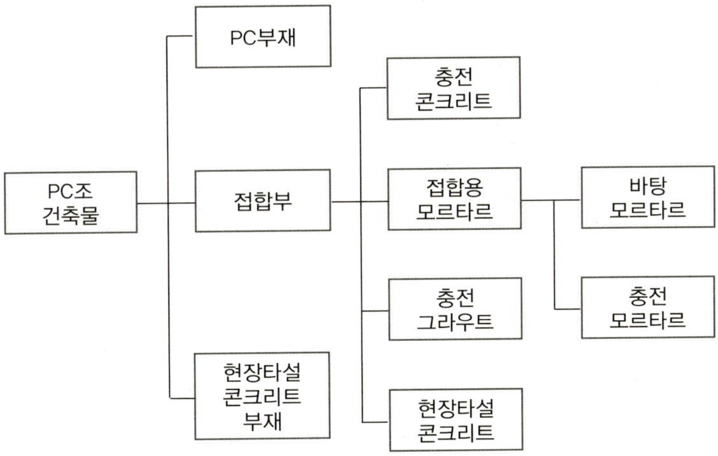

그림 6-6 PC조 건축물의 구성

PC공법은 단위 부재의 조립 · 접합방법이라 말할 수 있다. PC구조물은 그림 6-6에 나타나듯 PC부재 및 접합부 그리고 현장타설 콘크리트부재로 구성된다. 부재 조립은 부재의 제조나 운반, 조립 시 설비능력과 접합부의 구조적 성능을 고려하여 검토되지만 가능한 부재를 크게 하는 것이 생산 효율성이 좋고 접합부의 수도 줄일 수 있다. 부재의 접합방법은 접합부의 철근이나 철물을 용접하고 그 위에 콘크리트를 충전하는 습식접합이 주로 사용되었다. 그 후 철근의 접합방법에 대해서는 각종의 기술개발이 이루어졌으나 PC공법에서 주로 사용되고 있는 것은 용접과 모르타르 충전형의 슬리브(Sleeve)이음이다. 이외에도 다양한 이음방법이 개발되고 있다.

6.4.3 부재의 제조

(1) 일반사항

PC부재는 고정공장과 현장공장의 두 가지 형태로 제조되며, 대규모 건축공사 현장의 경우 현장 내에 가설공장을 설치하여 비교적 단순한 형태의 부재를 제조하기도 한다. 하지만 대부분의 PC부재는 고정공장에서 제조되고 있으며, PC부재의 제조공정은 일반적으로 그림 6-7과 같다.

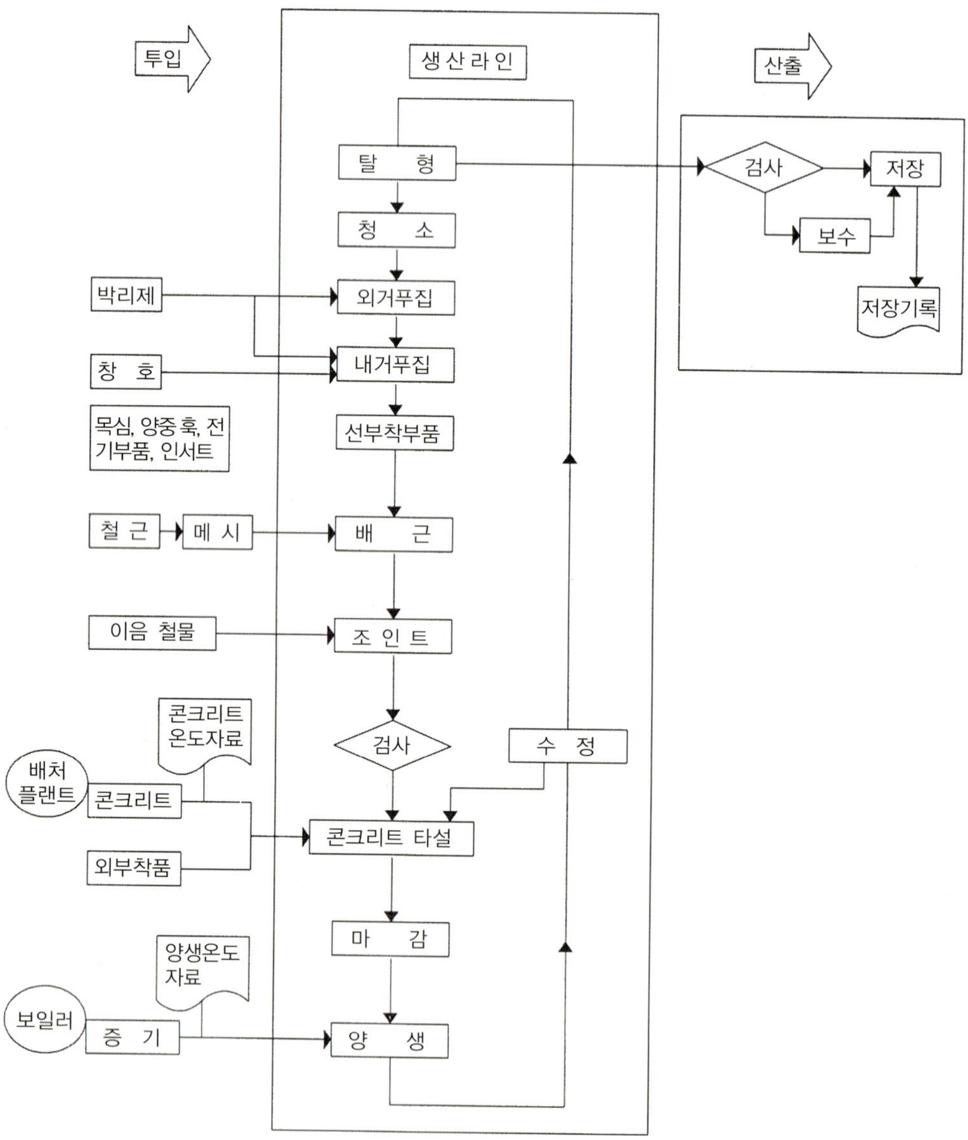

그림 6-7 PC부재의 제조공정

PC부재 생산과정		할로우코어(Hollow Core) 생산과정	
	1. 몰드 조립		1. 베드에 강연선 배치
	2. 철근 선조립		2. 강연선 긴장
	3. 선조립 철근 설치		3. 할로우코어 슬래브 자동 성형기
	4. 콘크리트 타설		4. 콘크리트 타설 (슬래브 연속 제작)
	5. 면처리 및 양생		5. 양생 및 보양
	6. 탈형 및 야적		6. 소요길이 절단 및 야적

(2) 배합 및 양생

PC의 배합강도는 콘크리트공사의 배합에 따른다. 양생은 일반적으로 상압증기에 의한 가열에 의해 콘크리트 경화를 촉진시킨다. 현재, 사용되고 있는 양생방법은 양생조 내에 직접 증기를 뿜는 직접식과 강재 거푸집을 증기에 의해 가열하는 간접식의 2종류가 있다.

일반적으로 양생은 PC부재의 생산성을 고려하여 한 개소의 거푸집 당 1일 1회 타설이 가능하도록 강제촉진방법으로 부재를 양생하고 있으며, 이와 관련하여 양생 시 최고온도, 온도 상승구배 및 전·후 양생 온도 등에 유의해야 PC제품의 품질 확보가 가능하다. 다음은 증기양생의 계절별 외기온도에 따른 양생 온도조절 예를 보여주고 있다.

계절별(외기온도별) 증기양생 조절 예

콘크리트 양생온도

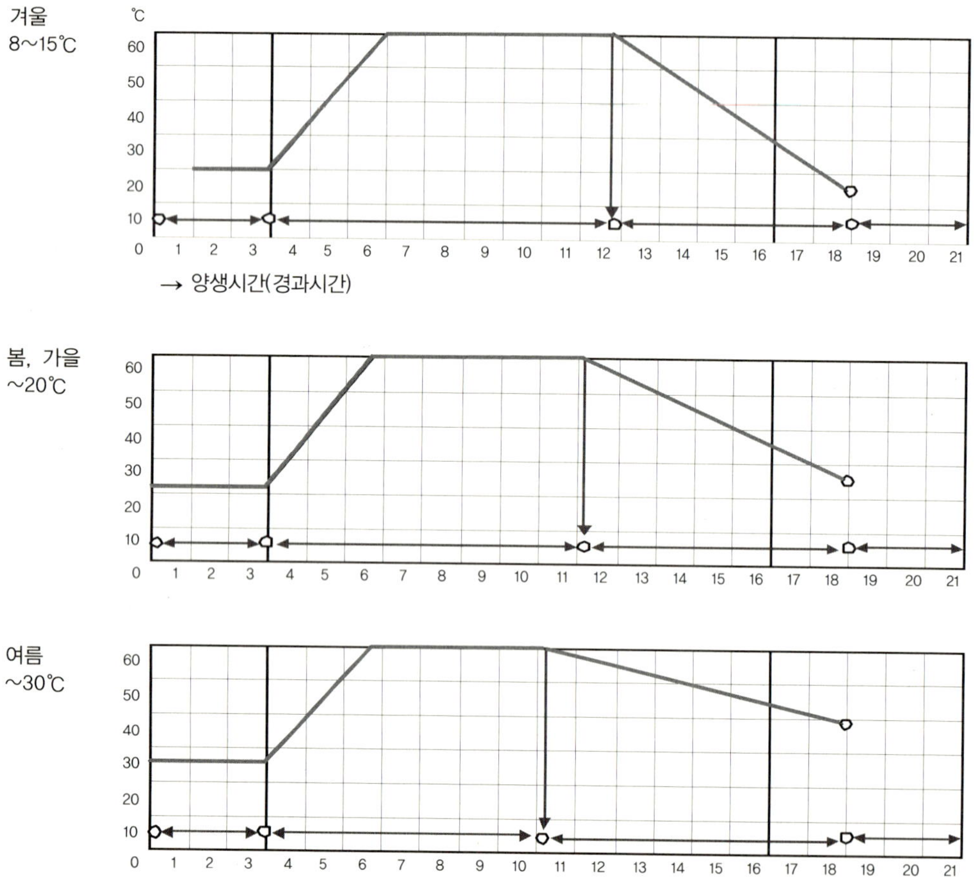

(3) 탈형

PC판상 부재는 주로 수평양중방식과 수직양중방식 2종류의 방법을 이용하여 탈형한다. 탈형 시 PC판에 상당한 힘이 작용하게 되고 콘크리트 탈형강도가 충분하지 못할 경우에는 균열발생이 생기는 경우가 있기 때문에 탈형 시 부재 손상을 방지하기 위해 충분한 탈형강도의 확보가 필요하다. PC부재의 탈형 시 필요한 강도는 일반적으로 80~120kgf/cm^2 정도이다. 탈형 시에 생기는 콘크리트의 응력은 콘크리트와 강재 거푸집이 일체되어 있는 부착력의 크기에 따라 다르다. 부착력의 크기는 PC판의 형상 · 치수, 양생온도, 박리제의 종류와 도포량, 달아매는 방식, 콘크리트 종류 등에 따라 다르다.

(4) 정밀도와 검사

PC부재에 허용되는 제품치수 허용치는 공법 및 접합의 종류 등에 따라 다르다. 설계자는 부재 세우기 및 접합 정도 등 종합적인 판단을 토대로 허용치를 정해 부재를 설계할 필요가 있다.

검사를 할 때는 검사의 목적 및 부재의 특징을 잘 이해해야 한다. 공장에서 부재가 제조되는 일반적인 공정은 앞에서 언급한 그림 6-7과 같다. 검사는 재료, 반제품 또는 제품을 받아들이는 경우에 실시되는 반입검사와 제조공정에서 다음 공정으로 옮기는 도중에 실시되는 공정검사의 2종류가 있다.

검사에는 시험표, 스케일, 측정기기류를 사용하지만 표면의 마감 정도를 검사하는 경우에는 인간의 감각에 의하지 않으면 안 되는 경우가 많다.

측정한 결과를 판정기준과 비교할 경우, 그 판정기준은 스케일, 측정기기를 사용하는 경우 객관적인 수치로 표시하기가 쉽다. 그러나 마감의 정도를 검사할 경우 수치로 표시할 수가 없으므로 견본을 활용하기도 한다. 콘크리트 제품이기 때문에 공장제조시 결손과 균열을 완전히 없애기는 어렵다. 따라서 구조, 방수, 외관상 지장이 있는 것과 없는 것으로 구별해서 판단기준을 정해둘 필요가 있으며, 또한 불합격품이 된 제품은 합격품과 혼동하지 않도록 구별해 두어야 한다.

표 6-5 PC부재의 치수 허용오차

부재명	치수의 허용오차(mm)						비 고
	길이(A)	높이	폭(C)	깊이(B)	두께(E)	대각선(D)	
바닥판	±7		±3		+5, −2	+10, −2	
보	±19		±6	±6			
기둥	±13		±6	±6			
벽판		±5	±3		+5, −2	+10, −2	비내력벽 두께 : ±3mm
계단판	±13		±9				단높이 : 4.5mm 단너비 : ±6mm
개구부	±6		±6			±6	

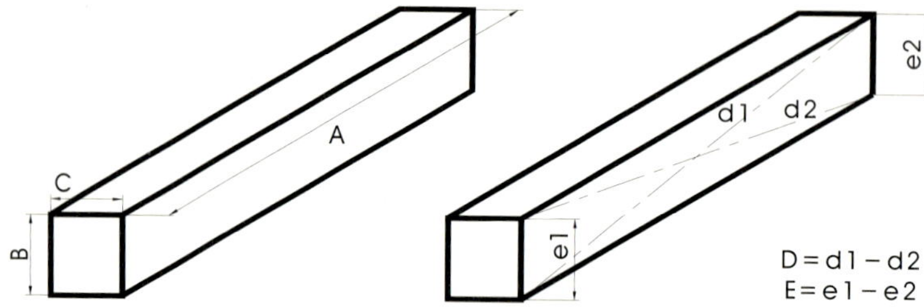

그림 6-8 부재의 허용오차 측정방법

표 6-6 PC부재 내 매입철물 위치의 허용오차

매입철물명	위치의 허용오차	비 고
접합용 철물	수평 : 길이방향 ± 15mm, 폭방향 ± 3mm, 기울기 1° 수직 : 높이방향 ± 5mm, 기울기 2°	설계위치에 대한 허용오차임
취급용 철물	± 10mm	
전기용 박스	± 12mm, 직각도 ± 2°	

(5) 보수

탈형 후 부재에 결손 · 균열이 있는 경우, 결손 · 균열의 보수 판정기준에 근거하여 보수를 해야 한다. 일반적으로 표 6-7에 나타낸 판단기준에 따른다.

보수 시에는 많은 유기계 보수재료가 있기 때문에 보수를 위한 시공은 재료의 특성을 충분히 고려해서 해야 한다.

PC부재는 콘크리트의 강도 및 판형상과 부재의 이동 등의 요인에 의해 결손이 생긴다. 부재 결손은 부재의 이동횟수에 따라 증가하는 경향이 있으며, 부재운반 시의 운반방법 개선에 의해 부재 결손을 상당히 감소시킬 수 있으므로 부재운반 계획 시 이에 대한 고려가 반드시 필요하다.

균열은 시간의 경과와 함께 성장하는 경향이 있으며, 검사한 시점만이 아니라 다음 공정에 새로운 보수가 필요한 균열이 발견되는 경우도 있으므로 주의할 필요가 있다. 또 균열의 보수한계에 대해서 PC부재의 부위, 내구성, 구조, 방수성 등을 고려해서 설계 시에 적절한 기준을 미리 정해두는 것이 바람직하다.

표 6-7 결손 균열의 판단기준

<table>
<tr><th>등급</th><th>종류</th><th>폭(mm)</th><th>깊이</th><th>길이(mm)</th><th>주 기</th></tr>
<tr><td rowspan="3">1급
(구조상
유해)</td><td>결 손</td><td>0.3 이상</td><td>1/3t 이상</td><td>300 이상</td><td>발코니, 지붕판,
돌출부는 길이
300mm 및
폭 0.2mm 이상</td></tr>
<tr><td>결 손</td><td>0.3 이상</td><td>–</td><td>–</td><td>–</td></tr>
<tr><td>휨</td><td>0.3 이상</td><td>–</td><td>–</td><td>철근위치</td></tr>
<tr><td rowspan="3">2급</td><td>결 손</td><td>0.3 이상</td><td>1/3t 이상</td><td>관통</td><td>–</td></tr>
<tr><td>방수상
유해</td><td colspan="3">· 외벽판 옆면의 균열
· 외벽판 개구부 주변의 균열
· 발코니, 지붕판 등 누수 우려 부분의 균열</td><td>균열폭, 깊이,
길이에 관계 없음</td></tr>
<tr><td>구조상
유해</td><td colspan="3">· 혹 주변의 균열
· Wet joint 철근 돌출부의 균열
· 이음 주변의 균열</td><td>균열폭, 깊이,
길이에 관계 없음</td></tr>
<tr><td>3급</td><td colspan="4">1, 2급에 포함되지 않은 균열</td><td>–</td></tr>
</table>

(6) 저장 및 운반

PC부재는 외력의 영향을 받지 않도록 충분히 안전하게 저장한다. 또한 오랜 기간 저장할 필요가 있을 경우에는 접합철물의 녹, 균열, 손상 및 크리프가 생기지 않도록 충분히 주의할 필요가 있다. 부재의 운반에 대해서는 주행 중의 진동과 충격에 의해 부재에 균열이나 손상이 생기지 않도록 주의해야 한다.

운반할 부재의 크기는 다음 표의 운반차량의 크기에 적합해야 하고, 일반적인 운반차량의 부재 적재하중은 24톤 이하로 하고 차량중량을 포함한 총 하중이 40톤 미만이 되도록 한다.

운반차량의 크기

<table>
<tr><th>구 분</th><th colspan="2">차 량</th><th>높이
(mm)</th><th>폭
(mm)</th><th>길이
(mm)</th><th>비고</th></tr>
<tr><td rowspan="2">수직적재</td><td rowspan="2">특장차</td><td>고상차</td><td>3,300</td><td>–</td><td>8,100</td><td rowspan="4">철근길이
포함</td></tr>
<tr><td>저상차</td><td>3,700</td><td>–</td><td>5,300</td></tr>
<tr><td rowspan="2">수평적재</td><td rowspan="2">트레일러 및
카고트럭</td><td>일반의 경우</td><td>–</td><td>2,400</td><td>11,500</td></tr>
<tr><td>특수한 경우</td><td>–</td><td>2,900</td><td>14,500</td></tr>
</table>

차량의 운행제한 규정

차량의 제원	도로법	도로교통법
길 이	16.7m	자동차 길이의 1.1배
너 비	2.5m	후사경으로 확인할 수 있는 범위
높 이	4.0m	3.5m
총중량	40톤	적재중량의 11할
축하중	10톤	-

사진 6-5 부재 수송

6.4.4 부재의 조립 및 접합

기초부는 통상 재래공법에 의해 시공된다. 이 부분은 PC부재와 접합되기 때문에 특히 접합용 철근이나 철물 위치의 정밀도 확보가 중요하다. 부재의 조립작업에서는 제일 먼저 기둥, 벽 등의 수직부재를 짜 맞추어 조립한 후 바닥판 등의 수평부재를 조립한다. 부재의 조립작업에 이어 접합작업을 실시한다. 철근의 접합법으로서 PC공법에서는 용접, 슬리브 접합 등이 주로 이용된다. 부재 간의 접합부는 충전콘크리트나 현장에서 타설한 콘크리트에 의해 일체화 된다. 부재의 접합부는 필요에 따라서 방수를 실시하기도 한다.

6.5 시공계획

6.5.1 부재 제조 및 운반계획

(1) 공장의 선정

부재 제조에 앞서 준비기간은 부재 제조비용에 큰 영향을 미친다. 따라서 운반거리, 제조능력, 품질관리 수준 등을 고려한 후 조기에 부재 제조공장을 결정하는 것이 중요하다.

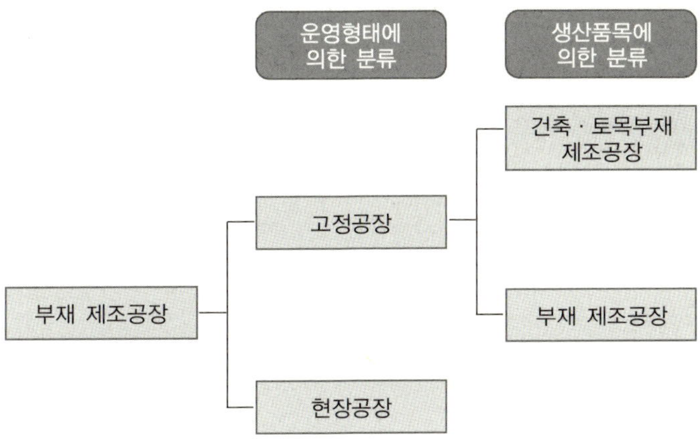

그림 6-9 제조공장의 분류

PC부재 제조공장을 운영형태와 생산품목으로 분류해 그림 6-9에 나타내었다. 현장공장을 계획하는 경우 충분한 검토와 준비기간이 필요하다. 현장공장의 이점은 운반비의 절감과 도로수송과 관계되는 법적인 규제가 없기 때문에 대형 부재도 PC화 할 수 있는 것이다. 하지만 고정공장 수준의 제조설비나 저장공간을 마련할 수가 없기 때문에 보다 세밀한 품질관리와 공정관리가 필요하다.

(2) 제조계획

부재의 제조일정계획은 공사일정계획을 기초로 하여 제조 시작일과 생산규모를 결정한다. 제조 시작일 결정에서는 제조 시작 이후의 적응기간 산정과 정상상태가 된 후 제조량 변동을 미리 고려해야 한다. 제조량은 그림 6-10에 나타나듯이 제조 시작 후 적응기를 거쳐 정상상태에 들어가며, 제조종료 직전에는 출하에 맞추어 수량조정을 하기 때문에 감소하게 된다.

거푸집은 강재를 사용하면 제작비용이 늘어나기 때문에 제작개수를 줄여 1개의 거푸집을 여러 번 사용해 여러 종류의 부재를 제조해야 한다. 따라서 각 부재의 제조순서 등의 상세한 계획을 기초로 전용 계획을 세운 후 거푸집을 준비해야 한다. 준비하는 거푸집 수는 제조하는 부재의 종류와 제조 수량 및 제조기간에 의해 정해지지만, 제사용하기 위한 정비에 필요한 시간을 포함한 거푸집 가동률의 설정이 중요한 요건이 된다.

사진 6-6 부재 제조

부재에 들어가는 철근은 철근 가공·조립 야드에서 제작한 철근 유닛을 제조라인에 운반하여 사용한다.

콘크리트는 일반적으로 부재 제조공장에 설치된 플랜트로 제조된다.

설계도서를 기초로 타설작업, 양생조건을 고려하여 설계기준강도, 탈형시 소요 강도, 출하 시 소요 강도를 규정한다. 필요에 따라 강도검사를 실시한다.

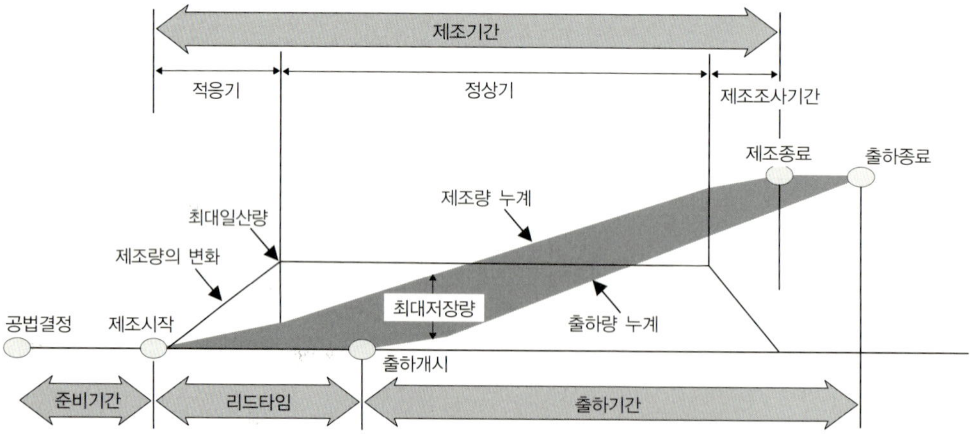

그림 6-10 부재 제조량의 변화

(3) 저장계획

제조된 부재는 콘크리트 양생 및 현장 공정일정에 따라 일정기간 저장된다. 제조일정과 출하 예정일로부터 저장량을 산정하여 저장 야드의 계획을 세운다. 또, 부재에 따라서는 콘크리트의 습윤양생을 실시하거나 수축 크리프 등에 의해 생기는 변형방지대책을 강구해야 한다.

(4) 운반계획

부재의 손상을 방지하여 안전하게 운반하기 위해서는 벽이나 바닥판 등의 판상 부재는 세우고, 기둥이나 대들보 등의 선상 부재는 눕혀서 운반해야 한다. 또한 계획의 단계에서 수송관계 법령을 조사해 사전에 계획을 세워야 한다.

6.5.2 가설계획

PC공사에 대해서는 부재의 조립작업에 대형 양중기를 이용한다. 부재를 공장에서 제조하기 때문에 현장에서 가설 발판의 역할이나 기능은 재래공법과 차이가 있다.

PC공사에 있어서 양중기 계획과 가설 발판에 대해서 아래에 나타내었다.

(1) 양중장비계획

PC공사에 사용되는 크레인은 정치식과 이동식 크레인의 두 종류로 분류할 수 있다. 평면형상이 판 모양인 경우에는 이동식을 사용하며, 건축물의 평면형상이 정방형에 가깝고 대형부재인 경우나 고층인 경우에는 정치식 크레인이 사용된다.

공사현장의 부지조건과 건축물의 배치, 높이, 양중부재의 형상 등과 함께 사용기간 등을 포함하여 가동률을 면밀하게 검토한 후 기종 및 사용방법을 계획한다.

(2) 발판계획

발판 검토를 할 때에는 부재 조립 시의 작업용 발판과 구체공사 후 마감공사, 설비공사에 사용하는 발판을 모두 고려해야 한다.

6.5.3 부재 조립 및 접합계획

(1) 부재의 조립

부재의 조립작업에 대해서는 작업순서나 유의점에 대해 구체적으로 정한 시방서를 참고하여 실시한다. 부재의 조립작업은 각 공법에 준해 작업 팀을 편성하여 같은 팀으로 반복하여 실시한다.

(2) 부재의 접합

부재의 접합작업은 구조체의 품질을 확보하기 위해서 중요한 작업이다.

부재의 접합종류 및 방법은 공사시방서 또는 설계도에 의하지만, 접 작업은 제조사의 시공요령서에 의해 실시하며 필요한 자격이 정해져 있는 작업에 대해서는 유자격자가 실시해야 한다.

6.5.4 안전계획

현장에서 행해지는 PC공사는 대형 양중기를 이용하여 중량물을 취급하는 작업이다. 만일 이동 중에 부재가 낙하하거나 조립 도중에 도괴하면 중대사고로 연결되게 된다. 따라서 충분한 양중능력을 가진 장비와 주도면밀한 작업순서를 설정해야 한다.

조립 및 접합작업은 크레인 운전기사나 토목공과 용접공 등의 소속이 다른 인원으로 팀이 편성되므로 작업 지휘계통의 관리체제를 명확하게 해야 한다.

6.5.5 품질관리계획

PC공사에서 공장에서의 품질관리와 현장에서의 품질관리는 같은 기준으로 한다. 종합품질관리를 실시하기 위해서는 공장과 현장 모두에 정통한 기술자를 배치한 후 관리체제나 관리구분을 명확히 해야 한다. 품질관리 진행 시 부재의 제조로부터 운반, 부재의 조립, 접합에 이르는 각 공정마다 검사의 방법이나 불량부분 발견시의 처리방법 등을 구체적으로 정한 품질관리 공정표를 작성해 실시한다.

6.6 시공관리

6.6.1 부재 제조의 관리

(1) 제조공정 중의 품질관리

1) 거푸집의 관리

거푸집 정밀도에 의해 제품의 치수 정밀도가 정해지게 된다. 따라서 거푸집의 정밀도는 중요 관리항목의 하나이다. 제일 처음 부재에 콘크리트 타설 시 설계, 제조, 공사 각 부문의 전문가들과 함께 신중한 검사를 실시한다.

2) 철근의 관리

PC부재에 들어가는 철근은 일반적으로 거푸집의 밖에서 조립해 온 것을 거푸집 안에 배치한다. 피복두께의 확보는 구체의 내구성능과 밀접한 관계를 가지기 때문에 거푸집 내에 철근을 배치할 때에는 특별히 피복두께의 확보에 유의해야 한다.

3) 콘크리트 타설 전의 검사

콘크리트 타설 전 거푸집, 배근 등에 대해 주로 육안검사를 실시한다.

4) 콘크리트의 관리

PC부재에 이용하는 콘크리트는 일반적으로 PC공장 내에 설치된 배처플랜트로 제조된다. PC부재에 이용되는 콘크리트는 재래공법으로 이용되는 콘크리트에 비해 된반죽을 이용하며 증기양생 등의 촉진양생을 실시하는 것이 많다. 품질관리에 대해서는 품질기준 강도 외에 탈형 시 소요 강도 및 출하 시 소요 강도가 관리 항목으로서 설정된다.

5) 부재의 제품검사

제조라인에서 제조된 부재는 형상치수, 균열, 파손, 철물과 선부착한 부품의 부착상태, 부재 표면의 마무리 상태에 대한 제품검사를 실시한다.

(2) 부재의 저장 및 출하의 관리

제품검사에 합격한 부재는 출하일 소요 강도를 얻은 후 현장에서 조립을 실시할 때까지 저장된다. 저장방법은 부재의 형상이나 배근, 표면 마무리 상태의 종류에 맞는 적절한 방법으로 실시한다. 바닥부재를 눕혀 보관을 할 경우의 주의점은 휨응력이나 전단응력에 의해 균열이 생기거나 콘크리트의 변형에 의해 부재의 휨변형이 생기는 것을 방지하는 것이다. 이러한 균열이나 변형은 바닥판과 같은 비교적 작은 단면의 부재에 생기기 쉽지만, 보 등의 긴 부재에서도 생기는 일이 있으므로 주의가 필요하다.

사진 6-7 부재의 적재

출하 시 부재의 콘크리트 압축강도의 확인과 함께 균열, 변형 등에 대해 육안검사를 실시한다.

6.6.2 운반 및 반입관리

부재를 운반할 시에는 손상방지대책을 강구한 후 법규를 준수하여 안전운행을 실시한다. 일반 자동차의 경우 도로교통법 시행령에 의해 적재물의 치수제한이 규정되고 있다. 이 규정에 위반되는 부재를 운반할 경우 출발지의 경찰서장이나 도로관리자 등의 허가를 받아 운반해야 한다. 부재의 운반 시 생기는 충격이나 진동 등에 의한 외력에 의해 파손되지 않도록 대책을 마련해야 한다. 부재 제조자와 부재 발주자와의 부재에 관한 인도는 현장 내에 도착한 운반차에서 하는 것이 일반적이다. 부재의 인도 시 운반 중에 생기는 균열, 파손, 변형 등의 항목에 대해 육안검사를 실시한다.

6.6.3 부재 조립 및 접합관리

부재의 조립과 접합은 PC공사의 중요한 공정이며, 완성된 구체의 품질과 성능을 좌우한다. 양중기를 이용하여 중량물인 제품을 취급하는 작업이므로 안전하게 충분한 주의해야 한다.

(1) 부재 조립의 관리

부재의 조립에 요구되는 정밀도 기준은 건축물의 종류나 최종적인 마무리 혹은 접합부의 디테일에 의해 다르다. 따라서 조립 정밀도의 기준은 일반적으로 공사마다 설계도서에 의해 지시받는다. 또한 조립 정밀도의 좋고 나쁨은 후속작업의 작업성에도 영향을 주므로 PC공사의 공정관리와 안전관리를 순조롭게 진행하기 위한 관리가 중요하다. 일반적인 조립 정밀도 판정기준의 예를 표 6-8에 나타냈다.

표 6-8 부재의 조립 정밀도 판정기준

항 목		시험방법	판정기준
기둥 내력벽	설치위치	슬래브 위에 표시한 기준선과의 차이는 철재자로 측정	조립 후 전수[1] ±5mm 이하[2]
	경사	다림추, 슬로프 스케일 등으로 측정	
	천장높이	레벨로 측정	
보 슬래브	설치위치	보의 경우는 슬래브 위에 표시한 기준선과의 차이를, 슬래브의 경우는 보 및 벽까지의 거치대를, 스틸테이프 및 곡선자 등으로 측정	
	천장높이	레벨로 측정	

(주) 1) 조립작업 중 임시로 고정완료 후 다음 부재가 조립되기 전에 시행한다.
2) 철골기둥의 경우는 기둥높이의 1/1000 이하로 한다.

(2) 부재접합의 관리

1) 용접접합 및 기계식 이음법

PC공사로 행해지는 용접접합은 일반적으로 현장에서 PC부재를 조립한 후에 부재에 배근된 철근이나 강재의 용접을 실시한다. 그 시점에서는 부재와 함께 철근이나 강재가 고정되어 있기 때문에 위치조정이 거의 불가능하다. 따라서 미리 부재에 매입된 강재의 위치 정밀정도나 부재의 조립 정밀도의 확보가 중요하다. PC공법으로 많이 사용되는 용접방법으로서는 엔클로즈 용접이 있다.

기계식 이음법 가운데 PC공사에 사용되는 이음법으로서 슬리브(Sleeve)이음법이 있다. 슬리브이음법을 이용하는 경우의 관리항목으로서는 슬리브이음법을 정밀도가 높게 정확한 위치에 설치시키고, 접합용 철근이 정밀도가 높게 삽입되어 삽입길이를 정착길이 이상으로 확보한다. 그리고 슬리브 내에 모르타르가 확실히 충전되어 압축강도가 소요 강도 이상 확보되도록 해야 한다.

2) 충전콘크리트 및 현장타설 콘크리트

충전콘크리트는 벽판 상호의 연직방향 접합부에 콘크리트를 타설하여 일체화시키는 콘크리트이다. 일반적으로 타설될 부분의 단면적이 작고 철근량이 많기 때문에 밀실하게 타설할 수 있는 방법에 관해 미리 검토해야 한다.

3) 바탕모르타르 및 충전그라우트

바탕모르타르는 상부 구체의 하중을 하부에 전달하기 위해서 PC부재의 하부에 배치하는 모르타르로 기둥이나 벽 부재를 조립하기 전에 먼저 시공되어야 한다. 구조내력상 중요한 재료이며 모르타르 상태, 시공연도, 압축강도 등의 품질관리도 충분히 실시할 필요가 있다.

충전그라우트는 슬리브이음새에 주입과 동시에 같은 재료를 그라우팅하는 것으로 주각부에 사용되는 경우가 많다. 관리방법은 슬리브이음새의 주입을 참고하여 시방서에 따른다.

6.7 국내 PC공법 적용 사례

6.7.1 골조 RPC공법

철근콘크리트구조의 대표적인 방식인 모멘트 저항 골조의 건물을 PC화하는 공법인 골조 RPC복합화공법은 PC기둥, PC보, 하프 슬래브 등의 PC부재를 조립한 후 부재 간 접합부와 하프 슬래브 상부에 덧침콘크리트를 현장타설하여 구조체를 일체화시키는 복합화 공법이다. 완성된 구조물은 현장타설공법으로 지어진 철근콘크리트구조의 건물과 같은 강성을 갖는다.

(1) 기둥–기초

국내 골조 PC복합화공법의 기둥과 기초 연결방법은 구조적 필요성에 따라 지하주차장과 같은 비내진구조물 또는 하중이 적은 경우 단순(힌지)접합방식을 적용하고, 지상 고층 건물의 경우는 내진설계가 적용되기 때문에 기둥과 기초의 연결이 모멘트접합방식을 적용하고 있다. 단순접합은 주로 시공 중 하중만을 고려하여 기둥 하부에 플레이트를 매입 제작하고 현장에서 후 설치 앵커볼트를 체결하는 방식을 주로 사용하고 있다. 모멘트 접합의 경우는 기둥에 철근연결용 슬리브를 매입 생산하여 현장에서 기초에 미리 매입 설치한 철근과 슬리브 내 고강도 무수축모르타르를 충진하는 방법을 주로 사용하고 있다.

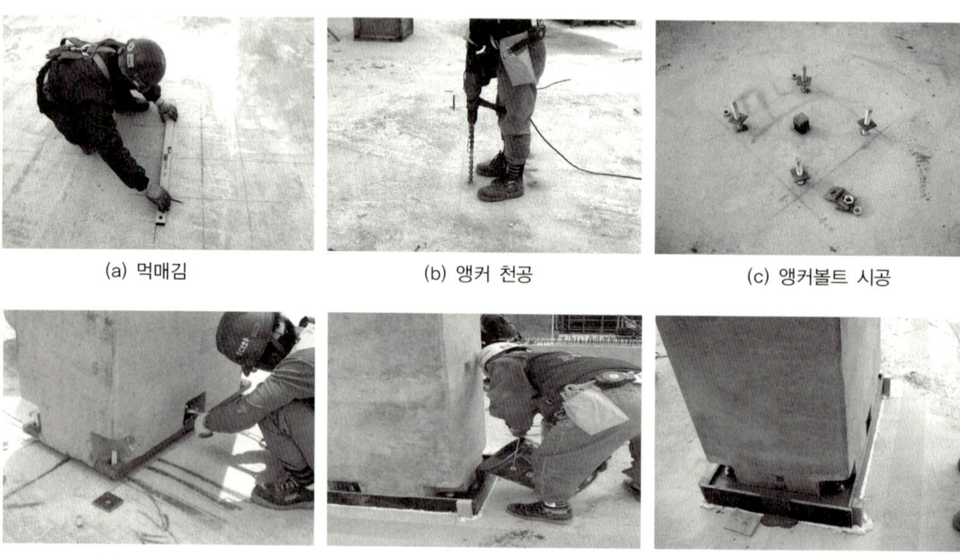

(a) 먹매김 (b) 앵커 천공 (c) 앵커볼트 시공

(d) 너트체결 (e) 무수축모르타르 충진 (f) 모르타르 양생

사진 6-8 단순접합

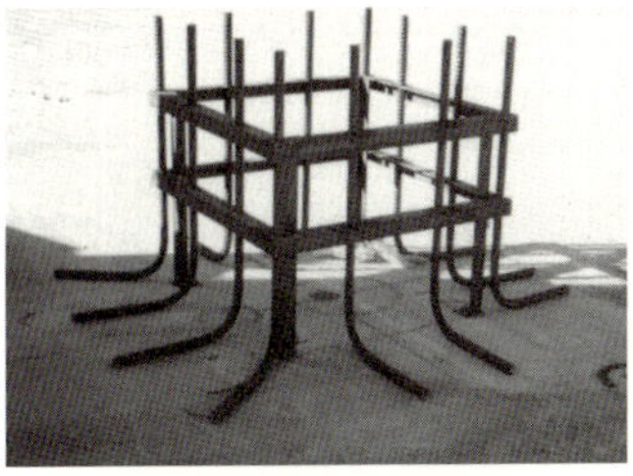
(a) 앵커 프레임 제작

(b) 위치고정 및 배근

(c) 기초철근배근

(d) 기둥 조립

(e) 기둥+기초 연결

(f) 슬리브 모르타르 충진

사진 6-9 모멘트 접합

(2) 기둥–보

기둥 위에 보를 조립할 때에는 보의 방향성과 보 하부 주근의 위치를 고려하여 조립순서를 정해야 하며, 기둥 위에서 직교하는 철근 사이에 간섭이 발생하지 않도록 해야 한다. 서로 직교하는 보 부재의 경우 하부의 돌출된 주근의 높이가 낮은 부재부터 먼저 조립되어야 한다. PC부재는 공법의 특성상 하부 철근이 연속배근하지 못하므로 일반적으로 표준훅 처리하여 정착하는데, 철근 간 순간격 및 간섭여부를 잘 검토해야 한다. 기둥에 보를 얹을 때에는 기둥에 충격을 주지 않도록 조심하며 충격하중에 의해 기둥에 편심이 발생하는 일이 없도록 관리한다. 기둥과 보의 걸침길이는 시공하중을 고려하여 충분한 지압검토를 하여 걸침길이를 확보해야 하며 필요시 보강처리한다.

(a) 보 정착철근

(b) 보 설치

(c) 기둥＋보 접합부

(3) 큰보-작은보

큰보와 작은보의 접합방식은 주로 층고의 절감을 위해 큰보는 렛지처리하고 작은 보는 댑 단부타입으로 만들어 처리한다. 설치되는 큰 보의 렛지부분을 충분히 청소하고 작은보를 설치한다. 작은보 길이방향으로 큰보와의 순간격이 넉넉하지 않으므로 큰보 설치 시 허용오차 내에서 조립이 이뤄지도록 관리해야 한다. 작은보 설치 후 큰보와 작은보의 이음부분은 모르타르가 유출되지 않도록 바깥쪽을 백업재(Back-up Rod)로 막은 후 무수축 모르타르를 그라우팅(Grouting)하여 일체화시킨다.

(a) 돌출형 렛지_1면 접합

(b) 돌출형 렛지_2면 접합

(c) 숨긴 렛지 접합

(d) 큰보 숨긴 렛지

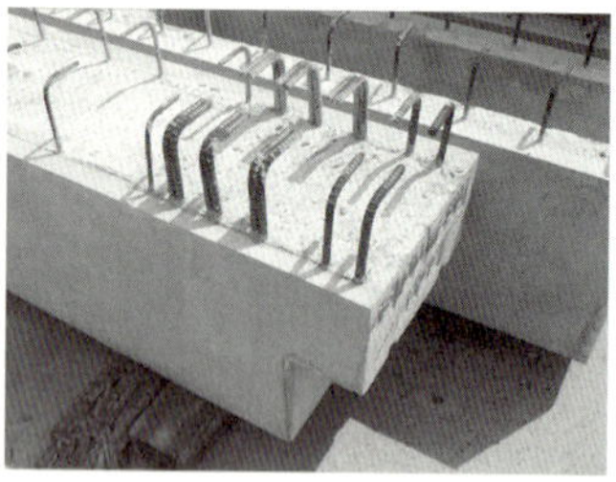

(e) 작은보 댑 단부

(4) 보 + 슬래브

보와 슬래브의 접합은 수직하중은 물론이고 횡력에 대한 다이어프램 역할을 할 수 있어야 한다. 국내의 경우는 덧침콘크리트를 타설하여 완전한 바닥판을 형성하는 방식이므로 타설 시 발생하는 작업하중에 안전하도록 설계해야 한다. 바닥판으로 하프 슬래브가 사용될 때에는 무지보공으로 시공되는 할로우코어 슬래브나 더블티 슬래브 때와는 달리 동바리를 사용하고 있다. 동바리는 설계도서에 따라 정해진 위치에 설치한다. 동바리로는 중앙에 일렬로 각재를 대고 그 밑으로 지지한다. 특히 경간이 큰 경우에 처짐으로 인한 균열이 우려되므로 하프 슬래브의 설치와 병행하여 동바리가 설치되어야 한다. 하프 슬래브가 설치되면 판과 판 사이의 이음부분은 필요시 지수 조치한다.

(a) 하프 슬래브 설치

(b) 하부 동바리 설치

(c) 하프 슬래브 설치

(5) 바닥판 상부 철근 배근 및 덧침콘크리트 타설

부재 조립이 끝나면 보와 슬래브 상부의 철근배근 및 전기배관작업을 한다. 보 상부 철근과 하프 슬래브 상부의 철근은 PC설계도면 상의 접합부상세도와 구조도면을 참조하여 배근한다.

특히 주로 고온 건조한 날씨에 PC부재 간 접합부 상부에 발생할 수 있는 덧침콘크리트의 균열을 방지하기 위하여 콘크리트 타설 하루 전에 충분히 살수하여 습윤상태의 하프 슬래브 위에 덧침콘크리트를 타설하고, 타설 후에도 콘크리트의 온도관리 및 살수를 통한 양생관리가 필요하다. 특히 기둥과 보 접합부에는 많은 수의 철근이 교차해 지나가므로 밀실한 콘크리트 타설이 이뤄지도록 충분한 다짐이 필요하다. 경우에 따라 현장타설되는부분과 PC가 접할 경우에는 거푸집에 PC부재가 올라타게 되어 PC부재의 전도나 탈락 등 안전사고가 발생할 위험이 크므로 동바리 설치 등 충분한 지지작업이 이뤄지도록 한다.

(a) 접합부 보강배근

(b) 상부 배근 완료

(c) 덧침콘크리트 타설

(6) 발코니 PC 및 하프 월

발코니를 PC화함으로써 얻어지는 장점은 외부 비계작업이 필요 없고 균열이 최소화되어 방수성능이 강화된다는 점이다. 보통의 경우 발코니 바닥은 일체성을 강화하기 위하여 합성바닥으로 설계하고, 중간 중간 발코니 바닥을 지지하는 캔틸레버 보는 2경간1절 보로 설계처리 한다.

공동주택의 발코니 역시 PC화가 가능한데 난간부분에는 난간대가 설치되는 곳에 접합용 철물을 매입해 두도록 하고 바닥판은 하프 PC화하여 합성바닥으로 설계하거나 아예 통판으로 설계하기도 하는데, 선홈통이 관통하는 위치에 슬리브나 드레인을 미리 매입하고 필요에 따라서는 트렌치를 두기도 한다.

(a) 2경간 1절 보

(b) 동바리 설치

(c) 발코니 조립 전경

다음 사진은 건물의 외부마감이 타일로 설계되어 있는 경우의 사례이다. 현장에서 고소작업으로 타일을 붙이는 것은 품질문제와 함께 시공성과 안전성 측면에서 어려움이 커서 TPC(Tile_PC)를 적용하였다. 사진의 TPC는 외벽의 바깥쪽 거푸집으로 활용하는 하프 월(Half Wall) 방식으로, 코어 벽체공사 시 외부비계가 필요 없고 공정을 합쳐 놓았으므로 공기도 단축되고 공사비를 절감할 수 있는 장점이 있다. 공장에서 제작 시 하프 월 바깥면에 마감재인 타일을 붙여서 생산한 것인데 동일한 방식으로 외부가 돌 마감일 때 적용하기도 한다.

(a) TPC부재

(b) 부재 설치

(c) 외부 전경

6.7.2 경기장 PC화

2002년 한일 월드컵에 대비하여 많은 경기장이 건설되었다. 상암 월드컵축구장을 포함하여 대부분의 경기장 건축에 PC공법을 적용하였는데, 경기장 구조물이 PC화하기에 매우 효과적이기 때문이다. 경기장을 형성하는 구조부재 중 가장 큰 비중을 차지하는 스탠드는 현장타설로 시공하기에는 매우 어렵지만, 동일한 단면형상으로 모듈화되어 있어서 오히려 PC화하기에는 용이하므로 경기장 건축에 PC공법이 적극 도입되는 가장 큰 이유이다. 다음에 살펴볼 광명 경륜 돔 경기장은 국내에서는 보기 드문 원형 돔 경기장으로 비록 규모는 작지만 PC공법을 포함하여 여러 요소기술이 집약된 훌륭한 경기장 건축 사례라고 할 수 있다.

광명 경륜 돔 경기장은 지난 2003년 1월 착공되어 2005년 말 완공된 프로젝트로서 10,896석 규모의 지하 1층, 지상 5층 원형경기장이다. 이 중 PC공사는 2003년 10월부터 2005년 3월까지 진행되었으며, PC가 적용된 부분은 기둥, 보, 경사보, 슬래브, 난간 그리고 스탠드 등이며, 나머지 지하층과 12개소의 계단실 코어와 램프는 현장타설공법으로 시공되었다. 외부 데크(deck) 층 일부와 지붕구조물에 철골구조가 적용되었는데, 돔은 링 형태의 철골트러스가 사용되었다. 먼저 설계상의 특징을 살펴보면 다음과 같다.

구조계획의 특징으로는 풍하중과 지진하중 등 횡하중에 대하여 경기장 계단실 부위를 현장타설 철근콘크리트 전단벽으로 설계하여 저항하도록 하였고, 계단실 코어를 선시공하여 공사 도중의 우발적인 횡력에도 저항토록 고려하였다. 슬래브는 할로우코어 슬래브에 덧침콘크리트를 타설한 합성슬래브를 형성, 다이어프램(Diaphragm) 거동을 하도록 하여 각종 횡력을 전단벽에 전달하도록 하였다.

다른 설계상의 특징으로는 먼저 휨균열을 줄이기 위해 보, 슬래브 및 스탠드 일부 부재에 프리스트레스를 도입하였으며, 스탠드를 양중에 지장이 없는 범위 내에서 진동에 효과적인 2단으로 설계하였다. 또한 설계단계에서 지붕구조물의 설치와 시공 중 양중장비의 이동 등의 시공을 최대한 고려하였다.

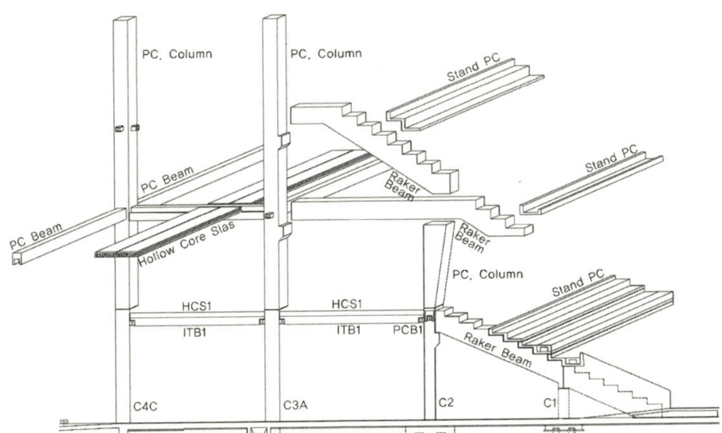

그림 6-11 광명 경륜 돔 경기장 PC 적용 개념도

(1) 기초와 PC기둥 접합

평면상 외부의 일부 비대칭 부분에 자리한 기둥을 제외한 대부분의 기둥은 볼트를 사용한 핀접합으로 설계하여 시공성을 높여 빠르고 안정된 공정이 진행되도록 고려하였다. 앵커 프레임을 정확한 측량에 따라 상부 철근배근 전에 기초 바닥에 설치하고, 앵커를 템플레이트(template)로 고정한 후 기초콘크리트를 타설하도록 하였다.

(2) PC기둥과 기둥접합

층별 부재로 제작되어 단순 연결부는 볼트접합으로 설계하였고, 외부 경사기둥과 같이 모멘트접합이 필요한 부분은 스플라이스 슬리브(Splice Sleeve)를 사용하여 접합하도록 설계하였다.

(3) PC기둥과 PC보 접합

PC기둥에 철골 브래킷이 돌출되어 있어 단부 아래쪽으로 포켓형태의 홈이 파진 PC보를 얹어 연결하도록 하였다.

(4) 역T형 PC보와 할로우코어 슬래브 접합

역T형 보에 충분한 걸침길이를 확보하여 할로우코어 슬래브를 설치하고 보강철근을 배근하여 연속 슬래브가 될 수 있도록 설계하였다.

(5) 경사보와 스탠드 접합

진동에 유리하도록 스탠드를 2단으로 분할하였으며 상 · 하 스탠드 간의 연결은 변형 및 오차 흡수가 가능하도록 볼트접합으로 설계하였다. 반면 경사보와 스탠드는 연결철물을 용접하여 고정하도록 설계하였다.

(6) PC기둥과 경사보 접합

오차를 흡수할 수 있도록 볼트접합한 후 무수축모르타르를 그라우팅하도록 설계하였다.

PC조립공정은 크게 세 차례로 나뉘어 진행되었다. 양중장비 진입을 위한 통로구간은 비워둔 채 건물 내부의 주동부분 PC가 먼저 시공하였고, 이어서 지붕구조물 공사를 마친 뒤 지붕구조물 설치로 인해 뒤로 미룬 주동 내부의 스탠드 설치와 통로구간의 PC조립이 이뤄졌다. 외부 데크 층은 크리티컬 패스(Critical Path)가 아니므로 주동부분의 장비

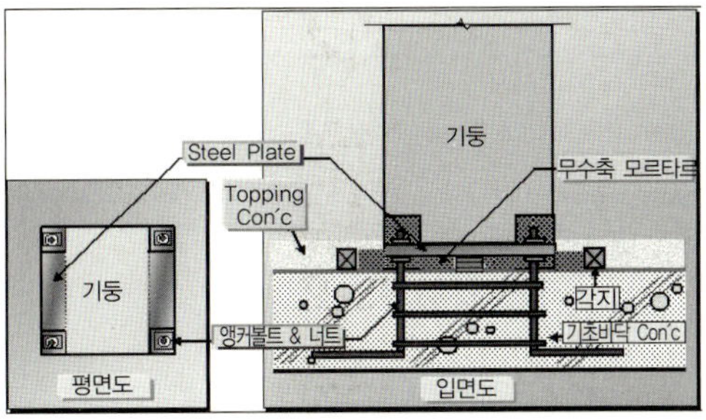

(a) 기초와 기둥의 접합

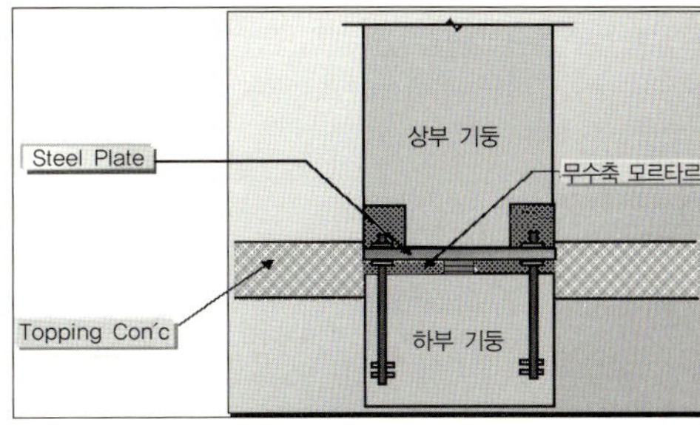

(b) 기둥과 기둥의 접합

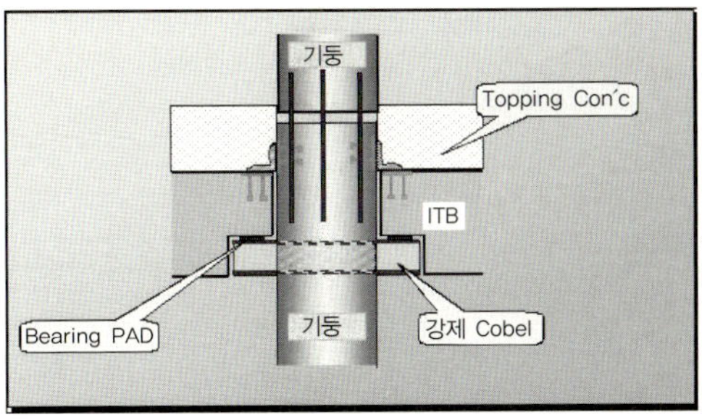

(c) 기둥과 보의 접합

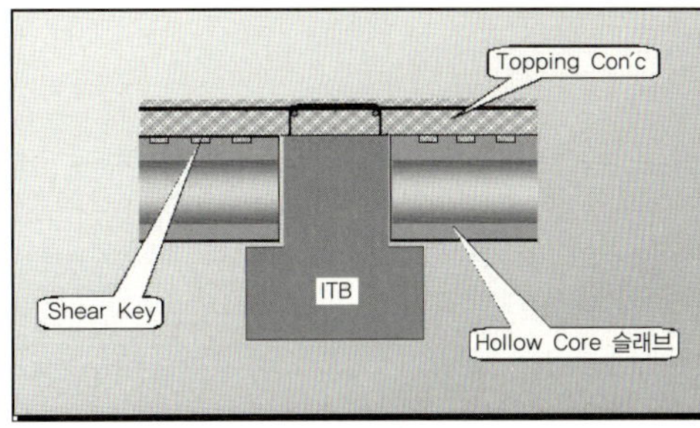

(d) 역T형 보와 할로우코어 슬래브 접합

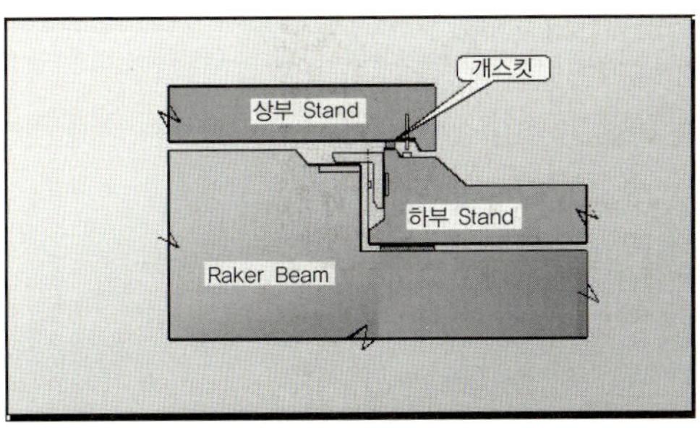

(e) 경사보와 스탠드의 접합

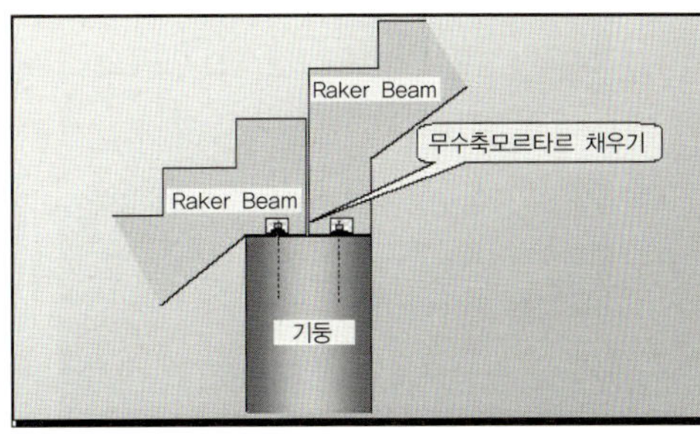

(f) 기둥과 경사보의 접합

접근을 용이하게 하기 위해 제일 나중에 진행되었다. PC공사의 보다 원활한 수행을 위하여 크게 2개의 공구로 분할하고 다시 각 공구를 2개의 구역(zone)으로 나누어 공사를 진행하였는데 그림에서와 같이 1,2 공구는 동시에 진행하였다.

각 공구를 둘로 나눈 구역 간에는 양중장비를 좌우로 옮겨 가면서 교대로 조립공사가 이뤄지도록 하였다. 이는 한쪽 구역에서 덧침콘크리트의 타설이나 기타 PC조립에 따른 후속공정들이 진행되는 동안 다른 쪽 구역에서 PC조립을 진행하도록 함으로써 장비와 조립인력의 효율을 높이기 위함이었다.

조립장비의 운용현황은 건물의 주동 안과 밖에서 조립공사를 동시에 진행할 수 있도록 하기 위하여 주동 내·외부로 장비 이동로를 확보하였다. 조립장비들은 주동 안팎으로 타원형 이동로를 따라 주행하면서 주동부분과 스탠드, 그리고 외부 데크 층 부분으로 나뉘어 작업하였다.

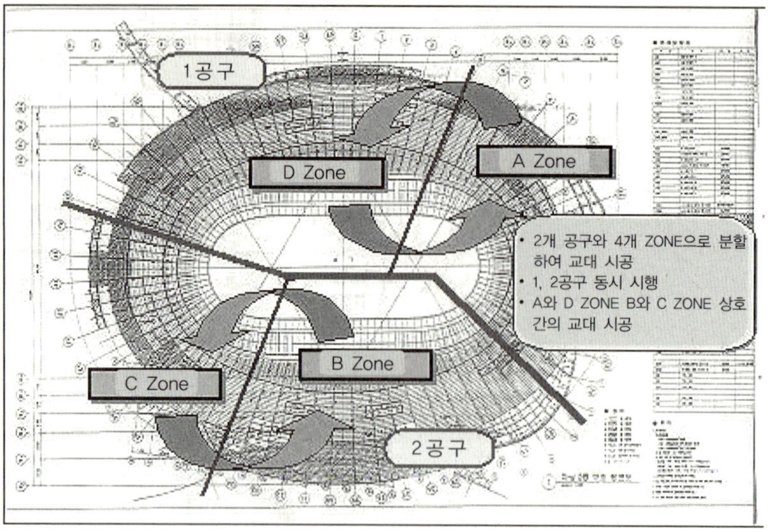

그림 6-12 공구 분할도

① 주동 골조부분의 대형 부재는 경사보(최대중량 26톤)이며, 외부에서 150톤 크롤러 크레인(Crawler Crane)으로 작업하였다.
② 주동 골조부분의 소형 부재는 PC보(최대중량 14톤)이며, 내부에서 150톤 하이드로 크레인(hydraulic crane)으로 작업하였다.
③ 내부 스탠드(최대중량 14톤)는 내부에서 100톤 크롤러 크레인으로 작업하였다.
④ 외부 데크층 부분은 PC보(최대중량 26톤)이며, 외부에서 150톤 크롤러 크레인과 150톤 하이드로 크레인으로 작업하였다.

(a) 기둥, 보 조립

(b) 경사보 조립

(c) 스탠드 설치

(d) 기둥, 보 조립

(e) 외부 경사기둥 설치

(f) 외부 철골 설치

(g) 지붕구조물 설치

(h) 외장공사

6.7.3 더블티와 중공슬래브

더블티와 중공 슬래브, 즉 할로우코어 슬래브(Hollow-core Slab)는 서구에서 가장 널리 사용되는 PC부재 중 하나이다. 하중에 따라 차이는 있지만 일반적으로 더블티는 12~27m 정도의 스팬에 효과적이고 중공슬래브는 12m 정도까지의 경간에 주로 적용된다.

중공슬래브는 긴장된 강선 위에 자동성형기(Extruder)에 의하여 폭 0.4m에서 3m까지 다양하게 적용되는 속이 빈 콘크리트 패널로서, 긴장된 강선에 의해 프리스트레스가 도입되며, 콘크리트의 강도는 40MPa 이상이다. 같은 중량의 콘크리트에 비하여 중공에 의한 단열성능, 차음성능, 내화성능이 우수하다. 중공슬래브는 주로 슬래브를 형성하는 바닥재로 쓰이지만 외벽용으로 사용되기도 한다.

더블티도 프리텐션방식으로 생산되는데 중공슬래브와 달리 별도의 거푸집을 제작해야 하는 차이가 있다. 두 제품 모두 강선을 긴장하여 인장력이 도입된 상태에서 콘크리트를 타설하고 양생 경화시킨 후 강선의 인장력을 서서히 풀어서 콘크리트에 프리스트레스를 주는 제품이다. 중공슬래브는 롱라인(Long Line) 방식으로 한 번에 200여m에 달하는 길이로 부재를 생산한 뒤 설계에 맞춰 소요 길이로 절단하여 사용하므로 더블티에 비해 생산효율이 매우 우수하고, 디블디는 구조적 단면형상이 우수하여 장스팬과 고하중에 유리한 장점을 갖고 있다.

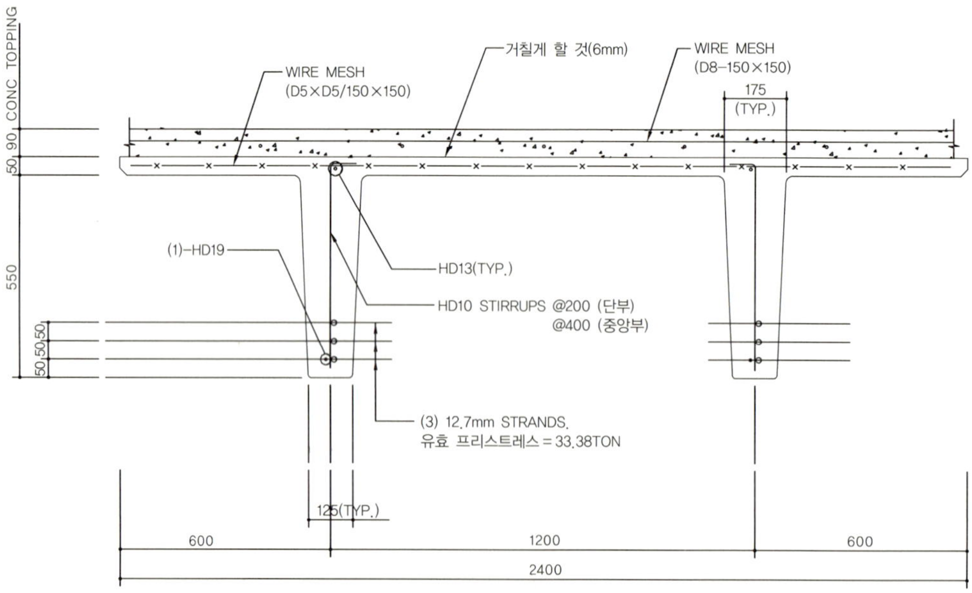

그림 6-13 더블티 슬래브 형상

사진 6-10 더블티 슬래브 조립

사진 6-11 더블티 슬래브 조립 하부 전경

사진 6-12 중공슬래브 부재

사진 6-13 벽체 적용_중공슬래브

사진 6-14 중공슬래브 조립

사진 6-15 중공슬래브 조립 후 하부 전경

6.7.4 PPS공법

PPS는 넓은 공간과 층고가 절감된 건축물을 대상으로 하여 공기단축 및 고품질을 위하여 프리스트레스를 가한 PC구조의 장점과 포스트텐션구조의 장점을 활용한 시스템이다.

보를 거푸집 대용으로 얇은 판형 형상으로 시스관(Sheath Tube)을 설치하고 공장제작하여 현장에서 양중 시 무게를 가볍게 한다. 또한 PC공법의 시공성을 극대화하기 위해 제작 시 프리스트레스를 도입하여 최한의 단면으로 시공 중 동바리가 없이 시공하중을 감당하도록 부재를 제작한다. 해당 부재는 현장에서 강연선과 철근을 설치하여 보, 기둥 접합부와 함께 슬래브 덧침콘크리트를 동시에 타설하여 응력의 불연속성이 발생하지 않도록 한다. 이에 따라 횡력에 대한 저항성능을 향상시킴은 물론이, 덧침콘크리트가 양성된 후 포스트텐션을 도입하여 보 높이를 줄인 장스팬이 가능한 PC공법이다.

(1) 프리텐션 적용 PC부재 제작

2개의 포스트, 즉 강연선의 긴장력을 저항할 수 있도록 설치된 구조물 사이에서 강연선을 긴장시킨다. 이때 강연선은 몰드를 관통하여 설계상의 소정의 위치에 위치시키며 포스트텐션용 강연선을 연결하기 위해 시스관을 설치하여 콘크리트를 타설하고 양생시킨다. 그리고 강연선과 콘크리트가 충분히 결합되면 강연선을 잘라서 PC부재에 압축력을 도입한다.

(a) 부재 선 배근작업

(b) 강연선 설치

(c) 정착판 설치

(d) 고정단 부재

(e) 시스관 매입 부재

(2) 포스트텐션 도입

강연선이나 강봉이 나중에 삽입될 수 있도록 시스관을 배치한 후 부재를 설치한다. 보와 슬래브 부재를 설치한 후 덧침콘크리트를 타설하고 충분히 양생되면 강연선이나 강봉을 긴장하여 PC부재의 양단부에 정착시켜 압축력을 도입한 후 시스관의 공극에는 모르타르를 충전하여 강연선을 보호하며 콘크리트와 결합시킨다.

(a) 부재 설치

(b) 쉬스관 연결

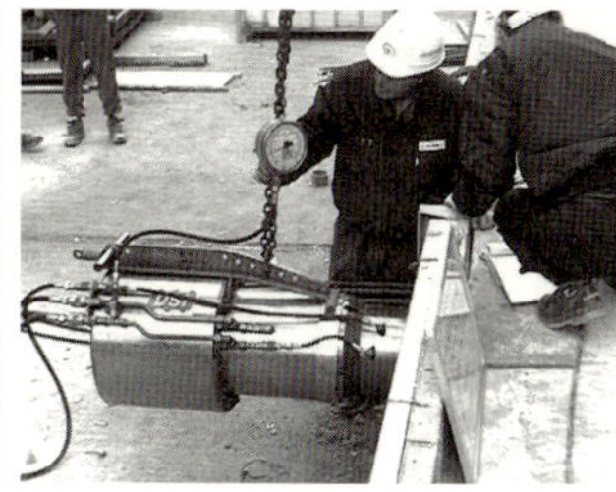

(c) 강연선 긴장

(d) 그라우팅 작업

(e) 충진용 모르타르 배합

6.7.5 철골+PC공법

(1) HI빔(Beam)공법

HI빔은 강재와 철근콘크리트의 구조적인 장점을 활용하여 두 재료를 합성, 일체화시킨 합성 보(Hybrid & Integrated Beam)로서 보의 양단부는 철근콘크리트 기둥과의 일체성 확보를 위해 철근콘크리트, 보의 중앙부는 대경간에 유리한 강재로 구성되어 있다. HI빔을 사용할 경우 중앙부 철골 보의 역학적 특성에 의해 12~25m 정도까지 대경간을 확보할 수 있다. 이 정도의 경간이면 일반적으로 보에 강재가 사용될 수밖에 없고, 보에 강재가 사용됨으로써 기둥에도 부득이 철골이 사용되게 되어 철골구조 또는 철골철근콘크리트구조가 된다. 그러나 HI빔 공법에서는 대경간을 구현하는 데 가장 필요한 보의 중앙부에만 강재를 사용함으로써 상대적으로 고가인 철골의 사용을 줄이면서 철골 이상의 시공성을 확보하는 것이 가능해져 공사비의 절감이 이루어진다.

HI빔의 구조적 특징을 좀 더 상세히 살펴보면 다음과 같다. 보의 중앙부는 응력이 상대적으로 작고 정모멘트 구간이며 슬래브와의 합성효과를 고려할 수 있으므로 100% 철골 보로 설계할 때보다 작은 단면의 철골을 사용하는 것이 가능하다. 그리고 양단부는 큰 전단력과 모멘트가 작용하지만 이 부분에 철골보다 저렴하게 큰 내력의 발휘가 가능하고 처짐 및 진동에도 유리한 철근콘크리트가 사용되며 단부의 강성도 증가된다. 보와 기둥의 접합부는 현장타설 콘크리트로 간단히 시공할 수 있고, 철근콘크리트구조와 동일한 강접골조로서의 접합성능도 확보된다.

다음은 HI빔 단부의 구조상세를 나타낸 그림이다. 이와 같이 양단부에 철골이 매입되는 부분의 설계에 여러 제한을 두는 것은 강재 보가 매입되는 구간 내에서 철골과 철근콘크리트 사이에 충분한 응력의 전달이 이뤄지도록 해야 하기 때문이다.

(a) HI빔 제작

(b) 기둥+보 설치

(c) 조립 전경

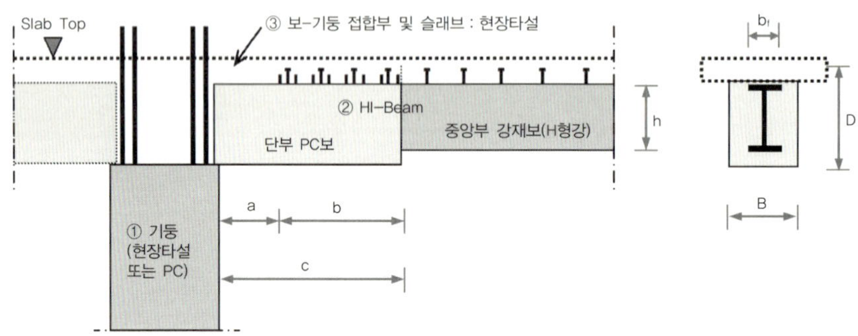

(2) 프리플렉스 보(Preflex Beam)와 HP빔(Hybrid & Prestressed Beam)

프리플렉스 보는 미리 캠버를 주어 철골 보를 제작하고 설계하중을 재하시켜 하부 플랜지에 인장응력이 생기게 한 후 하부 플랜지에 고강도 콘크리트를 타설하여 양생시키고, 경화 후 재하된 하중을 제거할 때 발생하는 철골 보의 복원력에 의해 하부 콘크리트에 프리스트레스가 도입되도록 하는 공법이다. 반면 HP빔은 프리플렉스 보와 모습은 유사하지만 하부 플랜지에 부착된 프리캐스트콘크리트에 프리텐션방식으로 압축력을 도입하는 제작방식을 취한다. 이들 합성 보의 장점은 철골 보와 하부 플랜지 콘크리트의 합성작용으로 부재의 단면성능이 개선되어 보 전체의 강성이 커진다는 것이다. 또한 일반 철골 보에 비해 소음과 진동이 적으므로 장경간 및 높은 내진동 성능이 요구되는 구조물에 유리하다.

제작공정은 HP빔이 프리플렉스 보에 비하여 단순하고 작업도 수월하다. 그러나 HP빔이 프리텐션 시설이 갖춰진 공장에서 생산해야 하는 반면, 프리플렉스 보는 장소의 제약을 거의 받지 않고 현장에서의 제작도 가능하다. 따라서 프리플렉스 보가 운반상의 제약을 덜 받게 되어 HP빔에 비하여 대형화 및 장경간화가 용이한 강점이 있다. HP빔의 경우는 스팬 15~18m 정도의 인텔리전트 빌딩, 정밀공장 혹은 강당 등에 사용하면 효과적이다. 프리플렉스 보는 주로 덩치가 큰 교량이나 공장 등 대형 구조물에 많이 사용되고 있다.

장경간화, 대형화를 위한 공법은 아니지만 강재와 PC를 결합한 시도를 하나 더 소개하고자 한다. 바로 H-PC보인데 이것은 복합구조, 즉 철골기둥과 철근콘크리트 보로 구성된 건축물을 프리패브화(Prefabrication)하기 위한 요소기술이다.

(a) 프리플렉스 보 제작　　(b) HP빔

(3) H-PC

H-PC보란 PC보의 양단부에 응력전달이 충분할 만큼의 길이로 철골을 가공, 매입하여 철골기둥과의 접합을 용이하게 한 것이다. 지하층 골조를 역타공법으로 시공하는 경우와 같이 기둥을 철골로 선택할 수밖에 없을 때 H-PC보를 사용하면, 현장타설하는 경우보다 형틀작업이 수월하고 시공성이 개선되며 SPS(Strut as Permanent System)공법과 같이 강재 보를 사용하는 경우보다 경제성이 우수하다는 장점이 있다. 이렇게 H-PC보를 사용한 역타공법을 SYSS공법이라고 한다. 다음 사진들은 SYSS공법의 시공사례로 H-PC보가 사용되고 있는 것을 확인할 수 있다.

(a) H-PC부재　　(b) H-PC조립(1층 바닥)　　(c) H-PC보와 철골기둥 연결

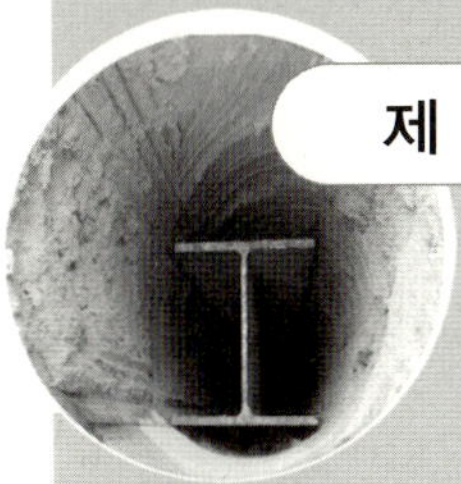

제 7 장

철골공사

7.1 공사계획

7.1.1 개요

철골공사는 크게 나누어 철골조와 철골철근콘크리트조의 2종류 공사로 분류된다. 철골조는 일반적으로 S조라 불리고 공장, 창고, 초고층빌딩 등에 사용되며, 최근 증가 추세에 있다. 철골철근콘크리트조는 일반적으로 SRC조라 불리고 10층 전후의 오피스빌딩, 주상복합아파트 등에 많이 사용되는 구조형태이다. 그리고 철골공사의 실제의 작업은 일반적으로 "공장가공"과 "현장가공"의 2가지로 나누어 진행된다.

작업은 보통 그림 7-1의 흐름도와 같이 행해진다.

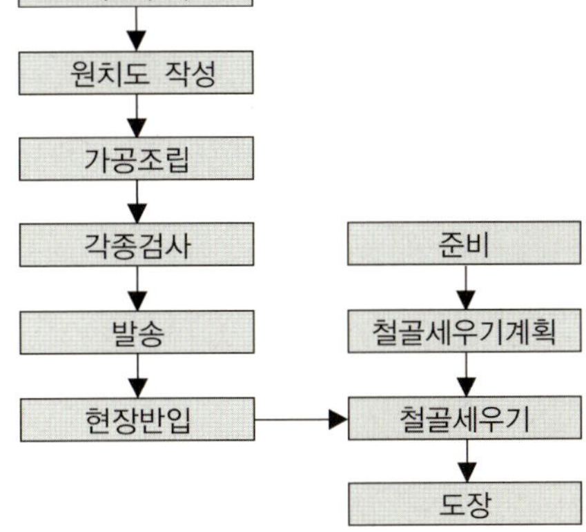

그림 7-1 철골공사의 흐름도

7.1.2 현장상황과 공사계획

철골공사에 대해서는 현장시공의 입장에서 다음과 같은 각각의 점에 대하여 설계도서 등을 검토하지 않으면 안 된다.

(1) 설계도서 검토

① 공장에서 공사현장까지의 도로사정, 운반수단, 현장 주위의 상황을 살펴보고 철골의 부재가 설계도서에 표시된 길이, 무게로 운반이 가능한지를 검토한다.

② 설계도서에 표시된 길이, 무게로 운반하는 도중이나 혹은 철골세우기 시에 변형이 발생되지 않는가. 즉, 운반 또는 철골세우기에 대한 보강이 필요한가를 검토한다.

③ 설계도서에 표시된 대로의 이음, 맞춤으로 제작하면 공정적으로 합리적인가 그리고 접합부를 늘리는 쪽이 혹은 줄이는 쪽이 효율적인가를 검토한다.

④ 철골공사를 시공하기 위해 필요한 가설물의 하중에 대한 철골이 지탱할 수 있는지의 여부를 검토한다.

⑤ 철골철근콘크리트의 경우는 철골의 외측에 철근을 조립하여 삽입하고 철근이 소정의 피복두께를 유지하며 철근의 정착, 이음, 압접 등을 고려하여 설계도서(특히 의장도)의 기둥 치수 내에 맞출 수 있는지를 검토한다.

⑥ 철골은 한 번에 세워지는가, 혹은 콘크리트에 의해 구체로 굳혀가면서 분할하여 세워지지 않으면 안 되는가를 검토한다.

이상에 대해 설계도서를 검토하고 구조설계 담당자와 충분히 협의하여, 만약 문제가 있는 경우는 발주자, 설계자, 관리자를 통해 조속히 대책을 세우지 않으면 안 된다.

(2) 공정표 작성

계약공기를 토대로 작성된 기본공정표로부터 철골공사의 부분을 축출해서 검토한다.

전체공정을 지키기 위해서는 철골공사는 언제부터 시작하여 언제까지 끝내지 않으면 안 되는가를 검토하는 것이 중요하다. 그렇게 하기 위해서는 공작도 승인, 원 치수의 확인, 제품검토 등을 마일스톤(공정 확보를 위한 예정일)으로 설정해서 각 공정을 관리한다.

7.1.3 공사내용과 가공업자의 결정

공사의 규모, 철골의 그레이드, 품질, 공기, 발주자의 요구 등에 일치하는 철골 가공업자(패브리케이터)를 선택한다. 선택 시에는 다음 각 사항을 체크해야 한다.

① 건물의 규모, 철골의 그레이드, 공정 등에 대하여 지정 대상인 철골 가공공장이 갖는 능력이 각종의 요구에 대해 충분히 대응할 수 있는가.

② 철골 가공공장의 제작능력과 현재 철골 가공공장의 수주상황과의 밸런스는 잡혀져 있는가.

③ 철골을 가공하는 공장과 현장의 소재지 관계는 어떠한가.

참고로 일본 철골가공업자는 소속하고 있는 단체에 따라 각각 다음의 표와 같이 랭크가 붙여져 있다.

(사단법인) 일본 철골건설업협회(鐵建協)	
S 류	A류를 넘는 건물을 포함한 모든 건물, 강재
A 류	15층 이하의 건물, 41킬로급, 50킬로급 강재로 50mm 이하
B 류	9층 이하의 건물, 41킬로급 32mm 이하, 50킬로급 25mm 이하
C 류	3층 이하의 건물, 50킬로급 16mm 이하

(사단법인) 일본 전국 철구(鐵構)공업연합회(全構連)	
H 그레이드	대규모로 고도의 기술과 상응의 시설을 필요로 하는 강구조물을 적절히 제작할 수 있다고 인정되는 것.
M 그레이드	H에 준하는 것으로 중정도의 규모이며, 또한 상당한 기술과 시설을 필요로 하는 강구조물을 적정(適正)하게 제작할 수 있다고 인정되는 것.
R 그레이드	중정도 이하의 규모이며, 또한 통상의 기술과 시설을 필요로 하는 강구조물을 적정(適正)하게 제작할 수 있다고 인정되는 것.
J 그레이드	R에 준하는 공장으로 소규모 강구조물을 적정하게 제작할 수 있다고 인정되는 것.

7.2 공장가공

7.2.1 강재의 종류와 확인

철골에 사용되는 강재는 사용하는 장소, 건물의 규모, 건물의 사용목적 등에 따라 종류가 다르다. 한국산업규격(KS)에 규정되고 있는 각종 강재 중에서 선택해서 사용하는 것이 보통이다.

강재에는 규격품(Rolled Beam)과 Built-up 부재와 같이 설계도서의 사양에 따라 특별히 공장에서 조립되어 제작되는 것의 2종류가 있다. 또 규격품에서도 시장이 적고 반주문 생산적인 사양의 것도 있어 특별히 제철 제조사에 제작주문하지 않으면 안 되는 경우도 많다.

특수한 강재를 사용하고 있는 설계의 경우나 공정적으로 문제가 있는 공사의 경우에는 관계부서, 강재납입회사 등의 담당자 및 주문자, 설계자, 감리자 등과 함께 충분한 사전검토를 하지 않으면 안 된다.

강재의 표시기호에는 다양한 의미들을 함축하고 있는데 다음의 그림 7-2에서 강재의 표시기호를 설명하였다. 또한 표 7-1은 건설용 강재로서 주로 사용되는 한국산업규격(KS)에 의한 강재의 종류 및 특징을 나타낸다.

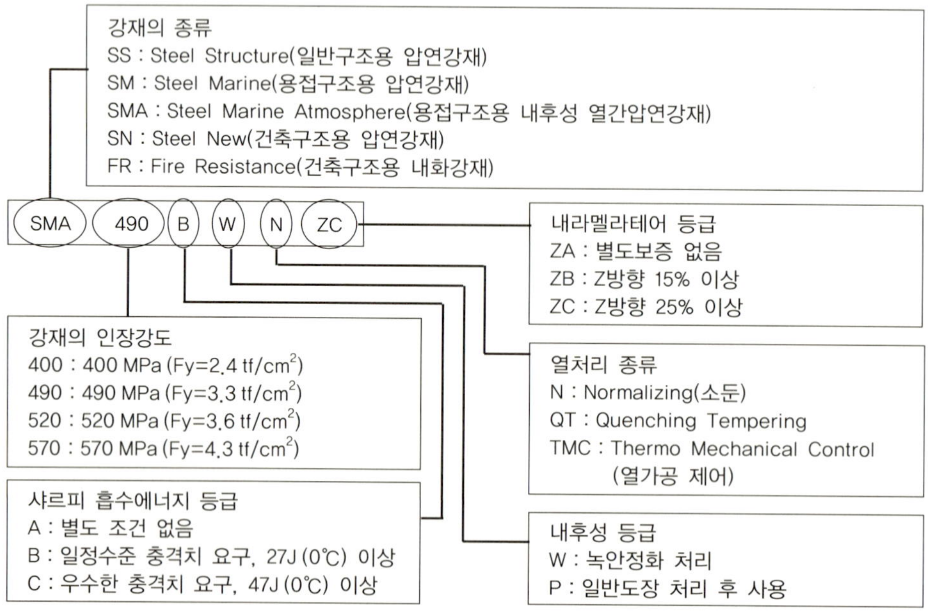

그림 7-2 강재의 표시기호

표 7-1 강재의 종류 및 특징

분 류	종 류	특 징	용 도
일반구조용 압연강재 (KS D 3503) (KS D 3502)	SS400	가장 많이 쓰임. 통상적으로 두께 25mm 이하는 용접성에 염려 없음.	보, 기둥
	SS490	용접에 불리하여 순수 Bolt Pastner 형식에 사용됨.	보, 기둥
	SS540	특정 구조물에 사용됨.	철탑용
용접구조용 압연강재 (KS D 3515)[1] (KS D 350[2]	SM400A, B, C	SS강재에 비해 용접성이 우수함. 통상적으로 두께 50mm까지 용접성 보증	400MPa급 용접접합의 경우
	SM490A, B, C	일반적으로 많이 쓰임. 통상적으로 32mm 이상 용접 시 예열 요구	보, 기둥
	SM490YA, YB	Nb계 원소를 첨가하여 항복강도를 10% 이상 향상시킨 강	490MPa급 중 고항복강도가 요구되는 경우
	SM520B, C	탄소, 망간의 함유량을 높여 강도를 향상시킨 강	보, 기둥
	SM570	열처리한 고장력강	보, 기둥
	SM490TMC SM520TMC SM570TMC	제어압연, 가속냉각방식으로 제조, 고강도·고인성, 우수한 용접성을 가진 강으로 두께 40mm 이상 후판에서도 설계강도의 저감이 필요 없음.	고층건물, 장스팬구조, 큰보, 기둥재
건축구조용 압연강재 KS D 3861	SN400A, B, C2 SN490B, C	기존 SS강재, SM강재의 내진성과 용접성을 개선시킨 강, 소성변형능력 유지 성능	내진성능이 요구되는 보나 기둥
건축구조용 내화강재 KS D 3865	FR400B, C FR490B, C	화재발생 시 철골구조물의 급격한 강도 하락 방지 내화피복 두께 절감효과	내화성능 또는 적은 양의 피복 두께가 필요한 경우
건축구조용 열간압연 H형강 KS D 3866	SHN490 SHN520 SHN570	SN강에 준하는 내진성, 용접성, 소성변형 능력이 발휘되는 압연 H형강	내진성능이 요구되는 보나 기둥
용접구조용 내후성 열간 압연강재 KS D 3529	SMA400A, B, C SMA490A, B, C SMA570A, B, C	Cu, Cr, P, Ni 등의 원소를 소량 첨가한 저합금강 일반 강 대비 4~8배 내식성 발휘 대기노출 후 일정시간 경과하면 짙은 갈색의 비정질 안정녹층 형성 재도장이 필요 없어 유지관리 및 환경보호에 유리	교량 및 외부노출 구조재
H형강 말뚝 (KS F 4603)	SHP400 SHP400W SHP490W SHP550W	관입성이 우수하여 항타가 어려운 지반에서 시공성이 우수하고, 부력 우려 지반에서 기초 겸용 인장말뚝으로 사용됨.	건축, 토목용 기초 말뚝
열간압연 강널말뚝(KS F 4604)	SY295 SY390	흙막이, 물막이용 영구 또는 가설 강관말뚝	영구용 : 옹벽, 호안 가설용 : 토류공사

분 류	종 류	특 징	용 도
용접용 열간압연 강널말뚝 (KS F 4606)	SY295W SY390W	흙막이, 물막이용 영구 또는 가설 용접강관말뚝	영구용 : 옹벽, 호안 가설용 : 토류공사
용접경량형강 (KS D 3558)	SWH400, 400L	강재 성분은 SS재와 유사함 판두께 3.2~12mm 철판을 공장용접하여 제작	소규 건물 2차 부재
경량형강 (KS D 3530)	SSC400	강재 성분은 SS재와 유사함 판두께 1.6~6mm 철판을 냉간압연하여 제작	경미 구조물 2차 부재
탄소강관 (KS D 3566)	STK400, 490 STK540	강재 성분은 SS재와 유사함 판두께 2~22mm ϕ21.7~609.6mm	트러스재 강관말뚝
각형강관 (KS D 3568)	SPSR400, 490 SPSR540	강재 성분은 STK재와 유사함 판두께 1.2~22mm, 20×20~500×500mm	2차 부재
건축구조용 탄소강관 (KS D 3632)	STKN 400W, 400B STKN490B	SN강재와 유사한 기계적 성능	트러스재 기둥재
내진건축구조용 냉간성형 각형강관 (KS D 3864)	SPAR295 SPAR235, 325	SN강재와 유사한 기계적 성능	트러스재 기둥재
철근 (KS D 3504)	SD300, 350 SD400, 500 SD600, 700 SD400W, 500W	SD300, 400 : 일반적으로 많이 쓰임 SD500 : 과밀배근 부위 선택적 사용 W는 용접성능 보강	철근 일반 건설부품 가공용품

주) 1) SM계열 TMC 처리 강재 제품명
SM490TMC ; PILAC-BT33 / SM520TMC ; PILAC-BT36 / SM570TMC ; PILAC-BT45
2) A : 용접하지 않으며 소성변형이 생기지 않는 부재 또는 부위
B : 일반 구조부재 또는 부위
C : 용접조립 가공 시 포함, 판두께 방향으로 큰 인장응력을 받는 부재 또는 부위

7.2.2 밀 시트(강재 규격증명서)와 제조회사의 확인

(1) 개요

밀 시트(Mill Sheet)란 철강제품의 품질을 보증하기 위해 재료성분 및 제원을 기록하여, 제조업체가 규격품에 대하여 발행하는 증명서이다. 제조업체의 품질보증서로 성분 및 특성을 나타내는 시험성적서는 공인된 시험기관의 것이어야 하며, 밀 시트는 차후 품질관리 및 정도관리의 중요한 자료가 될 수 있다.

(2) 용도

① 철강제품의 품질보증
② 제품 반입처에서의 실험여부 결정
③ 정도 관리의 자료로 활용
④ 성분 및 제원의 표시로 사용처 결정
⑤ 반입 강재의 특성 파악

(3) 기록내용

1) 제품의 역학적 시험내용

① 강구조물 설계 시 필요한 강재의 기계적 성질 결정에 필요한 시험

② 내용 : 압축강도, 인장강도, 휨(Bending)강도, 전단강도 등

2) 화학성분시험 내용

① 강재는 대부분(98% 이상) 철로 구성되며 철 이외의 성분은 극소량이다. 그러나 이러한 극소량의 성분들이 강재의 재료적 성질을 좌우한다.

② 내용 : Fe(철), S(황), Si(규소), P(납), C(탄소), Mn(망간) 등의 구성비

표 7-2 주요 화학성분 및 특성

화학성분	특 성
탄소(C)	탄소량이 증가하면 항복점, 인장강도, 경도는 증가되지만 신율, 수축률, 연성은 감소한다.
규소(Si)	규소량이 증가하면 인장강도와 항복점이 상승하고 0.2~0.4% 정도에서 신율 및 수축률도 급격히 상승한다.
망간(Mn)	강의 강도를 개선하고 충격특성에 영향을 미친다. 또한 압연성을 좋게 하고 취성을 감소시킨다.
인(P)	P는 강재의 내후성을 향상시키는 효과가 기대되는 반면 용접성, 냉간가공성, 충격특성을 저하시킨다.
황(S)	1,300℃ 이상의 고온에서 용해되고 온도취성, 연신율, 강도, 충격치 저하 등의 영향을 미치므로 0.05% 이하로 규제한다.

3) 규격표시

① 길이, 두께, 직경, 단위중량, 크기 및 형상, 제품번호 등

4) 시험규준의 명시

① 하중을 가하는 속도, 시험체 크기, 시험장소의 환경 등 강재의 재료시험 시 객관적 기준이 되는 시험규준

② 시방서(Specification)

③ KS(한국공업규격, Korea Standards)

④ DIN(독일공업규격, Deutsche Industrie Norm)

⑤ AS(미국공업규격, America Standards)

⑥ BS(영국공업규격, British Standards)

⑦ JIS(일본공업규격, Japanese Industrial Standards) 등

Mill Test Certificate/검사증명서

Certificate No./증명서번호:080714-PPNE-156-001
Date of Issue/발행일자:Apr., 20, 2009

Order No./계약번호:0003315661
Supplier/주문자:POSTEEL
Customer/고객사:DAEMYUNG CONSTRUCTION CO.,LTD

PO No./주문번호:P1CGDD4080612
Commodity/품명:PLATE
Spec & Type/규격:PS G0303 PILAC-BT33

Size/치수	Product No. 제품번호	Quantity 수량	Weight 중량 (kg)	Heat No. 제강번호	POSITION	Tensile/인장시험 YP (MPa)	TS (MPa)	EL (%)	YR (%)	Impact/충격시험 V Notch +0℃ Energy (Joule)	SF (%)	Z-Direction Tensile Test YP (MPa)	TS (MPa)	EL (%)	RA (%) 1 2 3 Avg	DIVISION	Chemical Composition/화학성분(%) C -4	Si -3	Mn -3	P -4	S -4	Cr -2	Ni -2	Cu -3
30x2820x11470	PB54977501	1	7,618	SB11325	T	408	538	23	76	A:246					54 53 54 54.0	L	1453	417	1073	187	38	2	1	14
*** Sub Total (050) ***			1			7,618 (kg)																		

*** HEAT TREATMENT ===> POSCO In Line Accelerated Cooling ***

	Quantity	Weight
*** Grade Total ***	1	7,618 (kg)
*** Grand Total ***	1	7,618 (kg)

CEQ (F) = C + Mn/6 + Si/24 + Cr/5 + V/14 + Ni/40 + Mo/4

=== Last Item ===

TEAM DAE MYUNG CONSTRUCT CO. LTD Q/C
DAE MYUNG STEEL
☐ WITNESSED BY
☑ REVIEWED BY
09. 4. 20.

- Position - T : Top, M : Middle, B : Bottom
- Tensile Test. Direction : Longitudinal, Gauge Length : 200㎜(Rectangular),
- Impact Test. Direction : Longitudinal,
  T.L.R(Trans Longitude Ratio)
- Division - L:Ladle Analysis
- Chemical Composition Unit: -2:x1/100, -3:x1/1000, -4:x1/10000, -5:x1/100000
- Tr : It is within the standard range(<0.008%) and include trace element.
- Supply Condition : As-Rolled unless otherwise Heat Treated.

We hereby certify that the material herein has been made in accordance with the order and specification.
This material has been fully killed and made by basic oxygen process.

원본대조필

This material has been made by vacuum degassing process.
* 본 검사증명서에 명기된 규격용도외 사용시 안전상 문제가 발생할 수 있으며,
검사증명서 위.변조시 사문서 위조(형법231조)로 불이익을 당하실 수 있습니다.

Surveyor To:

Chief of material testing section Jo, Won Gook

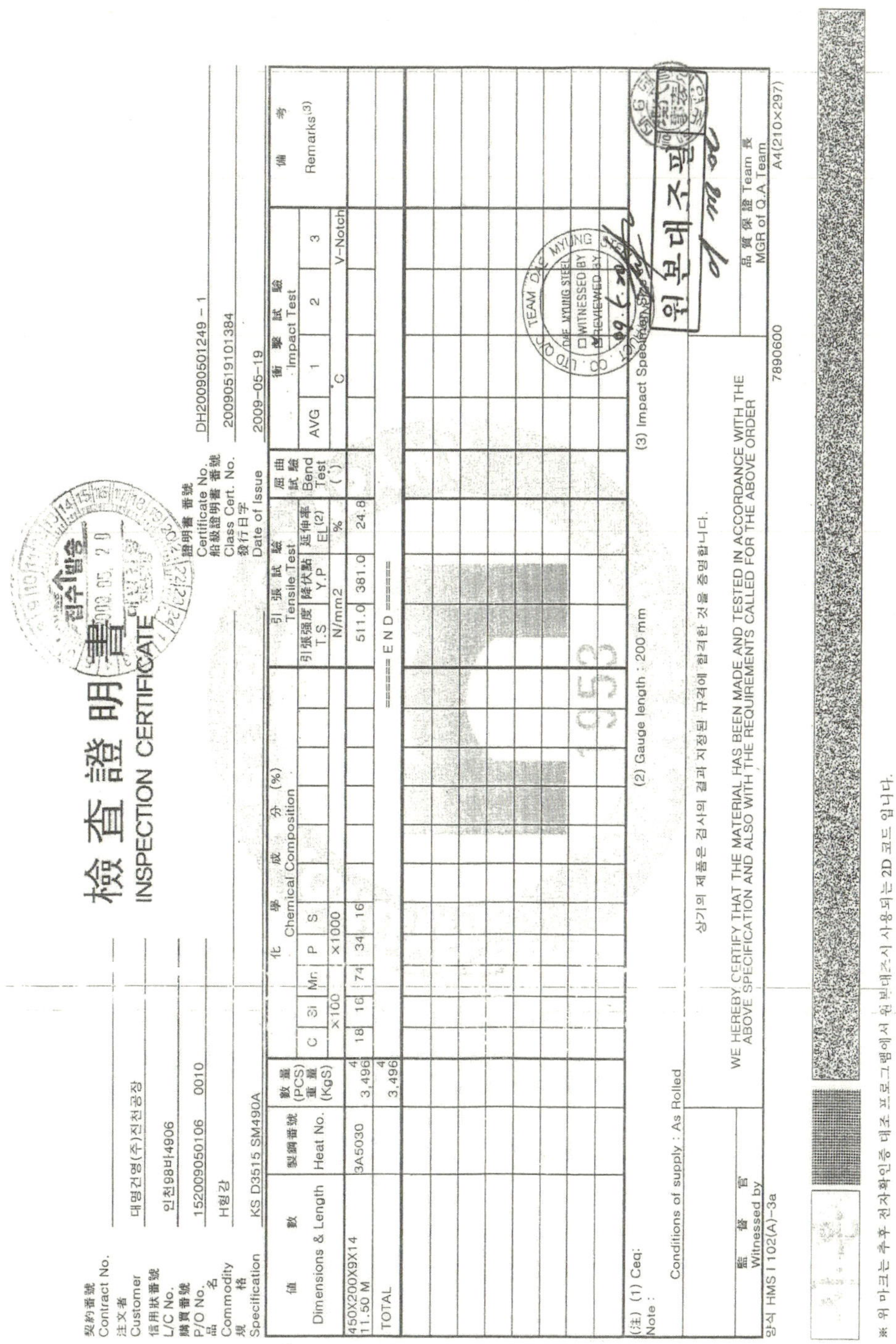

檢查證明書
INSPECTION CERTIFICATE

契約番號 Contract No.:
注文者 Customer: 대명건영(주)진천공장
信用狀番號 L/C No.: 인천98바4906
購買番號 P/O No.: 152009050106 0010
品名 Commodity: H형강
規格 Specification: KS D3515 SM490A

證明書 番號 Certificate No.: DH20090501249 - 1
船級證明書 番號 Class Cert. No.: 20090519101384
發行日字 Date of Issue: 2009-05-19

値數 Dimensions & Length	製鋼番號 Heat No.	數量 (PCS) 重量 (KgS)	C	Si	Mn	P	S	引張强度 T.S	降伏點 Y.P	延伸率 EL(2)	屈曲試驗 Bend Test	衝擊試驗 Impact Test AVG	1	2	3	備考 Remarks(3)
			×100			×1000		N/mm2		%	( )	˚C			V-Notch	
450X200X9X14 11.50 M	3A5030	4 3,496	18	16	74	34	16	511.0	381.0	24.8						
TOTAL		4 3,496	====== E N D ======													

(注) Note : (1) Ceq: (2) Gauge length : 200 mm (3) Impact Specimen Size

Conditions of supply : As Rolled

상기의 제품은 검사의 결과 지정된 규격에 합격한 것을 증명합니다.

WE HEREBY CERTIFY THAT THE MATERIAL HAS BEEN MADE AND TESTED IN ACCORDANCE WITH THE ABOVE SPECIFICATION AND ALSO WITH THE REQUIREMENTS CALLED FOR THE ABOVE ORDER

監督官 Witnessed by

品質保證 Team 長 MGR of Q.A Team

원본대조필

양식 HMS I 102(A)-3a 7890600 A4(210×297)

※ 위 마크는 추후 전자확인증 대조 프로그램에서 원본대조시 사용되는 2D 코드 입니다.

그림 7-3 밀 시트 예

7.2.3 공장가공의 순서

공장에서의 철골가공은 일반적으로 다음 순서에 의해 이루어진다.

각각의 작업은 설계도서의 의장도, 구조도, 구조계산서를 참조하면서 다방면에 걸친 여러 가지 검토를 통해 진행되지 않으면 안 된다. 설계도서에 현장에서의 시공, 공장에서의 가공, 경제적 환경, 운반 등 모든 요소가 고려되었다고는 볼 수 없기 때문이다.

(1) 원척도(현척도)

설계도면 및 시방서에 따라 각부 상세 및 재의 길이 등을 원척(1/1 스케일)으로 그린 것. 각 부의 볼트간격, 수량 등 일반 설계도서로는 체크할 수 없는 사항과 실제 철골 제작 시의 본뜨기, 구멍뚫기 등에 사용하는 형판 등을 작성하기 위해 작성한다.

(2) 본뜨기

원척도를 따라 얇은 강판으로 게이지라인을 치고 리베팅 할 곳에 작은 구멍을 파서 표시하며 기타 필요사항을 적어둔다. 리벳구멍 위치, 절단장소 등의 기본이므로 정확하게 제작한다.

(3) 변형 바로잡기 · 금매김

강재에 변형이 있으면 공작이 곤란하고 리벳이 잘 죄어지지 않는 등 지장이 있으므로 금매김 전에 바로잡는다. 금매김은 본판 및 리벳간격을 그린 장척물로 강재 면에 강치로 리벳구멍의 위치와 절단개소 등을 그려 넣는다.

금매김

(4) 절단 및 가공

① 전단절단(Shearing Machine) : 강판절단에 주로 사용. 판두께 13mm 이하, 그라인더로 수정

② 톱절단 : 형강이나 정밀절단을 요할 때 사용. 판두께 13mm 초과 형강이나 정밀절단 시

③ 가스절단 : 주변 3mm 정도 변질 우려가 있으므로 여유 있게 절단. 절단기 종류에 따라 자동가스절단, 반자동가스절단, 철관가스절단 등이 있다.

④ 가공(휨가공) : 열 취성범위(200~400℃)에서는 가공 금지

- 냉간가공 : 상온 가공 시 구부림의 안치수는 판두께의 2배 이상으로 한다.
- 열간가공 : 800~1,100℃의 적열상태에서 가공하며 급랭해서는 안 된다. 주요 부재에는 사용하지 않음.

(a) 전단절단(Shearing Machine)

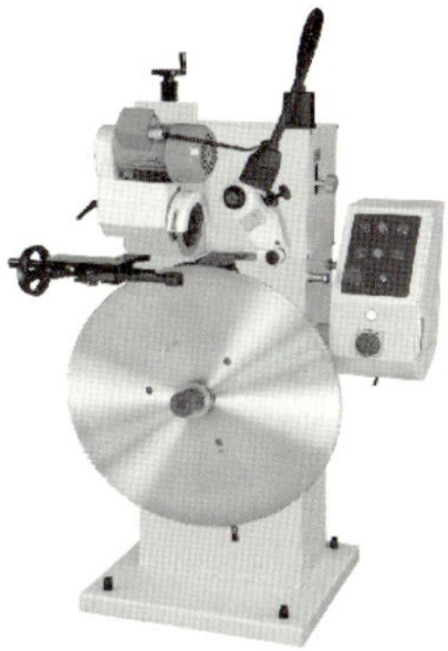

(b) 톱절단(Friction Saw)

(c) 가스절단(자동가스절단기)

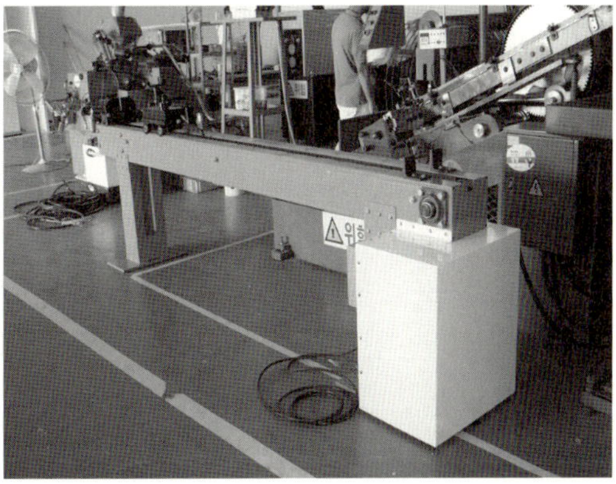

(d) 가공(휨가공)

(5) 구멍 뚫기

1) 펀칭(Punching)

① 부재두께 12mm 이하 또는 리벳지름이 9mm 이하인 경우

② 속도는 빠르나 구멍 주위에 변형이 생긴다.

2) 송곳 뚫기(Drilling)

① 부재두께가 13mm 이상인 경우

② 3장 이상 겹칠 때, 주철재일 때, 정밀가공일 때, 수밀성을 요하는 수조, 유조

3) 구멍가심(Reaming)

① 조립 시 구멍위치가 다른 경우 리머로 구멍가심을 한다.

② 3장 이상 부재가 겹치는 경우는 송곳으로 구멍지름보다 1.5mm 정도 작게 뚫고 드릴 또는 리머로 조정

(a) 펀칭(Punching)

(b) 송곳 뚫기(Drilling)

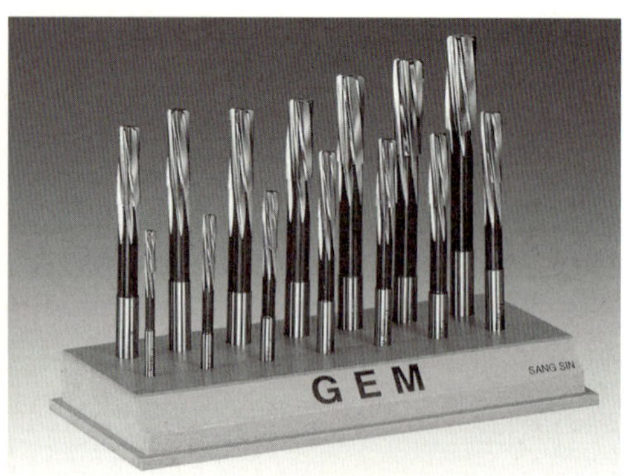

(c) 구멍가심(Reaming)

(6) 가조립

본 조립 전 최소의 접합재를 이용하여 부재 간 정밀한 위치조정을 위해 행한다.

- 가볼트수 – 공장조립 : 전 리벳구멍 수의 1/3 이상, 현장조립 : 현장 리벳구멍수의 1/5 이상

(7) 본조립

- 볼트 – 리벳치기가 곤란할 시 볼트로 대용, 볼트구멍 직경은 볼트직경보다 0.5mm 이상 크면 안 됨.
  되풀림 염려가 있는 곳은 2중너트 조이기, 스프링와셔로 용접하여 사용
- 고장력볼트 – 강재 간 마찰력에 견딜 수 있는 볼트 사용. 강재 간 마찰면 미끄럼계수 0.45 이상 거친 면으로 함.

(8) 검사

외관 또는 타격음에 의해 판정하고, 건들거리는 것, 머리와 축선이 일치되지 않는 것, 머리에 갈라짐이 있는 것, 밀착되지 않는 것 등은 치핑해머, 리벳커터, 드릴로 리벳머리 따내고 다시 치기를 한다.

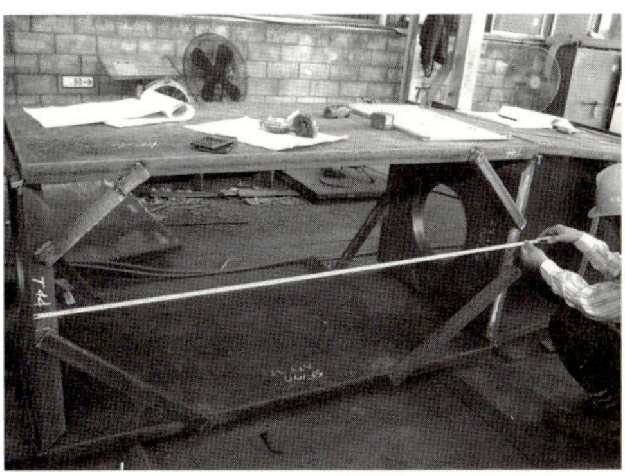

(a) 치수검사

(b) 외관검사

(c) 비파괴검사(RT)

(d) 비파괴검사(UT)

(e) 비파괴검사(MT)

(f) 비파괴검사(PT)

(9) 녹막이칠

밀 스케일, 스패터 등을 제거한 후 현장운반에 앞서 녹막이 칠을 한다.

- 녹막이칠을 하지 않는 부분
  - 현장용접부분 및 인접하는 양측 100mm 이내
  - 고력볼트 마찰 접합부의 마찰면
  - 콘크리트에 밀착 또는 매입되는 부분
  - 기계 깎기 마무리한 부분
  - 조립에 의해 서로 밀착되는 면
  - 폐쇄형 단면을 한 부재의 밀폐된 내면

(a) 공장 녹막이칠

(b) 현장 녹막이칠

(10) 운반

- 운반 시 고려사항
  - 철골 절 나누기, 부재치수 · 형상
  - 도로사정에 따른 차량길이 · 폭 · 용적의 제한
  - 현장 주변의 진입도로 상황

운반

이상의 공장 가공순서를 공정별 흐름도로 표현하면 그림 7-4와 같다.

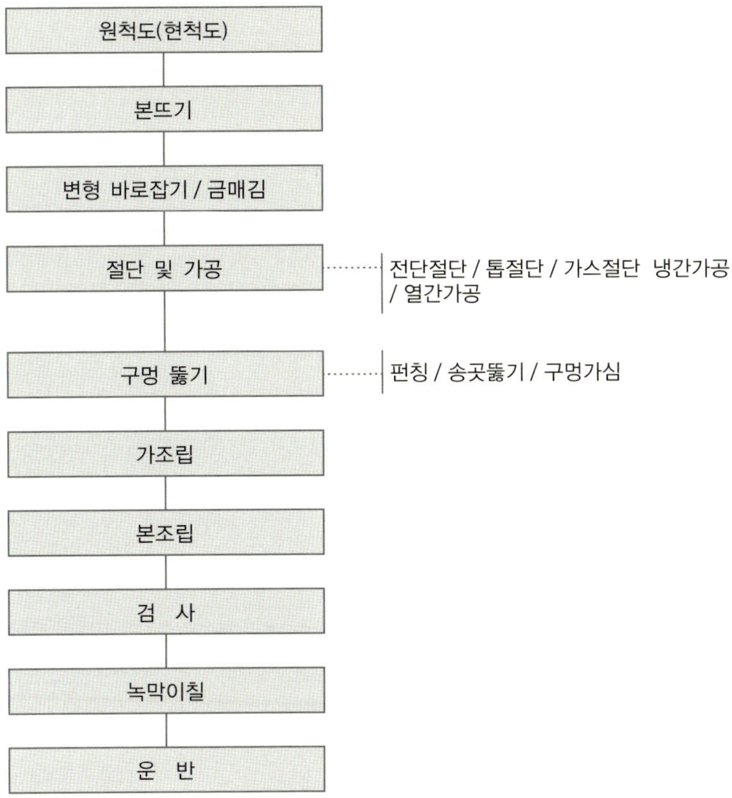

그림 7-4 공장 가공의 순서

7.3 사무소 건축물

7.3.1 세우기 계획 개요

오피스 건물의 철골공사 시공계획을 수립할 때 공사관련 사항, 제약조건, 품질, 경제성, 공정 그리고 안전성 등을 파악하여 철골세우기를 계획하며, 철골세우기에 의하여 부재 및 접합부의 성능을 확보하고 허용치 이상의 변형이 생기지 않도록 계획해야 한다. 철골세우기 방법으로는 수평적상법, 윤렬세우기, 빠져나가기, 출세우기 등이 있다.

현장이 개설되고 철골공사계획을 수립할 시 해당공사의 특성, 구조, 하중, 교통상태, 주변사항, 부재야적장 확보, 공장제작 공정, 공사용 장비 등에 대한 계획을 세우고 안전, 환경관리에도 적합한 효율적 공사 진행을 할 수 있도록 신중한 검토가 필요하다.

세우기 단계별 세부수행 계획을 수립하여 철골공사 중 발생할 건설 리스크(Construction Risk)를 최소화 하도록 한다.

• 철골세우기 계획

입지조건 파악 → 주요공사내용 파악 → 가설계획 → 양중계획 → 현장조립계획 → 자재운반계획 → 품질검사계획 → 유지관리계획

(1) 입지조건의 파악

① 입지분석 : 부지가 위치한 지리적 위치 및 주변지역의 특성분석

② 도로분석 : 도로현황, 부지 접근로, 대형 철골부재 반입로 및 교통처리대책 수립

③ 기후조건 : 월별 최대풍속, 일일 최대강우량 등 과거 자료를 바탕으로 작업일(Working Day) 파악

④ 기　　타 : 지반조건, 해당 지역 관련법규 검토

(2) 주요 공사내용 파악

① 건축계획 검토 : 용도, 최대천장고, 경사구조물 등 디자인 구조형태 파악

② 구조계획 검토 : 기둥높이, 경간 등

③ Shop Dwg 작성방안 검토 : 3D, 2D, 접합 상세, 부재 간 간섭 등

④ 부재의 특징 검토 : 곡면가공 부재의 치수, 형상 검토

(3) 가설계획 수립

① 작업동선 : 부지 내 작업차량, 양중장비 이동동선 및 보행동선계획

② 부지 활용 : 가설건물 위치, 철골자재 야적장 위치 등 계획

(4) 양중계획 수립

① 양중자재 분석 : 부재길이, 중량 등을 파악하여 철골 양중부하 검토

② 양중형식 분석 : 타워크레인 형식, 모빌크레인(Mobile Crane) 적용 여부, 양중장비 위치, 대수, Cycle Time, 장비운영관리, 위치별 적용할 양중장비 구분 등

③ 가시설의 적정성 : 가설지주(Bent) 위치 · 크기 · 구조적 안전성, 용접용 비계, 가설전기 · 설비계획, 타 공정과 양중 간섭 검토

(5) 현장조립방안 검토

① 조립 및 가공 장소 : 현장조립 · 공장조립 여부

② Erection계획 : 구조체 현장 설치방안 수립(재래식 공법 · 유닛플로어공법 · N공법)

③ 부재 간 접합계획 : 용접성 평가, 접합부 위치 적절성 등 계획 수립

④ 측량계획 : 수평 수직도 측량(2D) · GPS 측량(3D 측량)

(6) 품질검사계획

① 계측관리 : 설치 후 안전성을 확보하기 위해 장기간에 걸쳐서 변형률, 변위 등을 검측

② 접합부 품질관리 : 용접부 비파괴시험 계획, 볼트 부위 토크치 제어 계획

③ 구조적 감시 : 주요부재의 거동특성을 실시간으로 관찰하여 철골구조체의 구조적인 안정성 확보 및 고품질의 정밀시공 추구

(7) 세부 철골공사 흐름(건축기술지침 Ⅰ 철골공사)

검토설계도서	강재의 강종, 치수, 형상 확인 특수 구조시스템
발　주	발주에서 공장제작, 현장반입까지의 충분한 조달기간 확보 특수치수, 형상 유무를 확인하여 자재 조달
Shop Dwg	설계도면 및 시방서에 준하여 작성 제작, 운반, 양중 및 현장 설치의 용이성 고려 철골세우기용 부속철물 반영 후속 마감작업, 설비, 전기공사와의 연관성 접합위치, 접합방법, 치수 등의 확인
공장제작	철골의 공장가공은 완성품에 가깝도록 하여 현장작업 최소화 공장제작 과정의 품질관리시스템 확인 용접공 자격검사 용접 전 검사 및 제품검사
운　반	철골의 절 나누기, 부재치수, 형상 도로사정에 따른 차량의 길이, 폭, 용적의 제한 고려 현장 주변의 진입도록 상황 고려
현장 설치	현장상황에 적합한 세우기 공법 선정 계절 · 기후에 따른 설치기간 및 설치주기, 실 작업일수 산정 양중계획 및 용접기기 등의 사용에 따른 전력용량 산정 야적장소 확보 공구분할에 따른 설치순서 결정 정밀도 관리 및 품질검사계획 노출철골의 방청 시방 확인, 콘크리트 피복 여부, 내화피복 여부 등 중량, 고소작업에 따른 추락, 낙하 등의 재해 예방 소음진동의 공해방지

7.3.2 공사내용 파악

일반적으로 철골공사에 착수하기에 앞서서 다음과 같은 사항들을 파악해야 한다.

① 공사개요 및 공사범위

② 철골 부재수, 중량 등

③ 철골부재의 길이 및 단면형상, 현장용접 위치 및 용접이음 종류 등

④ 개구부 보강

⑤ 옥상공작물용 철골, 처마철골 등의 유무

⑥ 철골세우기 방법 및 순서, 이에 필요한 장비의 종류, 대수, 설치위치 등

⑦ 관련 가설공사 및 타 공사

(1) 공사개요

1. 현장명
2. 공사기간 및 철골공사 기간
3. 현장위치
4. 건축물의 용도 및 규모
5. 발주처 · 감리자 · 시공자

(2) 공사범위

1. 철골부재 총 중량 및 부재수
2. 지급자재 관계
3. 가설공사 위치여부, 책임관계
4. 철근콘크리트공사와 마감공사와의 관계
5. 공정관리, 안전관리, 환경관리 책임소관
6. 민원처리
7. 철골공사 제외부분 여부

이외에 안전설비(낙하물방지망, 추락방지망, 안전망, 안전난간 등)와 가설재(비계, 가설대, 승강기 등)에 대한 검토도 이루어져야 한다.

(a) 추락방지망

(b) 불꽃비산 방지

(c) 안전로프

(d) 낙하물방지망

(e) 풍속계

(f) 슬링벨트 · 양중와이어

7.3.3 세우기 방법 결정

철골세우기 방법은 철골재료, 장비 반입, 안전사고, 민원 등을 고려하여 계획해야 하며, 특히 현장 인근의 지반조건 및 주변여건, 도로상황 등에 의하여 크게 달라질 수 있다.

(1) 철골세우기 시 검토사항

① 철골공사 공정표 작성

공사기간, Shop Dwg 일정, 공장제작기간, 공사가능일(Working Day) 등

② 공장제작관리

Shop Dwg, 공장제작 부재와 현장제작 부재, 공장 품질관리방안, 용접공 자격검사 등

③ 부재 반입 및 야적관리

부재운반기준(운반량, 도로상황), 공장과 거리, 야적장 위치, 소운반 경로, 공구관리장소 등

④ 부지여건에 맞는 부재 설치계획

부지여건상 효율적 부재 설치방안(N공법, Lift-up공법, 슬라이딩공법, 블록화공법 등)

⑤ 세우기 및 세우기 장비

입지조건, 구조체 규모, 일일 세우기량, 정밀도관리, 고소작업의 추락 및 낙하의 관리방안

⑥ 현장조립 및 접합

입지조건, 구조체 규모, 일일 세우기량, 정밀도관리, 고소작업의 추락 및 낙하에 대한 안전

⑦ 인원, 자재, 장비 투입계획

예정공정표에 입각한 인원, 자재요소별 투입시기, 주변부 부재 설치를 위한 장비투입계획 등

⑧ 안전관리계획

고소작업에 따른 안전시설물, 공정에 따른 안전시설물 관리방안, 접합부 작업 시 안전시설물 등

7.3.4 행정관청 제출내용

철골공사는 자격을 가진 사람이 시공해야 하며, 건축주 혹은 지정 확인 기관에 의한 중간검사를 통하여 시공품질 및 품질관리 상태 등을 확인해야 한다.

7.3.5 공장가공 제작

철골부재 제작은 되도록 모두 공장제작을 하도록 하고 현장에서 세우기, 조립할 수 있도록 한다.

철골공사협력업체 선정 시 현장 철골공사 규모를 파악하고 규모에 맞는 철골공장을 소유한 업체를 선정해야 한다.

표 7-3 공장제작 단계 관리사항

항 목	검토사항
품질보증시험	용접절차 및 기량시험 – 용접사 기량시험 – 용접 절차서 작성, 시험
공장제작 착수	마스터 스케줄 – 공정계획(부재별 제작계획) – 제작도면 승인현황 – 원자재 발주 및 입고현황 – 비파괴검사 준비현황
공장제작 품질	공장제작 품질관리 – 검사 및 시험계획, 시험기준서 – 공정별 제작요령서
현장관리	공정제작계획 – 제작계획 대비 실적분석 – 제작도면 및 비파괴검사 현황 현장설치계획과 관련사항 체크 – 마스터 스케줄 – 현장품질관리계획 – 설치 시공계획서

(1) 공장소유 선정 시 고려사항

① 부재 가공제작 장비 및 일일 생산능력

② 공장 내 철골 야적장 및 보관관리 상태

③ 공장제작 부재 현장운반조건

④ 수행 기술자, 제작공의 인원수 및 제작능력

⑤ 타 현장 제작현황 파악

(2) 공장제작도의 고려사항

① 접합부의 상세에 대한 충분한 검토

② 용접기준을 구분 명시하여 세부(Detai) 확인

③ 캠버(Camber), 입열 수축, 자중에 의한 수축 등 사전협의 후 표기

(3) 철골부재 공장생산 흐름도

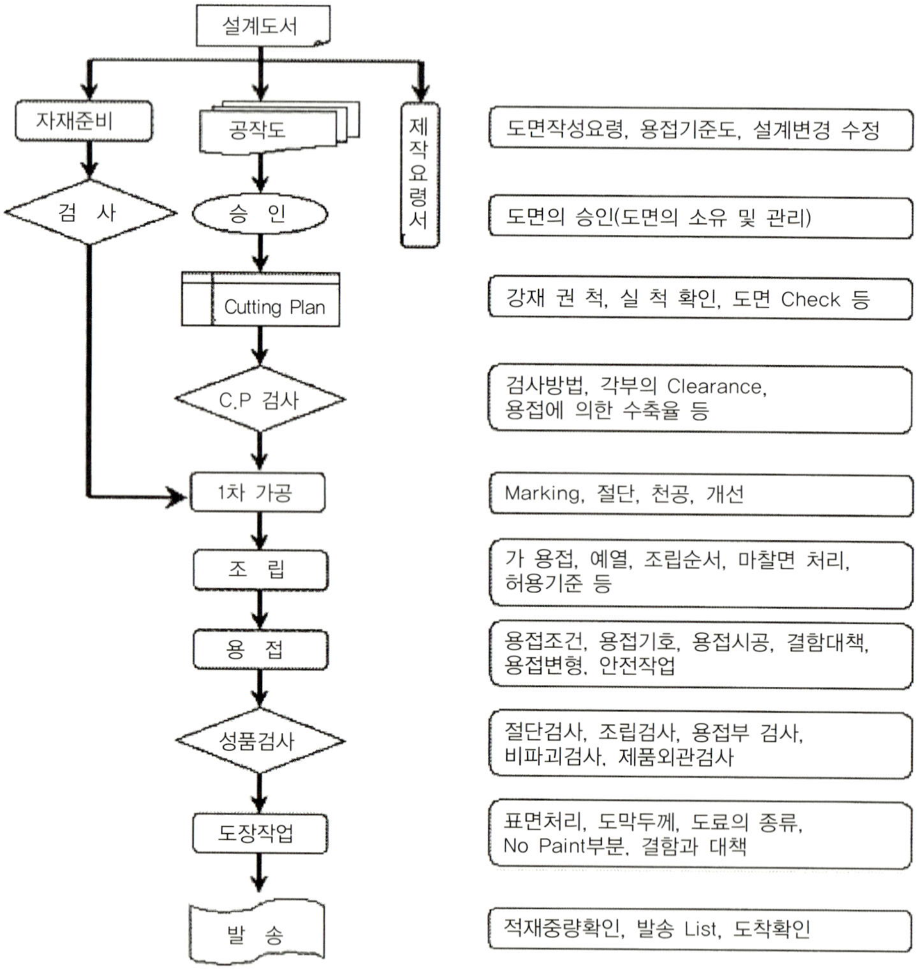

그림 7-5 철골부재 공장가공 흐름도

• 절단계획(Cutting Plan)의 목적
  - 강판절단(Steel Plate Cutting) 지시서로 원자재 절감, 절단 후 남은 부분 활용 및 관리, 단재의 활용 및 관리와 Scrap 발생량 집계로 원단위 및 원가절감
  - 원판 Joint, 절단장, 도장면적 등의 산출집계로 제작계획 수립에 활용한다. B.H 각 부재 마크를 기입하므로 B.H 가조립 시 오작을 예방하고 작업을 용이하게 함.

(a) 원자재 입고

(b) 자재절단

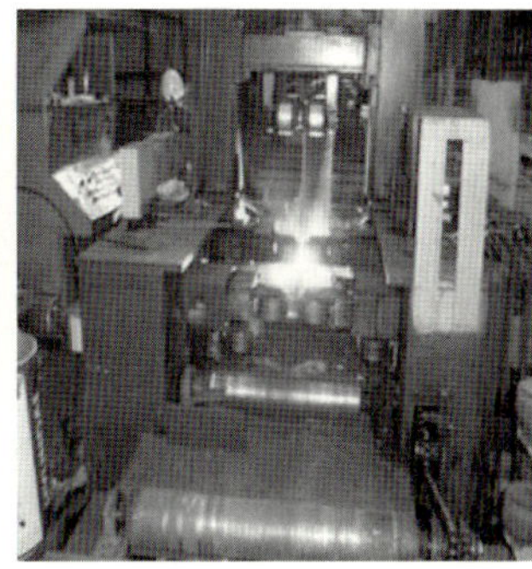

(c) 자재 조립

(d) 1차 용접

(e) 2차 용접

(f) 교정

(4) 철골부재 공장제작 시 중점관리 사항

① 강재 강종별 야적장 필요

② 부재제작 시 강종별 제작 반영여부 확인

③ 시험제작을 통한 제작 시 변형치수의 반영

④ 용접재료는 모재에 따라 적합한 선택

⑤ 공장제작 관리자의 관리능력 확인

⑥ 기둥제작 시 N+2절 이상은 하부의 가공을 보류하였다가 현장설치 후 N+1절의 Top level 성과표와 공장 보류분 N+2,3절의 검사수치와 조정하여 가공한다.

⑦ 치수 확인 : 강 테이프(Steel Tape), 직각자 사용

표 7-4 색칠에 의한 강종 구분(강재)

강 종	식별 색	도색방법	비 고
SM 490 A SM 490 B SM 490 C	흰 색	30mm 1줄 30mm 2줄 30mm 3줄	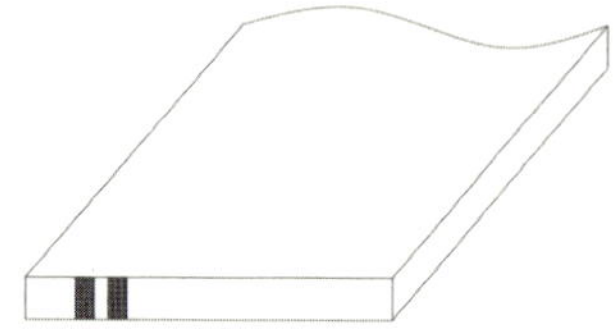 그림 7-6 철골 표식
SM 400 A SM 400 B SM 400 C	청 색	30mm 1줄 30mm 2줄 30mm 3줄	
※ 강종별로 구분하여 적재하고 표말 표시			

(기술강좌, 철골공사 공장제작, SK건설 건축사업본부 기술고문, 김상철)

표 7-5 공장자재 저장관리 표준

구 분	저장관리 표준	비 고
공통사항	• 강우, 강설, 태양열 등 기상조건이 품질보존에 영향을 미칠 우려가 있는 자재는 적절한 포장조치를 취한다. • 유류 및 가스 저장고는 별도로 인가 받은 시설을 갖추어 건물과 격리 설치하고 입구에는 위험물 취급표시를 한다. • 야적자재는 받침목을 사용하고 2종 이상 자재를 혼합적 재하여서는 안 된다. • 박스저장 시 1단 적재를 원칙으로 한다. • 물품의 적재고는 최고 3m 이내로 한다.	
St' Plate 등 강재류	• 공장 내 야적자재는 받침목을 사용하여 강종, 규격별로 구분하여 야적한다. • 받침목은 지상 20cm 이상 이격하고 간격은 4m 이내로 한다. • 자재 야적장소에 자재표시판을 설치하여 강종 및 규격을 표시한다.	
인화성 물질	• 건물과 격리된 별도의 인가된 시설물에 보관한다. • 위험물 취급표시가 된 저장소를 별도로 확보 및 안전관리자를 선임한다. • 산소는 Line 산소를 사용함.	페인트, 시너 등
용접재료	• 개봉, 개관 전의 용접제는 흡습, 발청 및 파손에 대하여 안전한 장소에 정리 보관한다. • 개봉, 개관 후의 용접재료 중 흡습의 우려가 있는 수동 용접봉 및 Flux는 건조로에 보관한다. • 용접 작업장에 가져간 용접재료는 적당한 휴대용기에 넣어서 보관한다.	용접봉, Flux

(기술강좌, 철골공사 공장제작, SK건설 건축사업본부 기술고문, 김상철)

(5) 철골공장 품질검사

공장제작하는 철골의 공정에 대하여 공장검수를 통하여 품질관리를 실시한다.

공장 내 품질검사	원자재 인수검사, 공정간 검사, 치수 및 외관검사, 비파괴검사, 표면처리검사, 페인트 도막 두께
공장 내 품질시험	페인트 화학성분, 철골자재 기계적 성질, 용접봉, 볼트인장시험, 축력검사

(6) 원자재 품질검사

① 철판류

- 육안검사 : 송장 대조, 표면형상 라벨 식별 확인, 색상마킹 확인, 두께 허용공차
- 재질검사 : 밀 시트 대조, 인장시험 라벨과 밀 시트 확인

② 형강류

- 육안검사 : 송장 대조, 변형 유무, 라벨 식별, 규격 및 기준과 대별
- 재질검사 : 밀 시트 대조, 인장시험 라벨과 밀 시트 확인

③ 용접봉

- 육안검사 : 송장 대조, 포장 식별
- 재질검사 : 납품처 품질시험성적표, 자재시험 실시여부

④ 볼트

- 육안검사 : 송장 대조, 포장 식별
- 재질검사 : 납품처 품질시험성적표, 자재시험 실시여부

⑤ 도장재

- 육안검사 : 송장 대조, 포장 식별
- 재질검사 : 납품처 품질시험성적표, 자재화학시험 실시여부

(a) 공장 내 원자재 검수

(b) 정반용접 후 용접부위 UT검사

(7) 현장운반 전 공장검사

현장운반 전 공장방문을 통하여 부재검사를 실시하고 운반예정 부재에 대하여 전량 검수를 실시하며, 물량이 10개 이상일 때 전 수량 10%의 샘플링 검수를 실시한다.

1) 치수검사

① 제품의 길이는 제작도면과 일치여부 확인

② 브래킷 위치 및 길이 제작도면과 일치여부 확인

③ 거싯 플레이트(Gusset Plate)와 스티프너(Stiffener) 위치 및 제작도면과 일치여부

④ 구멍 크기와 위치, 수량과 제작도면과 일치여부

⑤ Scallop 확인(35+15mm)

2) 외관검사

① 제품의 변형 유무, 다이어프램의 위치

② 언더컷, 각장 부족, 스패터, 블로우 홀 등 용접부 불량

3) 도장부위 검사

① 도장 누락, 거칠기, 갈라짐, 벗겨짐, 부풀음 등 손상여부

② 도장부위 제작도면과 일치여부 확인

③ 도막두께 측정

사진 7-1 공장도장 보양

7.3.6 공사의 흐름

(앵커볼트, 반송반입, 기둥세우기, 보세우기, 비계조립 해체, 고력볼트 채움)

(1) 앵커볼트

앵커볼트는 철골세우기 품질에 영향을 많이 끼치므로 충분한 관리가 이루어질 수 있도록 계획해야 한다.

1) 앵커볼트 고정

상부구조물의 응력을 지반에 전달시키는 역할을 하는 앵커볼트는 건물 전체에 영향을 줄 수 있어 구조물 성격에 맞는 매립, 고정방법을 선정해야 한다.

① 고정매립법

콘크리트 타설 등 타 공정과의 간섭으로 설치한 앵커볼트가 이동의 우려가 있으므로 거푸집에 고정하는 방법과 강재 프레임을 제작해서 공정하는 방법이 있다.

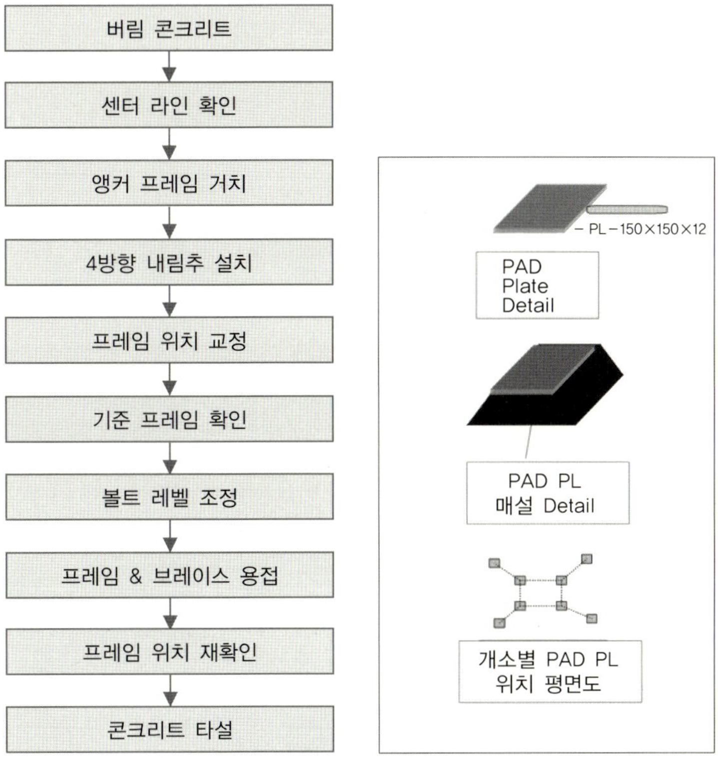

그림 7-7 앵커볼트 고정매입 시공순서

• 거푸집에 고정시키는 방법

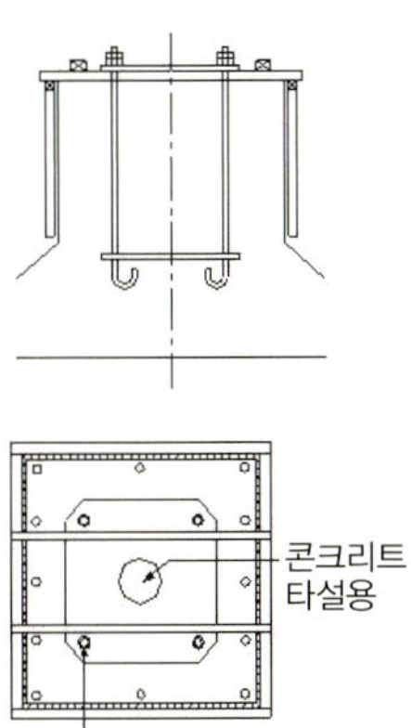

- 두께 2~3mm 이상의 강판에 베이스 플레이트와 같은 위치로 볼트 구멍 및 콘크리트 타설용 구멍 (150mm 정도 지름)을 설치하여 거푸집에 고정
- 하부에 콘크리트를 채우기 힘들므로 약 5cm 정도 아래까지 타설 후에 그라우팅

• 강재 프레임으로 고정시키는 방법

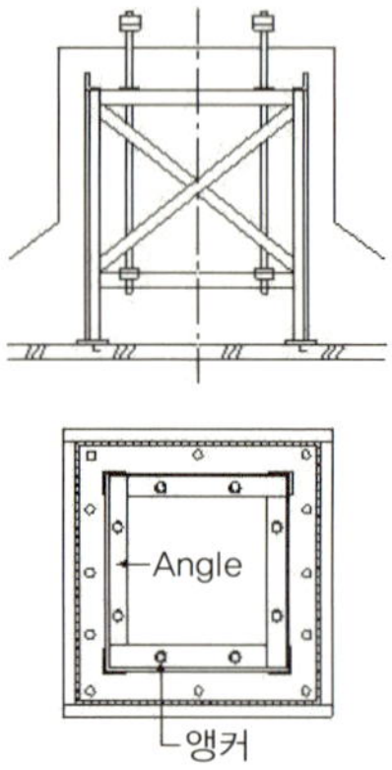	– 주위 철근의 강성이 부족한 경우 강재 프레임을 제작하여 설치 – 프레임은 외력에 견딜 수 있도록 제작하여 수평 고정한 후 프레임 상부에 앵커볼트를 세팅 – 앵글로 제작하여 볼트를 고정하는 경우는 베이스 플레이트 레벨보다 아래쪽에 설치하여 콘크리트 타설 시 매립

(a) 앵커볼트의 프레임 고정

(b) 앵커볼트의 설치 검토

② 가동 매립법(중규모 건축물)

• 앵커볼트의 두부가 조정될 수 있도록 원통형의 강판재나 스티로폼으로 둘러싸고 콘크리트를 타설한 후 제거하여 위치를 조정하여 고정

• 위치의 조정으로 인해 내력의 부담능력이 적으므로 소규모의 구조물에 적용

③ 후붙임공법(소규모 건축물)

• 앵커볼트 한 개씩 거푸집에 넣거나 앵커군 주변에 거푸집을 넣어서 앵커볼트 매립 부분의 콘크리트를 나중에 타설

• 앵커볼트 거푸집의 제거(상자빼기)가 어려운 콘크리트의 타설은 재벌치기가 됨

• 구조물 용도로 부적당하며 기계 기초에 주로 사용

• 순서 : 콘크리트 타설 → 앵커부 거푸집 탈형 → 먹줄 → 앵커볼트 부착 → 그라우팅

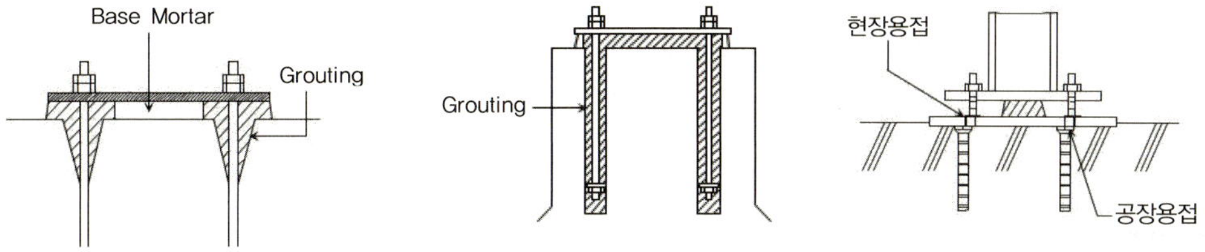

(a) 가동매립 개념도 (b) 후붙임공법 개념도 (c) 용접공법 개념도

④ 용접공법(장비 기초)

- 콘크리트 선단에 앵커가 붙어 있는 철판, 앵글 등을 시공 후 콘크리트 타설 후 그것에 앵커볼트를 용접하여 부착
- 용접부의 인장력이 의심스러우므로 인장력이 걸리지 않는 경미한 구조물에 사용
- 앵커볼트 한 개씩 거푸집에 넣거나 앵커군 주변에 거푸집을 넣어서 앵커볼트 매립 부분의 콘크리트를 나중에 타설

2) 주각부 설치

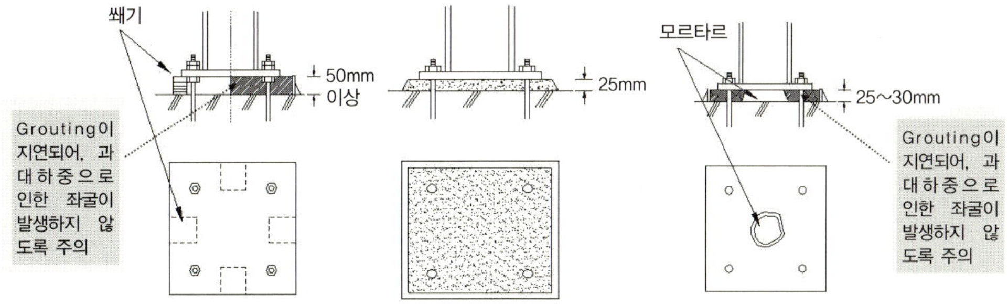

(a) 전면그라우팅공법 (b) 고름모르타르공법 (c) 부분그라우팅공법

① 전면그라우팅공법

- 베이스 플레이트 지지 : 주각을 앵커볼트는 너트로 레벨조정 후 라이너로 간격 유지
- 그라우팅 : 무수축모르타르를 중력식으로 흘려 넣거나 주위에 거푸집을 설치하고 팽창성 모르타르를 주입
- 베이스 플레이트 하단과 모르타르 밀착 → 대규모 공법에 적합

사진 7-2 전면그라우팅 무수축모르타르 시공

② 고름모르타르공법

- 모르타르 깔기 : 베이스 플레이트보다 약간 크게 10~50mm 두께로 모르타르나 콘크리트를 수평으로 깔아 마무리
- 베이스 플레이트의 정밀도, 기둥과 베이스 플레이트의 직각 정밀도의 영향을 받아 모르타르와 베이스 플레이트의 밀착이 곤란
- 적용 : 소규모 구조물에 적당
- 주의 : 전면모르타르 또는 콘크리트 마무리 시 높은 정밀도 필요

③ 부분 그라우팅공법

- Level Setting : 플레이트 하단 중앙부에 된비빔모르타르(1 : 2)를 깔고 Setting강판(철재 라이너) 내부에 모르타르를 충전하고 윗면을 쇠흙손마무리
- 앵커볼트조임 : 철골 현장조립, 세우기 교정(다림보기)을 하고 앵커볼트조임
- 그라우팅 : 청소 후 주위에 거푸집을 설치한 후 물축임을 하고 베이스 플레이트 하단에 무수축모르타르 사용
- 본죄기 : 경화 후 2중 너트 본죄기, 주위 거푸집을 제거하고 청소

3) 콘크리트 타설

콘크리트 타설 시 앵커볼트의 위치가 흔들리지 않도록 주의해야 하며, 소요내력을 지탱하기 위해 밀실한 콘크리트가 되도록 한다.

① 콘크리트 타설 전 확인

- 길이, 지름 등을 설계도서와 확인
- 주변에 철근이 배근되어 있을 경우 철근과 간섭이 일어나지 않는지 확인
- 위치가 잘못되어 있지 않은지 확인
- Level은 정확한가?

② 콘크리트 타설 후 확인

- 콘크리트 경화 후 앵커볼트 위치 측정
  ⇒ 허용치 내에 있는지 확인
- 앵커볼트의 위치가 어긋나 있는 경우
  ⇒ 앵커 주위 파취 후 휘어서 정착하고, 불가할 때는 베이스 플레이트를 수정

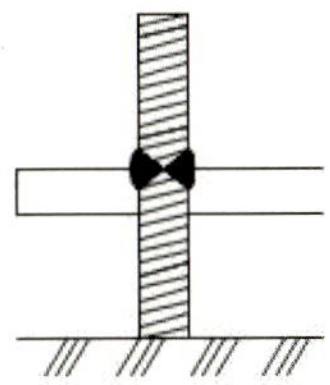

앵커볼트가 내려가
있는 경우
개선한 후 용접

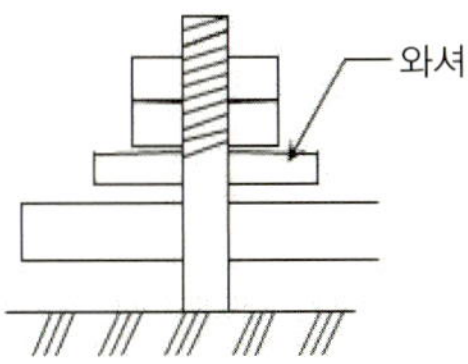

앵커볼트가 올라와
있는 경우
와셔를 넣어 조정

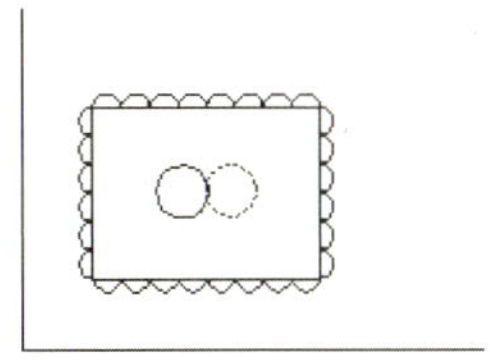

어긋남이 작은 경우는
구멍을 넓게 하고
두꺼운 와셔를 용접

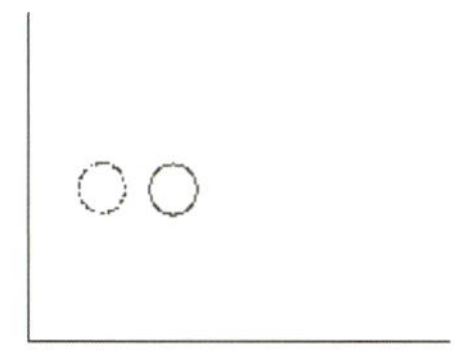

어긋남이 큰 경우는
구멍을 용접으로 메우고
새 구멍을 뚫어 수정

③ 기타 주의사항

- 앵커볼트는 급각도로 절곡금지

$$\frac{D}{a} \geq 6$$

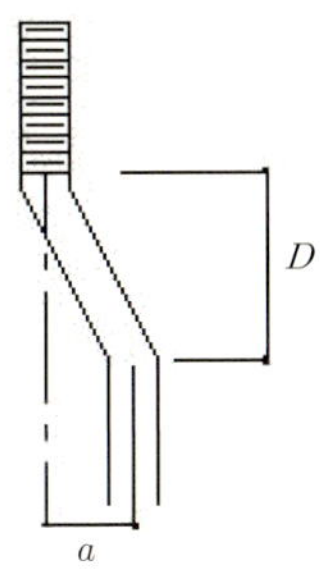

- 앵커볼트의 머리부 보양 : 비닐 테이프나 기름을 칠한 천으로 보양

⇒ 철골조립까지의 사이에 녹이 발생하거나 나사산이 손상되면 너트의 조임이 곤란

- 앵커볼트의 너트조임은 조립완료 후 장력이 균일하도록 실시

⇒ 너트의 재고정은 콘크리트에 매립된 경우를 제외하고 풀림방지를 위해 이중너트 사용

4) 앵커볼트의 정밀도

① 앵커볼트 위치의 어긋남은 직접 접합부의 착오 및 조립 지장을 초래

② 콘크리트 경화 후 앵커볼트 위치 측정

⇒ 정밀도검사 기준의 허용차 내 있는지 확인

③ 중심선과 앵커볼트 위치 어긋남 : 특기시방에 없는 때 $-5\text{mm} \leq e \leq +5\text{mm}$ (한계허용차)

④ 앵커볼트 지름+2mm의 구멍을 뚫은 베이스 플레이트 형판을 만들어 기둥중심선 먹매김과 베이스 플레이트 형판의 중심선을 맞추어 구멍에 앵커볼트가 들어가도록 조정

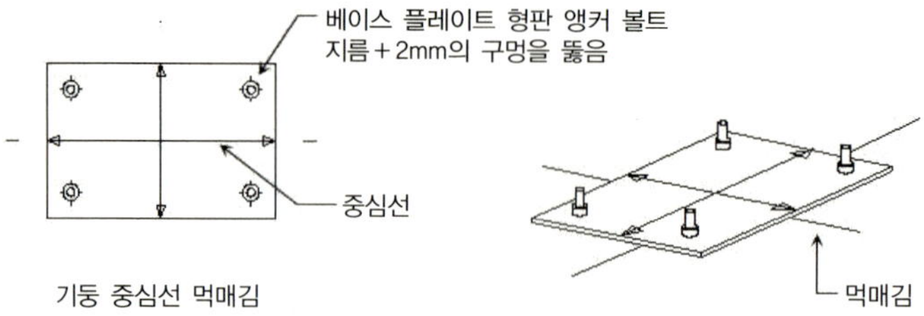

(2) 철골부재의 반송반입

시공현장과 제작공장 간의 충분한 협의를 통하여 부재의 반송반입계획을 세워야 하고, 현장반입 전 공장제작 부재 확인을 통하여 부적합 부재가 반입되지 않도록 해야 한다.

1) 분절계획

분절계획은 양중과 운반계획의 기본이 된다. 따라서 시공성 및 경제성을 검토한다.

① 분절계획 절차

부재중량 산출	각층별 부재의 길이 및 부재중량 산출
타워크레인 능력 검토	양중장비 설치 및 양중위치 및 Load 검토 부재의 하중과 양중능력을 비교하여 양중계획과 더불어 분절계획 실시
운반계획	분절된 부재의 운반가능 여부 확인

② 운반계획

철골부재 운반 시 도로교통에 대한 법적기준을 파악하여 효율적인 운반이 이루어지도록 검토한다.

- 도로교통법 제13조3항
  a. 차로가 설치된 도로를 통행하고자 하는 경우로서 차의 너비가 행정자치부령이 정하는 차로의 너비보다 넓을 경우 행정자치부령이 정하는 바에 의하여 출발지를 관할하는 경찰서장의 허가를 받아야 함.
- 도로교통법 시행령 제17조
  a. 적재중량 기준 : 화물자동차의 적재중량은 구조 및 성능에 따르는 적재중량의 0.11%
  b. 적재길이 기준 : 자동차 길이의 1/10을 길이를 더한 길이

c. 너비 기준 : 후사경으로 후방을 확인할 수 있는 범위

d. 높이 기준 : 지상으로부터 3.5m 이하

• 도로교통법 시행령 제18조

a. 분할이 불가능하여 기준을 적용할 수 없는 화물을 수송 시 경찰청장의 허가를 득함

표 7-6 운반차량 제원

차 종	길이 (적재함)	폭 (적재함)	높이 (적재함)	공차중량	상차 가능 중량
5ton 트럭	6.2	2.1	1.15	4.7	5
8ton 트럭	7	2.3	1.45	7.6	8
11ton 트럭	9.1	2.3	1.45	10.3	11
15ton 트럭	9.8	2.3	1.45	13.5	15
18ton트럭	10.2	2.3	1.45	14	18
트레일러	12.2	2.5	1.55	15	25

(a) 철골부재 현장반입

(b) 반입자재 검수

(c) 반입부재 크기 확인

(3) 세우기 장비 선정

절별, 부재별 공장제작된 부재반입 일정 등을 고려하여 현장입고 후 앵커볼트를 Setting시키고, 세우기 장비를 선정하여 철골세우기 후 절별 기둥 길이 보정 등을 통하여 정밀한 세우기 작업관리를 수행한다.

부지현황, 건축물의 구조, 규모, 높이, 길이, 부재 크기, 중량, 공정여건 등을 고려하여 적절한 양중장비를 선정하여 세우기 작업 시 투입한다.

1) 세우기 장비의 종류

고정식 세우기 장비	(진폴)Gin Pole, 가이 데릭(Guy Derrick), 스티프 레그 데릭(Stiff Leg Derrick) 타워크레인(Stationary형, Climbing형, Travelling형) 골리엇크레인(Goliath Crane)
이동식 세우기 장비	트럭크레인(유압식 붐, 앵글 라티스 붐) 크롤러크레인(Crawler Crane)

2) 타워크레인의 결정요소

기종 결정요소	대수 결정요소
• 골부재 최대중량 • 기계, 전기설비, 엘리베이터 모터의 중량 • 링크 빔(Link Beam 중량)	• 철골부재 반입장소 및 작업반경 • 철골부재 수 • 철골 설치 Cycle Time • 관련공사 작업내용 및 소요시간 파악

3) 타워크레인 설치계획 시 검토사항

설계도서의 검토	시공조건의 검토
• 대지 면적, 단변길이, 이동거리 파악 • 건물 평면 크기 및 동간 거리 • 코어의 위치 및 규모 • 건물의 형상 검토 • 외부마감의 재료 및 공법	• 각 공종별 공법 및 가설계획 검토 • 주변환경(민원발생 여부) • 현장 자재반입 및 적재계획 검토

4) 타워크레인 위치 결정 시 고려사항

① 타워크레인 후 하부 보강이 용이한 곳

② 건축골조 및 마감과 간섭이 최소화 되는 곳

③ 설치 해체가 용이한 곳

④ 철골부재 최대중량을 양중할 수 있는 곳

⑤ 철골작업의 작업 지원 및 가설재, 원자재를 원활하게 양중가능한 곳

⑥ 타워크레인 기초 설치가 용이한 곳

(4) 기둥세우기

철골세우기의 기본이 되는 작업으로, 부재 제작 및 접합부 시공으로 인한 오차가 발생하지 않도록 충분한 관리가 이루어져야 한다.

① Shop Drawing 단계부터 T/C 양중능력을 고려하여 기둥을 분절한다.

② 자재의 입고관리를 위한 별도 하역 팀을 운영한다.

③ 세우기 시에 매다는 지그(Jig)를 사용한다.

④ T/C으로 작업이 불가능한 부분은 H/C을 사용

사진 7-3 철골기둥 세우기

한다.

⑤ 안전블록, 추락방지망을 설치하여 근로자의 안전을 확보한 후 작업을 진행한다.

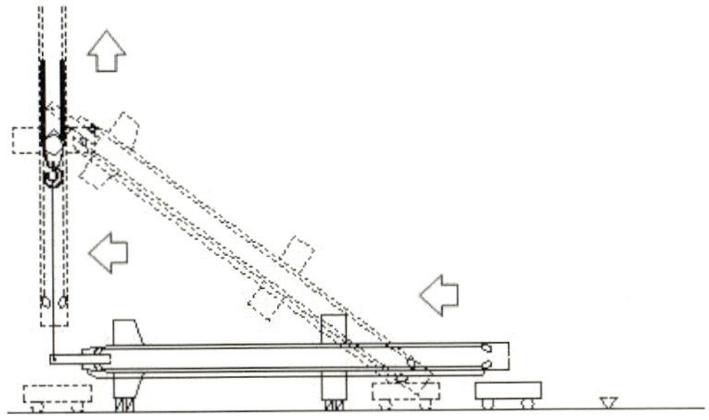

- 세우기 시에 매다는 지그를 사용한다.
- 콘크리트 면에 기둥부재를 놓으면 인양 시 플랜지면 손상의 위험을 초래
  → 합판, 고무시트 등의 보양재 깔기

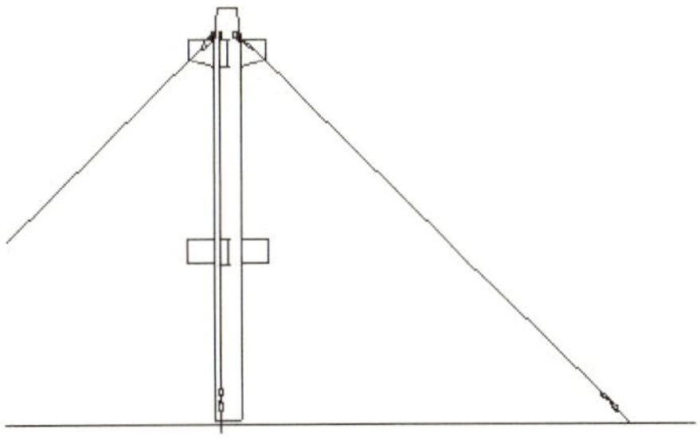

- 최하층 설치 시 앵커볼트에 고정
- 중간층은 철골 가볼트 조립 후 본 조립 실시
- 와이어로프를 본조임 완료 전까지 풀지 않는다.

(5) 보 세우기

기둥에 비하여 부재 수나 이음종류가 많으므로, 작업의 효율을 높일 수 있도록 사전에 양중방법 및 접합부에 대한 충분한 검토가 이루어져야 한다.

사진 7-4 보 부재의 양중

1) 보 부재의 양중

① 거더/빔은 2~3 Pcs/회 양중

② 사전 양중 와이어는 3 Set를 각각 2m 간격으로 길이를 달리하여 체결한다.

③ 생명줄은 거더 상부에 거치 후 양중한다.

④ Transfer Girder의 경우는 기둥과 분리해서 설치하거나 공장에서 선접합을 실시하여 설치한다.

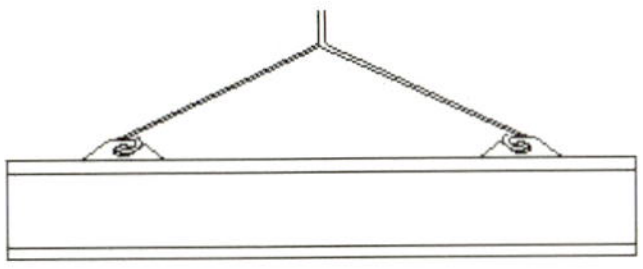

들어올리기용 Piece 사용

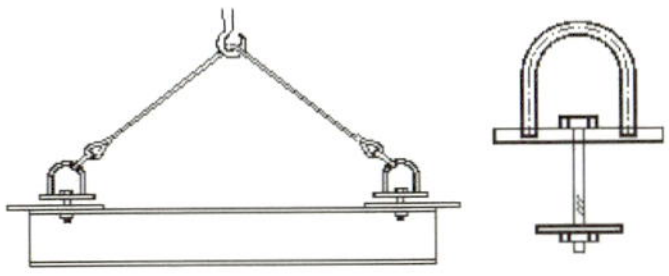

보 매다는 JIG 사용

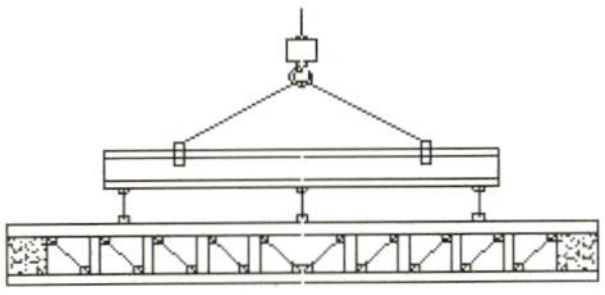

긴 부재일 때 보조기구 사용

(6) 비계 조립해체

비계 조립해체 작업이 표준화될 수 있도록 해야 하며, 비계 위에서의 각종 작업을 고려하여 비계를 선정하도록 한다. 또한 안전규칙을 만족할 수 있도록 비계를 계획하고 관리해야 한다.

(a) 브리지형 달비계

(b) Support Tower(가설벤트)

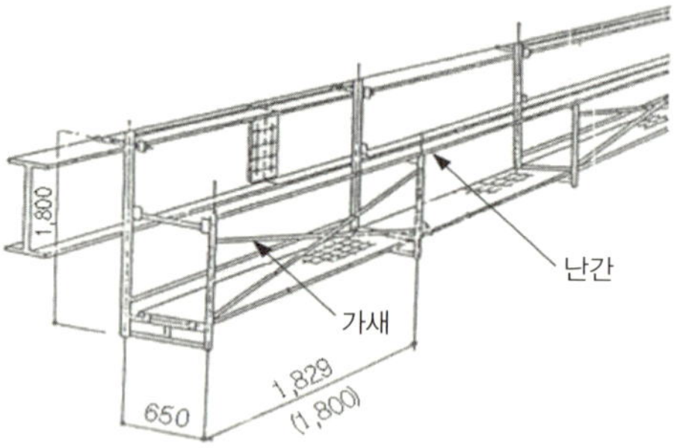

(c) 볼트체결 및 용접용 행거

(7) 세우기 수정, 레벨 조정

철골구조체의 정도(精度)를 확보하기 위하여 세우기 수정 및 레벨 조정을 실시한다.

1) 누적오차관리

고층건축물의 철골공사 시 공장제작된 기둥부재가 각각 허용오차 내에 들더라도, 현장에서 세우기 작업 중 누적되면 오차가 크게 발생할 수 있기 때문에 주의해야 하며, 아래의 수축 및 오차는 현장에서 조정이 어렵다.

▪ 연직하중에 의한 수축량 ▪ 용접 시 수축 ▪ 제작부재의 오차	⇒	▪ 제품 검사 시 실측 ▪ 레벨 조정 층의 설치

2) 레벨의 조정

- 철골세우기 중 각 절마다 현장에서 보상단 Level 및 기둥 상부 Level을 측정 후 다음 절에 오차를 반영하여 제작한다.
- 계측결과의 수치정보를 얻은 시점은 그 절의 1,2절 상부는 이미 제작이 진행 중인 경우가 많으므로 일반적으로 3번째 상부 절에서 레벨 조정

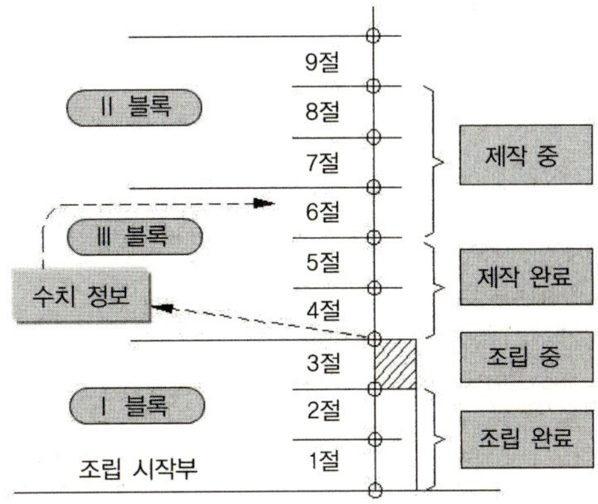

(8) 철골의 가조립

가볼트로 조립되어 있을 때가 가장 위험하므로 반드시 안전조치를 수행해야 한다.

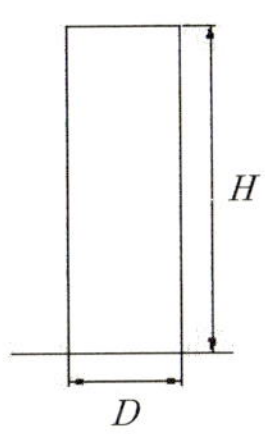

$$\frac{H}{D} \geq 4$$

1) 주의해야 할 구조물

① 해안가 및 바람이 많은 지역

② 바닥면적당 철골량이 $50kg/m^2$보다 적은 때 보강 고려

③ 스팬에 비해 높이가 높은 구조물

2) 전도 방지

① 가조임 상태로 고층까지 세우지 않는다.

② 보강 와이어로프를 세우기 수정 겸용으로 하고 본조임 완료 전까지 풀지 않는다.

3) 풍속의 확인

① 풍속 10m/s 이상일 때는 작업을 중지한다.

② 풍속의 측정은 가설 사무소 지붕에 풍속계를 설치하여 매일 작업 개시 전에 확인한다.

③ 뷰포트 풍력등급을 이용해 간이로 풍속을 측정한다.

④ 뷰포트 풍력등급

풍력 등급	10분간 평균속도(m/s)	상황 설명
0	0.3 미만	연기가 곧바로 피어오른다.
1	0.3 ~ 1.6 미만	연기가 날린다.
2	1.6 ~ 3.4 미만	얼굴에 바람을 느낀다. 나뭇잎이 나부낀다.
3	3.4 ~ 5.5 미만	나뭇가지가 가늘게 움직인다.
4	5.5 ~ 8.0 미만	모래가 날린다. 종이가 날아오른다.
5	8.0 ~ 10.8 미만	나뭇잎 관목이 요동친다. 연못에 물결이 친다.
6	10.8 ~ 13.9 미만	나뭇가지가 움직인다.
7	13.9 이상	나무 전체가 휘청거린다.
		나뭇가지가 꺾인다. 바람 부는 쪽으로 걷기조차 힘들다.

4) 가볼트 조임 개수

가볼트 조임은 풍하중, 지진하중 및 공사중 하중에 대하여 접합부의 안전성을 검토하고 시행한다.

특기시방에 명기되지 않은 경우, 가볼트는 하나의 가볼트군에 대하여 일정 수 이상을 균형 있게 조인다.

→ 고력볼트 접합 : 1개의 군에 대하여 1/3 또는 2개 이상 배치

→ 혼용접합 및 병용접합 : 1/2 또는 2개 이상 배치

→ 용접이음을 위한 Erection Piece : 전부 조인다.

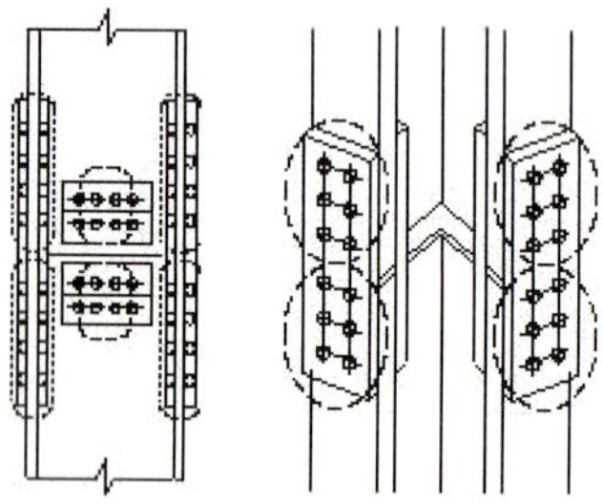

기둥이음

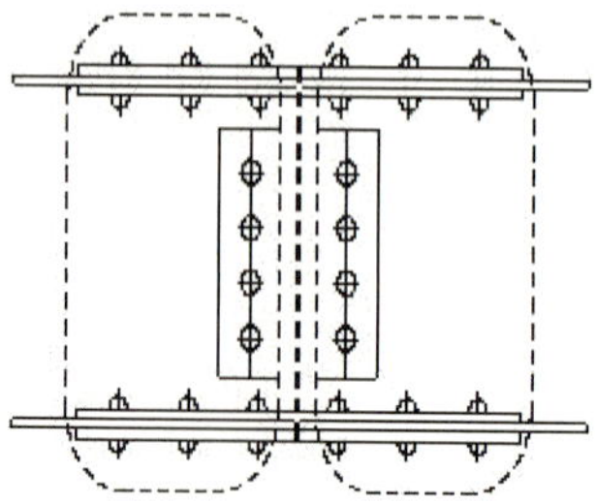

보이음

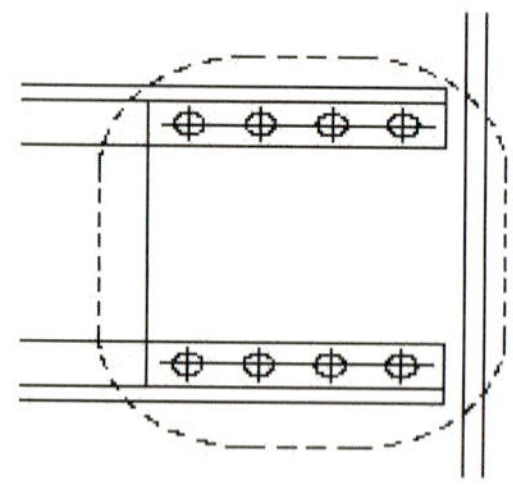

보-거싯 접합

5) 가볼트 조임방법

균형있게 조이고, 기둥 Erection Piece의 경우 전부 다 조인다.

기둥의 예	보의 예	플랜지용접, 웨브 고력볼트 접합	Erection Piece
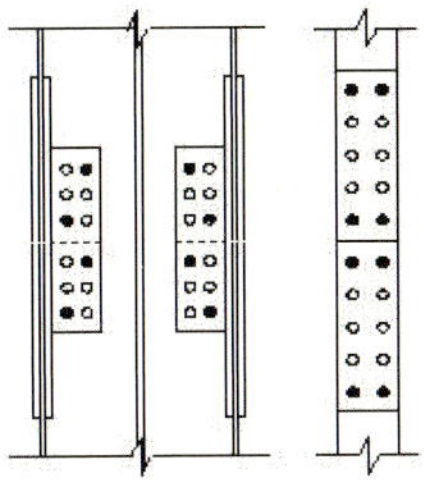 균형 있게 조인다	 균형 있게 조인다	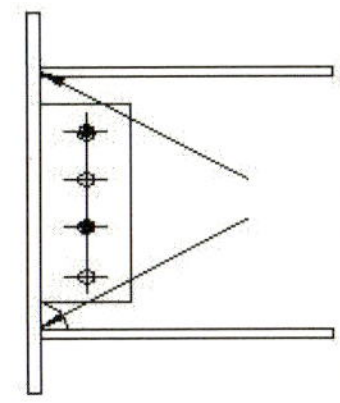 균형 있게 조인다	 전부 다 조인다

(9) 고력볼트 채움

접합부재와 고력볼트의 이음성능을 확보할 수 있도록 작업별로 관리가 이루어져야 하며, 표면마감을 하는 경우에는 접합면에 이물질과 기름 등이 부착되지 않도록 해야 한다.

사진 7-5 현장 고력볼트 작업

1) 반입검사

① 고력볼트를 반입할 경우는 완전히 포장된 것을 미개봉 상태로 반입한다.

② 반입 확인 : 포장상태, 외관, 등급, 지름, 길이, 로트번호 등을 확인한다.

③ 검사성적표 확인 : 제작자의 검사성적표의 제시를 요구하여 발주조건 만족여부를 확인한다.

④ 장력 확인 : 토크관리법을 이용하여 고력볼트의 볼트 장력을 확인 검사한다.

1차 확인	1 Lot마다 5 Set씩 임의로 선정하여 볼트 장력 평균치 산정 • 상온(10~30℃)일 때 규정치와 상온 이외 온도(0~60℃ 중 상온을 제외한 온도)에서 규정치와 확인
2차 확인	1차 확인결과 규정치에서 벗어나면 동일 Lot에서 10개를 취하여 평균치를 다시 산정 • 10 Set의 평균치가 규정치 이상이면 합격 • 10 Set의 평균치가 규정치를 벗어난 경우는 특기시방에 따름
장비검사	검사에 이용하는 축력계 및 조임 기구는 검교정된 상태의 것을 사용 정밀도의 확인이 필요 조임기구는 조일 수 있는 적정한 개수가 있으며, 그 이상이 되면 정밀도 저하

10~30℃에서 볼트 장력 (F10T 기준)		10~30℃ 이외 기온에서 볼트 장력(F10T 기준)	
볼트의 호칭	동일 Lot Set의 평균치(Ton)	볼트의 호칭	동일 Lot Set의 평균치(Ton)
M 16	11.0 ~ 13.3	M 16	10.6 ~ 13.9
M 20	17.2 ~ 20.7	M 20	16.5 ~ 21.7
M 22	21.2 ~ 25.6	M 22	20.5 ~ 26.8
M 24	24.7 ~ 29.8	M 24	23.8 ~ 31.2

2) 고력볼트 관리

볼트구멍 불량이나 길이가 부적합할 때 고력볼트의 도입축력 발현이 되지 않으므로 볼트구멍과 길이로 인하여 조임작업이 용이하도록 관리해야 한다.

① 볼트구멍의 처리

• 볼트 상호간의 중심거리는 그 지름의 2.5배 이상

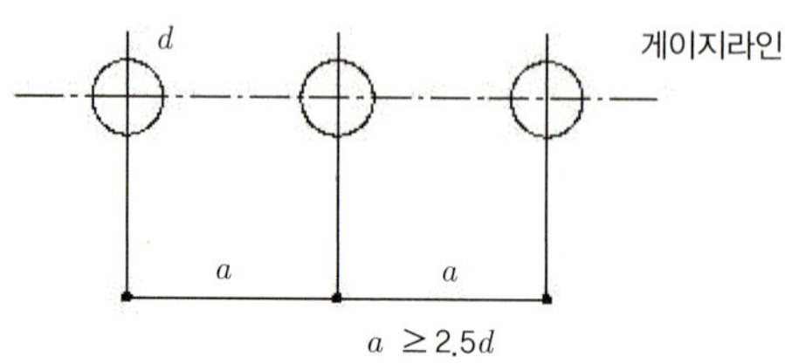

• 볼트구멍의 지름은 볼트의 지름에 따라

$d \le 20$일 경우, $r \le d+1$

• 고력볼트

$d \le 27$일 경우, $r = d+2$

$d > 27$일 경우, $r = d+3$

• 부재 간에 볼트구멍이 어긋날 경우
어긋남이 2mm 이하인 경우는 리머로 수정
어긋남이 2mm를 초과하는 경우 → 접합부의 안정성 검토가 필요

② 볼트길이의 관리

• 나사산의 길이가 부족하면 조임 불량이 발생하고, 나사산이 손상되면 도입축력 관리가 불가능하다.
• 조임 후 나사산이 3개 이상 보이는지 확인한다.
• 고력볼트 길이 = 조임길이 + (너트 높이 + 와셔 2장 두께 + 여유길이)
• TS볼트 길이 = 조임길이 + (너트 높이 + 와셔 1장 두께 + 여유길이)

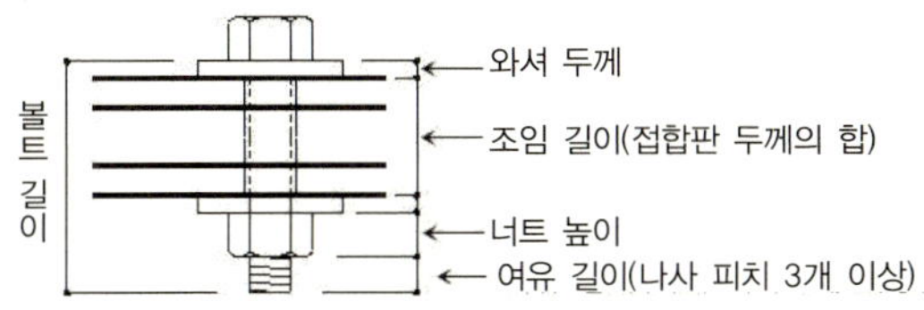

고력볼트 길이

호칭	길이(mm)
M 12	25 이상
M 16	30 이상
M 20	35 이상
M 22	40 이상
M 24	45 이상
M 27	50 이상
M 30	55 이상

볼트의 여유길이

• 고력볼트는 종류, 등급, 사이즈(길이, 지름), 로트별로 구분하여 빗물, 먼지 등이 부착되지 않고 온도변화가 적은 장소에 보관한다.
• 운반, 조임 작업 시 나사산이 손상된 것은 사용하지 않는다.

③ 볼트 취급 시 주의사항

• 외기에 방치할 경우 부작용 → 소정의 토크 계수치에서 벗어나 토크를 도입해도 축력이 들어가지 않는 상태가 되므로 유의함.
• 전용 보관함(Container)이나 비닐시트 등으로 보양
• 당일 개봉된 전량을 사용치 못했을 경우 반드시 정해진 보관장소에 보관

3) 고력볼트 접합원리

고력볼트의 접합방법인 마찰접합과 지압접합의 원리를 파악하고 올바른 적용을 한다.

① 마찰접합

• 고력볼트로 부재를 구성하는 강판(Steel Plate)를 높은 축력으로 체결하여, 접합면에 작용한 마찰력으로 힘을 전달하는 접합
• 볼트축의 직각방향으로 응력전달이 이루어지므로 전단형 접합방법이다.
• 마찰저항 적용 : 고력볼트로 조여진 모재와 커버 플레이트(Cover Plate) 사이에 작용
• 마찰력 ≥ 모재 단면력 : 모재의 단면적은 접합면을 통하여 커버 플레이트에 전달
• 마찰력 ≤ 모재 단면력 : 미끄러짐이 발생하여 볼트의 전단력으로 지지됨.
• 허용마찰력

$$R = \frac{1}{\nu} \times n \times \mu \times N(t)$$

ν : 미끄럼 안전율
(장기하중 1.5 / 단기하중 1.0)
n : 마찰면의 수
μ : 미끄럼계수 0.45
N : 설계볼트의 장력(ton)

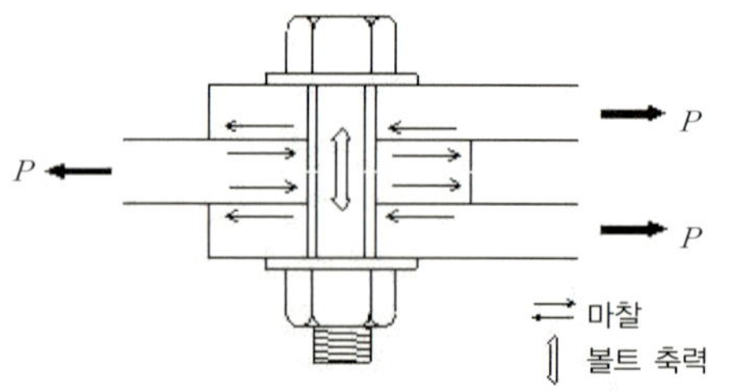

※ 볼트의 도입축력관리와 마찰면 관리가 중요
- 접합부 마찰 : 고력볼트는 접합부 마찰이 없어지기까지는 높은 강성을 나타낸다.
- 허용내력 : 마찰접합의 허용내력은 마찰저항력으로 결정된다.
- 마찰계수 : 마찰저항력은 고력볼트에 도입된 축력과 접합면 사이의 마찰계수로 결정된다.
- 마찰계수 : 0.45 이상 유지

② 인장접합

• 볼트축과 같은 방향으로 인장응력이 전달되는 접합으로, 볼트체결 시 부재 간 압축력을 이용
• 장기하중 시 허용인장력은 설계볼트 장력의 60%로 본다.
• 도입된 볼트의 축력관리가 중요
• 이간하중 : 볼트에 외력이 가해져 접합면이 벌어질 때의 하중이간하중은 볼트의 축력이 높을수록 높게 한다.

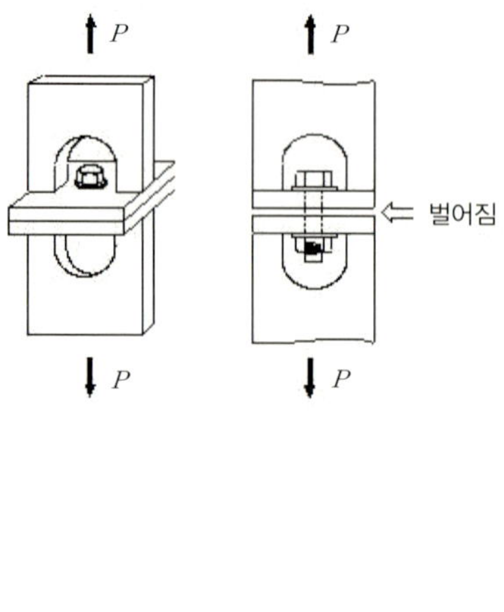

4) 고력볼트 접합부 처리

① 마찰면의 처리

- 마찰접합 시 부재의 접합면이 마찰력을 직접 전달한다.
- 부재의 마찰 면에 필요한 마찰계수($\mu = 0.45$ 이상)가 확보되도록 한다.

a. 와셔 바깥지름의 2배 이상의 범위에 대해 검정 녹 등을 제거한 후 옥외에 자연방치하여 발생시킨 붉은 녹 상태 유지 → 자연발생 녹

b. 숏 블라스트(Shot Blast), 그릿 블라스트(Grit Blast) 처리하여 표면거칠기 확보 → 블라스트 처리

c. 보관 시에 틈이 있거나 스플라이스 플레이트(Splice Plate)와 모재 간에 철선(#10)을 끼워 놓으면 녹이 발생한다.

d. 뜬 녹, 밀 스케일, 기름 도료 등이 붙어있지 않은지 확인

e. 스플라이스 플레이트 면의 상태를 모재와 같이 유지

f. 붉은 녹이 나 있는 상태 유지

② 접합부 틈새가 있을 때의 처리

- 틈새의 두께가 1mm 이하이면 그대로 두고, 1mm 이상이면 필러 플레이트(Filler Plate)를 삽입한다.
- 필러 플레이트 : 강종은 SS400을 적용하여 양면을 마찰면 처리한다.

5) 고력볼트 조임

고력볼트 조임은 1차조임 → 금매김 → 본조임으로 수행하고, 알맞은 조임축력이 나오도록 조임검사를 실시한다.

① 고력볼트 조임 순서

- 1차조임

a. 1차조임 토크치는 1차조임 목표치의 70%로 실시

볼트 호칭	M12	M16	M20	M22	M24
1차 조임치	500 kg · cm	1,000 kg · cm	1,500 kg · cm	1,500 kg · cm	2,000 kg · cm

b. 1차조임의 순서는 볼트군마다 조임은 이음의 중앙부에서 단부로 조인다.

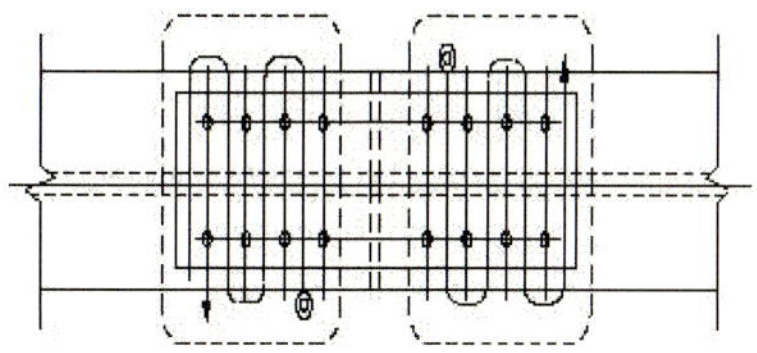

• 금매김

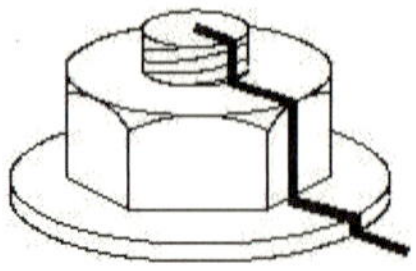

a. 1차조임 후 볼트, 너트, 와셔, 부재에 걸쳐 금매김을 실시

b. 볼트의 머리 밑과 너트 밑에 와셔 1장씩 끼우고 너트를 회전시킨다.

c. 너트는 표시기호가 있는 쪽이 바깥쪽이고, 와셔는 면치기가 있는 쪽이 바깥쪽임을 인지하고 와셔와 너트의 방향에 주의한다.

• 본조임

a. 토크관리법 : 표준볼트 장력을 얻을 수 있도록 조정된 조임기구 이용

b. 너트회전법 : 1차조임 완료 후를 기준으로 너트를 120° (M12 는 60°) 회전

표 7-7 표준볼트 장력

(단위 : ton.f)

등급	M12	M16	M20	M22	M24
F 8T		9.37	14.6	18.2	12.1
F 10T	6.26	11.7	18.2	22.6	26.2
F 11T		12.3	19.1	23.8	27.6

6) 조임 시 주의사항

① 부재의 상태

• 마찰면의 처리

a. 마찰면의 표면과 접촉상태가 마찰계수에 큰 영향을 미침

b. 마찰면은 이물질 제거 및 적정한 녹 발생을 확인하고, 접촉면에 틈이 없도록 한다.

• 건조상태

a. 접합부의 건조상태와 고력볼트의 토크계수에 큰 영향을 미친다.

b. 비가 온 후 접합부 모세관현상으로 물이 베어 들어갈 수 있음을 주의한다.

• 볼트구멍

a. 접합편끼리 구멍의 차이가 있을 경우 볼트를 집어넣으면 나사가 파손

② 기기의 정밀도

• 검사에 이용하는 축력계 및 토크렌치는 검교정된 상태의 것을 사용

• 조임기구는 조일 수 있는 적정한 개수가 있으며 그 이상이 되면 정밀도 저하

• 조임기기의 조정은 매일 조임작업 전에 확인, 실시

• 토크렌치와 축력계의 정밀도는 3% 오차범위가 되도록 충분히 정비

③ 외관검사

- 조임완료 후 접합면의 틈새 1mm 이내
- 볼트길이가 너무 짧거나 길어서는 안 된다.
- 볼트구멍의 적부
- 너트 위의 나사산 3개 유지

7) 조임검사

① 육안검사

- 모든 볼트에 대해서 1차조임 후 표시한 금매김에 의해 너트 회전량을 육안검사 실시
  a. 샘플링검사 : 일반적인 경우 실시
  볼트군의 10% 이상 또한 1개 이상으로 한다.
  b. 전수검사 : 너트의 회전량이 현저하게 차이가 인정되는 볼트군
  모든 볼트를 토크렌치로 추가 조임에 따른 토크치의 적부를 검사한다.

② 토크관리법

- 토크렌치를 사용하여 처음에 너트를 60°만 늦춰 재차 원위치까지 죄었을 때, 토크치가 규정의 ±10% 범위의 것이 합격
- 범위를 넘어서 조여진 볼트→교체
- 조임 부족으로 인정된 군→모든 볼트를 검사하고 동시에 소요 토크치까지 추가 조임

③ 너트회전법

- 조임완료 후 모든 볼트에 대해서 1차조임 후의 금매김
- 1차조임 후에 너트의 회전량이 120°±30° (M12는 60°~90°)의 범위가 합격
- 회전량이 부족한 경우 : 소요 너트 회전량까지 추가 조임
- 범위를 넘어서 과도하게 조여진 경우→교체

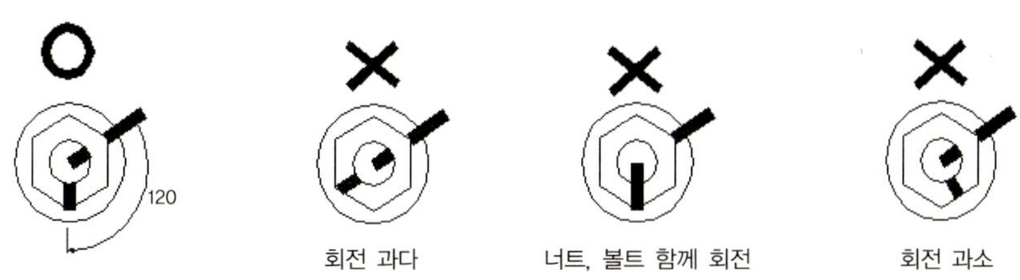

8) T/S볼트

① T.S볼트의 특징

- 볼트 체결 시 공회전이 없고 체결기구의 조정이 불필요하여 작업시간을 단축시킨다.
- 일정한 체결축력을 얻을 수 있기 때문에 완벽한 시공을 기대할 수 있다.
- 전기식 체결기구를 사용하기 때문에 체결 시 소음이 적다.
- 핀 테일(Pin Tail)의 파단 확신(육안)만으로 체결검사를 쉽게 할 수 있다.
- 볼트의 길이 = 체결길이 + (체결길이)에 추가되는 길이

규 격	(체결길이)에 추가되는 길이		(표준) 나사부 길이
	H/T볼트	T/S볼트	
M16	30	25	30
M20	35	30	35
M22	40	35	40
M24	45	40	45

② T/S볼트의 현장 수입검사

- 현장 수입검사는 축력계로 한다. 현장에 납품된 T.S볼트 중에서 축력계로 검사할 수 있는 1-Set당 5Set를 샘플링하여 체결축력 시험을 한다.

③ T/S볼트의 체결방법

- 1군의 체결은 중앙으로부터 가장자리 순으로 한다.
- 현장체결은 1차조임→2차조임(본 체결)→육안검사 순으로 한다.

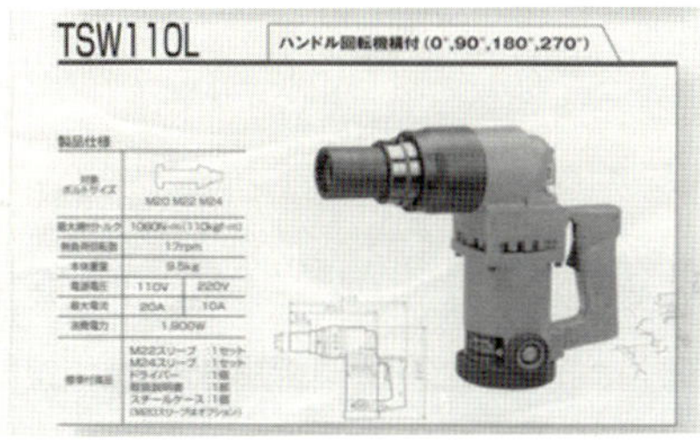

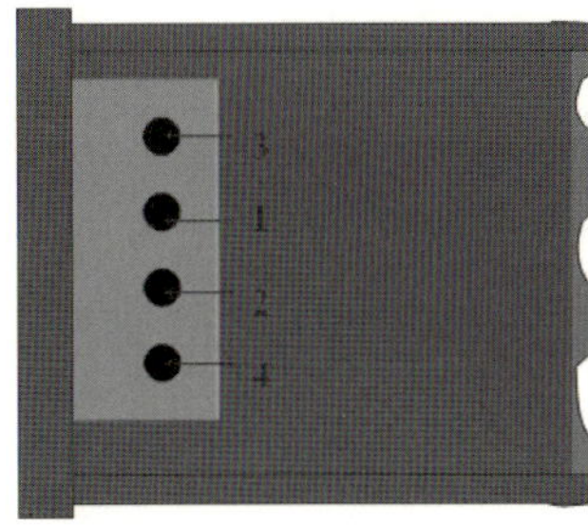

④ 검사방법

- 체결이 끝난 T/S볼트는 육안으로 검사하며 Pintail의 노치부가 절단되어 있고 볼트 끝이 너트보다 나와 있는 것은 정확하게 체결된 것으로 판단한다.

(10) 현장이음용접

공사용접과 동일한 조건을 확보할 수 있도록 각 공정에 대하여 충분한 지식과 경험을 가진 기술자에 의한 철저한 관리가 이루어져야 한다.

1) 용접사 기량시험

① 주요부재의 접합이 용접으로 되어 있으므로 현장 용접사의 기량 및 작업방법에 대한 교육이 중요하다. 용접사 신규채용부터 경력 확인 및 용접자세별 기량시험을 통해 합격한 용접사를 작업에 투입

② 필요시 용접사 인원을 충원하여 추가 시험 시행

③ 적용기준 : AWS 1-1, 2001

④ 용접자세 : 수직보기 자세(3G, Vertical Position)

⑤ 용접방법 : CO_2 용접

⑥ Test검사 : 용접자세 / 육안검사 / 비파괴검사(UT) / 육안

(a) 용접사 신원 확인

(b) 용접자세 확인

⑦ 용접사 기량시험검사 사항

• 외관검사 : 언더컷, 오버랩, 크랙, 블로우 홀, 피트, 스패터, 비드 외관 불량

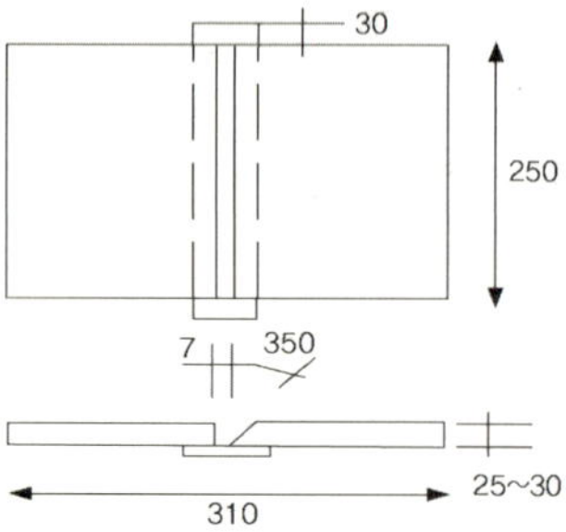

(a) 시험편 크기

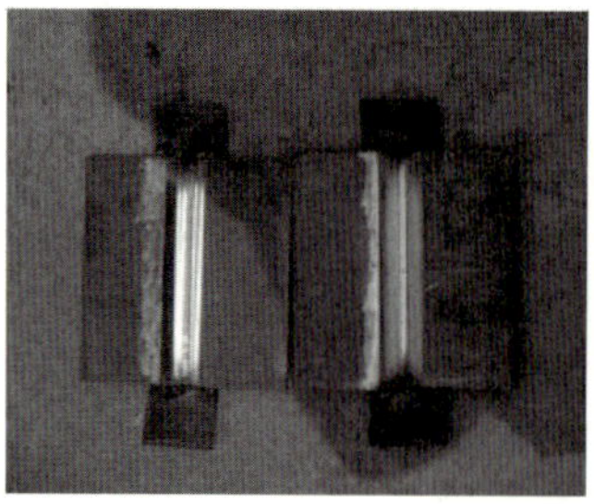

(b) 테스트용 시편

(c) 시험용접 후 상태

• 초음파 탐상

반사되는 음파와 마찬가지로 철판 내의 내부결함은 발사된 음파를 반사시킨다. 이때 반사음의 속도와 반사시간을 측정하여 결함의 깊이를 측정할 수 있다.

사진 7-6 초음파 탐상 실시

⑧ 초음파탐상 검사원의 자격

널리 적용되는 초음파탐상시험은 수동탐상시험으로 탐상시험자가 탐촉자를 주사하여 브라운관의 파형을 보고 탐상한다. 따라서 결과는 검사원의 주관적인 판단에 의존하기에 탐상기술자의 자격 등을 고려해야 한다. 검사는 비파괴검사 전문회사에 검사요청을 통하여 검사원의 자격이 1, 2급의 유자격자를 선정한다.

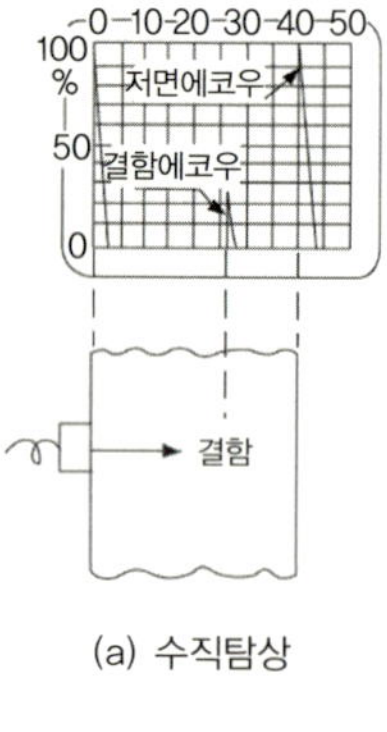

(a) 수직탐상

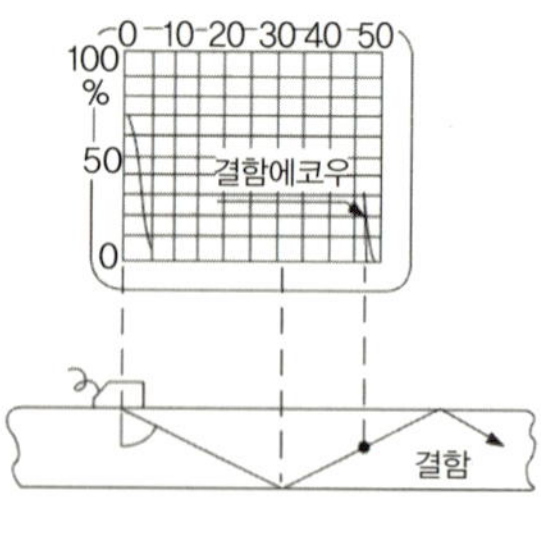

(b) 사각탐상

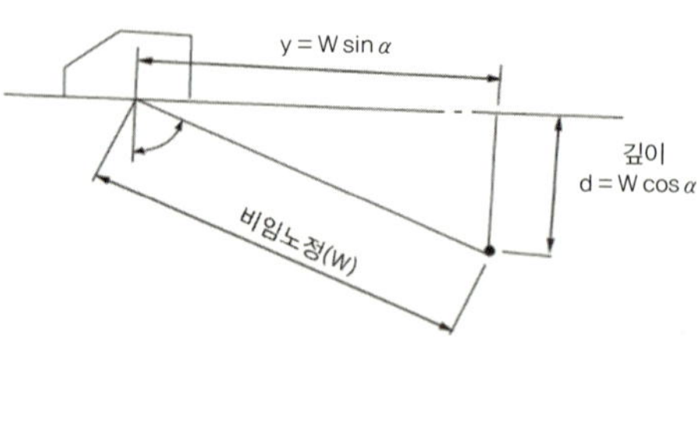

(c) 사각탐상에 대한 결함위치의 추정방법

⑨ 초음파탐상 검사원 점검항목

• 실제 사용하는 탐촉자 사용여부
• 눈금판과 보조눈금판상이 크로스 마크드로 시차 없도록 관리
• 가는 실선으로 없어지지 않도록 하는지 여부
• 프리벤트로 쓰이는가?
• 조정된 측정범위가 곡선을 썼을 때의 측정범위가 같은가?

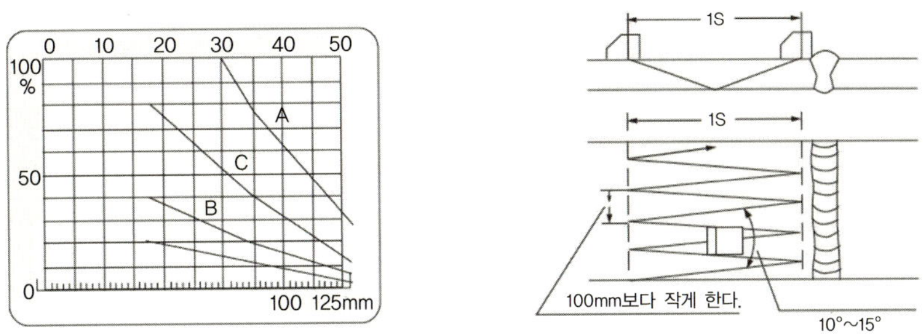

(a) 거리진폭 특성곡선에 에코높이 구분선 (b) 탐촉자의 주사방법

2) 맞대기 용접

① 맞댐용접은 최소보강 덧붙음으로 한다. 보강 덧붙임의 높이는 용접방법에 따라 3~4mm 이하로 한다.

② 양면에서 용접 시 밑면 따내기 혹은 가우징을 한 후 밑면용접을 하며, 처리는 아크 가우징 또는 에어치솔 등으로 실시하며, 깊이는 1층 비드를 제거하고 먼저 실시한 용착금속이 나타날 때까지 실시한다.

③ 맞댐용접 시 모재두께에 의한 높이의 차가 10mm를 넘는 경우 두꺼운 쪽의 재를 1/2.5 이하의 기울기로 가공하여 개선 부근에서 얇은 쪽과 동일한 높이로 조치한다.

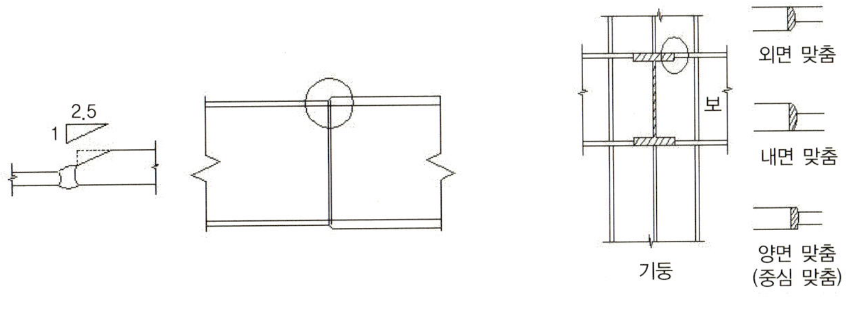

④ RC조에서 보가 통과하는 접합부의 플랜지 이음을 양측 용접하는 경우 판두께가 10mm를 넘더라도 보강 모살용접으로 충분하다.

3) 모살용접

밀착된 모재로 인해 구성되는 각진 부분에 용착금속을 붙게 하여 응력을 전달하는 이음 공법으로, 모살용접형태별 응력전달은 다음과 같다.

① 판을 겹쳐 이을 경우

앞면 모살용접 : 전달해야 할 응력방향에 대해 직각

- 모재 1과 용착 금속 → 인장력
- 모재 2와 용착 금속 → 전단력

측면 모살용접 : 전달해야 할 응력방향에 대해 평행

- 모재 1, 2와 용착금속 → 전단력

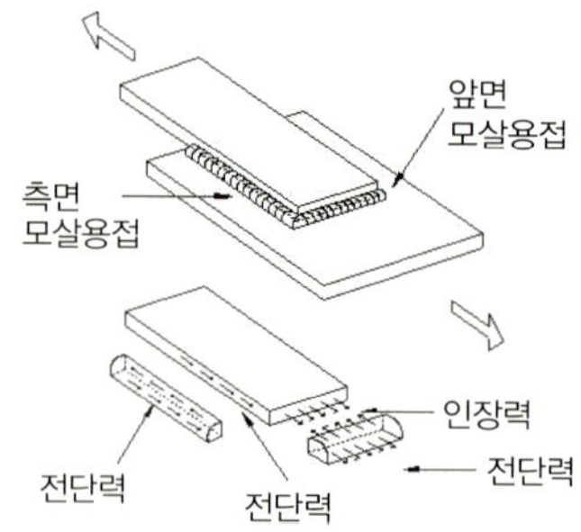

② T형 모살용접의 경우

T형 모살용접의 경우 인장력을 가하면 목 부분에서 파단이 일어나므로 목두께 관리가 중요하다.

스티프너 T형 모살용접

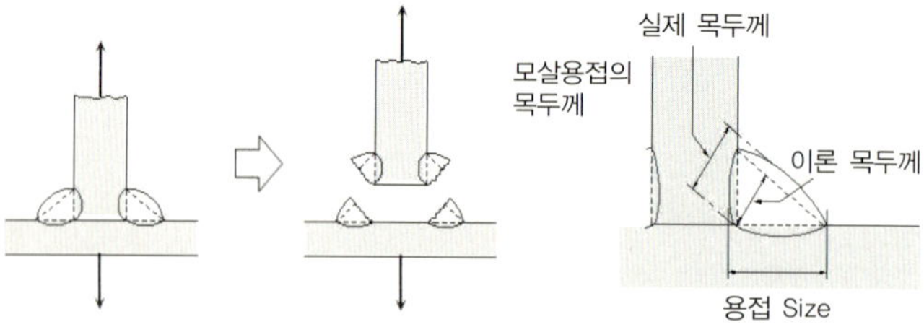

인장력에 의한 모살용접의 파단

4) 현장용접관리

① 용접기는 CO_2 용접기 사용

② 용접불꽃 비산방지를 위한 비산방지막을 사용

③ 기둥용접 시에는 방풍막을 제작하여 사용

불티 비산방지-화재예방

바람 유입 방지-결함방지

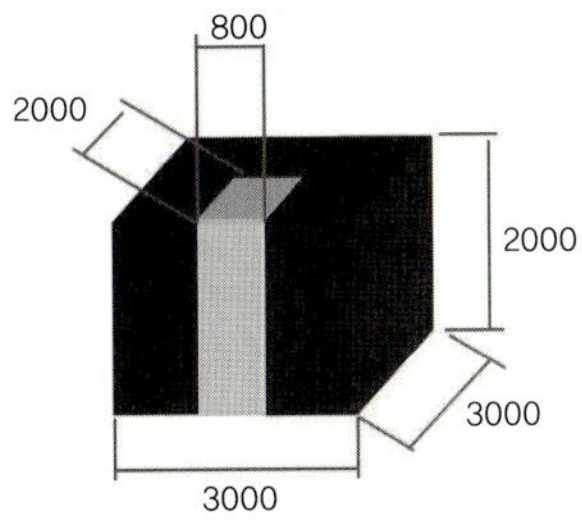

(a) 용접방풍막 도해

(b) 용접방풍막

(c) 불꽃 비산방지

④ 용접작업관리

- 눈, 비로 용접부가 젖었을 때, 습도 90% 초과, 풍속 6m/sec 이상 시
- 기온이 0℃ 이하일 경우 상온으로 예열 후 용접
- 예열온도 측정은 초크 온도계로 용접선에서 100mm 떨어진 곳에서 확인.
- 모재 용접면의 이물질은 와이어 브러시(Wire Brush)로 제거하고 수분, 기름 등은 가스버너(Gas Burner)로 제거.
- 용접 실명제 실시 : 각 용접완료 부위는 용접사의 ID NO.와 이름을 기재한다.

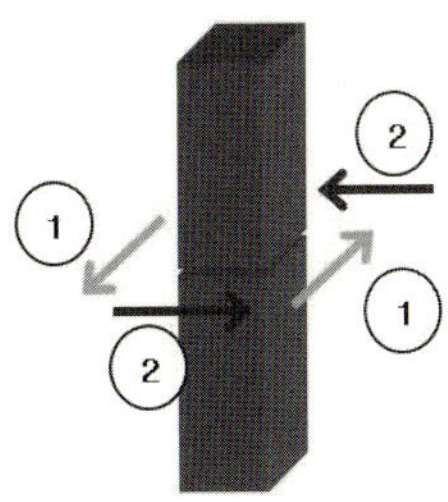

(a) 절과 절의 기둥용접

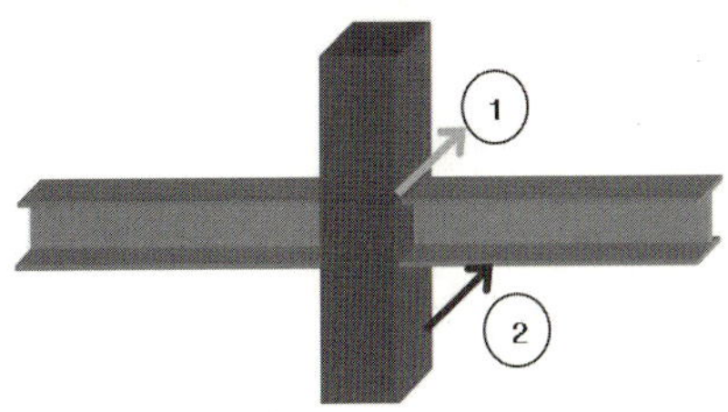

(b) 기둥과 보의 용접

7.3.7 사무소 건축물의 철골세우기 수정(와이어 사용)

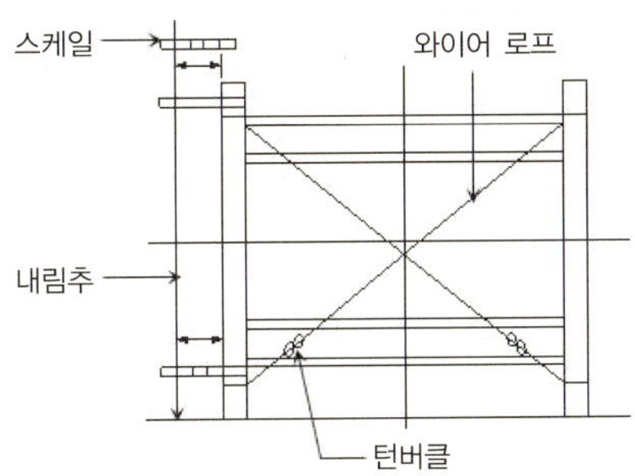

철골세우기 작업 시에 발생할 수 있는 오차를 최소한으로 줄이기 위하여 철골세우기 수정을 행하며, 면적이 넓고 스팬 수가 많은 경우에는 구역을 나누어서 실시한다.

철골부재는 강성이 작아 철골세우기 수정으로 인하여 탄성변형, 비틀림 등을 일으킬 수 있으므로 주의해야 한다.

(1) 세우기 수정

세우기 수정용 와이어의 배치계획 수립

① 와이어로프(12.5ϕ 이상)를 기둥에 미리 설치해 놓은 다음 세우기 실시

② 와이어로프는 X자형으로 긴장

③ 턴버클이 긴장 후 되풀리지 않도록 고정

(2) 세우기 수정 순서

블록별 세우기→뒤틀림 계측→계측치 기입→와이어 긴장→계측 확인→본접합→계측(정밀도 확인)

(3) 세우기 수정 시 주의사항

① 아침 일찍 계측하여 부재가 일사에 의한 온도변형에 대한 영향을 최소화한다.

② 무리한 세우기 수정을 금지한다.

→무리한 수정은 2차 응력을 유발하여 위험

→부재의 강성이 작은 경우는 탄성변형을 일으켜 수정이 곤란한 경우 발생

③ 본체구조에서 턴버클이 있는 브레이스(Brace) 경우 그 브레이스로 수정 금지

④ 조립 수정은 내림추를 종·횡으로 2방향 및 중간의 몇 개소에 매달아서 실시→사전 구획계획 수립

⑤ 면적이 넓고 스팬의 수가 많은 경우는 유효한 블록마다 수정

⑥ 절, 각 블록의 수정 후 다시 전반적으로 조립 정밀도를 교정하여 균형 있게 조정

7.3.8 사무소 건축물의 철골 수직 조정

부재길이는 시공하중, 현장용접 등에 의한 기둥수축을 고려하여 결정하는 것이 바람직하다. 고층건물, 스팬 수가 많은 건물일수록 기둥수축에 의한 수직도 오차가 커질 가능성이 많으므로 특히 주의해야 한다.

(1) 기둥 수직도 관리

기둥의 수직도 관리는 1개 절당 관리 허용오차는 ±10mm로 관리하고 한계 허용오차는 ±15mm로 관리한다.

관리 허용오차	기울기(e) ≤ h (높이) / 1,000	e ≤ mm
한계 허용오차	기울기(e) ≤ h (높이) / 700	e ≤ 15mm

(2) 기둥 수직도 측량방법

① 평면(X, Y)기준점 설치 – 4개소 이상

- 건물기초 및 철구조물의 기준이 되는 측점으로 공사완료시까지 유지관리 및 시통이 가능한 지점을 선정하여 견고하게 설치

② 높이(H)기준점 – 2개소 이상

- 층고를 결정하는 기준으로 평면기준점과 같이 지반변형이 없고 견고한 지점에 설치

③ 건물 내부기준점 – 각 층별 4점 이상

④ 건물 내부구조물 설치 및 철구조물 설치에 필요한 측점으로 평면기준점 및 높이 기준점에서 각 층 바닥면에 설치

(3) 검측구간별 장비계획

검측구간	장비명	수직도	Level	기준점	비고
지하	트랜싯, 레벨기, 스틸 자	기둥검측	층고검측	외부기준점	
지상	광파기, 트랜싯, 레벨기 스틸 자	기둥검측	층고검측	외부기준점	

(4) 수직도 관리

1) 트랜싯 법

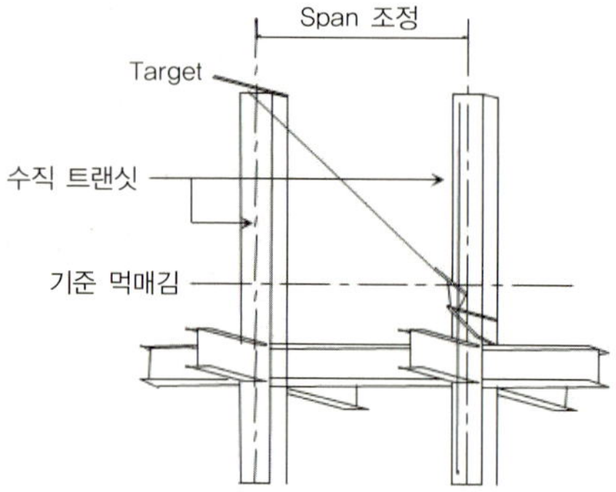

2) 다림추 법

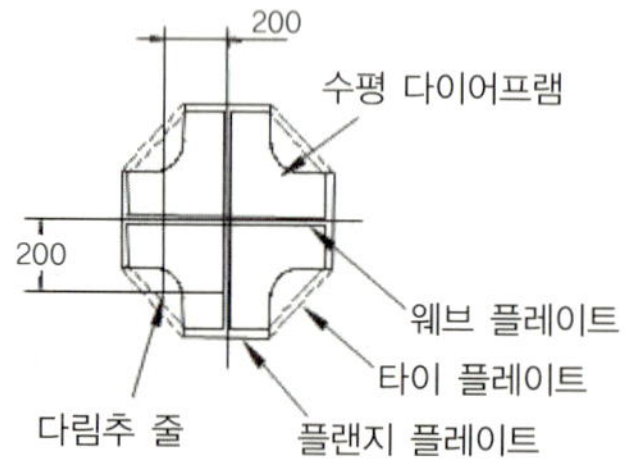

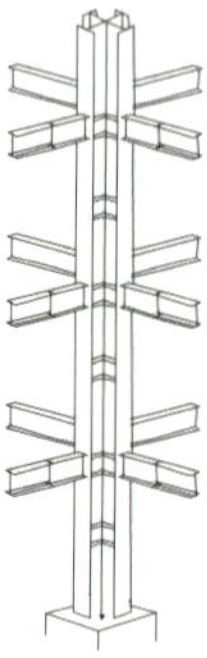

다림추 기둥과의 거리 측정

3) 레이저 트랜싯 법

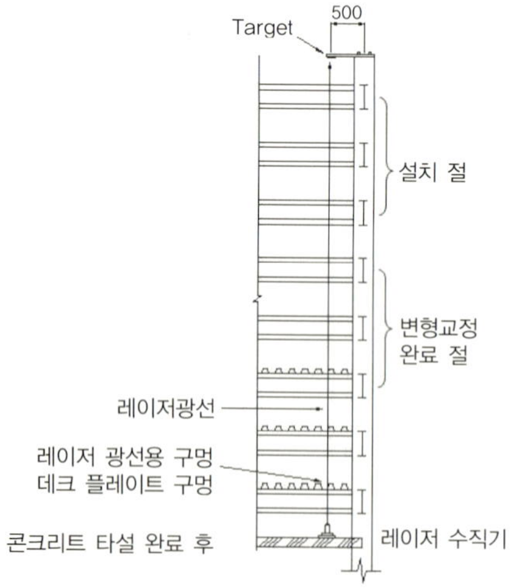

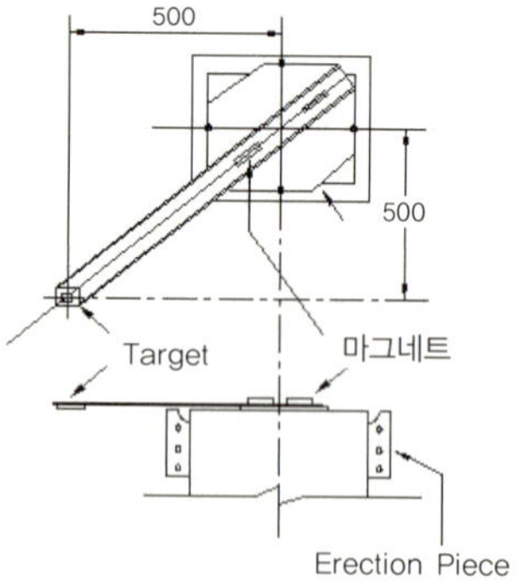

(a) 검측용 기준점 관리

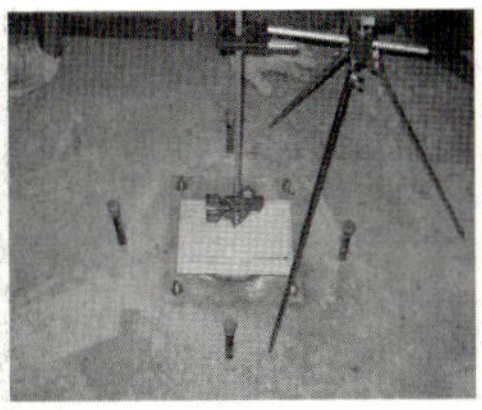
(b) 검측용 Target

(c) 검측용 기준점 관리

(d) 검측용 기준점 관리

4) 수직도 측량 사례 : 송도 NEATT 사례

① 건물 기준점을 이용하여 설치 전에 바닥에 먹매김하고 스팬을 Check한 다음 기둥을 설치하여 수직도 검측 시 코너 기둥 부분을 광파기로 기둥 4개소를 수직도를 잡는다.

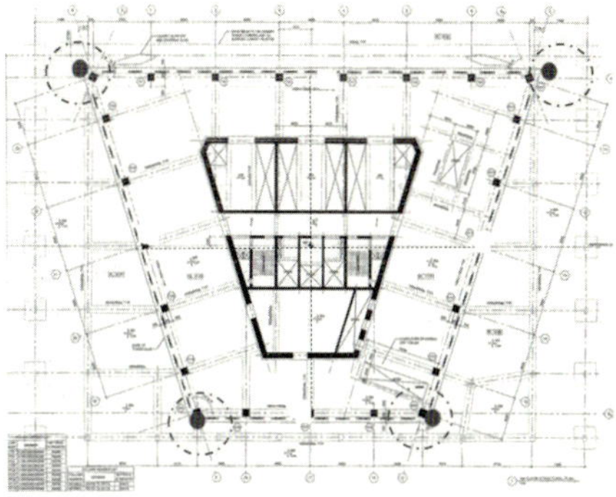

② 코너 기둥 수직도 검측 후 기둥 상부 Top 부분에 Center Line 피아노선을 설치하여 나머지 기둥 기울기 수직도를 확인한다.

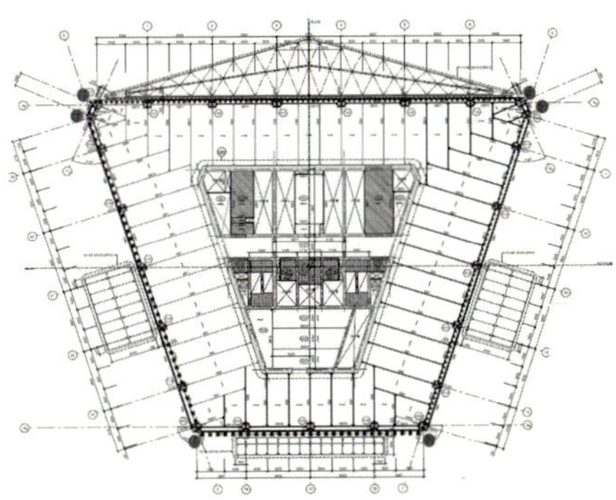

③ 지상31층 이상(18절)부터는 건물 내부로 기준점을 끌어 들어와 관리를 하며 150m/m 홀을 이용하여 연직기 기계로 기둥 수직도를 Check 측량한다.

④ 코너 기둥 6개소를 연직기 기계로 수직도를 Check한 다음 기둥 Top Level을 레벨기로 이용하여 Check한다.

⑤ 기둥 수직도 검측 후 기둥 상부 Top부분에 Center Line 피아노선을 설치하여 나머지 기둥 기울기 수직도를 확인한다.

⑥ 매절 기둥 Top부분 Level을 Check 실시한다.

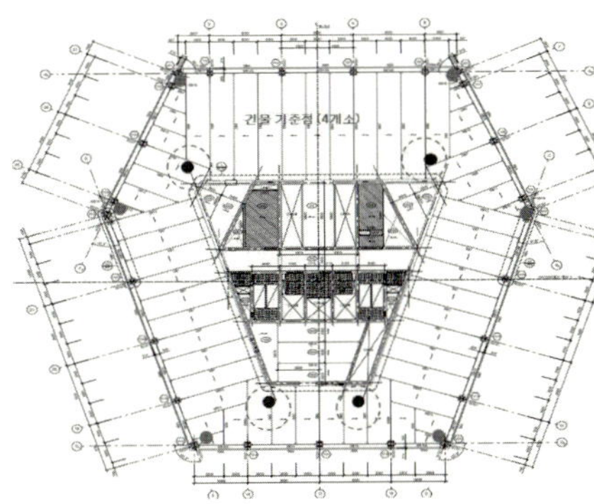

7.3.9 사무소 건축물의 공정 검토

철골공사는 Critical Path 작업으로 그 진척도가 후속 공사에 미치는 영향이 크다. 따라서 각종 작업능력과 기상조건, 자재발주, 제작 및 운반 등의 조건을 고려한다.

철골공사는 자연조건(비, 바람, 기온)의 영향에 민감한 공사이므로 공정계획 수립 시 실 작업 가능일수를 과거 기준치를 토대로 추정한다. 또한 타워크레인에 의한 양중 부하량에 따라 공기가 좌우되므로 공정계획 시 양중계획과 병행하여 경제적인 계획을 수립한다.

철골공사는 기둥 한 절을 기본으로 진행되며, 공정계획 시 고려해야 할 사항은 다음과 같다.

① 작업이 규칙적으로 반복될 수 있도록 계획한다.

② 인력, 재료, 공법, 계측, 기세, 환경이 균형을 이루도록 한다.

③ 기준 층의 시공, 투입인력 등이 표준화될 수 있도록 한다.

(1) 공정계획 수립 시 고려사항

철골공사 기간 파악	• 전체공정 중 철골기간의 파악 • 설치공법 및 1일 작업량 확인
실 작업 가능일 파악	• 우기, 태풍, 폭설 등 연간 작업일(Working Day) 파악
병행 작업의 유무 파악	• 가설, 설비, RC공사 등 타 작업에 의한 양중기 가동률 검토
부재별 설치주기 파악	• 건축물 높이 변화에 따른 부재별 설치주기 검토
발주시점 파악	• 특수 강재의 적용 유무 및 발주시점 확인

(2) 양중장비 대수 산정

1) 총 철골 중량 산출 : 실적 자료 기준으로 산출

총 철골중량 = 연면적 × 연면적당 철골 톤수

표 7-8 연면적당 철골중량 개략 산적표

건물형식 (SRC 기준)	연면적당 철골 톤수
고층건축물	0.09 ~ 0.012 ton
장스팬 건축물	0.11 ~ 0.014 ton

2) 양중일수 산정 : 실적 자료를 기준으로 산정

양중일수 = 총 철골중량 ÷ (1일 세우기 중량×장비가동률(0.7))

표 7-9 양중장비별 1일 작업능력

크레인	이동식 크레인	타워크레인
1일 세우기 Pcs	30 Pcs/일	40 Pcs/일
1일 세우기 중량	25 ton/일	35 ton/일

3) 양중장비 가동률

1일 시간배분	소요시간	작업내용	순수작업시간
07시~08시	60분	안전조회, 작업준비	
08시~09시 30분	90분	오전작업	90분
09시 30분~10시	30분	간식	
10시~12시	120분	오전작업	120분
12시~13시	60분	점심	
13시~15시 30분	150분	오후작업	150분
15시 30분~16시	30분	간식	
16시~18시	120분	오후작업	120분
계	660분 (11시간)	실 가동률 : 72.7%	480분 (8시간)

4) 양중장비 대수 산정

양중장비 대수 = 양중개월 ÷ 철골공사기간(공정표 기준)

- 타워크레인 대수 적용 예

공사 개요

건축물 구조형식 : 철골철근콘크리트조	
지하연면적 : 18,000m^2	전체연면적 : 116,000m^2
지상연면적 : 98,000m^2	철골공사기간 : 10개월

– 총 철골중량 산출

116,000m^2×0.10ton/m^2 = 11,600 ton

– 양중일수 산정

116,000ton÷(35ton/m^2×0.7) = 473.5일

– 대수 산정

473.5일÷(25일/개월) = 18.94 개월

18.94개월÷10개월 = 1.89대 < 2대 적용

(3) 연간 작업 불가일 선정

월	평균 기온	일평균 기온 -5℃ 이하 일수	풍속 (일 최대 풍속 10m/s 이상 일수)	강수량 (일 강수량 10mm 이상 일수)	강설량 (일 적설량 10mm 이상 일수)	명절	휴일 (일요일)	소계 (중복일 제외)
1월	−2.7	10	1	1	3	3	4	15
2월	0.0	4	1	1	2	3	4	10
3월	5.6	0	1	1	0		4	7
4월	12.4	0	2	3	0		4	8
5월	17.6	0	1	3	0		4	8
6월	22.1	0	0	4	0		4	7
7월	24.9	0	0	8	0		4	11
8월	25.4	0	0	7	0		4	11
9월	21.0	0	0	3	0	5	4	7
10월	14.6	0	1	2	0		4	6
11월	7.1	0	1	2	1		4	7
12월	0.4	4	1	1	2		4	11
작업불가일수		18	9	36	8	11	48	130(108)

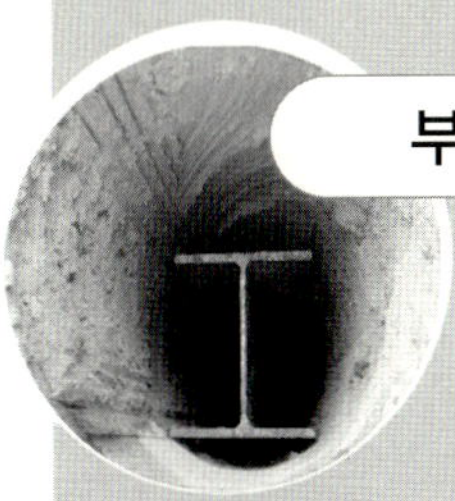

부 록

초고층 건축물의 시공사례

1. 초고층 건물 공사가 가지는 특성

1.1 초고층 건물 공사의 일반적인 특성

(1) 일반적인 특성

초고층 건물은 층수의 증가에 따라 건축용 자재의 운반동선, 작업자의 이동동선의 증가로 인해 일반 건축물에 비해 작업능률이 현저히 저하되어 생산성이 많이 떨어지고 공사기간이 증가하는 경향이 있다. 고층부위로의 이동수단(공사용 엘리베이터, 가설 호이스트)이 충분하지 않은데다 이동속도 또한 느리고, 작업자의 이동통로가 될 수 있는 계단도 충분하지 못하여 이를 더욱 가중시키고 있다. 이와 함께 내진, 내풍 등 구조성능과 내화, 방화 등 방재성능이 강화됨에 따라 작업내용이 복잡해지고, 고층화에 따른 고소작업에 대한 안전대책과 시공중인 고층건물의 방재대책의 강구 등에 따라 공사비가 급등하는 등 일반 건축물의 공사와 아주 다른 시공상의 특성을 갖고 있다.

건물이 초고층화 함에 따라 건물의 규모도 함께 커질 수밖에 없으며, 이에 따라 반입해야 하는 자재의 양도 크게 증가하게 되어 자재반입에 대한 제약조건이 어떠한지 사전에 파악해 두지 않으면 안 된다. 대부분의 초고층 건물은 교통량이 많은 도시의 중심부에 위치하는 경우가 많아 건설자재 운반용 대형차량의 통행이 제한되는 경우도 많다. 따라서 자재운반 시 도로 통행시간의 제한, 노상주차 및 도로점용 제한 등이 운반능률의 저하나 공사의 지연을 초래하는 원인이 될 수 있으므로 해당 부지지역의 자재운반 차량의 통행제한 조건 등 공사에 관련된 규제기준을 사전에 파악하여 시공계획에 미리 반영하여 공사에 차질이 없도록 해야 한다. 또한 부지 주변의 도로가 교통량이 많은 경우 출퇴근 등의 교통 러시아워(Rush Hour)에 대한 사전조사도 실시하여 자재반입계획에 반영해야 한다.

건축물이 고층화함에 따라 고소작업이 증가할 수밖에 없고 고소작업에 대한 기상의 영향을 고려하여 시공계획 및 공정계획을 수립해야 한다. 공사계획 부지가 위치한 지역의 계절별 온도, 강우, 강설, 바람 등의 기상영향을 고려해야 한다. 혹서기나 혹한기의 콘크리트 타설작업, 형틀 및 철근 조립작업, 철골 조립작업, 커튼월 설치작업 등과 같이 기상의 영향을 많이 받는 골조공사 및 외장공사, 그리고 실내 마감공사를 위한 지수공사 등에 대한 철저한 사선계획을 수립해야 할 것이다. 우리나라와 같이 사계절이 있는 지역의 경우 각 계절별로 기상조건이 상당히 다르고, 특히 초고층 공사의 경우 공사기간이 상대적으로 길어 골조공사가 사계절을 모두 겪어야 하므로 각 계절별 기상조건에 맞는 공사계획을 수립해야만 한다.

초고층 공사가 상기에 언급한 바와 같은 능률저하나 공사비 및 공사기간의 증가 등의 어려운 조건을 가진 반면, 동일한 평면이 반복 중첩되는 경우가 많아 동일한 작업을 반복수행하는 Cycle공정계획(TACT 공정계획)을 잘 수립하면 반복작업에 의한 습숙효과에 의해 작업능률의 향상을 이루어 공기단축이나 노무비의 절감을 도모할 수도 있다.

(2) 수직부재의 Shortening 발생

모든 고체들이 가지는 물리적인 특성이기도 하지만 건축용 구조재료 역시 탄성체로서 힘을 받으면 수축하는 성질을 가지고 있으며, 건축물의 자중(고정하중, Dead Load)과 적재하중(활하중, Live Load) 등의 수직하중을 받으면 수축이 발생하게 된다. 현재까지 개발된 건축자재 중에 고층건축물의 구조재료로 사용할 수 있는 재료는 콘크리트와 철골밖에 없으며, 이들 재료들이 수직부재로 사용되면서 수직하중을 받게 되면 마찬가지로 탄성체의 물리적 특성에 의해 길이가 줄어드는 현상이 발생한다. 고층건물이 아닌 경우에는 건물의 하중이 가벼워 그 수축량이 미미하게 발생하고 건물에 별다른 영향을 미치지 않으나, 고층화되면서 건축물의 하중이 늘어나 수축량이 증가하게 되면 여러 가지 문제가 발생하게 된다. 특히 부재별로 서로 다른 부등수축(Differential Shortening)이 발생하면 더 어려운 문제를 야기하게 된다.

우선 수축의 종류를 살펴보면 탄성수축, 건조수축, 크리프(Creep) 등이 있다. 철골(Steel)의 경우 철이 주성분인 금속재료로 일정 양의 탄성수축만 발생하지만, 콘크리트의 경우 철골과 마찬가지로 고체로서 발생하는 탄성수축과 굳지 않은 생콘크리트 상태에서 양생과정을 거치면서 콘크리트 내부의 수분 감소로 발생하는 건조수축(Shrinkage), 탄성수축이나 건조수축과는 별개로 하중이 일정하게 지속될 때 시간의 경과에 따라 증가하는 변형, 즉 크리프(Creep) 등 3가지의 수축이 복합적으로 발생하는 독특한 재료적 특성을 가지고 있다.

콘크리트에서 발생하는 탄성수축, 건조수축, 크리프 등의 3가지 수축 모두가 건축물에 실리는 하중에만 영향을 받는 것이 아니라, 아래의 표와 같이 다양한 인자에 의해 달라진다는 점이 수축량을 사전에 정확한 계산에 의해 예측하는 것을 어렵게 하고, 이로 인해 정확한 보정값을 산출하는 것 역시 어렵게 만들고 있다.

수축의 종류	수축에 영향을 미치는 인자	비 고
탄성수축	골재의 탄성계수, 배합비, 재령, 물시멘트비	탄성계수 변화요인
건조수축	양생경과시간, 상대습도, 부피 대 표면적의 비율	건조 영향요인
크리프	콘크리트 강도, 하중의 재하기간, 하중재하 시의 재령, 상대습도, 부피 대 표면적의 비율, 온도, 철근비	

수직부재에 수축이 발생하면서 건축물이 줄어들게 되면 건축 내부마감, 외장마감, 엘리베이터 가이드레일, 설비배관 및 덕트 등에 변형을 유발하여 건물의 기능 및 사용성에 악영향을 미칠 수 있다. 따라서 초고층 건물의 경우에는 반드시 사전에 수축량을 예측하여 설계와 시공에 반영할 수 있는 대응책을 마련해 두어야 한다.

특히 수직구조 재료로 철골과 콘크리트를 혼합하여 사용하거나 한 가지 재료를 사용하더라도 강도가 서로 다른 경우에 부등수축이 발생할 수 있으므로 이러한 재료적 특성을 잘 고려하여 초고층 건축물을 설계해야 차후에 발생할 수 있는 부등수축의 문제를 최소화할 수 있을 것이다. 구조부재 설계 시 부재의 크기나 강도 등을 조정하여 부등수축을 최소화하는 것이 가장 바람직하나, 불가피하게 부등수축의 발생이 예상되면 이의 보정을 위한 대책을 사전에 강구해 두어야 하며, 이를 간과할 경우에는 마감공사 시 상당한 어려움에 직면하게 된다.

예를 들면 코어 월(Core Wall) 측과 기둥 측의 수축량이 서로 다를 경우 슬래브의 수평이 맞지 않아 바닥의 수평마감이 곤란해진다. 또한 공사완료 후 장기적인 부등수축이 계속 발생하게 되면 바닥이 경사지는 현상이 발생하고 각종 개구부가 제 기능을 유지하지 못하거나 설비배관의 역구배 발생, 마감벽체에 균열이 발생하는 등의 여러 가지 문제를 야기하여 건축물의 기능에 장애를 일으킬 수 있다. 그뿐만 아니라 코어 월과 기둥, 기둥과 기둥 등 인접부재 사이에 부등수축이 발생하면 수평부재에 추가응력을 발생시켜 건물의 구조 안전성에도 영향을 미칠 수 있다.

따라서 초고층 건물의 경우 수직부재에 장기적인 수축변형이 발생한 후에 당초의 설계높이가 유지될 수 있도록 예상 수축량 만큼 시공 시에 시공길이를 조정하는 보정(Compensation)을 실시하여 상기에 언급한 문제들이 발생하지 않도록 해야만 한다. 초고층 건축물에 자주 적용되는 아웃리거(Outrigger) 시스템에서 이러한 부등수축에 의한 응력의 발생을 최소화하기 위해 일정 양의 수축이 발생한 후에 코어 부위와 아웃리거 부위의 강접합(Rigid Joint)을 실시하는 시공 프로세스도 시공계획상에 미리 고려해야 한다.

수직부재에 사용되는 자재의 종류에 따른 예상 수축속도나 부위별 시공속도에 따라 보정위치(어느 층에서 할 것인가?)와 보정량(몇 mm를 할 것인가?)을 결정하게 된다.

1.2 초고층 건물 계획 시 고려사항

(1) 계획 시 고려사항

초고층 건물의 설계 시 고려해야 할 가장 중요한 사항은 무엇일까? 아마도 건물의 구조적 안전을 확보하는 것이 가장 중요한 요소라고 생각된다. 건물자중의 증가로 인한 대규모 수직하중에 대한 기초구조의 안전성 확보와 바람이나 지진 등의 외력에 저항할 수 있는 구조적 안전의 확보, 그리고 인간이 사용하는 시설로서 건물용도에 알맞은 거주성능의 확보 등이 설계 시에 고려해야 할 가장 중요한 요소일 것이다. 그리고 거기에다 발주자의 요구에 부응한 건축가의 창의적인 조형 아이디어가 조합되어 각기 독창적인 의미를 내포한 초고층 건축물이 탄생되는 것이라고 생각된다. 그 외에 커튼월, 엘리베이터, 공기조화설비, 통신설비 등 각종 마감, 시스템, 제 설비 등의 기능이 건물의 용도에 맞게 최적의 상태로 작동할 수 있도록 설계되어야 할 것이다.

그런데 건축물은 단순히 설계로만 끝나는 것이 아니라 생산으로, 즉 시공으로 이어져야 비로소 제 모습을 드러낼 수 있는 것이다. 따라서 최종 완성품으로서의 설계에는 별다른 문제가 없을 수 있으나 시공 중의 건설환경이나 주변여건에 따라 불합리하고 비경제적인 설계로 평가받을 수도 있다. 그러므로 설계자는 해당 건축물이 건축될 지역의 건설환경이나 부지 주변여건, 부지상황 등을 고려하여 구조시스템을 결정하고 마감자재를 선정하는 것이 바람직할 것이다.

대부분의 건축가들이 당연히 계획설계 단계에서부터 시공성 및 경제성을 고려한 구조계획과 평면계획, 입면계획을 세우기도 하지만 건축가의 독창적인 아이디어가 실린 예술작품으로서의 작품성을 중시한 나머지 시공할 때 발생할 수 있는 여러 가지 문제들을 간과한 설계가 이루어지는 경우도 많다. 건축가나 발주자의 입장에서 비용이 많이 들더라도 자신들이 원하는 건축물을 짓고자 한다면 별개의 문제이나, 초기에 계획한 예산범위 내에서 가급적 경제적인 건물을 짓고자 한다면 실제 시공에서 일어날 수 있는 상황을 고려하여 시공성과 경제성을 고려한 설계가 되어야 할 것이다. 따라서 발주자가 요구하는 용도 및 기능에 따라 건축가가 의도한 대로 디자인하는 것이 우선이지만 그 목적이나 의도가 반영되면서 그와 함께 시공성과 경제성이 검토된 건축계획이 이루어져야 할 것이다. 완성품으로서 건물의 디자인적 조형미는 건축가(Architect)의 몫으로 탄생하는 것이지만, 시공과정, 즉 기초공사, 골조공사, 각종 설비전기공사, 마감공사 등에 있어서의 공법, 시공방안의 검토 등 엔지니어링 요소는 시공자(Builder)의 몫으로 건축가의 디자인 의도를 저해하지 않는 범위에서 최적의 시공을 이루어낼 수 있도록 재료나 시스템의 조정도 고려될 수 있어야 한다.

특히 초고층 건물의 경우 많은 시간과 비용이 투자될 수밖에 없으므로 될 수 있는 대로 공기단축과 비용절감이 가능한 시공방법을 도입할 수 있는 구조형식, 평면계획 등이 고려된 건축계획이 이루어져야 할 것이다.

Pre-construction 단계(특히 Concept Design, Schematic Design 단계)에서 시공전문가나 유경험자가 참여하여 해당시기의 해당지역에서 적용 가능한 공법이나 자재, 부지여건을 고려한 공법이나 구조재료를 반영한 디자인이 이루어지도록 한다면 보다 효율적인 공사수행이 가능하다.

이렇게 설계단계에서 디자인적 요소 이외에 시공성과 경제성을 간과하지 말아야 함을 강조하는 이유는 아무리 우수한 디자인이라 하더라도 이를 건축할 때 시공성이 떨어져 결국 조악한 품질의 작품이 만들어진다면, 결국 디자인 의도를 만족시키지 못하는 결과를 초래하고 말 것이기 때문이다.

1.3 초고층 건물 시공 전 고려사항

(1) 도면 간(골조, 마감, 전기, 설비, 부대토목, 조경 등)의 Cross Check

초고층 건물 공사가 아닌 경우에도 크게 다를 바가 없겠지만 특히 초고층 건물 공사의 경우 골조와 마감 간의 도면의 불일치(Discrepancy)를 시공이 착수되기 전에 조기 파악하여 바로잡지 않을 경우 공기에 치명적인 영향을 미칠 가능성이 높다. 왜냐하면 일반 건축공사의 경우는 도면상의 문제점이 있다 하더라도 부위별 시공순서의 조정에 따라 공기의 영향요인을 최소화할 수 있으나 초고층 건물의 골조공사 거의 대부분이 공정상 크리티컬 패스(Critical Path)상에 위치하게 되어 사전에 간섭사항이나 도면의 불일치를 파악하여 선조치하지 않으면 공정에 커다란 영향을 미칠 수밖에 없다.

더욱이 해외공사의 경우 도면 불일가 발견되면 RFI(Request for Information)를 발주처 측에 제출하여 조정안을 확정하기까지 많은 시간이 소요되므로 공정이 지연될 소지가 많을 수밖에 없다.

따라서 설계도서가 접수되면 가능한 한 빠른 시간 내에 도면 검토작업(Design Review)을 하여 설계오류나 불일치, 나아가서는 불합리한 설계를 발굴, 시정조치 절차를 밟아야만 한다.

(2) 도면 검사를 통한 VE 대상의 발굴

VE이론에서 언급하고 있듯이 원가절감이나 품질향상, 성능개선 등의 효과를 거두고자 한다면 가급적 공사착수 전에, 가급적이면 설계 초기단계에 문제점을 발굴하고 개선안을 마련하는 것이 가장 효과적임은 주지의 사실이다.

그럼에도 불구하고 일반적으로 공사수행 조직을 구성할 때, 이 점을 간과하고 직접 공사를 수행할 시공조직의 구성에 급급하는 경우가 많다. 대규모이거나 복합용도, 특수 용도의 시설, 또는 초고층 건물의 경우 반드시 초기에 설계도서 검토(Design Review) 조직을 투입할 것을 고려해야 한다. 시공오류에 의한 재시공이나 공기지연을 방지하고 나아가서 원가절감, 품질개선을 위해서는 반드시 Design Review 작업을 조기에 실시할 것을 권고한다. 시공자가 설계에 참여할 수 있는 자체수행 프로젝트이거나 턴키 프로젝트, CM at Risk 형태의 계약방식 프로젝트 등의 경우에는 설계 초기단계부터 VE를 추진하고, 일반 도급공사의 경우에도 수주가 확정되는 시점부터 가능한 한 빠른 시간 내에 Design Review 작업을 착수할 수 있는 조직을 투입하는 것이 원만한 공사수행의 첫걸음임을 다시 한 번 강조한다.

2. 가설계획

앞서 '초고층 건물 공사의 일반적인 특징'에서 언급하였듯이 고층부위로의 이동수단이 충분하지 않은데다 이동효율 또한 낮은 초고층 공사에서 원만한 공사수행을 위해 효율적인 가설계획을 수립해야 함은 너무나 당연한 것이다. 가설은 결국 철거해야 하는 것이므로 고소에 설치하는 것은 왕복 이중의 운반을 초래하는 것으로서 가설공사에서도 가능한 한 운반량을 최소화할 수 있는 계획이 필요하다. 어떻게 보면 결국 해체하여 제거해야 하는 시설이지만 효율적인 작업이나 안전의 확보를 위한 가설 발판이나 안전시설물 등의 가시설물이 건설현장에서 없어서는 안 될 필요악인지도 모른다.

그러나 시공계획 수립 시 이러한 가시설을 최소화, 단순화, 경량화할 수 있는 공법을 채택하고 시공방안을 강구함으로써 양중부하를 경감시키고 작업생산성을 높일 수 있도록 해야 할 것이다.

그리고 가시설이 일정 기간 동안 제 기능을 다한 후 해체되거나 반출되는 것이라고 가벼이 여겨서는 안 된다. 본 공사의 마감이나 구조부재로 남는 것은 아니지만 본 공사의 원만한 진행이나 안전한 작업을 위해서 꼭 필요한 시설이기에 효율적인 계획이 되도록 최선을 다해야 한다. 나아가서는 얼마나 합리적이고 효율적으로 가설공사계획을 수립하였는가 여부에 따라 공사기간 및 공사비에 지대한 영향을 미치게 되는 중요한 요소임을 간과하지 말아야 한다. 각 공종별 본 공사가 계획된 예산과 공사기간 내에 완료되도록 하는 것이 공사의 목표임에 틀림없으나, 이를 위해 본 공사를 원만히 진행할 수 있도록 지원하는 공사가 가설공사이다. 본 공사의 경우 해당 공종별로 전문건설업체가 투입되어 전문공종별 시공기술 노하우와 경험을 바탕으로 종합건설사(Gene-con)와 협의하여 시공계획을 수립하고 공사를 추진하게 되어 공사 추진상의 어려움이 많지 않을 수 있다. 그러나 가설공사의 경우는 일반적으로 전문건설업체의 참여 없이 종합건설사 자체의 경험과 노하우를 바탕으로 계획되고 효율적인 가설계획 수립여부가 본 공사의 성패를 좌우하게 되므로 보다 세심한 검토를 거쳐 계획하지 않으면 안 된다.

이에 초고층공사의 가설공사계획 수립 시에 고려해야 할 사항을 살펴보면 다음과 같다.

① 고층부로부터 현장 주변으로의 건축자재의 낙하, 비산 방지대책의 수립

② 비계용 재료의 강도 및 설치 시의 안전 확보 문제로 외부비계가 필요 없는 공법의 채택

③ 공정 진행에 따라 상층부로 전용, 반복사용이 가능한 설치 · 해체 구조 채택

④ 내부용 비계는 상하운반 및 수평이동이 용이한 소형의 바퀴부착형 채택

⑤ 고층부 공사와 저층부 공사의 효율적인 공정계획에 의한 자재야적장의 확보

⑥ 각 공정마다 자재의 적시(適時) 운반 및 양중을 위한 가설설비의 적절한 배치계획 수립

⑦ 공사의 규모와 내용에 따라 마무리공사의 효율을 고려한 양중장비의 설치위치 선정

- 건물 외부에 설치 : 외장 마무리 및 내부마감공사에 영향, 악천후 시 양중작업 지장 초래
- 건물 내부에 설치 : 엘리베이터 샤프트나 설비용 샤프트에 설치 시 후속 공사에 영향

  바닥에 임시 Opening을 만들어 설치 시 후속 콘크리트 작업 발생

⑧ 가설 양중장비의 조기해체를 위한 본설 엘리베이터의 조기 사용대책 수립

⑨ 가설 진기계획 시 고려사항

- 전력부하의 평균화를 위한 공정계획, 공법 및 장비의 선정, 전력사용시간의 배분
- 철골 현장용접, 스터드볼트 용접 등 다른 장비에 전력 강하에 의한 영향을 미칠 우려가 있는 작업은 별도의 전원공급계획 수립
- 고층으로 공급되는 수직간선의 자중에 의한 단선방지 배선계획 수립
- 가설 조명도 가능한 한 조기에 본설배선을 사용할 수 있는 공정계획 수립

⑩ 가설설비계획 시 고려사항

- 고층화에 따른 고압용 펌프, 배관재질, Joint, 밸브, 수전 등의 사용검토
- 본설배관을 조기에 설치하여 가설 사용하는 방안의 수립으로 가설배관의 최소화 검토

⑪ 작업 지시, 연락, 만일의 사태 시 피난 및 유도를 위한 장내 방송, 전화설비 등의 계획(지역에 따라서는 이동통신 수단의 확보를 위한 이동통신 중계설비 설치계획 검토).

2.1 가설 건축공사

(1) 가설 건물

초고층 건축 공사의 경우 대부분 도심지에 위치하며 부지가 상대적으로 협소하고, 대심도 굴착, 대량의 자재 투입, 고소작업, 조립정밀도 요구 증대 등에 따라 가설이동통로, 가설야적장, 임시 제작공간 등의 검토가 선행되어야 한다. 또한 대부분 좁은 부지 전체에 구

조물이 세워지는 관계로 사무실, 실험실, 경비실, 숙소, 화장실 등의 가설건축물이 공정에 따라 이동해야 하는 경우도 있어 이동성이 좋거나 조립 · 해체가 용이하고 경량인 것을 채택하는 것이 유리하다. 아울러 가설 건물에서도 종종 화재가 발생하는 경우가 있어 가능한 한 불연성 재질을 사용하도록 하며 방재설비와 소방설비도 갖추어 만일의 화재 시에도 만전을 기해야 한다.

(2) 외부 낙하 · 비산 방지시설

초고층 건물 공사에서 고층부로부터의 낙하물은 현장 주변에 광범위하게 비산되므로 작업자와 통행자에 대한 안전대책을 사전에 강구해야 함은 주지의 사실이다.

낙하물 방지를 위한 외부 보양시트를 설치할 때 고려해야 할 사항으로는

① 고층화에 따른 풍압의 증가로 풍압에 견딜 수 있는 재질 및 설치 디테일 검토

② 만약의 화재에 대비한 난연처리 자재의 사용

③ 커튼월 설치나 자재반입 시 부분적으로 설치 · 해체가 용이한 구조 또는 유닛화 검토

④ 공정 진행에 따라 상층부로 전용, 반복 사용할 수 있는 경제적 보양계획 수립

등이 있다.

초고층 건물 시공 시 커튼월이 부착되기 전까지 철골조립 작업 시의 용접 및 고력볼트 조임작업, 외주부 기둥 및 슬래브, 보 형틀 · 철근 조립작업, 콘크리트 타설작업, 형틀 해체작업, 내화피복 작업 등의 외주부 작업으로부터 항상 낙하물의 위험이 도사리고 있어 작업자의 추락을 방지하기 위한 안전난간의 설치는 물론, 각종 자재나 공도구의 낙하 · 비래를 방지할 수 있는 수직 낙하물방지망 및 Toe Board 설치계획을 철저히 수립하여 실천해야만 한다.

(3) 내부 추락방지시설

초고층 건물 시공의 특징 중 하나이기도 한 상하 동시작업 진행에 따른 작업자의 안전 확보를 위해 내부 수평비계의 설치가 불가피하다. 하부 작업자의 안전 확보를 위한 시설이기도 하지만 상부 작업자의 고소작업에 대한 불안감 해소 차원에서도 필요한 시설임에 틀림없다.

우선은 데크플레이트 등의 수평구조재나 바다용 형틀 가설재의 조기시공을 계획해야 할 것이다. 수평부재의 조기시공은 추락 및 낙하위험을 차단할 수 있을 뿐만 아니라 상부작업자의 심리적 안정을 확보할 수 있고, 별도의 가설 비계나 안전시설을 설치하지 않아도

되므로 시공계획 시 이 점을 고려하여 공정계획에 반영해야 한다.

건물의 기능상 불가피하게 발생하는 각종 설비용 수직샤프트나 공사용으로 임시 설치되는 각종 Opening의 수평안전망은 몇 개 층 단위로 어떠한 재질과 디테일로 설치할 것인가를 검토해야 한다.

한편, 엘리베이터 샤프트의 경우 Door 부위에 추락 및 낙하를 방지할 수 있는 안전난간을 설치하되 엘리베이터 설치작업을 위해 샤프트 내 출입 시 설치 · 해체가 용이한 구조로 해야 한다. 또 샤프 내의 수평안전망도 엘리베이터의 설치작업에 장해가 되지 않도록 부분적으로 해체 · 재설치가 용이한 구조로 계획해야 한다.

(4) 내 · 외부 비계

초고층 건물의 경우 외주부 전면에 비계를 세우는 것은 경제적으로도 바람직하지 않을 뿐 아니라 시공상으로도 커튼월 설치작업에 지장을 초래하므로, 외주부 골조공사나 외장공사를 가능한 한 외부비계가 없이 시공할 수 있는 공법으로 검토하는 것이 바람직하다. 그러나 외주부 기둥 형틀공사, 외주부 외측 내화피복공사 등 불가피하게 외부비계가 필요한 경우도 발생한다.

일반 건축공사와 마찬가지로 내화피복공사, 천장공사, 벽공사, 계단실공사, 각종 설비공사 등 거의 모든 내부마감공사에서 내부비계를 사용하게 된다.

이때 사용되는 비계는

① 상층부로에의 전용이 용이할 것.

② 수평방향으로의 이동이 용이할 것.

③ 안전하고 신속하게 설치 · 해체할 수 있는 구조일 것.

등의 조건을 갖추도록 계획하는 것이 좋다.

최근에는 소형 고소작업용 전동장비가 많이 개발되어 있어 이 장비들을 활용하면 보다 안전하고 편리한 실내 고소작업이 가능하다. 이러한 소형장비를 적극적으로 사용하고자 한다면 가설 호이스트 설치계획 검토 시에 이러한 소형 장비들의 상하이동에 문제가 없도록 해야 할 것이다.

(5) 가설 구대

장비나 작업자의 이동동선, 자재 반입동선 및 자재야적장을 확보하기 위해 부지의 여건에 따라 때로는 가설 구대를 설치하는 것이 효율적인 경우도 있다. 부지 전면을 굴착하여 부지 전체에 지하구조물을 축조하고 부지 일부분을 고층부로 건축하는 경우에는 공정상 크리티컬 패스에 있는 고층부의 원만한 공정 진행을 위해 가설 구대를 설치하여 자재반입 및 이동통로로 사용하는 것이 가장 효율적이다.(부록그림 1 참조)

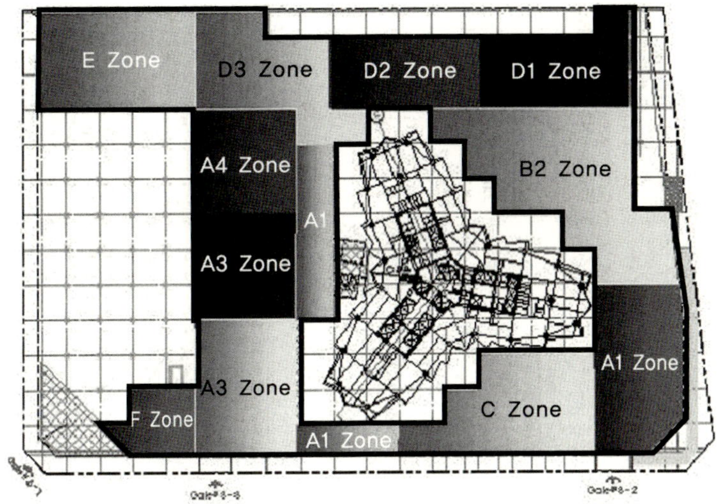

부록그림 1

(6) 셔틀 호이스트(Shuttle Hoist)

건물의 구조시스템에 따라 다르긴 하지만 최상층부 골조가 진행될 때 작업장으로 접근할 수 있는 가설 통로를 어떻게 확보할 것인가에 대한 계획도 사전에 검토하여 예산이나 시공계획에 반영해야 한다. 코어가 철근콘크리트 구조로 되어 있는 초고층 건물의 경우 통상적으로 공기단축을 위해 ACS(Automatic Climbing System) Form을 이용해서 코어 선행공법으로 시공하게 되는데, 이때 선행되는 코어월 층과 뒤따라오는 바닥층 간에 3~6개 층의 갭(Gap)이 생길 수밖에 없으며, 이런 경우 작업자들의 이동통로가 적절히 계획되지 않으면 안 된다. 별도의 셔틀 호이스트(Shuttle Hoist)를 Jumping Up 방식으로 설치하여 운행하는 방법을 많이 쓰고 있다. 골조가 철골구조이거나 철골철근콘크리트구조의 경우에는 철골을 먼저 조립해 나가게 되는데, 이때에는 데크플레이트 등의 바닥구조의 조기시공 검토는 물론 호이스트의 연장설치를 적시에 실시할 수 있어야 하고 코어에 들어가는 비상계단의 조기시공을 고려하지 않으면 안 된다. 장거리 이동은 호이스트를 이용하겠지만

상하 1~2개 층의 단거리 이동은 본 설계단의 조기이용이 가능하도록 공정계획이 수립되지 않으면 가설 비계계단을 설치해야 하는 등의 별도의 작업과 비용이 발생할 수도 있다.

(7) 로딩 데크(Loading Deck)

초고층 건물공사에서 필요한 가시설 중의 하나가 로딩 데크이다. 각층에서 사용되는 가설재나 마감공사에서 필요한 자재들 중에 부피나 중량이 커서 호이스트로 인력운반하기 곤란한 자재들을 각층으로 효율적으로 반입·반출하기 위해서는 타워크레인을 이용하게 되는데, 이때 건물 외주부에 임시로 설치하는 가설 짐받이를 말하는 것으로 건물 외주부의 구조형태에 따라 설치하는 형상을 달리한다(부록그림 2 참조). 로딩 데크를 이용해서 운반해야 할 자재의 양과 이용시점을 고려하여 제작수량과 전용계획을 수립한다.

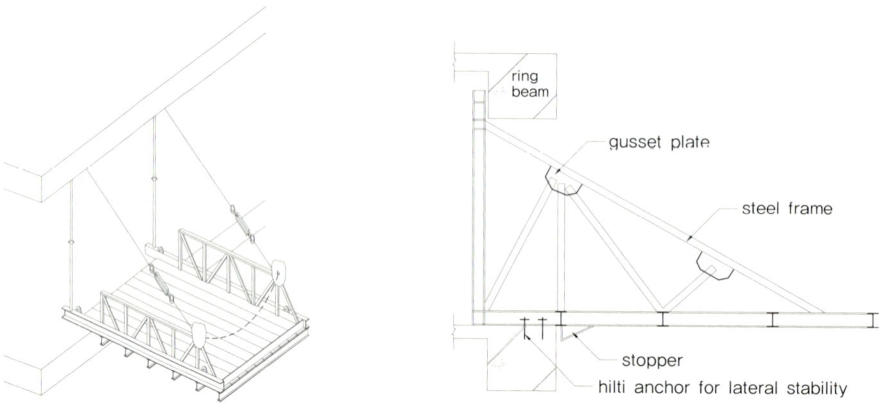

부록그림 2

(8) 동선계획

토공사 시에는 토사반출 차량의 이동동선, 건축 골조공사 시에는 철골, 철근, 콘크리트 등의 주요자재의 반입동선, 마감공사 시의 각종 마감자재의 반입동선, 작업자의 이동동선 등 각 공정단계별 이동동선계획도 면밀히 검토하여 작업 시 혼란을 초래하지 않도록 해야 한다.

통상적으로 초고층 건물공사에서 고층부 골조공사가 진행되고 하층부 마감공사가 시작되는 시기에는 고층부·저층부, 지하부 등 3부분에서 각기 작업내용이 다른 공사가 동시에 진행되어 상당히 혼란스러운 시기이다. 이때는 각 공사부위별로 반입되는 자재와 작업자들이 크게 증가하는 시기로 합리적인 자재반입 동선계획, 자재 적재계획 및 양중계획을 수립하여 동선의 혼란을 최소화하도록 해야 한다.

초고층 공사에서 가설 호이스트의 해체가 늦어지면 외장이나 바닥판 마무리작업이 늦게까지 남아 있게 되어 마감공사에 영향을 미치게 된다. 따라서 후속 마감공사의 조속한 마무리를 위하여 본설 엘리베이터를 조기에 가동하여 가설로 사용하는 계획을 세워야 한다. 이때 본설 엘리베이터를 가설 사용할 수 있도록 하기 위해 로비 주변의 동선계획을 로비층의 마무리공사와 관련하여 검토해야 한다.

마감공사 최종 마무리 시기에는 1층, 로비층의 인테리어공사, 부대토목공사, 조경공사 등이 한꺼번에 복합적으로 진행되어 동선에 혼란을 초래하는 경우가 많다. 이때 주변여건을 고려하여 가능한 한 작업이 집중되지 않도록 공정계획을 수립하고, 이와 함께 각 마감공사의 공정 진척에 따라 적절히 동선을 변경시켜 나가는 동선변경계획을 수립해야 한다.

2.2 가설 설비공사

(1) 개요

초고층 공사의 가설 설비로는 공사용수를 공급하는 가설 급수설비, 만일의 화재에 대비하기 위한 가설소화설비, 공사 중의 우수 및 오수를 처리하는 가설 배수설비, 지하층에 설치하는 가설 환기설비 등이 있다. 가설 소화설비에 대해서는 뒤이어 소개되는 가설 방재설비공사에서 별도로 언급하도록 하겠다.

(2) 가설 급수

골조공사의 진행과 동시에 공사용 가설 용수 및 소화용수를 공급할 수 있도록 사전에 급수계획을 수립해야 한다. 초고층 건물에서 필수적으로 20~40층 단위로 설치되는 중간 기계실 층의 본설 물탱크를 조기시공하여 사용할 수 있도록 공정계획을 수립해야 할 것이다. 일반적으로 중간 물탱크까지의 양수는 본설 배관과 본설 펌프를 이용하고 물탱크로부터 각층으로의 급수는 가설배관과 가설펌프를 이용한다. 물탱크실 하부층의 경우는 중력식 하향급수방식을 사용하고 골조공사가 진행되고 있는 물탱크실 상부층으로는 가압식 부스터방식을 이용한 상향급수방식으로 계획하는 것이 일반적이다.(부록그림 3 참조)

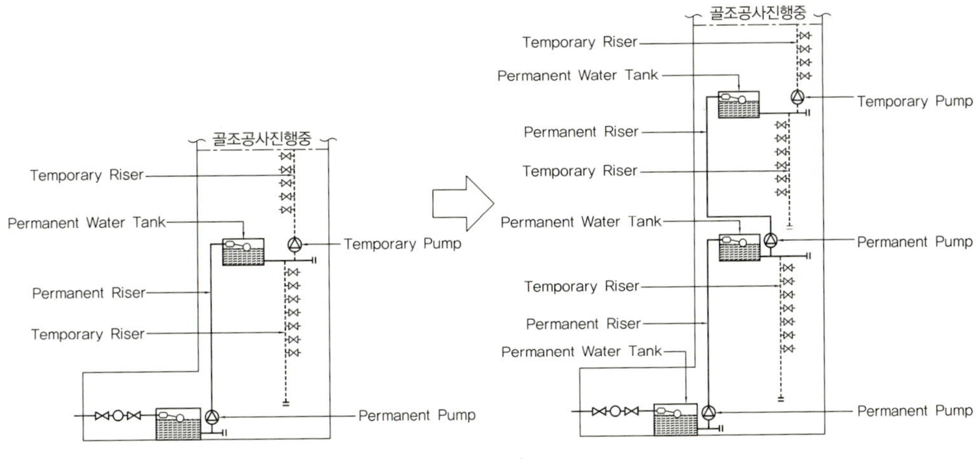

부록그림 3

우리나라와 같이 겨울철이 있는 지역에서는 급수배관의 동파 방지를 위해 열선을 설치하고 보온작업을 하는 것도 고려해야 한다. 또한 가설 배관용 샤프트를 선정할 때는 만일의 누수가 있더라도 다른 공사에 비교적 지장이 없는 장소로 하고 특히 엘리베이터 샤프트나 전기샤프트는 피하도록 한다. 가설 공사용수와 가설 소화용수로 급수를 하고 있으나 종종 근로자들이 작업종료 후 별도로 마련된 세면장을 이용하지 않고 고층부의 급수전에서 세면을 하여 하부층에 누수로 인한 피해를 주는 경우가 발생하므로 용도 이외의 사용을 방지하는 방안도 마련해 두어야 한다.

(3) 가설 배수

공사 중의 배수설비도 본설 배수설비와 마찬가지로 우수와 오수를 나누어 처리하도록 계획한다. 우수의 경우 옥상층 바닥이 완료되면 가능한 한 빠른 시간 내에 본설 배수관을 조속히 시공하고 옥상층에 설치된 드레인과 연결하여 배수할 수 있도록 한다. 골조공사가 진행되고 있는 동안에는 하부층의 마감공사에 우수에 의한 피해를 방지하기 위해 각종 Opening에 지수용 천막과 주변에 임시 방수턱을 설치하는 등의 중간 지수층을 설치하여 우수의 하부층 유입을 막도록 한다. 이때의 우수는 별도의 배관을 설치하여 배수하기보다는 하부층의 마감공사에 영향을 미치지 않는 수직샤프트나 외주부로 유도하여 자연 배수하는 방법을 많이 사용하고 있다.

공사 중에 발생하는 오수는 통상적으로 별도의 가설 PVC배관을 하여 처리한다. 소변기는 각층에 설치하고 대변기는 건물의 바닥면적과 예상 근로자수를 고려하여 2~3개 층마다 한 곳씩 설치한다. 가설 오수배관도 가설 급수배관과 마찬가지로 동절기 동파방지를 위해 열선 설치 및 보온작업을 해 두어야 한다. 배관을 통해 모아진 오수는 해당 지역의 정화시설 설치기준에 따라 직접 오수관로에 연결하기도 하고(하수종말처리장이 있는 지역) 현장 내에 설치한 가설 정화조를 통해 배수하는 경우도 있다.

(4) 가설 환기설비

초고층 건물의 경우 대부분 지하층의 굴착심도가 깊어 각종 지하층 공사에서 발생하는 분진과 용접작업 시 발생하는 매연의 자연배출이 쉽게 이루어지지 않는다. 따라서 지하층 근로자의 작업환경 개선을 위해 드라이 에어리어(Dry Area)나 Opening, 수직샤프트 등을 이용한 강제 급배기설비를 고려해야만 한다. 공사 중에는 각종 Opening이 많아 강제 배기효과가 적으므로 Opening의 위치를 고려하여 효과적으로 공기순환이 가능한 위치에 강제 급기설비만 설치하는 경우가 일반적이다.

2.3 가설 전기공사

건축물 공사에 있어서 가설 전기공급 또한 필수적인 요소 중의 하나로서 가설 전기설비에는 가설 조명설비, 가설 동력설비, 가설 통신설비 등이 있다. 건물이 초고층화 할수록 타워크레인, 가설 호이스트, 용접기 등 공사용 가설장비의 수량과 용량이 증가하며, 이들 장비의 투입시기에 따른 최대 소비전력을 잘 분석하여 가설 동력용 전원 공급계획을 수립해야 한다. 이와 함께 지하실, 계단실과 주요 이동통로 등은 안전의 확보를 위한 가설조명계획도 수립해야 한다. 골조공사가 진행되면 곧바로 마감공종과의 간섭을 최소화할 수 있는 장소에 가설 분전반을 설치하여 본설 전원이 공급이 되기 전까지 각 공종에서 가설 전력을 사용할 수 있도록 해야 한다. 요즈음에는 무선 이동통신이 발달하여 이동통신 기기에 의한 통신이 일반화하고 있지만 국가나 지역에 따라서는 현장의 긴급연락이나 공지사항 전달을 위한 인터폰 설비 및 방송설비도 고려해야 한다. 이동통신 기기의 사용을 위해서는 지하층이나 고층부에서 통신장애가 발생하지 않도록 무선 중계설비를 갖추어 공사 참여자 간의 커뮤니케이션에 문제가 없도록 해야 할 것이다.

가설 전기설비계획을 수립할 때 고려해야 할 사항을 살펴보면 다음과 같다.

공사 중에는 지수 및 방수가 완벽하지 못해 우기에는 누수에 의해 작업장이 습윤상태로 유지되는 경우가 많아 누전에 의한 감전사고의 위험이 높으므로 가설 배선을 가능한 한 가공선로를 이용하는 것이 좋다.

가설 분전반은 공사 중에 후속 공사의 작업에 지장이 적고 가능한 한 이동을 최소화할 수 있는 위치에 설치한다.

만일의 누수에 분전반이 노출될 것을 대비하여 방수형을 사용토록 하고 누전차단기를 반드시 부착하여 사용한다.

코어 부위의 가설 조명을 위한 가설 배선은 콘크리트를 타설하기 전에 가설 케이블을 미리 매입하여 사용하는 것이 코어 외부로부터 가설 인입하는 번거로움과 위험을 배제할 수 있어 보다 안전하고 경제적일 수 있다.

가설 전기 인입용량에 관해서는 피크 시 일정 기간 임시로 발전기를 사용하는 것이 피크 시에 필요한 최대용량으로 인입하는 것보다 경제적일 수 있다.

초고층 건물에서의 가설 조명을 효율적으로 관리하기 위해 자동조명제어 시스템을 도입하여 야간에는 자동소등이 되도록 하고 야간작업이 시행되는 층만 작업요청에 의해 점등하면 가설 전기료를 절감할 수 있다.

2.4 가설 방재설비공사

초고층 공사에서 추락, 낙하, 비래 등의 고소작업에 의해 발생하는 위험요인에 대한 안전관리가 주요 관리 포인트이기도 하지만 공사 중에 화재의 위험에도 자주 노출되어 화재의 예방과 진압에 대한 계획도 철저히 수립하고 시행해야 한다. 공사 중에는 본설의 방재설비가 가동되기 전으로서 화재에 대한 대비책을 마련해 두지 않은 채 공사 중에 만일의 화재가 발생하였을 경우 방화구획 및 소방시설의 미완성으로 화염의 확산속도가 빠르고, 또한 커튼월의 미완성으로 강풍에 의해서도 화재가 급속히 전파될 우려도 있으며 불안전한 피난계단이나 가설 통로에 의한 피난의 어려움 등으로 치명적인 손실을 초래할 가능성이 높다.

건설현장에서 발생하는 화재의 원인으로는 용접불똥, 담배꽁초, 인화성 물질 및 가연성 물질 취급 부주의, 가스 축적 폭발, 전기 누전 · 합선 · 과부하, 취사기구 및 전열기구 사용 부주의 등이 있다. 화재의 원인이 되는 요소들의 제거를 위한 교육 및 관리가 선행되어야 하겠지만 그럼에도 불구하고 사소한 부주의의 결과로 화재가 발생하는 경우가 있으므로 화재발생에 대비한 방재 및 소화설비를 갖추어 두어야 한다.

기본적으로 각층에 이동용 분말소화기를 눈에 잘 띄는 장소에 비치하여 화재발생 시 초기진압에 사용할 수 있도록 한다. 소화기에 의한 초기진압에 실패할 경우를 대비하여 각층의 가설 급수배관에 가설 용수용 수전 외에 별도의 수전에 가설 소화전을 설치하여 화재 시에 사용하도록 하며, 가설 분전반과 마찬가지로 역시 후속 공사에 지장이 가장 적은 장소를 선택하여 설치하도록 한다.

그 외 화재경보설비도 함께 계획하여 만일의 화재 시에 신속한 전파 · 대피진압 등의 대응활동이 가능하도록 한다. 근로자의 이동이 가장 많은 코어 위와 기타 마감작업이 많은 부위에 가설 화재감지기를 설치하고 가설 사무실의 중앙통제반으로 연결하여 화재발생 사실의 신속한 전파가 이루어지도록 한다. 감지기 외에도 각층에 화재발신기를 설치하여 최초 발견자의 발신기 작동으로 사무실로의 전파 및 경보음의 발령으로 근로자가 신속히 대피할 수 있도록 한다. 또한 비상사태의 공지 및 피난유도 방송을 실시할 수 있도록 방송설비시스템을 구축하는 것이 바람직하다.

초고층 공사에서 많이 도입되고 있는 코어 선행공법에서는 시스템 거푸집의 발판까지 가설 소화전을 설치할 수 있도록 시공계획 시에 가설 급수배관을 계획하도록 하며, 짧은 기간에 자주 클라이밍을 실시함으로 인해 발생하는 가설 배관 연결의 공백에 대비하여 발판의 상부에 확산소화기를 설치하는 것도 보다 만전을 기할 수 있는 대비책이 될 수 있다.

2.5 지수공사

초고층 건물 공사에서 원만한 마감공사의 진행을 위해 반드시 계획해야 할 가시설이 지수설비이다. 초고층 건물 공사의 경우 대부분이 공기단축을 위해 골조공사가 아주 짧은 사이클의 주기로 시행되고 있으며, 뒤이어 또한 빠른 속도로 마감공사가 뒤따르는 것이 일반적이다. 마감공사가 기후의 영향을 덜 받으며 골조공사의 스피드를 따라가자면 우천시에 하부층으로의 우수유입을 방지할 수 있는 지수대책이 반드시 필요하다. 건물의 설계형상에 따라 수직샤프트나 임시 Opening을 몇 개 층 단위로 어떠한 방법으로 우수유입 방지시설을 할 것인가를 검토해야 한다. 일반적으로 천막류를 이용하여 Opening 부위를 폐쇄하고 주변은 임시 방수턱을 조성하여 우수가 직접 실내 측으로 낙하하지 않고 외주부나 후속 마감공사에 지장을 주지 않는 수직샤프트를 통해 배출될 수 있도록 한다.

그림의 경우는 설비용 샤프트나 엘리베이터 피트, 계단실 등 공사 진행 중에 수직으로 개구부가 형성되는 부위에 가설로 지수설비를 설치한 사례이다. 초고층 건물의 시공에서는 골조공사의 진행과 더불어 마감공사도 일정한 간격으로 진행되지 않으면 계획공기를 준수하기 어려우므로 각종 대비책을 마련하지 않으면 안 되는데, 이를 위해서 지수대책이 반드시 마련되어야 한다.

3. 장비계획

3.1 개요

초고층 건물 공사에서 중요한 역할을 하는 장비로는 중량물이나 장척물, 기타 부피가 큰 자재를 양중하는 타워크레인, 중량물 이외의 일반 자재를 양중하고 작업인력을 수송하는 가설 호이스트, 콘크리트를 양중하는 콘크리트 펌핑 장비 등이 있다. 그 외에 타워크레인의 작업반경이 미치지 못하는 부위의 중량물 운반이나 양중부하 경감을 위해 사용하는 모바일크레인(Mobile Crane), 고소작업장비, 가설 곤돌라 등이 있으나, 여기에서는 초고층 건물 공사에서 공사 진행에 가장 많은 영향을 끼치는 타워크레인과 가설 호이스트에 대해 검토해 보기로 하며, 콘크리트 펌핑 장비에 대해서는 콘크리트공사에서 별도로 언급하기로 한다.

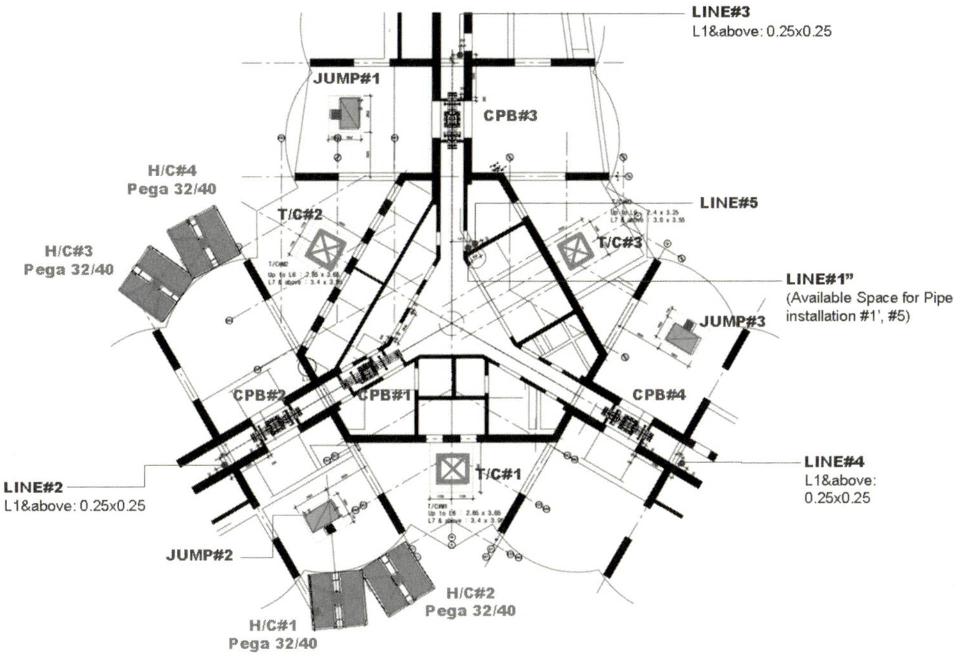

Burj Dubai The Tower Project 장비배치계획 사례

3.2 타워크레인(Tower Crane)

초고층 건물 공사에서 철골, 철근, 거푸집, 설비배관용 파이프, 펌프류 및 공조기 등 장비류, 엘리베이터 모터, 마감용 자재, 기타 가설재 등 중량물이나 장척물, 대형 자재의 양

중을 위해서 없어서는 안 되는 필수적인 장비가 타워크레인이다.

타워크레인을 선정할 때는 단일부재 최대 중량과 설치예정 위치까지의 거리에 따라 타워크레인의 용량을 결정하고 양중부하, 현장여건과 해당 지역의 장비시황 등을 고려하여 기종을 결정한다.

설치대수 및 설치기간은 타워크레인으로 양중해야 하는 자재의 수량과 양중 Cycle Time, 작업시간, 장비가동효율 등의 각종 Factor를 계산하여 산출한다. 층수와 면적이 같더라도 건물의 구조에 따라 중량물의 양중부하가 달라 타워크레인의 설치대수가 달라지게 된다. 철골구조(S조)의 경우 철골의 양중 부재수가 많아 가장 많은 대수가 필요하고, 다음으로 철골철근콘크리트구조(SRC조), 철근콘크리트구조(RC조) 순으로 타워크레인의 필요대수가 감소하는 것이 일반적이라고 보면 큰 무리가 없을 것이다.

중저층 건물 공사에서는 건물 외주부에 기초고정 자립형(Free-Standing Type)으로 타워크레인을 설치하는 경우가 많으나 초고층 건물 공사에서는 마스트(Mast)의 연장에 따른 수직하중에 대한 구조적 한계와 외장마감공사에 대한 영향으로 외주부에 자립형으로 설치하는 경우는 거의 없고, 골조공사가 진행되어 감에 따라 타워크레인이 건물의 골조에 지지하여 올라가는 클라이밍(Climbing)형을 설치하는 것이 일반적이다.

타워크레인의 설치위치는 양중해야 할 최대중량과 작업반경, 건물의 구조, 설치 및 해체 용이성, 타워크레인 설치를 위한 구조보강, 향후 클라이밍의 효율성, 후속 마무리공사, 건물의 셋백형태, 회전 시 주변건물이나 인접 타워크레인 간의 상호간섭, 동선계획 등을 종합적으로 고려하여 구조적으로 안전하고 효율적인 위치로 결정한다.

앞서 언급한 여러 가지 요인을 종합적으로 검토하여 기종을 선정하고 설치위치를 결정해야 하는데 모든 요인이 유리하게만 작용하지 않는 경우가 대부분이다. 이러한 경우 어떤 요인이 현장 운영효율 측면이나 투자원가 측면에서 가장 결정적으로 영향을 미치는지 우선순위를 정한 후 그 순위에 따라 경제성을 검토하여 결정하도록 한다.

이렇게 하여 타워크레인이 선정되고 나면 설치계획, 운영계획, 해체계획 등을 구체적으로 수립하도록 한다. 특히 초고층 건물 공사의 경우에는 타워크레인이 클라이밍 방식으로 상부로 이동하게 되므로 구조검토 및 보강계획이 면밀히 검토되어야 한다.

3.3 가설 호이스트(Hoist)

건물이 고층화할수록 타워크레인 못지않게 중요한 장비가 가설 호이스트로서 중소형 자재의 양중과 작업자들의 수송을 위해 절대적으로 필요한 장비이다. 양중해야 할 자재의 양과 수송해야 할 작업자의 수, 검토대상 장비의 성능 등을 고려하여 양중장비의 대수를 산정한다.

자재양중의 경우 건물의 구조와 용도에 따라 타워크레인에 의해 양중하는 자재를 제외한 양중자재의 양을 별도로 산출하거나 시공사례 조사를 통해 단위면적당 양중량을 산출하여 양중장비의 소요 대수를 산정한다. 인력수송을 위한 장비대수는 공정 진행단계별로 피크 출역인원을 수송하는 데 무리가 없도록 산정해야 한다. 자재와 인력수송을 위해 필요한 장비수량을 각각 산정한 후 합산하여 장비대수를 산정하고 출 · 퇴근 시와 중식이동 시의 대기시간을 최소화할 수 있는 시간 이내에 인력을 수송할 수 있는지 여부를 검토한다. 보통 호이스트의 설치대수를 결정하는 데 작업자의 수가 최고점에 이르렀을 시기의 출근 시의 작업자 수송이 크리티컬하게 영향을 미치는 경우가 많다. 물론 작업자의 수가 최고점에 도달한다는 것은 작업량이 최고점에 도달하여 그만큼 운반해야 할 자재의 양도 최고점에 도달한다는 것을 의미하고, 이때 자재양중에 병목이 발생하지 않도록 장비수량을 산정해야 할 것이다.

장비 사용 효율을 높이기 위해 인력이동의 러시아워 시에는 전체 호이스트를 인력수송에 할당하고 그 외 시간대에는 인력수송 전용과 자재수송 전용으로 구분하여 운행하는 것이 바람직하다. 또한 효율적인 장비대수 산정을 위해 일부 자재의 양중이나 쓰레기 처리 등은 야간을 이용하도록 하는 방안도 검토해 볼 필요가 있다. 그리고 자재와 인력이 증가한다고 해서 최대 피크 시의 소요 장비를 모두 투입하도록 계획하는 것은 가설 장비비의 증가를 초래하고 후속마감공사의 조기시공에 장해가 되므로 바람직하지 않다.

따라서 가설 호이스트의 설치대수와 설치기간의 최소화를 위해 본설 엘리베이터의 조기시공을 계획해야 한다. 특히 초고층 건축에서는 본설 엘리베이터의 조기 가동이 전체 공정관리에 막대한 영향을 미치므로 공정 진행에 따라 단계적으로 본설 엘리베이터를 가동시킨 후 가능한 한 빠른 시기에 가설 호이스트를 해체하고 후속마감공사를 할 수 있도록 해야 한다.

그 외 골조공사가 진행됨과 동시에 엘리베이터 샤프트에 본설용 가이드레일을 조기시공하고 유닛화 된 기계실을 Jumping Up해 가는 셋업(Step-up) 방식의 가설 엘리베이터를 설치하여 사용하는 방안도 검토해 볼 수 있다. 이는 가설 호이스트의 설치에는 한계가 있고 양중부하가 많아 효율적인 양중이 곤란한 경우 적극 검토해 볼만하다.

초고층 건물 공사의 경우에는 고층부로 양중해야 하는 인력과 자재의 양이 많아서 소요 호이스트의 대수가 많아질 수밖에 없다. 이때 다수의 호이스트를 모두 외주부에 설치하게 되면 일정 기간 외장공사를 마무리할 수 없어 실내 마감공사를 원만히 진행할 수 없는 경우도 발생한다. 건물 내부에 설치하는 경우에는 호이스트 설치위치의 잔여 마감공사가 공정관리에 불리한 요소로 남게 된다.

그러므로 호이스트의 설치위치를 선정할 때는 건물의 구조, 평면형태, 마감자재, 요구 공기 등을 종합 검토하여 결정하도록 한다. 때로는 별도의 공동타워(Common Tower)를 설치한 후 호이스트를 배치하는 것이 마무리 외장공사를 최소화하고 후속마감공사의 조속한 진행으로 전체 공정관리상 유리할 경우도 있으므로 고려해 볼 수도 있다.

4. 양중계획

4.1 개요

건축물의 초고층화나 대규모화 따라 작업자 수 및 자재의 수량이 증가하고, 그로 인해 양중시간이 증가하여 작업능률의 저하를 초래하고 있다. 이를 해결하기 위해 양중장비의 성능 향상을 도모하거나 효율적인 공정계획을 수립하여 소요의 장소에 작업자와 자재를 적시에 수송하는 것이 필요하다.

초고층 건축의 양중계획에 있어서는 양중내용을 분석하여 이에 적합한 양중장비를 계획하고 그 성능의 향상을 도모하는 것과 함께 제한된 양중설비로 방대한 양중량을 계획적으로 수송하기 위해 양중량의 평균화나 양중부하의 경감을 도모하는 등의 종합적인 검토가 필요하다.

건물의 높이, 층고, 층수, 양중장비의 승강속도, 왕복 중 정지시간, 양중량, 양중장비의 가동률 등으로부터 총 양중 소요시간을 계산하여 초고층화에 따른 양중능률을 검토하고 1왕복 시 정지횟수 및 정지 소요시간(장비 문 개폐시간, 인력 승하차시간, 자재 상하차시간), 수송정원, 적재용량, 장비의 승강속도, 수송능률 등으로부터 작업인력 및 자재 수송능률을 산출한다.

수송능률을 검토한 결과 피크 시 양중부하가 수송 가능 양을 초과하게 되면 전체공기에 영향이 없는 공종의 작업투입시기 및 시공속도를 조절하여 양중량을 평균화하고 양중부하를 경감하는 대책을 수립해야 할 필요가 있다.

이와 같이 평균화 및 부하경감대책을 시도해도 양중장비의 Capacity를 초과하는 시기가 있을 수 있다. 이러한 경우 양중작업시간을 연장할 것인가, 양중장비를 추가 설치할 것인가의 어느 쪽이든 선택하지 않으면 안 된다. 그러나 작업시간의 연장은 노무계획상 바람직하지 않은 방법이고, 양중량이 최대에 이르는 기간이 짧기 때문에 이를 위한 양중설비의 증설은 시공계획이나 경제성 측면에 있어서 좋은 대책이라 할 수 없다.

따라서 양중작업의 효율화를 위해 가설 양중장비에만 의존하지 말고 본설설비의 조기이용에 의한 양중부하의 경감을 적극 고려하는 것이 바람직하다. 또한 가설 설비를 장기간에 걸쳐 공사 말기까지 가동하는 것은 그 자체로 잔여공사의 마무리가 늦어져 공정의 혼선을 초래하기 쉽다. 그러므로 가설 설비에 의한 양중을 조기에 본설설비로 전환하여 양중작업의 합리화를 도모하는 것이 중요하다고 할 수 있다.

4.2 자재 양중

자재의 양중계획을 수립할 때에는 길이가 긴 자재, 중량물, 경량이지만 부피가 큰 자재, 판재류 등 중량과 형상별로 분류하여 자재를 검토해야 한다. 물론 그 이전에 호이스트의 선정 시 자재의 종류 및 최대규격을 파악하여 호이스트의 케이지 크기를 결정하면 양중효율을 높일 수 있다. 건물이 고층화할수록 양중해야 할 자재의 양이 급증하고 이의 양중에 많은 시간과 장비가 투입되어야 하므로, 가능한 한 단순 인력에 의한 소운반을 최소화하고 양중효율의 극대화를 위해 규격별로 패킹화하여 팔레트나 대차를 이용한 양중을 실시하는 방안을 계획하는 것이 바람직하다. 또한 패킹 시에는 쓰레기가 최소화될 수 있도록 하여 호이스트의 운행부하를 줄이고 폐기물처리량도 감소시킬 수 있도록 해야 한다.

그리고 이와 함께 현장에 도착한 자재의 하차에서부터 수직으로 양중한 후까지 수평이동의 기계화(소형 전동리프트, 지게차, 대차, 팔레트 등 사용)를 통해 양중이나 운반의 효율을 높이도록 계획해야 한다.

사진의 사례와 같이 자재를 블록화하여 다른 공종의 자재 양중 시 동시에 양중하는 것도 자재의 양중횟수를 감소시켜 양중부하를 경감할 수 있도록 하는 방안 중의 하나이다.

작업자의 이동과 자재운반 동선의 혼란을 방지하기 위해 자재양중 전용과 인력수송 전용 호이스트의 출발 층을 분리하는 방안도 검토해 볼 필요가 있다.

출퇴근 등 인력수송 피크 시에는 자재양중 전용 호이스트를 인력수송으로 전환하여 사용하는 것도 계획 시 고려하도록 한다.

4.3 인력 양중

초고층 공사에서 호이스트 장비계획 시 가장 어려운 부분이 효율적으로 인력수송이 가능하면서 최적의 장비대수를 산정하는 것이라고 할 수 있다. 적정의 수량의 호이스트를 배치하지 못하면 출퇴근과 중식시간 이동 시에 작업인력들의 대기시간이 길어지고 작업시간의 감소로 생산성이 크게 저하될 수밖에 없고, 너무 여유가 있게 장비를 투입하면 장비 가동효율의 저하로 가설 장비비용의 낭비가 발생하게 된다.

예상 출역인원을 가능한 한 정확히 산정하고 각 공정단계별 예상 피크부하를 잘 검토하여 가장 적정한 장비수량을 산정하도록 한다. 장비계획에서도 언급하였듯이 자재양중을 위한 장비대수와도 종합적으로 검토해야 함은 물론이다.

이와는 별도로 피크 시에는 공종별로 출역시간과 중식시간에 편차를 두어 일시에 양중부하가 걸리지 않도록 하는 방법도 고려한다. 특히 중식을 위한 이동에 시간 손실이 많이 발생할 우려가 있는 초고층부의 작업인력에 대한 중식 수송대책도 검토하도록 한다.

공정계획 시에 선후 공정 간의 여유시간의 조정을 통한 인력의 레벨링을 실시하여 출역인력의 급격한 증가가 없도록 계획하는 것도 중요하다.

간접적이지만 공법계획 시 가능한 한 공장에서 프리패브(Pre-fab)화, 유닛화 하는 공업화 시공을 고려하는 것도 중요하다. 현장에서는 단순조립만 하도록 계획하여 현장 출역인원을 최소화하도록 하는 것이다. 이는 양중장비의 수량에만 영향을 미치는 것이 아니라 급수, 배수, 가설 사무실, 쓰레기 등 모든 가시설의 부하를 줄이는 효과도 있으므로 모든 공종에서 적극적으로 프리패브화와 유닛화를 검토하는 것이 바람직하다.

5. 측량계획

초고층 공사에서 고층부까지 골조를 형성해 나가는 동안 정밀한 측량에 의해 건물의 수직도를 관리하지 않는다면 건물을 똑바로 세울 수 없을 뿐만 아니라 엘리베이터 공사 및 마감공사에 심각한 영향을 미치게 되고, 심한 경우에는 건물의 구조적 안전에도 영향을 미칠 수가 있다. 따라서 공사를 착수하기 전에 기준점(Bench Mark) 위치의 선정 및 관리 방안에서부터 측량시기, 측량방법, 측량데이터 관리계획, 보정계획 등 종합적인 측량계획을 수립하고 추진해 나가야 한다.

초고층 건물의 경우 기초에 작용하는 수직하중이 매우 커서 기초의 침하가 발생하기도 하므로 침하가 구조계산에서 예상한 값의 범위 내에 있는지, 또는 부등침하가 발생하지 않는지 등의 확인을 위해 기초 레벨의 정기적인 측량을 할 필요가 있다. 이때 측량의 기준이 되는 기준점은 침하의 우려가 없고 훼손의 가능성이 적은 위치에 설치되고 관리되어야 한다.

특히 초고층 건물에서 부등침하가 발생할 경우 건물에 상당히 심각한 영향을 미치게 되므로 측량에 의해 건물의 거동을 사전에 파악하고 대처할 수 있어야 한다. 말뚝기초로 시공된 건물의 경우에는 반드시 침하량을 정기적으로 측량하여 변화추이를 관찰해야 한다.

그 외에 건물의 수직도, 비틀림, 코어월이나 기둥의 쇼트닝(Shortening), 각층의 레벨(수직거리) 등을 각 항목별로 정기적으로 측량하여 설계도서에서 표기된 치수대로 시공이 유지되는지, 스펙에서 제시하는 오차범위 내에서 시공이 되고 있는지 확인하고 필요시 보정계획을 수립하여 반영하도록 한다. 최근에는 GPS(Global Positioning System) 측량기술이 발달하여 전통적인 장비에 의한 측량 이외에 GPS측량도 동시에 실시하여 건물의 정밀시공을 유도하고 있다.

특히 건물의 수직도 측량 시에는 보통 일사에 따른 온도팽창에 의한 건물의 변형이 없는 아침 7시경에 측량을 실시하여 측량값의 왜곡이 최소화되도록 한다.

6. 공정계획

6.1 개요

초고층 건물 공사에서 공정계획 수립 시 가장 중요한 것은 외기의 영향을 가장 많이 받으면서 가장 많은 시간이 소요되고 크리티컬 패스(Critical Path)가 되는 골조공사 기간의 산정일 것이다. 제시된 목표 공기를 달성하기 위해서든지, 아니면 가장 적절한 공기를 산정하기 위해서든지 크리티컬 패스상에 놓이게 되는 골조공사의 시공속도를 가장 먼저 검토해야 한다.

공사기간을 산정하기 위해서는 해당 국가 · 지역의 기후조건(강풍, 강설, 강우, 혹한기, 혹서기 등 악천후일수)과 휴무일(국경일, 일요일 등)을 조사하여 작업불능일수를 산정하고, 작업가동률을 먼저 산출한다. 건물의 구조형식과 규모, 적용 공법 등에 따라 실 작업일수(Working Day) 기준으로 1개층 골조공사에 소요되는 주기 공정일수를 설정하고, 이를 앞서 산정한 작업가동률로 나누어 캘린더 데이(Calendar Day)를 산출하여 소요 공기를 산정하게 된다.

≪UAE Burj Dubai 프로젝트 개략공기 산정 시 작업가동률 검토 사례≫

- 휴 일 : 52일
- 국경일 : 14일 (UAE 기준)
- 라마단 : (30－4)×0.3＝8일 (휴일 중복 4일 제외)
  - * 라마단시기에는 오후2시에서 5시까지 3시간 작업중단으로 3/9＝33%의 작업손실 발생
- 혹서기(39~40℃ 이상) : (78－6)×0.44＝32일
  - * 2 Shift로 1일 18시간 작업을 계획하나 혹서기에는 주간 8시간(44%) 작업불가로 가정
  - * 통계상 혹서기 기간 동안 금요일 6일 중복
- 강 풍(10m/sec 이상) : 10일

작업불능일 합계 : 116일

작업가동률＝(365－116) / 365×100＝68%

1개층 실 작업일수가 4일인 경우

1개층 캘린더 데이는 4일 / 0.68＝5.88일 ≒ 6일

각층별로 층고 변동이나 작업조건의 변동사항을 고려하여 층별 실 작업일수를 설정하고, 이를 예에서 설명한 바와 같이 작업가동률로 나누어 캘린더 데이 공기를 산출하여 전체공기 산정기준으로 활용한다. 이 방법은 Total 개략 공기 산정을 위해 사용하고 실제 정확한 공정표 작성을 위해서는 P3나 Sure Track 등의 공정표 작성 Tool에 캘린더상의 작업불능일을 실제 일자에 입력한 후 프로그램을 실행시켜 실 공정 진행일자를 산출하도록 한다.

기준층의 작업일수를 가정하고 공기를 검토한 결과 제시된 목표공기의 달성이 불가능한 것으로 판단되는 경우에는 공기를 단축할 수 있는 공법의 도입이나 작업부위를 분할하여 단계적으로 시공하는 조닝계획을 수립하여 기준층의 작업일수를 단축하는 방안을 마련해야 한다.

이와 같이 골조공사 기간이 산정되고 나면 건물의 용도별로 마감공사의 작업량을 분석하여 적정 마감공사 기간을 산정하고 TAB 및 준공청소 기간을 반영하여 전체공기를 산정하게 된다. 물론 이에 앞서 말뚝공사나 터파기공사, 기초공사 등의 기간은 별도로 기존 공사와 동일하게 공사기간을 산정하여 합산하도록 한다.

6.2 마일스톤(Milestone) 관리

초고층 프로젝트가 주로 해외에서 발주되고 있으며, 해외 프로젝트의 공정관리상 주요한 관리 포인트 중의 하나가 Milestone 관리이다. 국내와 같이 제네콘에게 공사 전체를 일괄발주하는 경우가 드물고 말뚝공사, 기초공사, 골조공사, 커튼월공사, 엘리베이터공사, M&E공사, 마감공사 등 여러 패키지로 분리하여 NSC(Nominated Sub-Contract)형태로 발주하는 경우가 많다. 이때 일반적으로 골조공사를 맡아 공사 전체의 관리책임을 지게 되는 제네콘의 공정관리 일정에는 여러 가지 준수해야 할 Milestone이 입찰조건으로 제시되기도 한다.

예를 들면 용도별 골조완료 시기, 지정된 층별 골조완료 시기, 일부 지정용도의 공사완료 후 인도시기, 냉·난방설비의 가동시기, 일부 엘리베이터의 가동시기 등 공사기간 중에 부분적으로 완료해야 할 부위나 기능, 설비 등을 Milestone으로 제시한다.

따라서 이렇게 입찰조건으로 제시된 Milestone을 준수할 수 있도록 하기 위해 각 공종별로 Resource(자원 : 자재, 인력, 장비 등)의 투입을 조정한 공정계획을 수립할 필요가 있다. 때로는 정해진 Milestone을 기준으로 역공정을 수립하여 선행공정의 일정계획과 자원의 투입계획을 수립하는 것이 효과적일 경우도 있다.

6.3 Cycle공정관리

초고층 건물은 일반적으로 다수의 동일한 기준층(Typical층)의 반복으로 구성되므로 공정계획 수립의 기초는 단위기준층 공사의 공정을 수립하는 것이라고 할 수 있으며, 이 기준층 공사가 반복 시행되면서 전체공사가 진행된다고 볼 수 있다.

이때 동일한 작업이 반복 시행되는 공정을 Cycle 공정이라고 하며 자원 투입량의 조절을 통해 선후공종과 관련 공종의 진행속도가 일정하게 유지되도록 계획하는 것이 중요하다. 공종별로 Cycle 공정의 스피드에 차이가 발생하면 일부 공종에서 작업 대기시간이 발생하여 효율적인 공정관리가 되지 못하고 단위작업량 대비 인건비 투입이 증가하여 공사단가의 상승을 초래하게 된다.

Cycle 공정계획을 잘 수립하여 시행하게 되면 반복작업에 따라 숙련도가 향상되는 습숙효과에 의해 시공속도가 빨라지는 등 공정관리 효율이 증가하는 이점이 있다.

7. 기초공사

초고층 건물의 경우 건물의 자중이 매우 커서 기초에 작용하는 수직하중이 커짐에 따라 기초를 두께가 매우 두꺼운 매트(Mat) 기초형식으로 설계하는 경우가 대부분이다. 따라서 기초콘크리트가 매스콘크리트가 될 수밖에 없다. 그리고 크리티컬 패스 상에 있는 기초공사의 공기를 단축하면서 양호한 품질의 공사를 하기 위해서는 매스콘크리트의 수화열을 관리할 수 있는 대책이 필요하다.

매스콘크리트의 경우 양생 시 콘크리트의 내부에서 발생한 수화열이 밖으로 배출되지 못하고 내부에 축적되어 내부온도가 상승하고, 이때 콘크리트의 표면부 온도와의 차이에 의해 온도응력이 발생하고 이에 의해 콘크리트에 크랙이 발생하게 된다. 이 크랙에 물이 침투하면 철근이 부식하게 되어 시간이 경과함에 따라 결국 기초의 구조성능이 저하되어 건물의 구조적 안전을 위협하게 된다. 따라서 가능한 한 수화열의 발생을 최소화할 수 있는 콘크리트 배합설계를 하도록 하고 단순히 배합설계로 해결할 수 없는 경우 물리적인 수화열의 감소대책을 마련해야만 한다.

그 한 예로 기초 배근공사 시 미리 통수용 파이프를 일정 간격으로 설치하고 콘크리트 타설 후 이 파이프에 냉수를 순화시켜 매스콘크리트 내부온도의 상승을 막는 파이프 쿨링 시스템도 있다.

8. 철골공사

초고층 건물의 철골공사에서 가장 중요한 관리항목으로는 공기달성을 위한 Cycle공정관리와 고소작업의 안전 확보대책 등이 있다. 제한된 양중장비로 목표한 공기 내에 자재를 양중하여 조립·설치하기 위해서는 사전에 철골자재의 반입계획 및 양중계획을 철저히 수립하여 일정한 Cycle공정으로 반복 시행되어야 할 것이다.

효율적인 양중을 위해 철골자재를 번들(Bundle)상태로 일시에 바닥 조립이 완료된 층으로 양중한 후 개별 부재를 분리하여 설치함으로써 양중횟수 및 양중거리를 최소화하거나, 소형 부재의 경우에 지상에서 미리 블록으로 조립한 후 블록단위로 양중하여 설치함으로써 양중횟수를 줄이는 방안을 고려해 볼 수 있다. 이를 위해서는 조립부위별로 부재의 누락 없이 자재를 반입할 수 있도록 패킹계획과 반입계획을 잘 수립해야만 한다.

고층화하면서 점점 고소작업이 증가할 수밖에 없으므로 작업자의 추락이나 공도구 및 자재의 낙하에 대한 대비책도 철저하게 마련되어야만 한다. 철골조립 중에 작업자의 이동 및 작업을 위한 안전난간이나 작업발판 등은 사전에 철골부재에 조립되어 양중될 수 있도록 계획하는 것이 바람직하다. 철골 Shop Drawing 시 안전시설을 위한 부착물들이 반영되어 철골제작공장에서 부착되어 반입되도록 하면 더욱 효율적이다.

9. 철근콘크리트공사

9.1 형틀공사

초고층 건물의 경우 구조계획상 횡력 지지효율이 좋은 RC구조 코어월시스템(Core Wall System)을 채택하는 경우가 많은데, 이 코어월을 기존의 녹다운(Knock-down) 방식의 형틀이나 갱폼(Gang Form)으로 시공한다면 위층으로 형틀자재를 양중할 때 인력이나 타워크레인을 이용할 수밖에 없는데, 이때 형틀의 탈형 및 양중, 재설치에 많은 시간이 소요되거나 타워크레인의 양중부하가 가중되어 짧은 공기 내에 초고층 건물의 골조공사를 수행하기에는 무리가 따를 수밖에 없다. 따라서 코어골조의 시작 시에 형틀을 유닛시스템으로 조립한 후 매번 분리해체하지 않고 형틀시스템 자체가 스스로 위층으로 올라가는 ACS(Automatic Climbing System) Form을 이용한 코어 선행공법을 적용하는 것이 가장 효율적이다.

코어 선행공법의 적용 시 고려해야 할 사항으로는

① 코어 내부벽체의 ACS 선행시공 또는 후행 건식화 시공 여부 검토 : 벽체의 두께, 벽체 간 간격 등을 검토하여 Form의 조립 가능여부를 판단

② 클라이밍 유닛(Climbing Unit) 분할계획 : 평면형태 및 유압 잭의 용량을 고려

③ 고층부에서의 셋백 등을 고려한 유닛계획

④ 층고변화에 대응 가능한 Form Height 결정 및 Adaptor 계획

⑤ 계단실 시공계획 : 작업동선과 피난동선의 확보를 위해 조속 시공이 필요

⑥ 코어 내부바닥(Slab) 시공계획

⑦ 엘리베이터 레일 Supporting Beam의 설치계획

⑧ 철골 빔 이음용 임베디드 플레이트(Embedded Plate) 및 전기 · 설비 각종 슬리브 설치계획

⑨ 클라이밍 슈(Climbing Shoe)용 앵커위치 선정

⑩ 점핑 호이스트(Jumping Hoist) 설치계획

⑪ CPB(Concrete Placing Boom)의 위치 선정

⑫ 타워크레인 위치 선정

⑬ ACS Form 작업 시의 방재 및 피난계획 등이 있다.

코어 이외의 기둥이나 보, 슬래브가 RC구조로 설계되어 있는 경우에도 코어 선행공법에 의한 사이클 공정과 같은 스피드로 시공할 수 있는 적절한 System Form 공법을 계획해야 한다. 구조상 System Form의 적용이 곤란한 경우에는 녹다운 방식을 적용하더라도 코어월의 사이클 공정과 같은 스피드로 시공이 가능한 조립 · 해체 · 인양방법을 강구해야 전체 계획공정 준수에 이상이 없을 것이다.

9.2 철근공사

초고층 공사에서의 철근공사는 가능한 한 고소작업을 축소하여 안전을 확보하고 조립능률을 향상시켜 공정계획상에서 병목공정이 되지 않도록 관리하는 것이 중요하다. 가능한 한 지상에 철근조립장을 구축하고 케이지(Cage) 형태로 지상조립을 한 후에 타워크레인으로 양중하여 설치위치에서 유닛단위로 조립하는 철근 선조립공법을 적용하는 것이 효율적이다.

코어 벽체의 경우 평면을 분석하여 적절한 길이로 분할한 유닛단위로 지상에서 효율적으로 조립할 수 있도록 계획한다. 양중 시 케이지의 변형을 방지하기 위해 수직으로 조립하는 것이 바람직한데, 이때 조립작업의 효율을 높이기 위해 작업발판의 기능을 하고 철근 배치간격 유지를 위한 가설 지그(Jig)를 계획하도록 한다. 이와 동시에 지상 조립장에서 벽체에 설치될 철골 빔 이음용 엠베디드 플레이트(Embedded Plate) 및 전기 · 설비 각종 슬리브도 미리 부착하는 것이 바람직하다.

이 철근 선조립공법은 철근의 양중효율의 향상 및 철근조립 품질의 향상뿐만 아니라 고소에로의 작업인력 양중을 감소시켜 가설 설비의 용량을 줄일 수 있는 간접효과도 기대할 수 있다.

9.3 콘크리트펌프 계획

초고층 건물공사에서 일반자재나 인력의 양중 외에 골조공사의 가장 중요한 재료인 콘크리트를 양중하기 위한 콘크리트 펌핑 계획 또한 철저하게 검토할 필요가 있다.

콘크리트는 건설관계자라면 모두가 익숙해져 있는 재료이기에 초고층 건물 공사에서도 일반적인 콘크리트 타설 작업으로 생각하고 접근한다면 시행착오를 겪을 가능성이 크다.

초고층 건물 공사에서의 콘크리트 타설 작업 역시 공정계획상 효율적으로 단기간 내에 완료하지 않으면 안 된다. 따라서 인력보다는 장비에 의한 콘크리트 타설을 계획하는 것이 바람직하고, 이때 사용되는 장비로는 콘크리트 플레이싱 붐(Concrete Placing Boom)이 있으며 코어월의 시스템 폼 작업과 간섭이 최소화되도록 하면서 폼과 동시에 상승할 수 있는 구조로 설치하도록 한다.

지상의 콘크리트펌프에서 PCB까지 콘크리트를 운송하게 되는 배관은 초고층의 경우 고압에 견딜 수 있는 전용 파이프를 사용하도록 하며, 콘크리트 타설 시 동시에 사용하게 될 배관의 최대수량 이외에 예비배관도 반드시 설치해야 한다. 콘크리트 타설 작업 중에 기후조건이나 콘크리트 배합의 불균일로 간혹 배관이 막히는 현상이 발생하게 되므로, 이때 예비배관을 통해 콘크리트 타설작업을 지속시켜 공정의 손실이 발생하지 않도록 하고 막힌 배관은 신속히 해체하여 보수할 수 있도록 해야 한다.

그 외 콘크리트 타설 높이와 타설량, 콘크리트펌프 장비 조달 시황에 따라 Direct Pumping과 2단 받아치기, 호퍼(Hopper)타설 등의 효율적인 콘크리트타설계획을 수립하도록 한다.

10. 커튼월(C/W)공사

초고층 커튼월은 바람, 지진 등의 외부환경 영향이 크게 작용하며 건물 특성상 외벽에 문제발생 시 보수작업이 용이하지 않다. 또한 초고층 건물의 기대 사용 수명이 일반건물보다 길며 외벽 탈락 등 문제발생 시 사회적 파장이 크기 때문에 외벽 시스템 선정 시 세심한 주의가 필요하다. 초고층 커튼월은 사용성, 구조 안전성, 미관, 내구성, 경제성 등을 고려하여 최적의 시스템으로 결정하게 된다. 최근에는 내풍압성, 기밀성, 수밀성 등 기본적 성능뿐만 아니라 에너지 절약, 단열성, 차음성, 실내 쾌적성 등 환경적 성능이 중시된 새로운 커튼월시스템이 도입되고 있다.

초고층 건물의 커튼월공사에서는 중 · 저층 건물의 커튼월에서 고려해야 하는 온도변화에 따른 신축팽창 외에 특히 지진 · 바람에 의한 건물 이동Movement, 구조체 휨Deflection 등으로부터 발생하는 층간변위와 초고층화에 따라 자중의 증가에 의해 발생하는 Shortening을 흡수할 수 있는 디테일을 반드시 고려해야 한다.

그 외에 고층화에 따라 건물 측면에 떨어지기 쉬운 낙뢰에 대비한 Earth Bonding 대책과 외벽의 청소 및 유지관리를 위한 Building Maintenance 시설이 효율적으로 반영되어 있는지 검토해야 할 필요가 있다.

초고층 커튼월공사는 입찰 준비, 업체 선정, Shop Drawings 작성, 승인, Dies 개발, 외장재료의 생산, Mock-Up Test(Laboratory, Visual, Field), 커튼월 유닛의 제작, 반입, 설치 등 많은 절차가 장기간에 걸쳐 이루어지므로 공사 착공과 동시에 사전에 철저한 공정관리를 할 필요가 있다. 특히 초고층 공사에서 커튼월공사는 실내 마감공사의 선행공종으로 전체공기에 영향을 미치는 크리티컬 패스(Critical Path)인 경우가 대부분이어서 상부층의 골조공사 진행속도에 맞추어 일정한 간격을 두고 적층식으로 뒤이어 진행될 수 있도록 관리해야만 한다. 따라서 공정계획상 전체공사기간이 결정되고 커튼월의 현장 설치 공정이 확정되고 나면 앞서 언급한 엔지니어링 일정(Engineering Schedule)을 검토하여 조속히 사전준비 작업에 착수하도록 해야 한다.

11. 설비공사

초고층 건물의 설비공사에서는 고층화에 따라 발생하는 건물의 축소현상(Shortening)과 고층화에 따라 증가하는 건물의 흔들림(Sway), 지진, 온도 신축팽창 등에 대응할 수 있는 설비배관 디테일을 고려해야 한다.

축소현상에 의한 배관의 수직축소 변위를 계산하여 적정한 신축 이음을 선정하여 변위를 흡수시키도록 하는데, 슬립 이음(Slip Joint), 멀티 이음(Multi Joint), 그루빙 이음(Grooving Joint), 벨로우즈 이음(Bellows Joint) 등이 사용되고 있다.

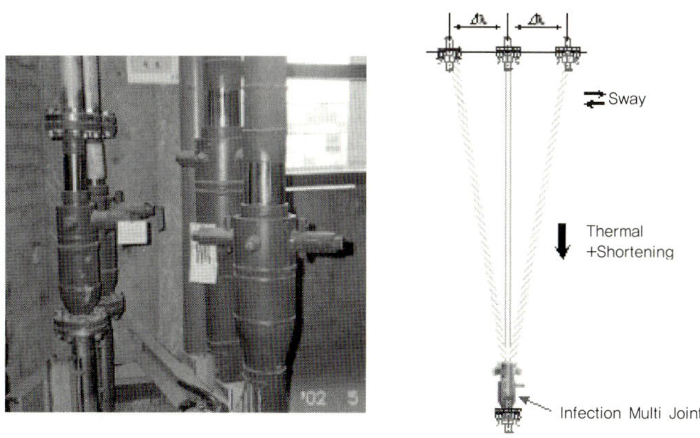

멀티 이음

흔들림, 지진 및 열에 의한 배관의 신축변위에 대응할 수 있는 신축이음으로는 슬립 이음, 멀티 이음, 볼 이음(Ball Joint), 그루빙 이음, 벨로우즈 이음, 플렉시블 이음(Flexible Joint) 등이 있다.

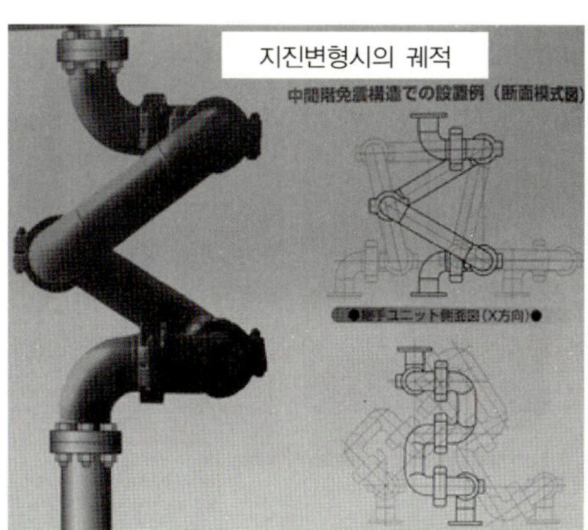

그루빙 이음

설비 장치적인 고려요소 외에도 초고층 시공관리적인 요소로써 고층화에 따른 자재 및 작업인력 양중의 효율저하에 대응할 수 있는 대책을 별도로 강구할 필요가 있다.

고층화가 될수록 양중물량 저감, 시간단축 및 양중장비의 효율적인 관리가 절대적으로 중요하기 때문에 양중물량의 저감과 양중장비의 효율적 운영을 위하여 가능한 한 지상에서 유닛화 하여 설치하는 조립화 공법과 철골 양중시 설비장비·자재를 동시에 양중하는 선행 양중관리가 중요하다.

(1) 조립화 공법의 종류

- PFP : Pre Fabricated Piping
- PFE : Pre Fabricated Equipment
- Unit Toilet, Unit Floor

(2) 조립화 공법의 효과

- 공정관리가 용이하고 공사기간 단축
- 공장에서 기계에 의한 제작으로 품질향상
- 현장작업 감소로 안전사고 발생률 감소
- 자재 야적장 감소 및 발생 폐기물의 감소

입상배관 조립화 공법(PFP) 흐름

(3) 장비 · 자재 선행양중의 효과

- 양중효율의 향상
- 장비의 현장조립작업 감소
- 현장 공기단축

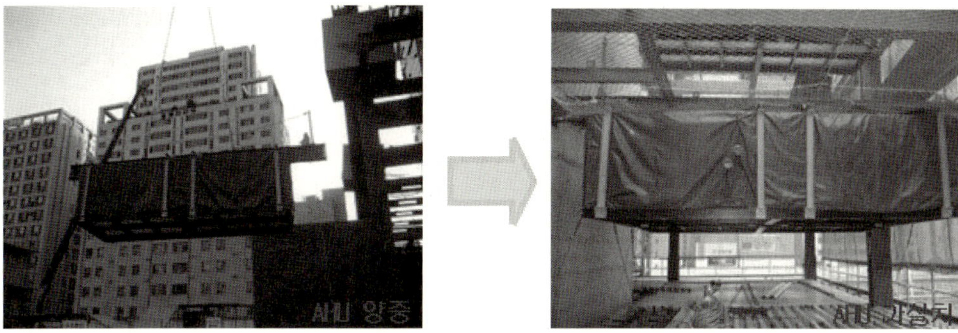

장비(공조기)의 선행양중

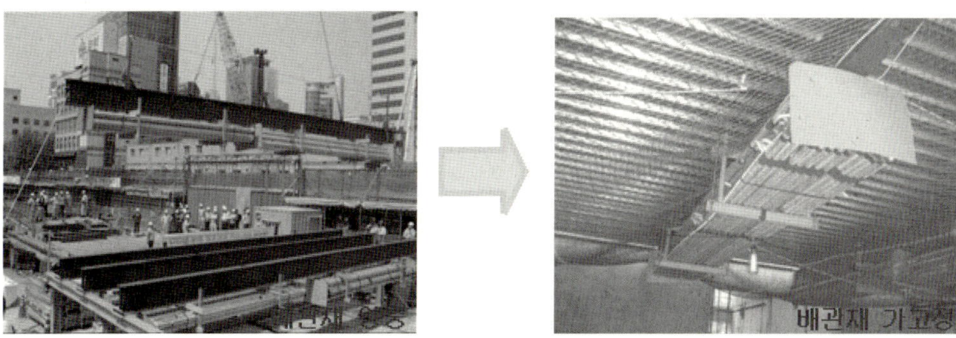

자재(소화용 배관)의 선행양중

(4) 기타 초고층 설비공사에서 고려해야 할 사항

- 배관 및 장비의 압력저감대책 : 조닝에 의한 중간기계실을 이용하여 배관의 압력을 분산시켜 과도한 압력이 배관이나 장비에 걸리지 않도록 시스템을 구성하도록 한다.
- 건물의 외피 부하저감대책 : 고층화가 될수록 경량 외피를 사용함에 따라 외주부의 열취득, 열손실이 증가하기 때문에 외피부하 저감을 위하여 건축적인 배려와 기계적인 대책이 중요하게 된다. 건축적으로 2중 외피, 고효율 유리, 차양 등에 대한 배려와 설비적인 에어 배리어(Air Barrier) 시스템 등이 사용되고 있다.
- 대온도차를 이용한 배관규격 축소 : 최근에 해외에서는 대온도차의 냉수를 생산하는 냉동기가 많이 적용되고 있으며 국내에서도 대온도차 냉동기와 공조기 등의 생산이 진행되고 있다.

12. 전기공사

초고층 전기공사에 있어 고려해야 할 사항으로는 건물의 Shortening 현상에 의한 입상 버스 덕트(Bus Duct)의 뒤틀림현상 발생 방지를 위하여 버스 덕트 10개 층마다 익스펜션 이음(Expansion Joint)를 설치하는 것을 검토해 보아야 하며, Shortening에 의한 입상 케이블 트레이(Cable Tray) 뒤틀림현상 발생 방지를 위하여 수직 상하 케이블 트레이 체결 시 볼트구멍의 아래쪽에 체결토록 하여 Shortening에 의하여 수축 시에 구멍의 위쪽으로 케이블 트레이가 밀리도록 하는 것이 바람직하다.

(1) 기타 초고층 전기공사에서 고려해야 할 사항

1) 전력간선공사 : 케이블공사

케이블 자중에 의한 케이블 손상 방지를 위하여 케이블 지지대를 사용하여 고정 (케이블 트래이 10개 층마다 지지대로 케이블 고정)

2) 피뢰침 설비

주변 지형, 지물에 비하여 월등히 높으므로 낙뢰의 위험이 더욱 높기 때문에 직격뢰와 측뢰를 충분히 고려한 피뢰침을 설치하거나, 최근 신기술로 지정된 낙뢰를 다른 곳으로 유도하는 시스템을 설치한다.

3) 통신설비

초고층으로 인한 이동통신 장애 발생하므로 옥탑층에 안테나 및 중계기를 설치하고 FM 수신 장애에 대비하여 FM 안테나를 설치하고 TV 유닛 잭을 이용하여 FM을 청취할 수 있도록 한다.

13. 엘리베이터공사

초고층 건물의 엘리베이터 공사에도 건물의 Shortening에 의한 영향을 고려해야만 한다. 일반 건물의 엘리베이터공사 시 구조체에 연결된 브래킷과 레일을 볼트로 고정하는 것과 달리 레일의 고정에 Sliding Clip을 시공하여 건물에 Shortening이 발생하여 레일에 일정 이상의 힘이 작용하게 되면, 레일과 클립 사이에 미끄러짐 현상이 발생함으로써 레일이 휘는 것을 방지한다.

엘리베이터 피트 바닥과 레일은 일정 간격으로 이격시켜 건물 Shortening의 힘이 레일 하단에 집중되는 것을 방지하며, 가이드 레일 하단부에 잭 볼트를 설치하거나 라이나를 삽입하여 바닥면과 레일을 이격시킨 후 주기적으로 건축물의 수축 정도를 점검하여 볼트나 라이나를 조정하도록 한다.

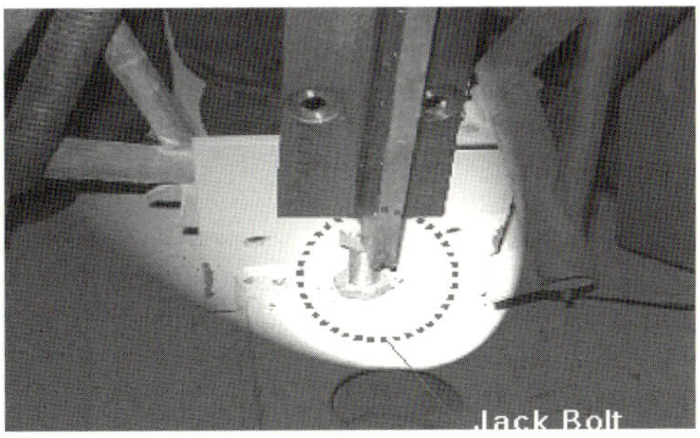

14. 연돌현상(Stack Effect) 방지대책

건물 내부와 외부 사이에 온도의 차이가 있는 경우 건물 내부에서 따뜻한 공기가 위쪽으로 상승하게 되는 연돌현상이 발생하게 되는데, 이는 건물의 내 · 외부 온도차와 건물높이에 비례하며 내 · 외부 온도차가 큰 동절기에 고층건물에서 심하게 발생한다.

그런데 이 연돌현상이 심한 경우에는 건물의 사용에 있어 여러 가지 기능적인 문제를 야기하게 된다. 겨울철 난방효율을 저하시켜 에너지를 낭비하게 하거나 건물의 아래층, 특히 출입구가 있는 로비층에서 찬 외기가 엄청난 압력으로 건물 안으로 빨려 들어가면서 출입문이 잘 닫히지 않는 현상이 발생하거나 엘리베이터 도어의 작동불량 현상이 발생하기도 한다. 아래층에서 공기가 건물 내부로 빨려 들어가는 반면에 상층부에서는 압력이 높아지면서 공기가 외부로 빠져 나가려는 현상이 발생하여 외기에 면하는 도어를 열 수 없는 경우도 발생한다.

또는 엘리베이터 샤프트가 공기의 이동통로 역할을 하면서 엘리베이터 도어의 Jamb이나 Sill에서 귀에 거슬리는 풍절음이 발생하는 경우도 있다.

온도가 낮은 동절기가 없고 외기의 온도가 높고 냉방으로 실내의 온도가 낮은 중동지역과 같은 열대성 기후 지역에서는 건물의 위쪽에서 아래쪽으로 찬 공기가 이동하는 역방향의 연돌현상이 발생한다. 이러한 연돌현상의 발생을 최소화하기 위해서는 설계단계에서부터 건축계획적인 측면과 설비적인 측면 등 다양한 대책을 마련해야 한다.

(1) 건축계획적 대책

설비적인 방안보다 건축계획적 방안이 효율적이고 바람직하다.

① 공기의 이동을 효과적으로 차단할 수 있는 승강로의 배치

② 방풍실을 둔 이중문 설치 또는 회전문의 설치(출입구 문은 회전문이 가장 효과적임)

③ 비상계단 출입 방화문의 기밀 유지 및 건물 외피의 기밀화 등

(2) 설비적인 대책

건물 내부와 승강로 내부의 온도차가 클 경우 승강로에 공조시스템(가압)을 도입하여 내·외부 온도차를 적게 하여 공기의 유동을 적게 한다.

(3) 엘리베이터 대책

① 문, Jamb, Sill 등의 틈을 최소화시킬 수 있는 디테일을 적용하여 기밀성을 향상시킴.

② 엘리베이터 지상층, 지하층 분리운행

외기에 노출되어 있는 지하구간과 지상구간을 분리하여 지하층을 별도의 셔틀 엘리베이터(Shuttle Elevator)로 운행함으로써 지하층의 찬 공기가 지상 엘리베이터 샤프트로 유입되는 것을 줄여 연돌현상을 저감시킨다.

③ 엘리베이터 기계실의 Open Hole을 밀폐시켜 공기의 유동을 줄인다.

15. 공사관리조직 구성

15.1 개요

초고층 건물 시공을 위한 현장조직은 발주처와 CM/PM 조직에 따라 다르겠지만 공사, 공무, 공정, 품질, 안전, 기술, 설계, Logistics, 장비관리, QS, 계약행정(Claim 관련), 관리(경리, 회계), 자재, 노무 등의 다양한 전문가가 투입된 조직을 갖추어야만 한다.

공사관리 조직은 일반 건축물공사 조직과 크게 다르지는 않지만, 초고층 건물의 경우 그 규모가 크고 복잡하며 다수의 장비와 기능인력이 투입되어야 하는 등 공사 난이도가 높아져 이를 효율적으로 관리할 필요가 있고, 또한 프로젝트의 중요성에 맞추어 발주처 관리조직이 구성됨으로 인해 이에 대응하기 위해 관련 전문조직이 구성되어야 한다.

일반적인 공사에서 구성되는 기본적인 조직을 제외하고 초고층 공사 시 반드시 투입되어야 하는 전문조직인 공정, 기술, 설계, Logistics, 장비관리, 계약행정(Claim 관련) 등의 업무에 대해 알아보자.

15.2 공정

초고층 건물 공사는 장기간의 공사기간이 소요되는 공사로서 계획된 기간 내에 정상적으로 공정이 진행되고 있는지를 확인하며 공사를 진행할 필요가 있다. 초고층 건물 공사는 단위 공종별로 공정관리에 차질이 발생하거나 선후 공종 간 또는 관련 공종 간의 트러블이 발생하면 후속 공사에 미치는 영향이 아주 커서 공기 지연을 초래한 가능성이 대단히 높은 공사이다. 초고층 건물의 경우 단순히 높은 것만이 아니고 고층부 이외의 저층부 포디엄이나 지하공간 등 전체적으로 규모가 크고 구조나 용도가 복합적인 경우가 대부분으로서, 공사가 복잡하고 동시다발로 공정이 진행되기에 실시간으로 공정 진행현황 파악과 공정상의 문제점 분석에 이어 적절한 대응책을 강구할 수 있는 공정전문가의 투입이 바람직하다. 특히 해외공사의 경우는 발주처나 CM/PM에서 주기적으로 공정보고를 하도록 요구하고 있어 이에 대응하기 위해서도 공정전문가가 필히 투입되어야 한다.

15.3 설계

건축물을 축조하기 위해서는 건축물의 형태나 크기를 표현한 도면과 사용하는 재료의 규격이나 품질수준을 표현한 시방서 등의 설계도서가 있어야 하고 이 설계도서에서 요구하는 기준과 규격대로 건물을 짓게 된다. 그런데 유감스럽게도 이 설계도서의 완성도가 높지 못해 시공과정 중에 불합리한 점이나 오류가 발견되는 사례가 많다. 따라서 재시공이 이루어지기도 하고 불합리하고 비경제적인 시공이 이루어지는 경우도 많이 발생한다.

아무리 뛰어난 건축가나 경험이 많은 설계사무소에서 설계를 하였더라도 건축구조와 마감의 불일치, 건축과 전기 · 설비의 불일치, 실용성의 부재, 요구기능의 미충족, 설계오류, 시공성 및 경제성 결여 등 다양한 설계상의 문제점들이 나타나고 있다. 건축 설계도서가 건축설계, 건축구조, 전기설비, 통신설비, 기계설비, IBS, 토목, 조경 등의 다양한 분야의 전문가들이 만들어낸 각 분야별 설계를 통합하여 하나의 작품으로 만들어지므로 오류 없이 완벽하게 작성되기를 기대하는 것은 현실적으로 무리이다. 또한 건축물도 하나의 예술품으로 건축가의 독창적 디자인을 중시하는 설계가 이루어질 경우 그 건축물이 필요로 하는 기능과 용도에 불합리한 점이나 실용성에 문제점이 나타나는 경우도 발생한다. 최종 완성품으로서 건축가의 디자인적 독창성도 살려야 하겠지만 단순히 작품을 감상하기만 하는 미술품과 달리 실제 만들어진 건축공간의 이용을 위해 필요로 하는 기능과 사용성을 무시할 수는 없다.

다만 치명적인 결함이 비교적 적고 지역적인 건설환경을 고려한 시공성이 좋은 디자인과 디테일을 적용하는 등 종합적인 설계도서의 완성도가 얼마나 높으냐에 따라 설계품질을 평가할 수는 있지만, 최종적으로 작품을 생산해 내는 시공사의 입장에서는 우수한 설계도서를 자의적으로 선택할 수 있는 것이 아니고 가능한 한 설계품질이 높은 설계도서를 만나기를 기대하는 수밖에 없다.

따라서 현장조직에는 이러한 설계상의 문제점을 개선하고 대안을 제시할 수 있는 설계전문가의 참여가 필수적으로 요구되고 있다. 특히 초고층 프로젝트의 경우 대부분 건물이 복잡하고 다양한 용도로 설계되므로 관리해야 할 설계사항이 큰 폭으로 증가하고 있어 설계전문가의 중요성은 더욱 커지고 있다. 그리고 가능하면 빠른 시기에 설계전문가를 배치하여 도서검토가 이루어져야 한다. 시공에 들어가기 전에 설계상의 문제점이나 시공상의 불합리한 점을 발견하여 수정하지 못하고 시공중에 문제점이 발견되어 바로 잡으려 한다면 더욱 커다란 대가를 치루어야만 한다. 일반수주 공사의 경우 수주의 확정과 동시에 건축설계, 구조설계, 전기 · 설비, 조경, 토목 등 각 분야별 전문가를 투입하여 설계상의 문제점을 검토하고 대안을 검토하는 것이 원가절감, VE의 지름길이라고 말할 수 있다. 규모가 큰 대형 건축물, 초고층 건물, 복합용도의 건물, 특수구조물, 고급마감 건물의 경우에 반드시 초기에 도서검토 조직이 투입되어야 함을 다시 한 번 더 강조한다.

15.4 기술(Planning & Engineering)

앞서 언급한 바와 같이 초고층 대형 공사에서는 Field에서 공사를 추진해 나가는 조직 이외에 사전에 공사를 계획하고 발주처나 감독자에게 계획서를 제출하고 승인을 득하는 등의 종합적인 기술관리조직이 필요하다.

이 조직에서 수행하는 업무로는

- 시공계획 업무 : 가설계획의 수립, 공법 선정, 공법설명서(Method Statement) 작성, 장비관리
- 설계업무 : Design Review, Shop Drawing 작성, 구조검토, 설계변경, Building Monitoring
- 공정관리 업무 : 공정계획의 수립 및 관리
- 종합업무 : 발주처(또는 감독자)에 대한 승인 요청, 공종간 · 대발주처 코디네이션 업무

등이 있다.

직접 공사를 수행하는 시공조직과 하도급 업무나 대발주처 기성 등의 원가관련 업무를 하는 공무조직, 그 외 경리 · 자재 · 노무 등의 업무를 하는 관리조직 이외의 모든 업무를 통합하여 기술조직에서 수행할 수도 있으며, 상기 업무 중에 설계관련 업무와 공정관련 업무는 별도로 독립하여 설계팀과 공정팀으로 운영하기도 한다. 공사수행 조직은 공사의 성격과 발주처 측의 조직구성, 투입 인력자원의 능력 등에 따라 구성형태를 달리할 수 있다.

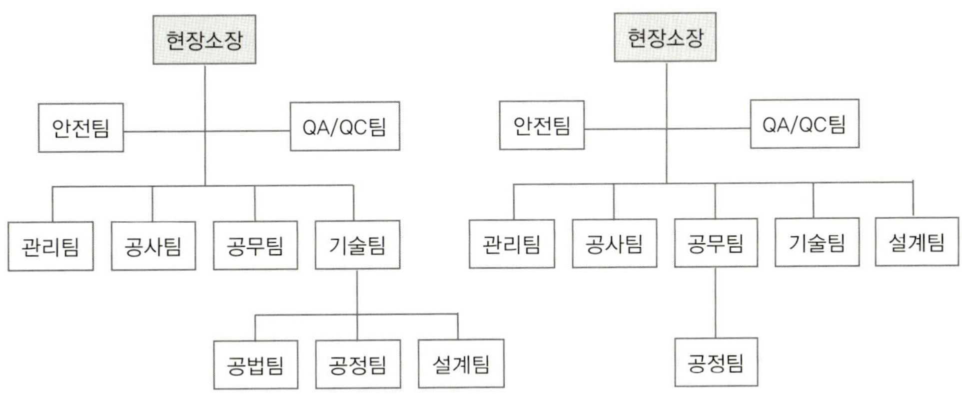

그림 공사수행조직 구성 예

15.5 Logistics

초고층 공사에서 또 하나 빼놓을 수 없는 기능이 Logistics이다. 공사를 위해 지원되는 각종 장비나 가시설의 합리적인 계획 및 배치는 경제적이고 효율적인 공사수행의 기본요건이 된다.

Logistics에서 문제가 발생하면 공기지연을 초래하고 많은 비용을 투입해야 하는 경우가 발생한다. 따라서 공사에 필요한 자재와 인력을 적기에 효율적으로 양중하고 수송할 수 있는 계획을 수립하고 관리할 수 있어야 한다. 또한 현장에 설치되는 장비나 가시설이 한 번의 설치로 끝나는 것이 아니라 공사가 진행됨에 따라 최적의 효율을 낼 수 있는 위치로, 또는 후속 마감공사의 진행을 위해 수차례 변경 설치하거나 동선을 수정하는 경우가 빈발하는 것이 일반적이다.

따라서 대규모 공사나 초고층 공사의 경우 시공조직 외에 별도의 Logistics팀(가설팀)을 조직하여 업무를 전담시키기는 것이 효율적일 수도 있다. 앞서 언급한 기술팀 조직 내에 두기도 하고 별도의 조직으로 운영하기도 한다. 특히 현장개설 초기에는 많은 가시설 및 장비의 배치작업이 이루어지므로 별도의 조직으로 운영하다가 골조공사가 어느 정도 진척되면 장비운영관리 조직만 남겨두고 시공조직으로 흡수시키기도 한다.

15.6 장비관리

초고층 공사에서 필수적으로 투입되는 장비는 타워크레인, 가설 호이스트, 콘크리트펌프, CPB(Concrete Placing Boom) 등이 있다. 초고층 공사는 대부분 규모도 커서 투입되는 장비의 수량도 많은 편이고 주기적으로 클라이밍(Climbing), 텔리스코핑(Telescoping), 점핑(Jumping), 이동설치 등의 작업이 이루어지고 있어 장비관리자 및 정비기능 인력을 배치하여 관리해야 할 필요가 있다. 앞서 언급한 작업 이외에도 주기적인 점검과 정비를 실시하여 장비의 예상치 못한 고장을 미연에 방지함으로써 장비고장에 의한 공정의 손실을 최소화할 수 있다. 콘크리트펌프의 경우에는 소요대수 이외에 예비 펌프를 준비해 두도록 하고, 이 경우에도 예비펌프를 가동하는 중에 조속히 고장장비를 정비하여 대기할 수 있도록 하기 위해 현장에 장비 정비조직이 상주하는 것이 바람직하다.

15.7 NSC관리

국내에서는 공사 전체를 일괄 도급하는 경우가 일반적이나 해외공사의 경우에는 발주처가 사업비 절감 목적으로 하도급업체와 금액을 모두 결정하여 종합건설사로 하여금 관리하도록 하는 NSC(Nominated Sub-Contractor)방식의 공사발주를 선호하고 있다. 보통 주요 계약자(Main Contractor)에게 건물의 골조와 코어부위의 마감을 발주하고 커튼월, 엘리베이터, M&E, Fit-out(일반마감)공사 등 주요 공종을 NSC로 발주하게 된다. 이때 NSC공종 관리를 위한 별도의 인력배치를 고려해야 한다.

15.8 계약행정(Claim 관련)

국내의 경우 관습이나 관행에 따라 발주자 중심의 불평등한 공사도급계약이 이루어지는 경우도 많고, 계약 당사자 간에 이견이 발생해도 이의제기에 의한 합리적 보상이 이루어지지 않는 경우가 통상적이다. 그러나 해외 도급공사의 경우는 입찰 시부터 입찰조건과 도급계약 조건을 면밀히 검토하여 가능한 한 평등한 계약이 이루어지도록 최대한 노력해야 한다. 공사가 진행되는 동안에도 설계변경, 공사조건의 변경, 발주처의 의사결정 지연, 공기 지연 등 조건변화에 의한 공사비 및 공사기간의 변동요인을 분석하여 관련 근거자료를 확보하는 등 만일의 분쟁에 대비해야 한다. 이를 위해 계약행정 전문가를 배치하여 만일의 분쟁에 대비하고 시공자가 유리한 위치에서 협상할 수 있도록 하는 것이 바람직하다.

참고문헌

1. 건교부, 서울지방국토관리청, 건축공사 들여다보기, 한미인쇄, 2006.
2. 기술강좌, 철골공사 공장제작, SK건설 건축사업본부 기술고문, 김상철
3. 대우건설, 건축시공지침, 공간예술사, 2009.
4. 대한주택공사 거푸집공사 길라잡이, 건설도서, 2008.
5. 손창백 · 김병래, 공동주택 건설공사의 현장관리 업무 및 운영체계개선, 대한건축학회, 2006.06, pp.165~172
6. 송도헌, 초고층건축시공, 기문당, 2002.
7. 「젊은 기술자를 위한 현장운영 픽독 매뉴얼」, 건축기술 2003년 8월호
8. 정상진 외 10인, 건축시공, 기문당, 2003.
9. 정상진 외 16인, 건축시공 신기술공법, 기문당, 2002.
10. 정상진 외 6인, 건축시공학, 기문당, 2002.
11. 정상진 외 7인, 개정 건축시공학, 기문당, 2008.
12. 정상진 외 공저, (건축텍스트북)건축시공기술, 기문당, 2010.
13. 정상진 외 공저, 건축시공 -마감편-, 기문당, 2008.
14. 정상진 외 공저, 그림으로 보는 착공에서 준공까지 건축시공, 기문당, 2009.
15. 정상진 외 공저, 사진으로 보는 시공프로세스(아파트편), 기문당, 2004.
16. 정상진, 알기 쉬운 건축시공 · 재료, 보성각, 1998.
17. 최신 초고층철골공사 가이드북, 건설문화사, p.87, p.94
18. 「현장기술자 관리 매뉴얼」, 건축기술 2001년 8월호
19. PERI 유한회사, PERI 핸드북 2007, PERI, 2007.
20. 松村 秀一外, ファサードをつくる PCaコンクリート技術と変遷, プレコンシステム協会, 2005.
21. 建築工事標準仕様書 同解說 JASS 8 防水工事日本建築學會, 2002.
22. 建築技術研究会(編集), カーテンウオール工事(建築施工の要点), 鹿島出版会, 2003.
23. 建築施工實務研究會 共著, 建築施工計劃 實踐テキストⅡ「軀體工事編」, 2005.
24. 建築施工實務研究會 共著, 建築施工計劃 實踐テキストⅢ「仕上工事編」, 2005.
25. 建築用シーリング材-基礎と正しい使い方, 2002, 日本シーリング材工業会
26. 建築用シーリング材ハンドブーグ 2008, 日本シーリング材工業会
27. 建築デザインの雨 仕舞と防水, 建築技術, 1992.
28. 東京の地下技術-特殊な地下を掘る一かんき出版, 2002.
29. 石田辛正 外 8인, 建築工事圖 作成の手順と技法, 彰國社編, 1999.
30. 小野井伍 外 1人, 建築工事, 株式會社井上書院, 1995.
31. 安部 一郎, 相場 新之輔, PCカーテンウオールの設計と施工(わかりやすい建築技術), 鹿島出版 会, 1984.

32. 野平 修 外 14人, 現場技術者が教える「施工」の本〈仕上編〉, 2006.
33. 野平 修, 松島 潤, 現場技術者が教える「施工」の本〈仕上編, 建築技術〉, 2006.
34. 日本建築学会, 建築工事標準仕様書 同解說〈JASS14：カーテンウオール工事〉, 1996.
35. 竹中工務店設計部, PCaカーテンウオールーファスナーの基本とディテール, 理工図書, 1992.
36. 川口 徹, プリキャストコンクリートカーテンウオールの技術開発動向, 大林組技術研究所報no. 67. 2003.
37. 態谷敏男, "外装陶磁器質タイル張りの故障分析", 清水建設研究所報 第46號, 1987.
38. 鶴田康彦, "外装タイル張工法選揮の現場實踐", 大成建設研究所報 第12號, 1972.
39. Wignarajah Sivakumaran 外, 電波吸収コンクリートカーテンウオール, コンクリート工学 vol.36, no.1, 1998.
40. A study of the curing of sealants used in building construction / Allen, K. W. ; Hutchinson, A. R. ; Pagliuca, A. (International journal of adhesion and adhesives, v.14 no.2, 1994, pp.117~122)
41. causes of poor sealant performance in soil-gas-resistant foundations, Scoott, Arthur(Indoor air, v.3 no.4, 1993, pp.376~381)
42. Early stages of degradation of polysulphede sealnats in an aqueous environment / Church, Simon ; Harris, Steven J, ; Rattana, Acharawan ; Watts, John F. (Surface and interface analysis : SIA, v.34 no.1, 2002, pp.19~24)
43. Edward Allen, Joseph Iano, Fundamentals of Building Construction (Fourth Edition), John Wiley & Sons, INC., 2004
44. Effect of surface penetrating sealant on surface texture and microhardness of composite resins / Bertrand, Marie-France ; Leforestier, Eric ; Muller, Mich le ; Lupi-P gurier, La (Journal of biomedical materials research, v.53 no.6, 2000, pp.658~663)
45. Evaluation of residual monomer elimination methods in three different fissure sealants in vitro / KOMURCUOGLU, E. ; OLMEZ, S. ; VURAL, N.(Jouranl of oral rehabilitation, v.32 no.2, 2005, pp.116~121)
46. H. Leslie Simmons, Ra, CSI, Olin's Construction (Eighth Edition), John Wiley & Sons, INC., 2007
47. Microleakage and SEM evaluation of fissure sealant placed by use of self-etching priming agents / Hannig, M. ; Grafe, A. ; Atalay, S. ; Bott, B. (Journal of dentistry, v.32 no.1, 2004, pp.75~81)
48. On-site weathering of sealants under tropical conditions / Chew, M. Y. L. ; Zhou, X. ; Tan, S. T. (Construction & building materials, v.18 no.4, 2004, pp. 287~293)

집필위원

■ 1장 건설현장의 운영관리

김재준 (한양대학교 교수) 김선국 (경희대학교 교수)
장덕배 (쌍용건설 이사) 장국환 (KCC 이사)
이종균 (영산대학교 교수)

■ 2장 가설공사

정재영 (한남대학교 교수) 이근배 (현대산업개발 상무)

■ 3장 지정 및 기초공사

임남기 (동명대학교 교수) 윤준선 (강남대학교 교수)
정태현 (포스코건설 상무) 송인명 (ITM 부사장)

■ 4장 터파기 및 흙막이공사

정재동 (대구대학교 교수) 손효원 (현대건설 부사장)
황인진 (두산건설 부사장) 최순묵 (두원공과대학교 교수)

■ 5장 철근콘크리트공사

정상진 (단국대학교 교수) 강병희 (동아대학교 교수) 박무영 (고려대학교 겸임교수)
김광희 (경기대학교 교수) 안용선 (영남대학교 교수) 오상균 (동의대학교 교수)
김성진 (신원종합개발 부장) 백민수 (단국대학교 겸임교수) 장국환 (KCC 이사)
이재삼 (렉스콘 부장) 박희곤 (렉스콘 과장) 김광기 (롯데건설 과장)
공민호 (현대엠코 과장) 김성덕 (한국토지주택공사 연구원)

■ 6장 프리캐스트콘크리트공사

이상범 (동의대학교 교수) 박병근 (삼성건설 전무) 김우재 (포스코건설 차장)

■ 7장 철골공사

이영도 (경동대학교 교수) 임홍철 (연세대학교 교수) 정광식 (금호건설 전무)
이상철 (Da group 전무) 명로언 (현대엠코 상무)

■ 부록: 초고층 건축물 시공사례

강선종 (삼성건설 상무)

자문위원

강병희 (동아대학교 교수)
정재영 (한남대학교 교수)

집필책임

정상진 (단국대학교 교수)

건축시공 구조체편

2011년 4월 25일 1판 1쇄 인쇄
2011년 4월 30일 1판 1쇄 발행

저 자	정상진 외
발 행 인	강 해 작
발 행 처	기 문 당
주 소	서울시 성동구 무학봉 28길 4-1 (왕십리동 966-22)
전 화	02)2295-6171(代)~5
팩 스	02)2296-8188
출판등록	1976. 10. 7(1-44)
홈페이지	http://기문당 http://www.kimoondang.com
I S B N	978-89-6225-340-5 93540
정 가	25,000원